数学基本功

主编 ◎ 赵志刚 胡晓红

渥德管理类联考综合能力 数学基本功

中国水利水电出版社

www.waterpub.com.cn

·北京·

内 容 提 要

本书旨在帮助考生全面、深入地掌握考试要求的知识点。全书按照考试大纲要求编写，分成算术、代数、几何和概率四大部分，共十二章，每一章均包含以下内容：①夯实基本功：将考试内容做了详尽的解释，讲解公式；②刚刚"恋"习：涵盖了管理类联考数学的四大块，38 个命题方向以及 175 个考点，在每一个考点下精挑细选了极其有代表性的例题并附有详细解析；③立竿见影：提升思维品质，让考生学以致用；④渐入佳境：在每章之后附的一套测试试卷，目的是用来考查考生是否掌握了该章必学的知识点和考点。

在本书的编排中，特别强调基础，包括基础知识、基础的技能等。适合准备参加 MBA 和 MPAcc 等管理类联考与经济类联考的考生学习使用。

图书在版编目（CIP）数据

渥德管理类联考综合能力. 数学基本功 / 赵志刚，
胡晓红主编. -- 北京 : 中国水利水电出版社，2018.4
ISBN 978-7-5170-6392-6

Ⅰ. ①渥… Ⅱ. ①赵… ②胡… Ⅲ. ①高等数学—研
究生—入学考试—自学参考资料 Ⅳ. ①G643

中国版本图书馆CIP数据核字(2018)第071741号

书　　名	**渥德管理类联考综合能力　数学基本功** WODE GUANLILEI LIANKAO ZONGHE NENGLI SHUXUE JIBENGONG
作　　者	主编　赵志刚　胡晓红
出版发行	中国水利水电出版社 （北京市海淀区玉渊潭南路 1 号 D 座　　100038） 网址：www. waterpub. com. cn E - mail：sales@waterpub. com. cn 电话：(010) 68367658（营销中心）
经　　售	北京科水图书销售中心（零售） 电话：(010) 88383994、63202643、68545874 全国各地新华书店和相关出版物销售网点
排　　版	中国水利水电出版社微机排版中心
印　　刷	北京瑞斯通印务发展有限公司
规　　格	184mm×260mm　16 开本　21 印张　498 千字
版　　次	2018 年 4 月第 1 版　2018 年 4 月第 1 次印刷
印　　数	0001—3000 册
定　　价	45. 00 元

编　委　会

序

有这样一份礼物，一本联考数学备考参考书，

全书分成十二个章节，每一章又包含四小节，

全书涵盖了联考数学 175 个考点，分类全面、详细、精准。

考研之路不易，或许这本书将记录下点点滴滴。

随手翻开每一页，

字里行间或都将留下你走过的足迹。

当这一程匆匆略去……

不妨再将她轻轻拿去，

去翻开，去回忆，

去想起过往的这一程中那一段段美好的思绪，

抑或是为一道题冥思苦想的纠结无助，

抑或是为一道题拨云见雾的兴奋不已。

前　　言

　　渥德数学旗舰师资团队一直秉持服务考生，为考生顺利通过管理类联考尽自己的一份力。为了让报考管理类联考的学生更省时、更高效、更精准地复习、备考数学，为了更适应学生的备考旅程，为学生提供更有特色的教辅材料，体现渥德教育的学法和教学理念，激发学生自主学习的能力，打破常规应试教育模式，提高数学素养和能力，我们根据最新考试大纲的要求，对历年来的数学试题、命题规律进行研究，将它们总结、归纳、分类、整理和提炼，并在此基础上编写了《渥德管理类联考数学基本功》。

　　全书按照考试大纲要求编写，分成算术、代数、几何和概率四大部分，共12章，每一章均包含以下四节内容：

　　（1）夯实基本功。本节将考试内容做了详尽的解释，对涉及的公式进行系统的梳理，为离开学校很久的考生铺平了应试之路。

　　（2）刚刚"恋"习。本节内容涵盖了管理类联考数学的四大块，38个命题方向以及175个考点，是目前市面上分类最为全面、详细、精准的，并且在每一个考点下精挑细选了极其有代表性的例题并附有详细解析，让考生可以将学到的知识点和方法在这里得到体现，明白考试是如何将考点融入题目的。本节之所以取名为"刚刚'恋'习"，是因为其中"刚刚"寓意刚刚起步，戒骄戒躁，稳扎稳打，步步为营；"'恋'习"谐音练习，寓意每天坚持做一点儿，由少到多，循序渐进，逐渐地"恋"上数学，爱上学习。

　　（3）立竿见影。本节按照"刚刚'恋'习"一节中考点顺序附加练习题，让考生不仅仅学到知识，更可以将所学知识升华，促进思考，提升思维品质，同时也会让考生有学以致用、立竿见影的感觉。

　　（4）渐入佳境。本节是在每章之后附的一套测试试卷，目的是用来考查考生是否掌握了该章必学的知识点和考点。做完测试卷之后，可对该章及时进行有针对性的差缺补漏，及时调整复习节奏和进度。

　　本书在设计和编写方面具有以下主要特点：

　　1. 编排合理，结构清晰

　　本书在编写过程中以考试大纲为蓝本，分成算术、代数、几何和概率四大部分，十二章、38个命题方向、175个考点。每章包括夯实基本功、刚刚"恋"习、立竿见影和渐入佳境4个小节。"夯实基本功"一节的目的是引领学生了解考试重点和难点；"刚刚'恋'习"为考生进一步学习夯实基础，使考生全面了解考试，居高临下地看待整个考试；"立竿见影"帮助考生将理论化为战斗力，促进大家思考；"渐入佳境"通过测试有效地、有针对性地进行查缺补漏。

2. 解析详尽，答案权威

本书中每一道题的解析都力求做到细致入微，让大家感觉如同老师在旁。详解不但可以帮助考生复习基础知识，更重要的是帮助考生对所考知识点做到"知其然，更知其所以然"。考生利用此书时，应从中掌握各类题型的解题思路、解题方法、解题技巧、命题角度以及命题特点，从而提高自身的实战能力。

3. 知识全面，拓展恰切

古人说过：生有涯而知无涯。数学的知识和题目类型都是无限的，因为每年都会有不同的创新题目出现。为了应对如此的情况，我们首先将要考到的知识系统化，即包含大纲内所有涉及的知识，不留盲点，在全面的同时，我们更强调重点，即对常考、必考点的梳理为考生提高成绩起到了决定性作用。我们也注重拓展，取得高分不仅仅在于知道数学知识，更多在于会灵活运用知识，运用知识在于能力的提高，在于思维品质的提高，因此恰当的拓展有利于提高这方面的能力。

4. 基础与技巧并重，学识与能力齐飞

考试大纲中特别强调基础知识和基础方法，由此可见基本功是考试的立足根本，同时考试大纲又突出灵活分析解决问题的能力，因而整个学习过程中要重视基础与技巧并重，学识与能力齐飞。在本书的编排中，我们特别强调基础，不仅仅是基础知识，更是很多基础的技能，例如计算、推理、分析能力等。以前很多考生的失利主要就是基本功不扎实，应变能力不足。基于这些原因，我们在本书编写过程中突出由浅入深、分析透彻、解答详细，突出在精不在多，能细绝不粗，强调知识成体系，逻辑严谨，让学生的知识可以编织成网，牢而不破。在强调知识成体系的同时，我们也强调能力的培养，突出逻辑能力，分析和发散能力。这些能力的培养不仅对提高数学成绩有效，对于逻辑与写作，以及将来进入学校读研究生时也会受益。

在本书编写过程中，得到了广大同行老师以及渥德教育全体同仁的大力支持，在此深表感谢。由于编者能力有限，时间仓促，书中疏漏之处在所难免，敬期广大读者明鉴厘正，不吝赐教。

编者

2017 年 10 月于北京

本 书 使 用 计 划

时　　间		内　　容
第一周	第一天	第一章　实数与绝对值　第一节
	第二天	第一章　实数与绝对值　第二节
	第三天	第一章　实数与绝对值　第三节
	第四天	第一章　实数与绝对值　第四节
	第五天	第二章　应用题　第一节（预习）
	第六天	总结整理第一章笔记、错题
	第七天	总结整理第一章笔记、错题
第二周	第八天	第二章　应用题　第一节
	第九天	第二章　应用题　第二节（上）
	第十天	第二章　应用题　第二节（下）
	第十一天	第二章　应用题　第三节
	第十二天	第二章　应用题　第四节
	第十三天	总结整理第二章笔记、错题
	第十四天	总结整理第二章笔记、错题
第三周	第十五天	第三章　表达式　第一节
	第十六天	第三章　表达式　第二节
	第十七天	第三章　表达式　第三节
	第十八天	第三章　表达式　第四节
	第十九天	第四章　函数　第一节（预习）
	第二十天	总结整理第三章笔记、错题
	第二十一天	总结整理第三章笔记、错题
第四周	第二十二天	第四章　函数　第一节、第二节
	第二十三天	第四章　函数　第三节、第四节
	第二十四天	第五章　方程与不等式　第一节
	第二十五天	第五章　方程与不等式　第二节
	第二十六天	第五章　方程与不等式　第三节、第四节
	第二十七天	总结整理第四章、第五章笔记、错题
	第二十八天	总结整理第四章、第五章笔记、错题

时　间		内　容
第五周	第二十九天	第六章　数列　第一节
	第三十天	第六章　数列　第二节
	第三十一天	第六章　数列　第二节
	第三十二天	第六章　数列　第三节
	第三十三天	第六章　数列　第四节
	第三十四天	总结整理第六章笔记、错题
	第三十五天	总结整理第六章笔记、错题
第六周	第三十六天	第七章　平面几何　第一节、第二节
	第三十七天	第七章　平面几何　第二节
	第三十八天	第七章　平面几何　第三节、第四节
	第三十九天	第九章　立体几何　第一节、第二节
	第四十天	第九章　立体几何　第三节、第四节
	第四十一天	总结整理第七章、第九章笔记、错题
	第四十二天	总结整理第七章、第九章笔记、错题
第七周	第四十三天	第八章　解析几何　第一节
	第四十四天	第八章　解析几何　第二节
	第四十五天	第八章　解析几何　第二节
	第四十六天	第八章　解析几何　第三节
	第四十七天	第八章　解析几何　第四节
	第四十八天	总结整理第八章笔记、错题
	第四十九天	总结整理第八章笔记、错题
第八周	第五十天	第十章　排列组合　第一节
	第五十一天	第十章　排列组合　第二节
	第五十二天	第十章　排列组合　第二节
	第五十三天	第十章　排列组合　第三节
	第五十四天	第十章　排列组合　第四节
	第五十五天	总结整理第十章笔记、错题
	第五十六天	总结整理第十章笔记、错题
第九周	第五十七天	第十一章　概率　第一节、第二节
	第五十八天	第十一章　概率　第二节
	第五十九天	第十一章　概率　第三节、第四节
	第六十天	第十二章　数据描述　第一节、第二节
	第六十一天	第十二章　数据描述　第三节、第四节
	第六十二天	总结整理第十一章、第十二章笔记、错题
	第六十三天	总结整理第十一章、第十二章笔记、错题

数 学 试 卷 结 构

数学部分共 25 道小题，每题 3 分，满分 75 分，包含两种题型：问题求解与条件充分性判断。

1. 问题求解

题型描述如下：第 1～15 小题，每小题 3 分，共 45 分。下列每题给出的 A、B、C、D、E 五个选项中，只有一项是符合试题要求的．在答题卡上将所选项的字母涂黑．

【样题】某品牌的电冰箱经过两次降价 10% 后的售价是降价前的（   ）．

(A) 80%   (B) 81%   (C) 82%   (D) 83%   (E) 84%

【答案】B

【解析】设原价为 a，则降价两次后变为 $a \times (1-10\%) \times (1-10\%) = 0.81a$．
所以变为原来的 81%．

2. 条件充分性判断题

题型描述如下：第 16～25 小题，每小题 3 分，共 30 分．要求判断每题给出的条件 (1) 和条件 (2) 能否充分支持题干所陈述的结论．A、B、C、D、E 五个选项为判断结果，选择一项符合试题要求的判断，在答题卡上将所选项的字母涂黑．

(A) 条件 (1) 充分，但条件 (2) 不充分．

(B) 条件 (2) 充分，但条件 (1) 不充分．

(C) 条件 (1) 和条件 (2) 单独都不充分，但条件 (1) 和条件 (2) 联合起来充分．

(D) 条件 (1) 充分，条件 (2) 也充分．

(E) 条件 (1) 和条件 (2) 单独都不充分，条件 (1) 和条件 (2) 联合起来也不充分．

【样题】某人从 A 地出发，先乘时速为 220 千米的动车，后转乘时速为 100 千米的汽车到达 B 地．则 AB 两地的距离为 960 千米．

(1) 乘动车时间与乘汽车的时间相等．

(2) 乘动车时间与乘汽车的时间之和为 6 小时．

【答案】C

【解析】条件 (1) 和条件 (2) 都无法单独求出时间，考虑联合，联合后可求出时间均为 3 小时，AB 两地的距离为 $(220+100) \times 3 = 960$ 千米．

条件充分性判断题解题说明

1. 充分性定义

对两个命题 A 和 B 而言，若由命题 A 成立，肯定可以推出 B 也成立（即 A⇒B 为真命题），则称命题 A 是命题 B 成立的充分条件，或称命题 B 是命题 A 成立的必要条件.

【注意】A 是 B 的充分条件可以巧妙地理解为：有 A 必有 B，无 A 时 B 不定.

2. 解题说明与各选项含义

本类题要求判断所给出的条件能否充分支持题干中陈述的结论，即只要分析条件是否充分即可，而不必考虑条件是否必要. 阅读条件（1）和条件（2）后选择：

（A）条件（1）充分，但条件（2）不充分.

（B）条件（2）充分，但条件（1）不充分.

（C）条件（1）和条件（2）单独都不充分，但条件（1）和条件（2）联合起来充分.

（D）条件（1）充分，条件（2）也充分.

（E）条件（1）和条件（2）单独都不充分，条件（1）和条件（2）联合起来也不充分.

可以用下列形式加以描述：

（1）条件一		（2）条件二	
√		×	（A）
×		√	（B）
×	+	×＝√	（C）
√		√	（D）
×	+	×＝×	（E）

注："√"表示充分，"×"表示不充分，"+"表示两条件需要联合.

3. 常用的求解方法

（1）直接定义分析法（即由 A 推导 B）. 若由 A 可推导出 B，则 A 是 B 的充分条件；若由 A 推导出与 B 矛盾的结论，则 A 不是 B 的充分条件. 解法一是解"条件充分性判断"型题的最基本的解法，应熟练掌握.

（2）题干等价推导法（寻求题干结论的充分必要条件）. 即要判断 A 是否是 B 的充分条件，可找出 B 的充要条件 C，在判断 A 是否是 C 的充分条件.

（3）特殊反例法. 由条件中的特殊值或条件的特殊情况入手，推导出与题干矛盾的结论，从而得出条件不充分的选择.

【注意】特殊反例法不能用在条件具有充分性的肯定性的判断上. 因为某一个特值充分，不能说明其他数值也充分.

4. 解题的相应技巧

（1）当条件给定的参数范围落入题干成立范围时，即判断该条件是充分.

（2）对条件做不同标记，这样方便答题.

（3）当发现所给的两个条件是矛盾关系时，备选答案范围为 A、B、D、E.

（4）当发现所给的条件是包含关系时，比如条件二的范围包含条件一的范围，则备选答案范围为 A、D、E.

（5）当确定条件 1（或 2）具备充分性，条件 2（或 1）未定的情况时，备选答案范围为 A（或 B）、D.

（6）当确定条件 1（或 2）不具备充分性，条件 2（或 1）未定的情况时，备选答案范围为 B（或 A）、C、E.

【注意】考试中，很多考生不敢选 E 而导致丢掉应该得到的分数，所以在确定无误的情况下，要能够果断地选 E.

5. 例题演练

【例1】 N 是一个偶数，则可确定 $3M+2N$ 是奇数.

（1）M 是一个奇数.　　　　（2）M 是一个偶数.

【答案】A

【解析】条件（1）M 为奇数，N 为偶数，则 $3M$ 为奇数，$2N$ 为偶数，$3M+2N$ 是奇数充分.

条件（2）M 为偶数，N 为偶数，则 $3M$ 为偶数，$2N$ 为偶数，$3M+2N$ 是偶数不充分.

【例2】 已知 m、n 为整数，则 $\dfrac{n}{m}$ 能化成有限小数.

（1）m、n 互质.　　　　（2）m 中只含有质因数 5 或 2.

【答案】B

【解析】显然条件（1）不成立，例如 $\dfrac{2}{3}$；对于一个分数如果分母的质因数只有 2 或 5，则该分数能化为有限小数，条件（2）充分.

【例3】 分数的分母比分子大 34.

（1）分子与分母的和是 76.

（2）分子减去 11，分母减去 25，约分后分数等于 $\dfrac{1}{3}$.

【答案】C

【解析】条件（1）、条件（2）显然单独不成立，因此考虑联合，设分数为 $\dfrac{a}{b}$，

$\begin{cases} a+b=76 \\ \dfrac{a-11}{b-25}=\dfrac{1}{3} \end{cases}$，解得 $\begin{cases} a=55 \\ b=21 \end{cases}$，故 $a-b=34$，故选 C.

【例4】 $b^a=9$.

（1）$|a-2|$ 与 $(b+3)^2$ 互为相反数实数.

（2）a 是质数，b 是奇数，且 $a^2+b=7$.

【答案】D

【解析】由条件（1）可以知道$|a-2|+(b+3)^2=0$，可以知道$a=2$，$b=-3$；由条件（2）知道a只可能为2，从而计算出b为3.

【例5】$p=mq+1$为质数.

（1）m为正整数，q为质数.

（2）m、q均为质数.

【答案】E

【解析】条件（1），取$m=3$、$q=5$，则$p=16$，不充分.

条件（2），同理取$m=3$、$q=5$，不充分，联合两条件，即为条件（2），亦不充分.

数 学 考 试 大 纲

（一）算术

1. 整数

（1）整数及其运算

（2）整除、公倍数、公约数

（3）奇数、偶数

（4）质数、合数

2. 分数、小数、百分数

3. 比与比例

4. 数轴与绝对值

（二）代数

1. 整式

（1）整式及其运算

（2）整式的因式与因式分解

2. 分式及其运算

3. 函数

（1）集合

（2）一元二次函数及其图像

（3）指数函数、对数函数

4. 代数方程

（1）一元一次方程

（2）一元二次方程

（3）二元一次方程组

5. 不等式

（1）不等式的性质

（2）均值不等式

（3）不等式求解

6. 数列、等差数列、等比数列

（三）几何

1. 平面图形

（1）三角形

（2）四边形

（3）圆与扇形

2．空间几何体

（1）长方体

（2）柱体

（3）球体

3．平面解析几何

（1）平面直角坐标系

（2）直线方程与圆的方程

（3）两点间距离公式与点到直线的距离公式

（四）数据分析

1．计数原理

（1）加法原理、乘法原理

（2）排列与排列数

（3）组合与组合数

2．数据描述

（1）平均值

（2）方差与标准差

（3）数据的图表表示（直方图、饼图、数表）

3．概率

（1）事件及其简单运算

（2）加法公式

（3）乘法公式

（4）古典概型

（5）贝努里概型

目　　录

附录

第一章 实数与绝对值

本章内容主要涉及实数与绝对值两个方面,实数部分是数的入门,也是数学学习的入门,更是联考备考的入门. 绝对值部分命题方向较多,也较为灵活,同时也是重点、难点. 对于本章在学习时不仅需要掌握基本概念、实数性质、运算技巧等,更要有能力站在一定高度对各部分知识做综合归纳.

本章在考试中一般有 1~2 道题,对于考生,建议在学习时要注意概念的理解及应用,不要死记硬背概念和公式,要通过做题来加深对概念和公式的掌握.

第一节 夯实基本功

一、实数部分

1. 实数

$$
\text{实数}\begin{cases}
\text{有理数}\left[\dfrac{q}{p}(p,q\text{均为整数})\right]\begin{cases}
\text{整数}\begin{cases}
\text{正整数,如:1,4,7}\Big\}\text{自然数}\\
\text{零,如:0}\\
\text{负整数,如:}-1,-4,-7
\end{cases}\\
\text{分数}\begin{cases}
\text{正分数,如:}\dfrac{1}{2},\dfrac{7}{3},3\dfrac{1}{4}\\
\text{负分数,如:}-\dfrac{1}{2},-\dfrac{7}{3},-3\dfrac{1}{4}
\end{cases}
\end{cases}\\
\text{无理数(无限不循环小数)}\begin{cases}
\text{两符号,如:}\pi\approx3.1415,e\approx2.71828\\
\text{开方开不尽的数,如:}\sqrt{2}\approx1.414,\sqrt{3}\approx1.732,\sqrt{5}\approx2.236\\
\text{取不尽的对数,如:}\log_3 2
\end{cases}
\end{cases}
$$

2. 奇数、偶数、数的奇偶性

(1) 定义.

1) 奇数:不能被 2 整除的整数叫奇数. 奇数在生活中也叫单数,如-3、-1、1、3、5、…,奇数可表示为 $2k+1$,这里 k 为整数.

2) 偶数:能被 2 整除的整数叫偶数. 偶数在生活中也叫双数,如-4、-2、0、2、4、…,偶数可表示为 $2k$,这里 k 为整数(尤其要注意 0 是偶数).

(2) 数的奇偶性.

1) 奇数±奇数=偶数;奇数±偶数=奇数;偶数±偶数=偶数.

2) 奇数×奇数=奇数;奇数×偶数=偶数;偶数×偶数=偶数.

3) 奇数的正整数次幂是奇数;偶数的正整数次幂是偶数.

【典例 1】(条件充分性判断题)

(2012 年 1 月)已知 m、n 是正整数,则 m 是偶数.

（1）$3m+2n$ 是偶数．

（2）$3m^2+2n^2$ 是偶数．

【答案】 D

【考点】 数的奇偶性．

【解析】 条件（1）$3m+2n$ 是偶数，$2n$ 也是偶数，则 $3m$ 是偶数，m 必是偶数．

条件（2）$3m^2+2n^2$ 是偶数，$2n^2$ 也是偶数，则 $3m^2$ 是偶数，m^2 是偶数，m 必是偶数，故选 D．

【归纳】 数的奇偶性常常是结合质数和合数一并考查，同时常常取特值分析验证．

3．质数、合数、互质数

（1）定义．

1）质数：如果一个大于 1 的正整数，只能被 1 和它本身整除（只有 1 和其本身两个约数），那么这个正整数叫作质数（质数也称素数）．质数可理解成只有一种拆分形式，如：$7=1\times7$．

2）合数：如果一个大于 1 的正整数，除了能被 1 和它本身整除外，还能被其他的正整数整除（除了 1 和其本身之外，还有其他约数），那么这个正整数叫作合数．合数有多种拆分形式，如：$6=1\times6=2\times3$．

3）互质数：公约数只有 1 的两个数称为互质数，如 9 和 16．

（2）性质．

1）正整数可分为质数、合数和"1"三类．质数和合数均为正数；"1"既不是质数，也不是合数．

2）"2"是最小的质数，也是质数中唯一一个偶数．

3）"4"是最小的合数．

4）20 以内常见的质数有 2、3、5、7、11、13、17、19．

5）如果两个质数的和或差是奇数，那么其中必有一个是 2．

6）如果两个质数的积是偶数，那么其中也必有一个是 2．

7）若正整数 a，b 的积是质数 p，则必有 $a=p$ 或 $b=p$．

【典例 2】（条件充分性判断题）

（2013 年 1 月）$p=mq+1$ 为质数．

（1）m 为正整数，q 为质数．

（2）m、q 均为质数．

【答案】 E

【考点】 质数与数的奇偶性．

【解析】 利用数的奇偶性分析题干：

若 $p=mq+1$ 为质数且为偶数，则 $p=mq+1=2$，只有当 m 和 q 都等于 1 时成立，但根据两个条件，m 和 q 均无法同时取到 1．

若 $p=mq+1$ 为质数且为奇数，则 mq 为偶数，但根据两个条件，无法保证 mq 一定为偶数，故都不充分，答案选 E．

【技巧】 特值法，取 $m=q=3$ 时，既满足条件（1）也满足条件（2），但 $p=mq+1=$

10 不是质数，因此两条件均不充分，故选 E.

【归纳】关于质数与合数的问题，往往命题中会涉及数的奇偶性一并考查.

4. 分数、小数、百分数

（1）定义.

1）分数：将单位"1"平均分成若干份，表示这样的一份或几份的数叫作分数.

a. 真分数：分子比分母小的分数，叫作真分数. 真分数的分数值＜1，如：$\frac{1}{2}$，$\frac{2}{3}$，$\frac{5}{7}$.

b. 假分数：分子大于或者等于分母的分数，叫作假分数. 假分数的分数值≥1，如：$\frac{3}{2}$，$\frac{13}{5}$.

c. 带分数：带分数是假分数的另外一种形式. 非零整数与真分数相加（负整数时与真分数相减）所成的分数，如：$\frac{3}{2}=1\frac{1}{2}$，$\frac{13}{5}=2\frac{3}{5}$.

d. 最简分数：分子、分母只有公因数 1 的分数，或者说分子和分母互质的分数，叫作最简分数，又称既约分数.

2）小数：小数由整数部分、小数部分和小数点组成，如：1.25，0.52，－3.41.

a. 纯小数：整数部分是零的小数，如：0.52，0.36.

b. 混小数：整数部分不是零的小数，如：1.52，7.36.

c. 纯循环小数：循环节从小数部分第一位开始的，如：$0.\dot{1}\dot{2}=0.121212\cdots$，$0.\dot{6}=0.66666\cdots$.

d. 混循环小数：循环节不是从小数部分第一位开始的，如：$0.66\dot{7}=0.667777\cdots$.

3）百分数：百分数也叫作百分率或百分比，是一种表达比例、比率或分数数值的方法.

（2）性质.

1）求小数的整数部分与小数部分的步骤：

第一步：先确定整数部分，遵循原则，整数部分小于该小数.

第二步：再确定小数部分，遵循原则，小数部分＝这个小数－整数部分.

【典例 3】确定 5.2 的整数部分与小数部分？

【解析】因为 5＜5.2＜6，所以整数部分为 5，又因为 5.2－5＝0.2，所以小数部分为 0.2.

【典例 4】确定－5.2 的整数部分与小数部分？

【解析】因为－6＜－5.2＜－5，所以整数部分为－6，又因为－5.2－（－6）＝0.8，所以小数部分为 0.8.

2）循环小数化分数的规律.

分母：有几个循环的数写几个"9"，有几个不循环的数写几个"0".

分子：小数点后面部分减去不循环的数.

【典例 5】$0.23 = \dfrac{23}{100}$.

【典例 6】$0.\dot{2}\dot{3} = \dfrac{23}{99}$.

【典例 7】$0.2\dot{3} = \dfrac{23-2}{90} = \dfrac{21}{90}$.

【典例 8】如 $0.54\dot{3}2\dot{1}$，其中 321 循环，化成分数为 $= \dfrac{54321-54}{99900}$.

5. 有理数、无理数

（1）定义.

1）有理数：有限小数或无限循环小数，有理数可以写成 $\dfrac{q}{p}$（p、q 均为整数），如：
2.23，$1.2\dot{3}$，$\dfrac{1}{3}$，$-\dfrac{3}{7}$.

2）无理数：无限不循环小数.

（2）常见无理数.

1）两个符号：$\pi \approx 3.1415$，$e \approx 2.71828$.

2）开方开不尽的数，如 $\sqrt{2} \approx 1.414$，$\sqrt{3} \approx 1.732$，$\sqrt{5} \approx 2.236$.

3）取不尽的对数，如 $\log_3 2$.

（3）无理数与有理数"门当户对"原则. 有理数部分与有理数部分相对应，无理数与无理数部分相对应.

【典例 9】（2009 年 10 月）若 x，y 是有理数，且满足 $(1+2\sqrt{3})x + (1-\sqrt{3})y - 2 + 5\sqrt{3} = 0$，则 x，y 的值分别为（　　）.

A. 1，3　　B. -1，2　　C. -1，3　　D. 1，2　　E. 以上均不正确

【答案】C

【考点】无理数对应项系数.

【解析】原式整理后，为 $(x+y-2) + (2x-y+5)\sqrt{3} = 0$，所以有理数和无理数部分分别为 0. 即 $\begin{cases} x+y-2=0 \\ 2x-y+5=0 \end{cases} \Rightarrow \begin{cases} x=-1 \\ y=3 \end{cases}$，故选 C.

【归纳】无理数表达式化简时将有理数部分、无理数部分区分开来，再根据对应部分相等进行分析.

（4）有理数与无理数的四则运算.

1）有理数加/减/乘/除有理数，结果仍为有理数.

2）有理数加/减无理数，结果仍为无理数.

3）非零有理数乘/除无理数，结果仍为无理数，如 $0 \times \sqrt{3} = 0$.

4）无理数加/减/乘/除无理数，结果无法确定. 如 $\sqrt{2} \times \sqrt{3} = \sqrt{6}$（无理数），$\sqrt{2} - \sqrt{2} = 0$（有理数）.

（5）无理数整数部分与小数部分.

【典例 10】$\sqrt{7}$ 的整数部分与小数部分分别为多少？

【解析】因为 $\sqrt{4}<\sqrt{7}<\sqrt{9}$，即 $2<\sqrt{7}<3$，所以整数部分为 2，小数部分为 $\sqrt{7}-2$.

【归纳】1）在所给无理数两边找寻开方开得尽的数，对所给无理数的大小进行估算，然后先确定整数部分，遵循原则，整数部分小于该小数.

2）再确定小数部分，遵循原则，小数部分＝这个小数－整数部分.

【典例 11】$\sqrt[3]{13}$ 的整数部分与小数部分分别为多少？

【解析】因为 $\sqrt[3]{8}<\sqrt[3]{13}<\sqrt[3]{27}$，即 $2<\sqrt[3]{13}<3$，所以整数部分为 2，小数部分为 $\sqrt[3]{13}-2$.

（6）无理数配方.

【公式】$\sqrt{(m+n)\pm 2\sqrt{m\cdot n}}=\sqrt{m}\pm\sqrt{n}$ $(m\geq n,m\geq 0,n\geq 0)$

【证明】$\sqrt{(m+n)\pm 2\sqrt{m\cdot n}}=\sqrt{(\sqrt{m})^2\pm 2\sqrt{m}\cdot\sqrt{n}+(\sqrt{n})^2}=\sqrt{(\sqrt{m}\pm\sqrt{n})^2}$
$$=\sqrt{m}\pm\sqrt{n}(m\geq n,m\geq 0,n\geq 0)$$

【典例 12】已知 $\sqrt{5-2\sqrt{6}}=a\sqrt{2}+b\sqrt{3}+c$，求 $a+b+c$ 的值？

【解析】根据配方公式有 $\sqrt{5-2\sqrt{6}}=\sqrt{3}-\sqrt{2}$，再根据"门当户对"原则，有 $a=-1$，$b=1$，$c=0$，所以 $a+b+c=0$.

6. 整除

（1）定义. 当整数 a 除以非零整数 b，商正好是整数而无余数时，则称 a 能被 b 整除或 b 能整除 a，符号可表示为 $b\mid a$，a 是被除数，b 是除数.

如：$6\div 3=2$，称 6 能被 3 整除或 3 能整除 6，符号可表示为 $3\mid 6$.

（2）性质.

1）观察末位整除.

a. 末一位能被 2 整除，则此数能被 2 整除，如 72.

b. 末两位能被 4 整除，则此数能被 4 整除，如 732.

c. 末三位能被 8 整除，则此数能被 8 整除，如 1720.

d. 末位是 0 或 5，则此数能被 5 整除，如 175.

2）观察数位和整除.

a. 各个数位之和能被 3 整除. 如 312，各个数位之和等于 $3+1+2=6$，6 能被 3 整除，即可判断 312 能被 3 整除.

b. 各个数位之和能被 9 整除. 如 315，各个数位之和等于 $3+1+5=9$，9 能被 9 整除，即可判断 315 能被 9 整除.

（3）关于 6 的整除：同时满足能被 2 和 3 整除的条件. 如 312，各个数位和为 6，能被 3 整除，末位是 2，能被 2 整除，所以 312 能被 6 整除.

（4）关于 7 的整除：可使用截尾法，即截尾乘 2 再相减. 如判断 315 是否能被 7 整除.

$$\begin{array}{r} 31\mid 5 \\ -2\times 5\mid \\ \hline 21\mid \end{array}$$，最后剩余的 21 能被 7 整除，即可判断 315 能被 7 整除.

【典例13】判断 3003 能否被 7 整除.

【解析】

$$\begin{array}{r} 3\,00|3 \\ -2\times 3| \\ \hline 29|4| \\ -2\times 4| \\ \hline 21| \end{array}$$

，最后剩余的 21 能被 7 整除，即可判断 3003 能被 7 整除.

（5）关于 10 的整除：个位一定为 0.

（6）关于 11 的整除：该数从右向左，奇数位数字之和减去偶数位数字之和能被 11 整除（包括 0）．如 81752，从右向左奇数位数字之和为 $2+7+8=17$，从右向左偶数位数字之和为 $5+1=6$，$17-6=11$ 显然能被 11 整除，所以 81752 能被 11 整除.

7. 约数、倍数

（1）定义．当 a 能被 b 整除时，称 a 是 b 的倍数，b 是 a 的约数.

（2）性质．若正整数 m，质因数分解后 $m=x^a y^b z^c$，其中 x、y、z 为互不相同的质数．则正整数 m 共有约数 $(a+1)(b+1)(c+1)$ 个；所有约数的和为 $(x^0+x^1+\cdots+x^a)(y^0+y^1+\cdots+y^b)(2^0+2^1+\cdots+2^c)$.

【典例14】12 有多少个约数？所有约数和为多少？

【解析】因为 $12=2^2\times 3^1$，所以，12 共有约数 $(2+1)\times(1+1)=6$ 个，所以，12 所有约数和为 $(2^0+2^1+2^2)\times(3^0+3^1)=28$.

（3）推广（了解即可）．若正整数 m，质因数分解后 $m=a_1^{b_1}a_2^{b_2}\cdots a_n^{b_n}$，其中 a_1，a_2，$\cdots$，a_n 为互不相同的质数．则正整数 m 共有约数 $(b_1+1)(b_2+1)\cdots(b_n+1)$ 个；所有约数的和为 $(a_1^0+a_1^1+a_1^2+\cdots+a_1^{b_1})(a_2^0+a_2^1+a_2^2+\cdots+a_2^{b_2})\cdots(a_n^0+a_n^1+a_n^2+\cdots+a_n^{b_n})$.

8. 最大公约数、最小公倍数

（1）定义.

1）最大公约数：两个或多个整数的公约数里最大的那一个叫作它们的最大公约数，整数 a，b 的最大公约数记为 $(a，b)$.

2）最小公倍数：两个或多个整数的公倍数里最小的那一个叫作它们的最小公倍数，整数 a，b 的最小公倍数记为 $[a，b]$.

（2）性质.

1）短除法（一般适用于两个数求解）.

【典例15】求 12 和 15 的最大公约数和最小公倍数.

【解析】

$$\begin{array}{r} 3\,|\underline{12\quad 15} \\ 4\quad 5\,(互质) \end{array}$$

最大公约数：3；最小公倍数：$3\times 4\times 5=60$.

【归纳】a. 短除法一般适用于求两个数的公约数或公倍数，多个数使用时较为麻烦.

b. 短除法使用后，剩下的 4、5 两数没有公约数，称之为互质.

2）质因数分解法.

【典例16】求 12，15，20 三个数的最小公倍数.

【解析】$12=2^2\times3$，$15=3\times5$，$20=2^2\times5$，最小公倍数：$2^2\times3\times5=60$.

【归纳】a. 质因数分解法，是通用的方法，适用于多个数求解.

b. 分解后，寻找次幂最高的乘到一起，就是最小公倍数.

c. 质因数分解并不是难点，但不失为一个重点，更是一个技能.

d. 多个数求解时，很有可能不存在最大公约数，属正常现象.

【性质1】乘法性质. 最大公约数×最小公倍数＝两数本身相乘.

【性质2】除法性质. 最小公倍数÷最大公约数＝互质两数乘积⇒对其拆分，拆分后，分别乘以最大公约数，可以将两数还原.

【归纳】a. 目的是为还原这两个数的真实面貌；

b. 方法是学会拆分；

c. 关键是拆分后一定要互质.

【典例17】已知两正整数，最大公约数为6，最小公倍数为120，则满足条件的数有几组？

【解析】$\dfrac{120}{6}=20\xrightarrow{\text{拆分}}\begin{cases}1\\20\end{cases}\begin{cases}2\\10\end{cases}\begin{cases}4\\5\end{cases}$，这其中$\begin{cases}2\\10\end{cases}$（舍）因为不互质，故满足条件的共有2组.

9. 余数

（1）定义：若 $a\div b=c\cdots r$，则 a 称为被除数，b 称为除数，c 称为商，r 称为余数. 如：$17\div5=3\cdots2$，即17称为被除数，5称为除数，3称为商，2称为余数.

（2）性质.

1）被除数减掉余数可整除，即 $(17-2)\div5=3$.

2）除数一定大于余数. 若除数小于余数，说明并未除尽；若除数等于余数，说明整除.

10. 比与比例

（1）定义.

1）比：两个数相除，又称为这两个数的比，即 $a:b=\dfrac{a}{b}$.

2）比例：相等的比称为比例，记作 $a:b=c:d$ 或 $\dfrac{a}{b}=\dfrac{c}{d}$.

3）正比：两变量 x、y 比值为非零常数，则 x、y 成正比，即 $y=kx$ （$k\neq0$）.

4）反比：两变量 x、y 乘积为非零常数，则 x、y 成反比，即 $y=\dfrac{k}{x}$ （$k\neq0$）.

（2）性质.

1）若 $a:b=c:d$，则 $\dfrac{a}{b}=\dfrac{c}{d}\Leftrightarrow ad=bc$.

2）合比定理：$\dfrac{a}{b}=\dfrac{c}{d}\Leftrightarrow\dfrac{a\pm b}{b}=\dfrac{c\pm d}{d}$.

证明：$\dfrac{a}{b}+1=\dfrac{c}{d}+1\Leftrightarrow\dfrac{a+b}{b}=\dfrac{c+d}{d}$；$\dfrac{a}{b}-1=\dfrac{c}{d}-1\Leftrightarrow\dfrac{a-b}{b}=\dfrac{c-d}{d}$.

应用：通过"加、减"分母消掉变量，以达化简、求解目的.

【典例18】已知 $\dfrac{x+y}{y}=\dfrac{5}{3}$，求 $\dfrac{x}{y}$.

【解析】$\dfrac{x+y-y}{y}=\dfrac{5-3}{3}=\dfrac{2}{3}$.

3）等比定理：$\dfrac{a}{b}=\dfrac{c}{d}=\dfrac{e}{f}=\dfrac{a\pm c\pm e}{b\pm d\pm f}$ （$b\pm d\pm f\neq0$）.

证明：令 $\dfrac{a}{b}=\dfrac{c}{d}=\dfrac{e}{f}=k$，则 $a=kb$，$c=kd$，$e=kf$，

则 $\dfrac{a+c+e}{b+d+f}=\dfrac{kb+kd+kf}{b+d+f}=k$，故 $\dfrac{a}{b}=\dfrac{c}{d}=\dfrac{e}{f}=\dfrac{a+c+e}{b+d+f}=k$，

又因为 $\dfrac{a}{b}=\dfrac{-a}{-b}$，所以 $\dfrac{a}{b}=\dfrac{c}{d}=\dfrac{e}{f}=\dfrac{a\pm c\pm e}{b\pm d\pm f}$ （$b\pm d\pm f\neq0$）.

【典例19】若非零实数 a、b、c、d 满足等式 $\dfrac{a}{b+c+d}=\dfrac{b}{a+c+d}=\dfrac{c}{a+b+d}=\dfrac{d}{a+b+c}=n$，则 n 的值为（　　）.

A. -1 或 $\dfrac{1}{4}$　　　　B. $\dfrac{1}{3}$　　　　C. $\dfrac{1}{4}$　　　　D. -1　　　　E. -1 或 $\dfrac{1}{3}$

【解析】当 $a+b+c+d\neq0$ 时，$\dfrac{a}{b+c+d}=\dfrac{b}{a+c+d}=\dfrac{c}{a+b+d}=\dfrac{d}{a+b+c}=\dfrac{a+b+c+d}{3(a+b+c+d)}=\dfrac{1}{3}$，当 $a+b+c+d=0$ 时，则 $b+c+d=-a$，$n=\dfrac{a}{b+c+d}=\dfrac{a}{-a}=-1$，答案选 E.

11. 均值不等式

（1）定义.

1）两个数的均值不等式：$\underbrace{\dfrac{a+b}{2}}_{\text{算术平均数}}\geqslant\underbrace{\sqrt[2]{ab}}_{\text{几何平均数}}$.

2）三个数的均值不等式：$\underbrace{\dfrac{a+b+c}{3}}_{\text{算术平均数}}\geqslant\underbrace{\sqrt[3]{abc}}_{\text{几何平均数}}$.

3）n 个数的均值不等式：$\underbrace{\dfrac{a_1+a_2+\cdots+a_n}{n}}_{\text{算术平均数}}\geqslant\underbrace{\sqrt[n]{a_1a_2\cdots a_n}}_{\text{几何平均数}}$.

（2）成立的"3+1"个条件. 口诀：一正、二定、三相等、四进阶.

1）一正：指的是所有数据均为正数.

2）二定：①若和为定值，则积有最大值；②若积为定值，则和有最小值.

3）三相等：当且仅当 $a=b=c$ 时，等号成立.

4）四进阶：当数值越"接近"相等时，越"接近"最值.

（3）应用价值：均值不等式主要用于求解最值.

【典例20】比较四个乘积 21×29、22×28、23×27、24×26 的大小关系.

【解析】因为这一组数据的和为定值，都为 50，故乘积有最大值，当且仅当均为 25

时取得最大值，所给数据中 24 和 26 最为接近相等，故最接近最大值.

【典例 21】求 $y = x + \dfrac{1}{x}$ 的取值范围？

【解析】当 $x > 0$ 时，$y = x + \dfrac{1}{x} \geqslant 2\sqrt{x \cdot \dfrac{1}{x}} = 2$，即 $y \geqslant 2$，当且仅当 $x = \dfrac{1}{x} = 1$ 时取得等号，当 $x < 0$ 时，无法直接使用均值不等式，必须实施转化，转化为正数才可以使用，$-y = (-x) + \dfrac{1}{(-x)} \geqslant 2\sqrt{(-x) \times \dfrac{1}{(-x)}} = 2$，即 $y \leqslant -2$，当且仅当 $-x = \dfrac{1}{-x} = 1$，即 $x = -1$ 时取得等号，综上 $y \leqslant -2$ 或 $y \geqslant 2$.

【典例 22】（条件充分性判断题）

（2009 年 10 月）$a + b + c + d + e$ 的最大值是 133.

（1）a、b、c、d、e 是大于 1 的自然数，且 $abcde = 2700$.

（2）a、b、c、d、e 是大于 1 的自然数，且 $abcde = 2000$.

【答案】B

【考点】均值不等式.

【解析】对于均值不等式而言，当乘积为定值的时候，数据越接近相等，和就越接近最小值，而题干要求推导的结论是和取得最大值，所以在积为定值的前提下，数据越不接近相等，则越接近相反的最大值.

（1）当 $abcde = 2700 = 2 \times 2 \times 3 \times 3 \times 75$ 时，$a + b + c + d + e$ 的最大值为 $2 + 2 + 3 + 3 + 75 = 85$，不充分.

（2）当 $abcde = 2000 = 2 \times 2 \times 2 \times 2 \times 125$ 时，$a + b + c + d + e$ 的最大值为 $2 + 2 + 2 + 2 + 125 = 133$，充分.

【归纳】均值不等式使用条件：

1）所有数据均为正.

2）和为定值，积有最大值；积为定值，和有最小值.

3）当且仅当相等时，等号成立，取得最值.

另：当且仅当"越接近相等"越接近最值.

【引申】当 $abcde = 2000 = 4 \times 4 \times 5 \times 5 \times 5$ 时，$a + b + c + d + e$ 的最小值为 $4 + 4 + 5 + 5 + 5 = 23$.

二、绝对值部分

1. 绝对值定义

定义：即 $|a| = \begin{cases} a, & a \geqslant 0 \\ -a, & a \leqslant 0 \end{cases}$.

归纳：绝对值符号，对零和正整数无影响，只对负数有影响，而这个影响是取其相反数.

价值：根据定义用于去绝对值符号.

【典例 23】若 $|a| > a$，则 a 的取值范围？

【解析】$a < 0$.

【典例 24】若 $|a|\geqslant a$，则 a 的取值范围？

【解析】$a\in R$.

【典例 25】若 $|a|<a$，则 a 的取值范围？

【解析】$a\in\varnothing$.

【典例 26】若 $|a|\leqslant a$，则 a 的取值范围？

【解析】$a\geqslant 0$.

2. 绝对值自比性

自比性：即 $\dfrac{x}{|x|}=\dfrac{|x|}{x}=\begin{cases}1, & x>0 \\ -1, & x<0\end{cases}$.

【典例 27】表达式 $\dfrac{a}{|a|}+\dfrac{|b|}{b}+\dfrac{c}{|c|}$ 的取值情况有几种？

【解析】$\dfrac{a}{|a|}+\dfrac{|b|}{b}+\dfrac{c}{|c|}=\begin{cases}3, & 3\ 为正 \\ 1, & 2\ 正\ 1\ 负 \\ -1, & 1\ 正\ 2\ 负 \\ -3, & 3\ 为负\end{cases}$，即 3、1、-1、-3 共计四种.

3. 绝对值非负性

（1）非负性：即 $|x|\geqslant 0$.

（2）常见非负性的量.

1）绝对值，如 $|a|\geqslant 0$.

2）偶次方，如 $x^2\geqslant 0$，$x^4\geqslant 0$.

3）偶次方根，如 $\sqrt{x}\geqslant 0$，$\sqrt[4]{x}\geqslant 0$.

（3）命题思路.

1）若干个非负性的量相加和为零，则每一部分分别为零.

【典例 28】若 $|x-1|+(y-2)^2+\sqrt{z-3}=0$，则 $x+y+z=($).

【解析】根据非负性，$x=1$、$y=2$、$z=3$，$x+y+z=6$.

2）若干个非负性的量相加，则和仍为非负性量，用于求解最值. 现以平方为例：

a. 若 $f(x)=a+g^2(x)\geqslant a$，则表达式 $f(x)$ 最小值为 a.

b. 若 $f(x)=a-g^2(x)\leqslant a$，则表达式 $f(x)$ 最大值为 a.

【典例 29】求 $f(x)=x^2-2x+5$ 的最小值为多少？

【解析】因为 $f(x)=(x-1)^2+4$，所以 $f(x)$ 最小值为 4.

4. 绝对值几何意义

（1）定义.

1）$|a|$ 表示，数轴上点 a 到坐标原点的距离（图 1-1）.

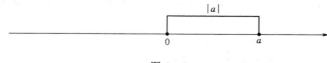

图 1-1

2）$|a-b|$ 表示数轴上 a、b 两点之间距离（图 1-2）.

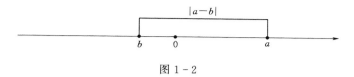

图 1-2

（2）命题方向.

1）两个绝对值相加. 形如 $|x-a|+|x-b|$，表示数轴上 x 到 a 和 b 两点距离之和（图 1-3）.

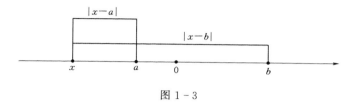

图 1-3

【典例 30】已知表达式 $|x-2|+|x-6|$，则

a. 有最大值还是有最小值，值为多少？

b. 当 x 为何值时取得最值？

【解析】$|x-2|+|x-6|$ 表示数轴上 x 到 2 和 6 两点距离之和（图 1-4）.

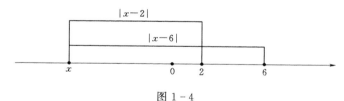

图 1-4

当 $x<2$ 或 $x>6$ 时，随着 x 远离 2 和 6 两点，表达式值越来越大，故表达式无最大值.

当 $2 \leqslant x \leqslant 6$ 时，x 到 2 和 6 两点的距离之和最小，为 2 和 6 两点之间距离 $|2-6|=4$.

所以，表达式 $|x-2|+|x-6|$：①无最大值，有最小值，值为 2 和 6 两点之间距离，即 $|2-6|=4$. ②当 $x \in [2, 6]$ 时，取得最小值.

【归纳】表达式 $|x-a|+|x-b|$（图 1-5）：

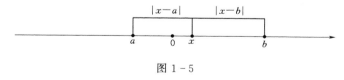

图 1-5

a. 无最大值，有最小值，值为 a 和 b 两点之间距离，即 $|a-b|$.

b. 当 $x \in [a, b]$ 时，取得最小值.

【关键】取得最小值的关键是计算距离时，距离是否有重复，重复越少越好.

【典例 31】a. 方程 $|x-2|+|x-6|=1$，是否有解，解为多少？

b. 方程 $|x-2|+|x-6|=4$，是否有解，解为多少？

c. 方程 $|x-2|+|x-6|=6$，是否有解，解为多少？

【解析】已知表达式 $|x-2|+|x-6|$ 有最小值 4，无最大值.

a. 方程 $|x-2|+|x-6|=1$，因为现在表达式值等于 1 小于最小值 4，所以无解.

b. 方程 $|x-2|+|x-6|=4$，因为现在表达式值等于 4 刚好等于最小值 4，所以有无数解，解为 $x\in[2,4]$，即 $2\leqslant x\leqslant 6$ 取值都是方程的解.

c. 方程 $|x-2|+|x-6|=6$，因为现在表达式值等于 6 大于最小值 4，所以有两个，从数轴来看两个解在 2 的左侧和 6 的右侧，解为 $x_1=1$ 或 $x_2=7$（图 1-6）.

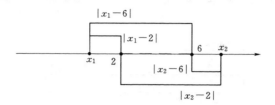

图 1-6

【技巧】求两个解的技巧，利用几何意义快速求解，用 d 表示解到两端点 2 和 6 的距离，$d=\dfrac{6-|2-6|}{2}=1$，所以，两个根分别为解为 $x_1=1$ 或 $x_2=7$.

【归纳】a. 方程 $|x-a|+|x-b|=S$，当 $S<|a-b|$ 时，即小于最小值，方程无解.

b. 方程 $|x-a|+|x-b|=S$，当 $S=|a-b|$ 时，即等于最小值，方程有无数解，解为 $x\in[a,b]$.

c. 方程 $|x-a|+|x-b|=S$，当 $S>|a-b|$ 时，即大于最小值，方程有两个解，求法，$d=\dfrac{S-|a-b|}{2}$，表示两个解到两端点 a 和 b 的距离.

【典例 32】a. $|x-2|+|x-6|>S$ 解为 R，则 S 取值范围？

b. $|x-2|+|x-6|\geqslant S$ 解为 R，则 S 取值范围？

c. $|x-2|+|x-6|<S$ 解为 $\varnothing$，则 S 取值范围？

d. $|x-2|+|x-6|\leqslant S$ 解为 $\varnothing$，则 S 取值范围？

【解析】因为表达式 $|x-2|+|x-6|$ 有最小值 4，无最大值.

a. $|x-2|+|x-6|>S$ 解为 R，则 S 取值范围？

当 $S<4$ 时，即小于最小值，此时无论 x 取何值，表达式 $|x-2|+|x-6|>S$ 一定成立，满足解为 R.

综上：$|x-2|+|x-6|>S$ 解为 R，则 $S<4$.

b. $|x-2|+|x-6|\geqslant S$ 解为 R，则 S 取值范围？

当 $S\leqslant 4$ 时，即小于等于最小值，此时无论 x 取何值，表达式 $|x-2|+|x-6|\geqslant S$ 一定成立，满足解为 R；单独讨论 $S=4$，即 $|x-2|+|x-6|\geqslant 4$ 是否解为 R，根据几何意义我们知道，当 $x<2$ 或 $x>6$ 时，$|x-2|+|x-6|>4$ 成立，当 $2\leqslant x\leqslant 6$ 时，$|x-2|+|x-6|=4$ 也成立，所以 S 可以取到 4.

综上：$|x-2|+|x-6|\geqslant S$ 解为 R，则 $S\leqslant 4$.

c. $|x-2|+|x-6|<S$ 解为 $\varnothing$，则 S 取值范围？

当 $S \leqslant 4$ 时，即小于等于最小值，此时无论如何都找不到 x，使得表达式 $|x-2|+|x-6|<S$ 成立，满足解集为 $\varnothing$. 单独讨论 $S=4$，即 $|x-2|+|x-6|<4$ 是否解为 $\varnothing$，根据几何意义我们知道，当 $x<2$ 或 $x>6$ 时，表达式 $|x-2|+|x-6|>4$，所以此时，无满足条件的 x，使得 $|x-2|+|x-6|<4$，当 $2\leqslant x \leqslant 6$ 时，$|x-2|+|x-6|=4$，所以此时，也无满足条件的 x，使得 $|x-2|+|x-6|<4$.

综上：$|x-2|+|x-6|<S$ 解为 $\varnothing$，则 $S\leqslant 4$.

d. $|x-2|+|x-6|\leqslant S$ 解为 $\varnothing$，则 S 取值范围？

当 $S<4$ 时，即小于最小值，此时无论如何都找不到 x，使得表达式 $|x-2|+|x-6|\leqslant S$ 成立，满足解集为 $\varnothing$. 单独讨论 $S=4$，即 $|x-2|+|x-6|\leqslant 4$ 是否解为 $\varnothing$，根据几何意义我们知道，当 $x<2$ 或 $x>6$ 时，表达式 $|x-2|+|x-6|>4$，所以此时，无满足条件的 x，使得 $|x-2|+|x-6|\leqslant 4$，当 $2\leqslant x\leqslant 6$ 时，$|x-2|+|x-6|=4$，所以此时，当 x 在 2 和 6 之间取值时，$|x-2|+|x-6|=4$，则有解，解不是 $\varnothing$，所以 $S\neq 4$.

综上：$|x-2|+|x-6|\leqslant S$ 解为 $\varnothing$，则 $S<4$.

【技巧 1】"解集为 R"与"解为 $\varnothing$"的等价转化.

若 $f(x)>S$，解为 R，则等价于 $f(x)\leqslant S$ 解为 $\varnothing$；若 $f(x)\leqslant S$，解为 R，则等价于 $f(x)>S$ 解为 $\varnothing$.

【技巧 2】当解集为 R 时，前后等号的选取保持一致，如 $f(x)>S$，解为 R，则对应 S 的范围一定不含等号，无需讨论.

切记前提是"解集为 R"时有此规律，因此遇到"解为 $\varnothing$"时，马上转化为"解为 R"的求解.

【归纳】a. $|x-a|+|x-b|>S$ 解为 R，则 $S<|a-b|$，即小于最小值.

b. $|x-a|+|x-b|\geqslant S$ 解为 R，则 $S\leqslant |a-b|$，即小于等于最小值.

c. $|x-a|+|x-b|<S$ 解为 $\varnothing$，则 $S\leqslant |a-b|$，即小于等于最小值.

d. $|x-a|+|x-b|\leqslant S$ 解为 $\varnothing$，则 $S<|a-b|$，即小于最小值.

方法不等号完全"取反"，所以 a. 和 d.，b. 和 c. 对应 S 取值范围相同.

2）多个绝对值相加.

形如：$|x-a_1|+|x-a_2|+\cdots+|x-a_n|$，表示数轴上 x 到 $a_1,a_2,\cdots,a_n$ 各点距离之和.

【典例 33】表达式 $|x-2|+|x-6|+|x-8|$ 有最大值还是有最小值，值为多少？当 x 为何值时取得最值？

【解析】$|x-2|+|x-6|+|x-8|$ 表示数轴上 x 到 2、6 和 8 三个点距离之和（图 1-7）.

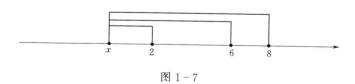

图 1-7

显然随着 x 的远离，表达式值越来越大，故表达式无最大值；而此时 x 所在位置，距离重复计算较多，为了取得最小值，应尽可能减少重复距离计算，不难发现当 $x=6$

时，无重复距离（图1-8）.

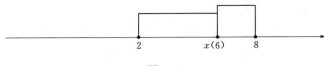

图1-8

当$x=6$时，则$|6-2|+|6-6|+|6-8|=6$，所以，表达式$|x-2|+|x-6|+|x-8|$无最大值，有最小值，值为6；且当$x=6$时，取得最小值$|6-2|+|6-6|+|6-8|=6$，$x=6$，6并不是中点，而是三个点中处于中间位置的点.

【典例34】表达式$|x-2|+|x-6|+|x-8|+|x-9|$有最大值还是有最小值，值为多少？当x为何值时取得最值？

【解析】$|x-2|+|x-6|+|x-8|+|x-9|$表示数轴上x到2、6、8和9四个点距离之和（图1-9）.

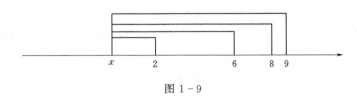

图1-9

显然随着x的远离，表达式值越来越大，故表达式无最大值；而此时x所在位置，距离重复计算较多，为了取得最小值，应尽可能减少重复距离计算，不难发现当$x\in[6,8]$时，重复距离最少（图1-10）.

图1-10

当$x\in[6,8]$时，不妨取$x=8$，则$|8-2|+|8-6|+|8-8|+|8-9|=9$.所以，表达式$|x-2|+|x-6|+|x-8|+|x-9|$，无最大值，有最小值，值为9；当$x\in[6,8]$时，取得最小值$|8-2|+|8-6|+|8-8|+|8-9|=9$.

【归纳】多个绝对值相加，无最大值，有最小值.

a. 若是奇数个绝对值相加，则x在中间1个点处取到最值.

b. 若是偶数个绝对值相加，则x在中间位置2个点之间取得最值（含两个端点）.

5. 绝对值不等式

（1）定义法解绝对值不等式：利用绝对值的定义，分段讨论去绝对值符号.

【典例35】解不等式$|x+2|+|x-1|>3$.

【解析】令$x+2=0$，解得$x=-2$，令$x-1=0$，解得$x=1$，于是，可分段讨论：

当$x<-2$时，有$-(x+2)+[-(x-1)]>3$，解得$x<-2$；当$-2\leqslant x<1$时，有$x+2-(x-1)>3$，解得$3>3$，故无解；当$x\geqslant1$时，有$x+2+(x-1)>3$，解得$x>1$.

综上，解集为 $x<-2$ 或 $x>1$.

（2）平方法解绝对值不等式：即 $|f(x)|\geqslant|g(x)|\Leftrightarrow f^2(x)\geqslant g^2(x)$.

【原理】$|f(x)|^2=f^2(x)$.

【技巧】利用平方差公式进一步整理得

$$f^2(x)-g^2(x)\geqslant0\Leftrightarrow[f(x)+g(x)][f(x)-g(x)]\geqslant0$$

即 $\qquad |f(x)|\geqslant|g(x)|\Leftrightarrow[f(x)+g(x)][f(x)-g(x)]\geqslant0$

【陷阱】只有当题目中两边都是非负性量时时才能用平方法，否则不能用平方法.

【典例 36】解不等式 $|x+1|<|2x+3|$.

【解析】两边都含绝对值符号，所以都是非负，故可用平方法.

$$|x+1|<|2x+3|\Leftrightarrow[(x+1)+(2x+3)][(x+1)-(2x+3)]<0$$
$$\Leftrightarrow(3x+4)(-x-2)<0\Leftrightarrow(3x+4)(x+2)>0$$

解得 $x<-2$ 或 $x>-\dfrac{4}{3}$.

（3）公式法解绝对值不等式.

1）若 $g(x)>0$，$|f(x)|\leqslant g(x)$，则 $-g(x)\leqslant f(x)\leqslant g(x)$.

2）若 $g(x)>0$，$|f(x)|\geqslant g(x)$，则 $f(x)\geqslant g(x)$ 或 $f(x)\leqslant-g(x)$.

【典例 37】解不等式 $|2x-3|<3x+1$.

【解析】故根据公式法，原不等式可转化为 $-(3x+1)<2x-3<3x+1$，即 $\begin{cases}-(3x+1)<2x-3\\2x-3<3x+1\end{cases}$，解得 $\begin{cases}x>\dfrac{2}{5}\\x>-4\end{cases}$. 综上，不等式解集为 $x>\dfrac{2}{5}$.

6. 绝对值三角不等式

（1）定义.

1）$||a|-|b||\leqslant|a+b|\leqslant|a|+|b|$.

当 $ab\leqslant0$ 时，左端等号成立，即 $|a+b|=|a|-|b|$，取得最小值.

当 $ab\geqslant0$ 时，右端等号成立，即 $|a+b|=|a|+|b|$，取得最大值.

【归纳】为方便记忆，可理解为 a、b 同号取最大，a、b 异号取最小，再单独考虑取零的情况.

2）$||a|-|b||\leqslant|a-b|\leqslant|a|+|b|\Leftrightarrow||a|-|b||\leqslant|a+(-b)|\leqslant|a|+|b|$.

当 a、$(-b)$ 异号，左端等号成立，即 $|a-b|=|a|-|b|$，取得最小值.

当 a、$(-b)$ 同号，右端等号成立，即 $|a-b|=|a|+|b|$，取得最大值.

【归纳】$|a-b|$ 出现后不要单独记结论，而应该转化为 $|a+(-b)|$，直接套用其结论，即同号取最大，异号取最小.

【典例 38】（条件充分性判断题）

（2013 年 1 月）已知 a，b 是实数，则 $|a|\leqslant1$，$|b|\leqslant1$.

（1）$|a+b|\leqslant1$.　　　　（2）$|a-b|\leqslant1$.

【答案】C

【考点】绝对值三角不等式.

【解析】因为题干想得到 a、b 的信息，所以两条件单独信息量不够，考虑联合；根据三角不等式，

$$2|a| = |(a-b)+(a+b)| \leqslant |a-b| + |a+b| \leqslant 2 \Rightarrow |a| \leqslant 1$$
$$2|b| = |(a+b)-(a-b)| \leqslant |a+b| + |a-b| \leqslant 2 \Rightarrow |b| \leqslant 1$$

联合充分，故选 C.

【归纳】关于三角不等式 $|a| - |b| \leqslant |a \pm b| \leqslant |a| + |b|$ 考点，命题思路有二：①构造三角不等式求最值；②最值成立的条件.

7. 绝对值函数图像化

（1）形如 $y = |f(x)|$ 的图像.

【画法】先画函数 $y = f(x)$ 的图像，再将 x 轴下方的图像沿 x 轴翻折到上方.

【典例39】函数 $y = |2x - 2|$ 的图像（图 1-11）.

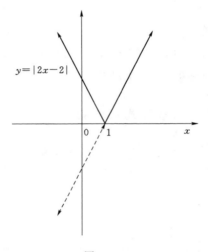

图 1-11

【典例40】函数 $y = |x^2 - 3x + 2|$ 的图像（图 1-12）.

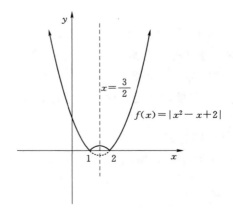

图 1-12

16

（2）形如 $y=f(|x|)$ 的图像.

【画法】先画函数 $y=f(x)$ 的图像，然后将 y 轴左侧图像去掉，右侧图像保留，最后再把 y 轴右侧图像沿着 y 轴翻折复制过来.

【典例 41】函数 $y=2|x|-2$ 的图像（图 1-13）.

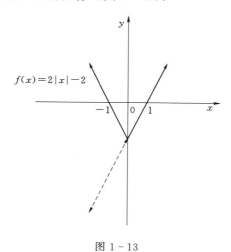

图 1-13

【典例 42】函数 $y=x^2-3|x|+2$ 的图像（图 1-14）.

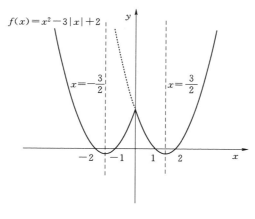

图 1-14

（3）形如 $y=|x\pm a|\pm|x\pm b|$（a、b 为常数）的图像.

【画法】第一步：令含绝对值部分分别为零，求出点的坐标.

第二步：将所有点连线.

第三步：观察函数值随着 x 向无穷大（小）变化时，函数值随之如何变化，完成两侧图像.

【典例 43】函数 $y=|x-2|+|x-6|$ 的图像.

第一步：令 $|x-2|=0$，求得 $x=2$，$y=4$；令 $|x-6|=0$，求得 $x=6$，$y=4$.

第二步：将点（2，4）和（6，4）连线.

第三步：因为随着 x 向无穷大（小）变化时，因为加号连接两个表达式，所以函数值随之增加，故图像如图 1-15 所示.

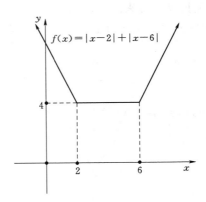

图 1-15

【典例 44】函数 $y=|x-2|-|x-6|$ 的图像.

第一步：令 $|x-2|=0$，求得 $x=2$，$y=-4$；令 $|x-6|=0$，求得 $x=6$，$y=4$.

第二步：将点 $(2，-4)$ 和 $(6，4)$ 连线.

第三步：因为随着 x 向无穷大（小）变化时，因为减号连接两个表达式，并且 x 前的系数相同，所以函数值无穷远处不变，故图像如图 1-16 所示.

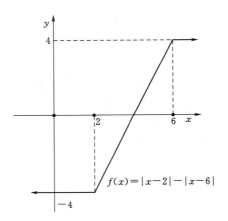

图 1-16

【典例 45】函数 $y=|3x-2|+|x-6|$ 的图像.

第一步：令 $|3x-2|=0$，求得 $x=\dfrac{2}{3}$，$y=\dfrac{16}{3}$；令 $|x-6|=0$，求得 $x=6$，$y=16$.

第二步：将点 $\left(\dfrac{2}{3}，\dfrac{16}{3}\right)$ 和 $(6，16)$ 连线.

第三步：因为随着 x 向无穷大（小）变化时，因为加号连接两个表达式，所以函数值随之增加，故图像如图 1-17 所示.

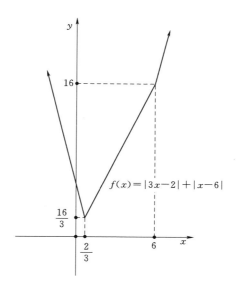

图 1-17

【典例46】函数 $y=|x-2|-|5x-6|$ 的图像.

第一步：令 $|x-2|=0$，求得 $x=2$，$y=-4$；令 $|5x-6|=0$，求得 $x=\dfrac{6}{5}$，$y=\dfrac{4}{5}$.

第二步：将点 $(2，-4)$ 和 $\left(\dfrac{6}{5}\text{和}\dfrac{4}{5}\right)$ 连线.

第三步：因为随着 x 向无穷大（小）变化时，因为减号连接两个表达式，并且 x 前的系数不同，减数 $|5x-6|$ 变得快，所以函数值无穷远处变小，故图像如图 1-18 所示.

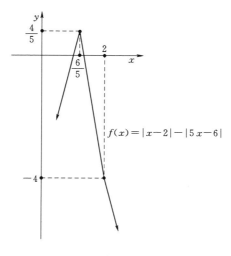

图 1-18

（4）形如 $|ax\pm b|+|cy\pm d|=e$ 围成图形面积.因为分类讨论去掉绝对值后，为四条直线，所以是四条直线围成图形.其面积等同于 $|ax|+|cy|=e$ 的面积，因为"$\pm b$"或"$\pm d$"图形只发生平移变换，并不影响面积.

令 $x=0$，求得 $y=\pm\dfrac{e}{c}$；令 $y=0$，求得 $x=\pm\dfrac{e}{a}$，依次连接四个点得到图 1-19，围

成图形面积 $S=\dfrac{1}{2}\cdot\left|\dfrac{2e}{a}\right|\cdot\left|\dfrac{2e}{c}\right|=\dfrac{2e^2}{|ac|}$.

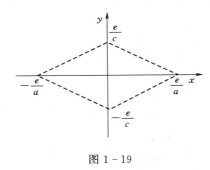

图 1-19

【归纳】当 $a=c$ 时，图形为正方形；当 $a\neq c$ 时，图形为菱形.

第二节　刚　刚　"恋"　习

一、实数部分（共计 8 个考点）

【考点 1】奇数、偶数、实数运算

1. M 是一个奇数，N 是一个偶数，下面（　　）的值一定是奇数.

A. $4M+3N$　　B. $3M+2N$　　C. $2M+7N$　　D. $2(M+N)$　　E. MN

【答案】B

【解析】M 为奇数，N 为偶数，则 $4M$、$2M$、$3N$、$2N$、$7N$、MN 为偶数，$3M$、$M+N$ 为奇数，故选项中只有 B 选项一定为奇数.

2. 两个连续大于零的奇数的乘积是 1155，则这两个奇数之和为（　　）.

A. 52　　　　B. 58　　　　C. 63　　　　D. 68　　　　E. 72

【答案】D

【解析】将 1155 分解质因数得，$1155=3\times5\times7\times11=15\times77=21\times55=33\times35$，由于是两个连续的奇数，故两奇数为 33、35，故 $33+35=68$，故选 D.

【考点 2】质数、合数

3. 已知三个质数的倒数和为 $\dfrac{1879}{3495}$，则这三个质数的和为（　　）.

A. 244　　　　B. 243　　　　C. 242　　　　D. 241　　　　E. 240

【答案】D

【解析】设三个质数为 p_1、p_2、p_3，则 $\dfrac{1}{p_1}+\dfrac{1}{p_2}+\dfrac{1}{p_3}=\dfrac{p_2p_3+p_1p_3+p_1p_2}{p_1p_2p_3}=\dfrac{1879}{3495}$，而 $p_1p_2p_3=3495=3\times5\times233$，$p_2p_3+p_1p_3+p_1p_2=1879$，即 $p_1=3$，$p_2=5$，$p_3=233$，则 $p_1=3$，$p_2=5$，$p_3=233$，则 $p_1+p_2+p_3=3+5+233=241$，故选 D.

4. 已知 a 是质数，b 是奇数，且 $a^2+b=2013$，则 $a+b=$（　　）.

A. 2011   B. 2013   C. 2015   D. 2017   E. 2019

【答案】A

【解析】因为 $a^2+b=2013$，所以 a、b 必是一个奇数一个偶数，又因为 b 是奇数，所以 a 是偶数，又因为 a 是质数，所以 $a=2$，$b=2009$，所以 $a+b=2011$，故选 A.

5. 如果 b，c 是 2 个连续的奇数，有 $a+b=30$.

(1) $10<a<b<c<20$.   (2) a、b、c 均为质数.

【答案】E

【解析】显然两个条件需要联合分析，可以得到 $b=17$，$c=19$，而 $a=11$ 或 13，得到 $a+b=28$ 或 30，也不充分.

【考点3】分数、小数、百分数

6. 一个分数的分子和分母的和是 21，化成小数后是 0.4，这个分数原来是（   ）.

A. $\dfrac{2}{5}$ B. $\dfrac{6}{15}$ C. $\dfrac{3}{5}$ D. $\dfrac{7}{15}$ E. $\dfrac{8}{13}$

【答案】B

【解析】设分子为 x，则分母为 $21-x$，又 $0.4=\dfrac{2}{5}$，根据题意有 $\dfrac{x}{21-x}=\dfrac{2}{5}$，$x=6$，所以这个分数为 $\dfrac{6}{15}$.

7. 一个分数的分子增长 20%，分母减少 20%，则新分数比原来分数增长的百分率是（   ）.

A. 20% B. 30% C. 40% D. 50% E. 60%

【答案】D

【解析】设原分数为 $\dfrac{b}{a}$，则变化后为 $\dfrac{b(1+20\%)}{a(1-20\%)}=\dfrac{1.2b}{0.8a}=1.5\times\dfrac{b}{a}$，所以，增长的百分率为 $\dfrac{1.5\times\dfrac{b}{a}-\dfrac{b}{a}}{\dfrac{b}{a}}=0.5=50\%$.

【考点4】有理数、无理数

8. 在 $-\dfrac{2}{3}$、0、$\sqrt{3}$、-3.14、$\dfrac{\pi}{2}$、$\sqrt{4}$、$-0.1010010001\cdots$（每两个 1 之间依次多一个 0）、$\log_2 8$ 这 8 个实数中，无理数有（   ）个.

A. 2   B. 3   C. 4   D. 5   E. 1

【答案】B

【解析】有理数：①有限小数或无限循环小数；②有理数能写成 $\dfrac{q}{p}$ 形式，其中 p、q 均为整数.

无理数：常见无理数包括，开方开不尽的数、取不尽的对数、圆周率 π.

有理数包括 $-\dfrac{2}{3}$，0，-3.14，$\sqrt{4}=2$，$\log_2 8=3$；无理数包括 $\sqrt{3}$，$\dfrac{\pi}{2}$（这里 π 不是整

数），$-0.1010010001\cdots$（每两个 1 之间依次多一个 0）.

9. 设整数 a、m、n 满足 $\sqrt{a^2-4\sqrt{2}}=\sqrt{m}-\sqrt{n}$，则 $a+m+n$ 的取值有（　　）种.

A. 2　　　　B. 3　　　　C. 4　　　　D. 1　　　　E. 无数种

【答案】A

【解析】平方得 $a^2-4\sqrt{2}=m+n-2\sqrt{mn}$，对应项相等有 $\begin{cases} a^2=m+n \\ mn=8 \end{cases}$，$\begin{cases} m=8 \\ n=1 \\ a=\pm3 \end{cases}$，所

以 $a+m+n$ 的取值有两种.

【考点 5】整除、倍数、约数

10. 用一个数去除 30、60、75，都能整除，这个数最大是 m. 另一个数用 3、4、5 除都能整除，这个数最小是 n，则 $m+n=$（　　）.

A. 55　　　　B. 75　　　　C. 80　　　　D. 85　　　　E. 95

【答案】B

【解析】因为所求的数去除 30、60、75，都能整除，所以所求的数是 30、60、75 的公约数.

又因为要求符合条件最大的数，所以就是求 30、60、75 的最大公约数.

$$
\begin{array}{c|ccc}
5 & 30 & 60 & 75 \\
\hline
3 & 6 & 12 & 15 \\
\hline
 & 2 & 4 & 5
\end{array}
$$

$(30,60,75)=5\times3=15$，所以 $m=15$.

另一个数是 3、4、5 的公倍数，且是最小的公倍数. 因为 $[3,4,5]=3\times4\times5=60$，所以用 3、4、5 除都能整除的最小的数是 60，故 $n=60$. 所以 $m+n=75$，故选 B.

11. 从 256 里至少减去（　　），才能使得到的数同时是 2、3 和 5 的倍数.

A. 6　　　　B. 16　　　　C. 26　　　　D. 36　　　　E. 42

【答案】B

【解析】2、3 和 5 的最小公倍数为 30，设从 256 中减去 x，则 $256-x$ 为 30 的倍数，结合选项只有 $\dfrac{256-16}{30}=8$，故选 B.

12. 有三根铁丝，长度分别是 120 厘米、180 厘米和 300 厘米. 现在要把它们截成相等的小段，每根都不能剩余，每小段最长为 a 厘米，一共可以截成 b 段，则 $a+b=$（　　）.

A. 55　　　　B. 65　　　　C. 60　　　　D. 70　　　　E. 75

【答案】D

【解析】因为要截成相等的小段，且无剩余，所以每段长度必是 120、180 和 300 的公约数.

30	120	180	300
2	4	6	10
	2	3	5

又要求每段尽可能长，故每段长度就是 120、180 和 300 的最大公约数.

$(120, 180, 300) = 30 \times 2 = 60$，所以 $a = 60$.

$120 \div 60 + 180 \div 60 + 300 \div 60 = 2 + 3 + 5 = 10$（段）

因此 $b = 10$，故 $a + b = 70$，故选 D.

13. 数 72 的约数的个数是 （　　），所有约数的和是 （　　）.

    A. 12；195   B. 11；196   C. 6；195   D. 6；168   E. 12；168

【答案】A

【解析】因为 $72 = 2^3 \times 3^2$，约数个数：$(3+1) \times (2+1) = 12$ 个. 所有约数的和：$(2^3 + 2^2 + 2^1 + 2^0) \times (3^0 + 3^1 + 3^2) = 195$.

【考点 6】余数

14. 用 412、133 和 257 除以一个相同的自然数，所得的余数相同，这个自然数最大是 （　　）.

    A. 27   B. 29   C. 30   D. 31   E. 33

【答案】D

【解析】因为三个数除数相同，余数也相同，不妨设除数为 a，余数为 c，商分别为 b_1、b_2、b_3，则有 $412 - c = ab_1^①$、$133 - c = ab_2^②$、$257 - c = ab_3^③$.

    ①－②$\Rightarrow 412 - 133 = 279 = a(b_1 - b_2)$，即 279 除以 a 整除.

    ①－③$\Rightarrow 412 - 257 = 155 = a(b_1 - b_3)$，即 155 除以 a 整除.

    ③－②$\Rightarrow 257 - 133 = 124 = a(b_3 - b_2)$，即 124 除以 a 整除.

所以说明 a 是 124、155、279 这三个数的公约数，所以 a 最大为 31，选择 D.

15. 已知有一个正整数介于 210 和 240 之间，如此正整数为 2、3 的公倍数，且除以 5 余数为 3，则此正整数除以 7 的余数为 （　　）.

    A. 2   B. 3   C. 4   D. 5   E. 6

【答案】C

【解析】同时为 2 和 3 的倍数，则这个数是 6 的倍数，那么这个数字可能是 210、216、222、228、234、240. 又因为除以 5 的余数为 3，则这个数是 228，$228 \div 7 = 32 \cdots 4$.

【考点 7】比与比例

16. 若 $\dfrac{a}{2} = \dfrac{b}{3} = \dfrac{c}{4}$，则 $\dfrac{a+c}{b} = (\quad)$.

    A. 1   B. 2   C. 3   D. 4   E. 5

【答案】B

【解析】因为 $\dfrac{a}{2} = \dfrac{b}{3} = \dfrac{c}{4}$，由等比性质得：$\dfrac{a+c}{2+4} = \dfrac{b}{3}$，即 $\dfrac{a+c}{6} = \dfrac{b}{3}$，所以 $\dfrac{a+c}{b} = 2$.

17. 若 $\dfrac{a+b-c}{c} = \dfrac{a-b+c}{b} = \dfrac{-a+b+c}{a} = k$，则 k 的值为 （　　）.

A. 1   B. 1 或 -2 C. -1 或 2   D. -2 E. 以上均不正确

【答案】B

【解析】根据题意知 $a+b-c=ck$，$a-b+c=bk$，$-a+b+c=ak$，三式相加得 $(a+b+c)=$ $(a+b+c)k$，即 $(a+b+c)(k-1)=0$，所以 $a+b+c=0$ 或者 $k=1$. 若 $a+b+c=0$，则 $\dfrac{a+b-c}{c}=k=-2$. 综上，$k=1$ 或 -2.

【考点 8】均值不等式

18. 三个实数 1、$x-2$ 和 x 的几何平均值等于 4、5 和 -3 的算术平均值，则 x 的值为（　　）.

A. -2 B. 4   C. 2   D. -2 或 4   E. 2 或 4

【答案】B

【解析】由题意得到 $\sqrt[3]{1(x-2)x}=\dfrac{4+5-3}{3}\Rightarrow x=-2$ 或 $x=4$，但 $x=-2$ 要舍掉，选 B.

19. 已知 $x>0$，函数 $y=\dfrac{2}{x}+3x^2$ 的最小值是（　　）.

A. $2\sqrt{6}$ B. $3\sqrt[3]{3}$ C. $4\sqrt{2}$ D. 6   E. $6\sqrt{2}$

【答案】B

【解析】根据几何平均数和算术平均数之间的性质，有：$\dfrac{\frac{1}{x}+\frac{1}{x}+3x^2}{3}\geqslant\sqrt[3]{\frac{1}{x}\frac{1}{x}3x^2}=\sqrt[3]{3}$，所以 y 的最小值为 B 选项.

二、绝对值问题部分（共计 7 个考点）

【考点 9】绝对值定义

1. 已知 $\dfrac{1}{a}-|a|=1$，那么 $\dfrac{1}{a}+|a|$ 的值是（　　）.

A. $\sqrt{5}$ B. $\pm\sqrt{5}$ C. $\pm\sqrt{3}$ D. $\sqrt{5}$ 或 1   E. 以上均不正确

【答案】A

【解析】因为 $\dfrac{1}{a}-|a|=1$，则 $\dfrac{1}{a}=1+|a|>0$，故 $0<a<1$，原式可化为 $\dfrac{1}{a}-a=1$，$\dfrac{1}{a}+|a|=\sqrt{\dfrac{1}{a^2}+2+a^2}=\sqrt{\left(\dfrac{1}{a}-a\right)^2+4}=\sqrt{5}$，所以 $\dfrac{1}{a}+|a|=\sqrt{5}$，故选 A.

2. $|a|+|b|+|c|-|a+b|+|b-c|-|c-a|=a+b-c$

（1）a、b、c 在数轴上的位置如图 1-20 所示.

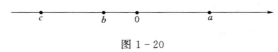

图 1-20

（2）a、b、c 在数轴上的位置如图 1-21 所示.

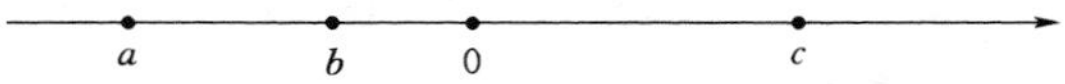

图 1-21

【答案】E

【解析】条件（1）由图中数轴可知 $c<b<0<a$ 且 $|a|>|b|$，则 $|a|+|b|+|c|-|a+b|+|b-c|-|c-a|=a-b-c-(a+b)+(b-c)+(c-a)=-b-c-a$，不充分.

条件（2）由图中数轴可知 $a<b<0<c$，则 $|a|+|b|+|c|-|a+b|+|b-c|-|c-a|=-a-b+c+(a+b)-(b-c)-(c-a)=a-b+c$，不充分.

条件（1）和（2）单独不充分，联合也不充分，故选 E.

【考点 10】绝对值自比性

3．代数式 $\dfrac{|a|}{a}+\dfrac{|b|}{b}+\dfrac{|c|}{c}+\dfrac{|abc|}{abc}$ 可能的取值有（ ）个.

A．4   B．3   C．2   D．1   E．5

【答案】B

【解析】讨论 $\dfrac{|a|}{a}+\dfrac{|b|}{b}+\dfrac{|c|}{c}+\dfrac{|abc|}{abc}$ 的取值，实质是讨论 a、b、c 的正负，分情况讨论如下：

a、b、c 两正一负：$\dfrac{|a|}{a}+\dfrac{|b|}{b}+\dfrac{|c|}{c}+\dfrac{|abc|}{abc}=0$；

a、b、c 两负一正：$\dfrac{|a|}{a}+\dfrac{|b|}{b}+\dfrac{|c|}{c}+\dfrac{|abc|}{abc}=0$；

a、b、c 为三负时：$\dfrac{|a|}{a}+\dfrac{|b|}{b}+\dfrac{|c|}{c}+\dfrac{|abc|}{abc}=-4$；

a、b、c 为三正时：$\dfrac{|a|}{a}+\dfrac{|b|}{b}+\dfrac{|c|}{c}+\dfrac{|abc|}{abc}=4$；所以可能情况有三种．或者对上述四种情况 a、b、c 分别取特值，也可以快速求解.

【考点 11】绝对值非负性

4．已知 $\left|a+\dfrac{1}{3}\right|+\sqrt{2b+1}+(c-2)^2=0$，则 $a^{bc}=$（ ）.

A．-3 B．-1 C．1   D．3   E．9

【答案】A

【解析】利用 $|a|\geqslant 0$，$\sqrt{a}\geqslant 0$，$a^{2n}\geqslant 0$（n 为自然数）等常见的三种非负数及其性质，分别令它们为零，得一个三元一次方程组，解得 a、b、c 的值，代入后本题得以解决.

5．已知 x、y 是实数，$\sqrt{3x+4}+y^2-6y+9=0$，若 $axy-3x=y$，则 $a=$（ ）.

A．$-\dfrac{3}{4}$ B．$\dfrac{1}{4}$ C．$\dfrac{3}{4}$ D．$\dfrac{1}{3}$ E．$-\dfrac{1}{3}$

【答案】B

【解析】因为 $\sqrt{3x+4}+y^2-6y+9=0$，所以 $\sqrt{3x+4}+(y-3)^2=0$，所以 $3x+4=0$，$y-3=0$，解得 $x=-\dfrac{4}{3}$，$y=3$，代入 $axy-3x=y$，$a\times 3\times\left(-\dfrac{4}{3}\right)-3\times\left(-\dfrac{4}{3}\right)=3$，故 $a=\dfrac{1}{4}$，故选 B.

【考点 12】绝对值几何意义

6. 设 x 为实数，关于 $y=|x-1|+|x-2|$ 下列结论正确的有（　　）个.

Ⅰ. y 没有最大值. 　　Ⅱ. 只有一个 x 使 y 取到最小值.

Ⅲ. 有无穷多个 x 使 y 取到最大值. 　　Ⅳ. 有无穷多个 x 使 y 取到最小值.

A. 0 　　　　B. 1 　　　　C. 2 　　　　D. 3 　　　　E. 4

【答案】 C

【解析】 由绝对值的几何意义知 $|x-1|$ 表示 x 到 1 的距离，$|x-2|$ 表示 x 到 2 的距离.

如图 1-22 所示，设点 A、点 B 表示 1、2，点 C 表示 x，点 C 可移动.

图 1-22

当点 C 在点 A 的左侧时，$|x-1|=CA$，$|x-2|=CB>1$.

当点 C 在点 B 的右侧时，$|x-1|=CA>1$，$|x-2|=CB$.

当点 C 在点 A 和点 B 之间时，$|x-1|=CA$，$|x-2|=CB$，有 $CA+CB=1$.

显然，要使 $|x-1|+|x-2|$ 最小，点 C 应在点 A 与点 B 两点之间，即 $1\leqslant x\leqslant2$. 这时 $|x-1|+|x-2|=(x-1)+[-(x-2)]=x-1+2-x=1$. 因此 Ⅰ 和 Ⅳ 正确，故选 C.

【考点 13】绝对值不等式

7. 已知 $|a|>a$，$|b|>b$，$|a|>|b|$，则（　　）.

A. $a>b$ 　　　　B. $a<b$ 　　　　C. $a=b$

D. $a\geqslant b$ 　　　　E. 不能确定

【答案】 B

【解析】 $|a|>a$，$|b|>b$ 说明 a、b 都为负数，又 $|a|>|b|$，即 $-a>-b$，故 $a<b$.

【考点 14】绝对值三角不等式

8. 已知 $|a|=5$，$|b|=7$，$ab<0$，则 $|a-b|=$（　　）.

A. 2 　　　　B. -2 　　　　C. 12

D. -12 　　　　E. 不能确定

【答案】 C

【解析】 根据绝对值三角不等式可知 $ab<0$ 时，$|a-b|=|a|+|b|=5+7=12$.

【考点 15】绝对值函数图像化

9. 方程 $f(x)=1$ 有两个实根.

(1) $f(x)=|x-1|$. 　　　　(2) $f(x)=|x-1|+1$.

【答案】 A

【解析】 由条件（1）得 $|x-1|=1$，从而 $x-1=\pm1$，方程有两个实根 $x_1=2$，$x_2=0$，所以条件 1 充分；由条件（2）$|x-1|+1=1$，得 $|x-1|=0$，即 $x-1=0$，$x=1$，所以条件 2 不充分，故选 A.

第三节　立　竿　见　影

一、问题求解

1. 已知 a、b、c 中有一个是 5、一个是 6、一个是 7，则 $a-1$、$b-2$、$c-3$ 的乘积一定是（　　）.

　　A. 奇数　　　　B. 偶数　　　　C. 质数　　　　D. 非质非合的数　E. 没有正确答案

2. 一班同学围成一圈，每位同学的一侧是一位同性同学，而另一侧是两位异性同学，则这班的同学人数（　　）.

　　A. 一定是 4 的倍数　　　　B. 不一定是 4 的倍数　　　　C. 一定不是 4 的倍数

　　D. 一定是 2 的倍数，不一定是 4 的倍数　　　　E. 以上均不正确

3. 记不超过 15 的质数的算术平均数为 M，则与 M 最接近的整数是（　　）.

　　A. 5　　　　B. 7　　　　C. 8　　　　D. 11　　　　E. 6

4. 下列（　　）两个数一定是互质数.

　　A. 一个质数和一个合数　　　　B. 两个不同的奇数　　　　C. 一个奇数和一个偶数

　　D. 两个不同的质数　　　　E. 两个不同的偶数

5. 一个实数与它的倒数相等，则这样的实数共有（　　）个.

　　A. 0　　　　B. 1　　　　C. 2　　　　D. 3　　　　E. 4

6. 一个正分数，它的分子与分母之和是 100，如果分子加 23，分母加 32，所得新分数可以约分成 $\dfrac{2}{3}$，则原来分数的分母比分子大（　　）.

　　A. 7　　　　B. 22　　　　C. 9　　　　D. 11　　　　E. 26

7. 下列说法：①所有的整数都是正数；②所有的正数都是整数；③分数是有理数；④有理数分为正有理数和负有理数；⑤有理数包括整数和分数. 其中正确的有（　　）.

　　A. 0　　　　B. 1　　　　C. 2　　　　D. 3　　　　E. 4

8. 下列说法正确的是（　　）.

　　A. 有理数只是有限小数　　　　B. 无理数是无限小数　　　　C. 无限小数是无理数

　　D. $\dfrac{\pi}{3}$ 是分数　　　　E. 以上均不正确

9. 化简 $(\sqrt{3}+\sqrt{2})^{2014}(\sqrt{3}-\sqrt{2})^{2016}$ 的结果为（　　）.

　　A. $5-2\sqrt{3}$　　B. $5-\sqrt{6}$　　C. $6-2\sqrt{6}$　　D. $5+2\sqrt{6}$　　E. $5-2\sqrt{6}$

10. 如果两数之和是 64，两数之积可以整除 4875，那么这两数之差是（　　）.

　　A. 11　　　　B. 12　　　　C. 13　　　　D. 14　　　　E. 15

11. 甲、乙、丙三人沿着 200 米的环形跑道跑步，甲跑完一圈要 1 分 30 秒，乙跑完一圈要 1 分 20 秒，丙跑完一圈要 1 分 12 秒. 三人同时、同向、同地起跑，当三人第一次在出发点相遇时，甲、乙、丙三人各跑的圈数之和为（　　）.

　　A. 27　　　　B. 30　　　　C. 36　　　　D. 39　　　　E. 42

12. 一箱书，平均分给 6 个小朋友，多余 1 本；平均分给 8 个小朋友，也多余 1 本；

平均分给 9 个小朋友，也多余 1 本，这箱书最少有 m 本，则 m 的各个数位之和为（　　）.

A. 10　　　B. 9　　　C. 8　　　D. 7　　　E. 6

13. 甲数的 $\frac{3}{4}$ 等于乙数的 $\frac{7}{8}$，甲数与乙数的比（　　）.

A. $6:7$　　　B. $3:7$　　　C. $2:1$　　　D. $7:6$　　　E. $7:8$

14. x、y 的算术平均值为 2，几何平均值也是 2，则 $\frac{1}{\sqrt{x}}$ 与 $\frac{1}{\sqrt{y}}$ 的几何平均值是（　　）.

A. 2　　　B. $\sqrt{2}$　　　C. $\frac{\sqrt{2}}{3}$　　　D. $\frac{\sqrt{2}}{2}$　　　E. $\frac{1}{2}$

15. 关于数轴上的两个有理数，下列说法不正确的是（　　）.

A. 绝对值大的一个离原点远

B. 绝对值大的一个在右边

C. 两个都是正数，绝对值大的一个在右边

D. 两个都是负数，绝对值大的一个在左边

E. 以上答案均不正确

16. 设 O 为坐标轴的原点，a、b、c 的大小关系如图 1-23 所示，则 $\left|\frac{1}{a}-\frac{1}{b}\right|-\left|\frac{1}{b}-\frac{1}{c}\right|-\left|\frac{1}{c}-\frac{1}{a}\right|$ 的值是（　　）.

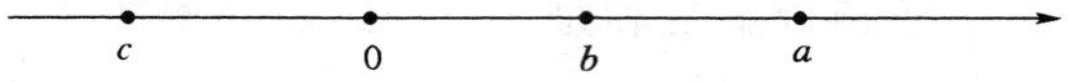

图 1-23

A. 0　　　B. $\frac{2}{a}$　　　C. $\frac{2}{b}$　　　D. $\frac{2}{c}$　　　E. $\frac{2}{c}-\frac{2}{a}$

17. 有理数 a、b、c 在数轴的位置如图 1-24 所示，且 a 与 b 互为相反数，则 $|a-c|-|b+c|=$（　　）.

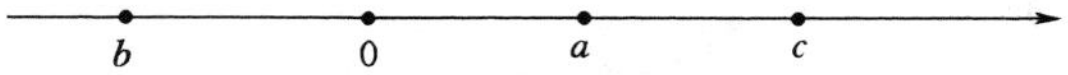

图 1-24

A. a　　　B. b　　　C. c　　　D. 0　　　E. 以上均不正确

18. $|m-3|+(n+2)^2=0$，则 $m+2n=$（　　）.

A. 1　　　B. 0　　　C. -1　　　D. 2　　　E. -2

19. 如果 $|x+5|+(y-2)^2=0$，那么 $x^y=$（　　）.

A. -25　　　B. 15　　　C. $\frac{1}{25}$　　　D. -15　　　E. 25

20. $|x-2y|+(2x-y)^2=0$，那么 $(x+y)^2=$（　　）.

A. 0　　　B. 1　　　C. 2　　　D. 3　　　E. 4

21. 若 $|a-2|$ 与 $(b+3)^2$ 互为相反数，则 b^a 的值为（　　）.

A. 10　　　B. 9　　　C. 8　　　D. 7　　　E. 6

22. 若 x、y 为实数，且 $|x+1|+\sqrt{y-1}=0$，则 $\left(\dfrac{x}{y}\right)^{2013}$ 的值是 （   ）.

A. 2　　　　B. 1　　　　C. 0　　　　D. -1　　　　E. -2

23. 已知 $|x-y+1|+(2x-y)^2=0$ 那么 $\log_y x=$（   ）.

A. 1　　　　B. 0　　　　C. 5　　　　D. 16　　　　E. -1

24. 若 $\dfrac{x}{y}=3$，则 $\dfrac{|x+y|}{x-y}$ 的值为 （   ）.

A. 2　　　　B. -2　　　　C. ± 2　　　　D. 3　　　　E. ± 3

25. 已知 a 是有理数，$|a-2007|+|a-2008|$ 的最小值是 （   ）.

A. 0　　　　B. 1　　　　C. 2　　　　D. 2007　　　　E. 2008

26. 若 $|x+1|+|2-x|=3$，则 x 的取值范围包含 （   ） 个整数.

A. 0　　　　B. 1　　　　C. 2　　　　D. 3　　　　E. 4

27. 方程 $|x-2|+|x-3|=1$ 的整数根的个数为 （   ）.

A. 0　　　　B. 1　　　　C. 2　　　　D. 3　　　　E. 无数个

28. 已知 $|a|\neq|b|$，$m=\dfrac{|a|-|b|}{|a-b|}$，$n=\dfrac{|a|+|b|}{|a+b|}$，则 m、n 之间的关系是 （   ）.

A. $m>n$　　　　B. $m<n$　　　　C. $m=n$　　　　D. $m\leqslant n$　　　　E. 无法确定

二、条件充分性判断题

29. 老师将 301 个笔记本、215 支铅笔和 86 块橡皮分给班里同学，每个同学得到的笔记本、铅笔和橡皮的数量相同. 则每个同学拿到的笔记本、铅笔和橡皮的数量之和为 k.

（1）$k=14$.　　　　　　　　　　　　（2）$k=16$.

30. x 和 y 的算术平均值为 5，且 $\sqrt{x}$ 和 $\sqrt{y}$ 的几何平均值为 2.

（1）$x=4$，$y=6$.　　　　　　　　　（2）$x=2$，$y=8$.

详　　解

一、问题求解

1. 【答案】B

【解析】根据题意 $a-1$、$b-2$、$c-3$ 至少有一个数为偶数，所以乘积一定为偶数，故选 B.

2. 【答案】A

【解析】根据题意得到同学的排列规律：$\cdots$男男女女男男女女$\cdots$，也就是说有偶数个男生和偶数个女生，并且男生的人数等于女生的人数，所以全班人数一定是 4 的倍数，故选 A.

3. 【答案】B

【解析】首先求出不超过 15 的质数为：2、3、5、7、11、13，然后根据平均数的公式：$\dfrac{2+3+5+7+11+13}{6}=6.83\approx7$，故选 B.

4. 【答案】D

【解析】最大公约数为 1 的两个数为互质数. 选项 A 取 2 和 4 时，最大公约数为 2，不符合；选项 B 取值 3 和 9 时，最大公约数为 3，也不符合；选项 C 取值 3 和 6 时，最大公约数为 3，不符合；选项 E 取 2 和 6，最大公约数为 2，不符合；选项 D，质数的公约数只有 1 和本身，所以两个不同的质数，最大公约数为 1，为互质数.

5.【答案】C

【解析】设这个数为 x，倒数为 $\dfrac{1}{x}$，根据题意有 $\dfrac{1}{x}=x$，求得 $x=\pm1$.

6.【答案】B

【解析】设分数为 $\dfrac{a}{100-a}$，由题意得到 $\dfrac{a+23}{132-a}=\dfrac{2}{3}$，解出 $a=39$，所以原分母比分子大 22.

7.【答案】C

【解析】A. 根据整数包括正整数、负整数和零可以判断①错误，如 -1 是整数但不是正数；故本选项错误；

B. 所有的正数都是整数；0.5 是正数但不是整数；故本选项错误；

C. 分数是有理数；故本选项正确；

D. 在有理数中，除了负数就是正数，还有 0，故本选项错误；

E. 有理数包括整数和分数，故本选项正确.

8.【答案】B

【解析】有理数等同于广义的分数，无理数就是无限不循环小数.

9.【答案】E

【解析】$(\sqrt{3}+\sqrt{2})^{2014}(\sqrt{3}-\sqrt{2})^{2016}=(\sqrt{3}+\sqrt{2})^{2014}(\sqrt{3}-\sqrt{2})^{2014}(\sqrt{3}-\sqrt{2})^{2}$
$$=[(\sqrt{3}+\sqrt{2})(\sqrt{3}-\sqrt{2})]^{2014}(\sqrt{3}-\sqrt{2})^{2}=(\sqrt{3}-\sqrt{2})^{2}=5-2\sqrt{6}$$，故选 E.

10.【答案】D

【解析】设两数分别为 a 和 b，由题意可知：$4875=(ab)n$（n 为整数）.

根据被除数＝除数×商的关系，则有 $4875=(ab)n$.

这样，运用分解质因数的原理进行分解，

再根据 $a+b=64$ 进行组合. $4875=3\times5\times5\times5\times13=(39\times25)\times5$.

故这两个数分别是 39 和 25，它们之差：$39-25=14$.

11.【答案】A

【解析】首先求出三人时间的最小公倍数：$[90,80,72]=720$（秒），则每人跑的圈数为：甲跑了 $720\div90=8$（圈），乙跑了 $720\div80=9$（圈），丙跑了 $720\div72=10$（圈），所以三人跑的圈数之和为 $8+9+10=27$（圈）. 故选 A.

12.【答案】A

【解析】由题可得书的数量减 1 后能被 6、8、9 整除，由 6、8、9 的最小公倍数为 72，则书最少为 73 本，各个数位之和为 10.

13.【答案】D

【解析】根据题意可得：$\dfrac{3}{4}$ 甲 $=\dfrac{7}{8}$ 乙，故甲：乙 $=\dfrac{7}{8}:\dfrac{3}{4}=7:6$.

14. **【答案】**D

【解析】根据题目得到 $x=y=2$，从而 $\dfrac{1}{\sqrt{x}}$ 与 $\dfrac{1}{\sqrt{y}}$ 的几何平均值为 $\dfrac{\sqrt{2}}{2}$，故选 D.

15. **【答案】**B

【解析】由绝对值的定义显然选项 B 错误.

16. **【答案】**E

【解析】由图像可知 $a>b>0>c\Rightarrow\dfrac{1}{b}>\dfrac{1}{a}>0>\dfrac{1}{c}$，则

原式 $=-\left(\dfrac{1}{a}-\dfrac{1}{b}\right)-\left(\dfrac{1}{b}-\dfrac{1}{c}\right)-\left[-\left(\dfrac{1}{c}-\dfrac{1}{a}\right)\right]=-\dfrac{2}{a}+\dfrac{2}{c}$，故选 E.

17. **【答案】**D

【解析】由图知 $a>0$，$b<0$，$c>a$，且 $a+b=0$

所以 $|a-c|-|b+c|=c-a-c-b=-(a+b)=0$，故选 D.

18. **【答案】**C

【解析】$m-3=0$，$n+2=0$ 得 $m=3$，$n=-2$，那么 $m+2n=-1$，故选 C.

19. **【答案】**E

【解析】$|x+5|+(y-2)^2=0$，$x+5=0\Rightarrow x=-5$，$y-2=0\Rightarrow y=2$；$x^y=(-5)^2=25$.

20. **【答案】**A

【解析】$x-2y=0$，$2x-y=0$ 得到，$x=0$，$y=0$，则 $(x+y)^2=0$，故选 A.

21. **【答案】**B

【解析】两个数互为相反数，和为 0，因此有 $|a-2|+(b+3)^2=0$，即 $a-2=0$，$b+3=0$；$a=2$，$b=-3$；$b^2=(-3)^2=9$.

22. **【答案】**D

【解析】因为 $|x+1|+\sqrt{y-1}=0$，且 $|x+1|\geqslant 0$，$\sqrt{y-1}\geqslant 0$，所以 $x+1=0$，$y-1=0$，$x=-1$，$y=1$，$\left(\dfrac{x}{y}\right)^{2013}=\left(\dfrac{-1}{1}\right)^{2013}=-1$.

23. **【答案】**B

【解析】根据非负性质，得到 $\begin{cases}x-y+1=0\\2x-y=0\end{cases}$，所以 $\begin{cases}x=1\\y=2\end{cases}$，得到 $\log_2 1=0$，故选 B.

24. **【答案】**C

【解析】由 $\dfrac{x}{y}=3$ 得到：$x=3y$，则 $\dfrac{4|y|}{2y}=\dfrac{2|y|}{y}=\begin{cases}2, y>0\\-2, y<0\end{cases}$，故选 C.

25. **【答案】**B

【解析】由绝对值的几何意义知，$|a-2007|+|a-2008|$ 表示数轴上的一点到表示数 2007 和 2008 两点的距离的和，要使和最小，则这点必在 2007～2008 之间（包括这两个端点）取值，故 $|a-2007|+|a-2008|$ 的最小值为 1，故选 B.

26. **【答案】**E

【解析】由绝对值的几何意义知，$|x+1|+|x-2|$ 的最小值为 3，此时 x 在 -1～2 之

间（包括两端点）取值（如图 1-25 所示），故 x 的取值范围是 $-1 \leqslant x \leqslant 2$. 故选 E.

图 1-25

27. 【答案】C

【解析】原方程可化为：$|x-2| + |x-3| = |(x-2) - (x-3)|$，则 $(x-2)(x-3) \leqslant 0$，解得 $2 \leqslant x \leqslant 3$，因此原方程有 2 个整数根，故选 C.

28. 【答案】D

【解析】根据三角不等式 $|a| - |b| \leqslant |a \pm b| \leqslant |a| + |b|$ 有，$m = \dfrac{|a| - |b|}{|a-b|} \leqslant 1$，$n = \dfrac{|a| + |b|}{|a+b|} \geqslant 1$，故 $m \leqslant n$.

二、条件充分性判断题

29. 【答案】A

【解析】最大公约数（301，215，86）＝43，所以全班共有 43 人. 每人拿到笔记本：$301 \div 43 = 7$（本），每人拿到铅笔：$215 \div 43 = 5$（支）. 每人拿到橡皮：$86 \div 43 = 2$（块），则 $k = 7 + 5 + 2 = 14$.

30. 【答案】B

【解析】$x + y = 10$，$xy = 16 \Rightarrow x = 2$，$y = 8$，故条件（2）充分.

第四节　渐　入　佳　境

（标准测试卷）

一、问题求解（第 1～15 小题，每小题 3 分，共 45 分. 下列每题给出的 A、B、C、D、E 五个选项中，只有一项是符合试题要求的. 请在答题卡上将所选项的字母涂黑.）

1. 一个两位数，它能被 3 整除，又是 5 的倍数，而且个位上是 0，这个数最小是（　　）.

A. 15　　　　B. 30　　　　C. 45　　　　D. 60　　　　E. 20

2. 已知 p_1、p_2、p_3 为三个质数，且满足 $p_1 + p_2 + p_3 + p_1 p_2 p_3 = 99$，则 $p_1 + p_2 + p_3 =$（　　）.

A. 19　　　　B. 25　　　　C. 27　　　　D. 26　　　　E. 23

3. 关于 $\sqrt{3} \div (3 - \sqrt{3})$. 下列说法正确的为（　　）.

A. 其数值为有理数　　　　B. 其数值小于 1　　　　C. 其数值大于 $\dfrac{\sqrt{3}+1}{2}$

D. 其数值大于 2　　　　E. 其数值大于 1 小于 2

4. 在 □ 内填上适当的数字，使六位数 358□2□ 能被 60 整除，有（　　）种情况.

A. 2　　　　B. 3　　　　C. 4　　　　D. 5　　　　E. 6

5. 0、2、5、8 四个数字组成的四位数中，能同时被 3 和 5 整除的最大的数减去最小的数的差是（　　　）．

A．6535　　　B．6435　　　C．6335　　　D．6235　　　E．6135

6．赛马场的跑马道 600 米长，现有甲、乙、丙三匹马，甲 1 分钟跑 2 圈，乙 1 分钟跑 3 圈，丙 1 分钟跑 4 圈．如果这三匹马并排在起跑线上，同时往一个方向跑，请问经过（　　　）分钟，这三匹马自出发后第一次并排在起跑线上．

A．1/2　　　B．1　　　C．6　　　D．12　　　E．16

7．一个盒子装有不多于 200 颗糖，每次 2 颗、3 颗、4 颗或 6 颗的取出，最终盒内都只剩下一颗糖，如果每次以 11 颗的取出，那么正好取完，则盒子里共有 m 颗糖，m 的各个数位之和为多少？（　　　）

A．8　　　B．10　　　C．4　　　D．12　　　E．6

8．自然数 A、B 满足 $\dfrac{1}{A}-\dfrac{1}{B}=\dfrac{1}{182}$，且 $A:B=7:13$．那么 $A+B=$（　　　）．

A．240　　　B．244　　　C．246　　　D．252　　　E．266

9．$\dfrac{3}{x^2}+6x$（$x>0$）的最小值是（　　　）．

A．6　　　B．7　　　C．8　　　D．9　　　E．10

10．实数 a、b 在数轴上的位置如图 1-26 所示，下列各式正确的是（　　　）．

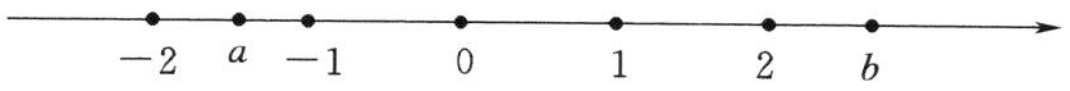

图 1-26

A．$a+b>0$　　B．$ab>0$　　　C．$|a|+b<0$　　D．$a-b>0$　　E．$|a|-b>0$

11．若 $\sqrt{x-2y+9}$ 与 $|x-y-3|$ 互为相反数，则 $x+y$ 的值为（　　　）．

A．3　　　B．9　　　C．12　　　D．15　　　E．27

12．若 x、y 满足 $\sqrt{2x-1}+\sqrt{1-2x}+y=4$，则 xy 的值为（　　　）．

A．0　　　B．1　　　C．2　　　D．3　　　E．4

13．当 $1<x<2$ 时，化简 $\dfrac{|x-1|}{1-x}+\dfrac{|x-2|}{x-2}$ 的结果是（　　　）．

A．-2　　　B．0　　　C．1　　　D．2　　　E．-1

14．满足关系式 $|3x-4|+|3x+2|=6$ 的整数 x 的个数是（　　　）．

A．0　　　B．1　　　C．2　　　D．3　　　E．4

15．已知 $|x-4|+|x+3|\geqslant7$，则 x 的取值范围是（　　　）．

A．$x>4$　　　B．$x\geqslant4$　　　C．R　　　D．$x\leqslant-3$　　　E．$x<-3$

二、条件充分性判断题

16．有三根木棒，分别长 8 厘米、12 厘米、20 厘米．要把它们截成同样长的小棒，不许剩余，则每根小棒最长能有 k 厘米．

（1）$k=3$．　　　　　　　　　　　　　（2）$k=4$．

17．有若干个苹果，2 个一堆多 1 个，3 个一堆多 1 个，4 个一堆多 1 个，5 个一堆多 1 个，6 个一堆多 1 个，则这堆苹果最少有 m 个．

(1) $m=121$.   (2) $m=61$.

18. 已知 m、n 为整数，则 $\dfrac{n}{m}$ 能化成有限小数.

(1) m、n 互质.   (2) m 中只含有质因数 5 或 2.

19. $abc+a=45$，则 $a+b+c=12$.

(1) a、b、c 均为质数.   (2) a、b、c 均为正整数.

20. $m=\sqrt{3}-2$.

(1) $m=\dfrac{\sqrt{3}-3}{2+\sqrt{3}}$.   (2) $m=\dfrac{1-\sqrt{3}}{1+\sqrt{3}}$.

21. a、b、c 的算术平均数是 $\dfrac{14}{3}$，几何平均值为 4.

(1) $a=6$，$b=5$，$c=3$.   (2) $a=8$，$b=4$，$c=2$.

22. 如图 1-27 所示，a、b、c 为数轴上的点，则 $M=2(c-b)$.

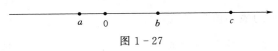

图 1-27

(1) $|a-b|+|b-c|+|c-a|=M$.   (2) $|a-b|-|b-c|+|c-a|=M$.

23. $\dfrac{|x-1|}{1-x}+\dfrac{|x-2|}{x-2}$ 的值为 -2.

(1) $1<x<2$.   (2) $2<x<3$.

24. $|x-2|+|1+x|=3$.

(1) $x<\dfrac{\pi}{2}$.   (2) $x>0$.

25. 不相等的有理数 a、b、c 在数轴上的对应点分别是 A、B、C，则有 $|a-b|+|b-c|=|a-c|$.

(1) 点 B 在 A、C 点的右边.   (2) 点 A 在 B、C 点的中间.

详   解

一、问题求解

1.【答案】B

【解析】3 和 5 的最小公倍数是 15，则个位是 0，且为 3 和 5 的倍数的两位数，最小是 $15\times 2=30$.

2.【答案】E

【解析】若 p_1、p_2、p_3 均为奇数或一个偶数两个奇数，则 $p_1+p_2+p_3+p_1p_2p_3$ 必为偶数，与已知条件矛盾，从而 p_1、p_2、p_3 中应为两偶一奇，但偶数中只有 2 为质数，因此不妨设 $p_1=p_2=2$，则 $2+2+p_3+4p_3=99$，解得 $p_3=19\Rightarrow p_1+p_2+p_3=23$.

3.【答案】E

【解析】解法一：$\sqrt{3}\div(3-\sqrt{3})=\dfrac{\sqrt{3}}{3-\sqrt{3}}=\dfrac{\sqrt{3}\cdot(3+\sqrt{3})}{(3-\sqrt{3})(3+\sqrt{3})}=\dfrac{3\sqrt{3}+3}{9-3}=\dfrac{\sqrt{3}+1}{2}$.

解法二：$\sqrt{3} \div (3-\sqrt{3}) = \dfrac{\sqrt{3}}{3-\sqrt{3}} = \dfrac{1}{\sqrt{3}-1} = \dfrac{\sqrt{3}+1}{(\sqrt{3}-1)(\sqrt{3}+1)} = \dfrac{\sqrt{3}+1}{2}$，故选 E.

4.【答案】C

【解析】能被 60 整除，则个位数字是 0，且各个数位之和是 3 的倍数，$3+5+8+2+0=15$，则百位数字可以是 0、3、6、9.

5.【答案】B

【解析】由题意，最大数字是 8520，最小的数字是 2085，$8520-2085=6435$.

6.【答案】B

【解析】此题是一道有迷惑性的题，"1 分钟跑 2 圈"和"2 分钟跑 1 圈"是不同概念，不要等同于去求最小公倍数的题. 显然 1 分钟之后，无论甲、乙、丙跑几圈都回到了起跑线上，所以选 B.

7.【答案】C

【解析】因为刚好剩下 1 颗糖，即糖的个数除以 2、3、4、6 余的都是 1，因此原本糖的个数可以设为 $12k+1$，因为每次以 11 颗取出，刚好取完，即糖的数量为 11 的倍数，则 $12k+1=11k+(k+1) \Rightarrow k+1=11$，$k=10$，所以，共有 121 颗.

8.【答案】A

【解析】设 $A=7k$，$B=13k$，$\dfrac{1}{A} - \dfrac{1}{B} = \dfrac{1}{7k} - \dfrac{1}{13k} = \dfrac{6}{91k} = \dfrac{1}{182}$，故 $k=12$，从而 $A+B=20k=240$.

9.【答案】D

【解析】求两个数的和的最小值，可使用均值不等式原理，消去未知数 x，使其乘积为定值，从而求解. 因为分母中出现了 x^2，则一定要想办法消去分母，那么就需要有两个 x 与之相乘. 由此可想到，将 $6x$ 拆分为两个数，从而形成 3 个数字的均值不等式. 由均值不等式性质可知：当且仅当每个数字相等的时候，才能取到最值，所以，把 $6x$ 拆分成相等的两部分，即 $3x+3x$，于是原式变化为 $\dfrac{3}{x^2}+3x+3x$，使用 3 个数字的均值不等式求解：$\dfrac{3}{x^2}+3x+3x \geqslant 3\sqrt[3]{\dfrac{3}{x^2} \times 3x \times 3x} = 3\sqrt[3]{27} = 9$，当且仅当 $\dfrac{3}{x^2}=3x$ 时等号成立.

10.【答案】A

【解析】从数轴上可知 $a<b$，即 $a-b<0$，答案 D 错误；a、b 异号，有 $ab<0$，答案 B 错误；$0<|a|<b$，故 $|a|+b>0$，$|a|-b<0$，答案 C、E 错误.

11.【答案】E

【解析】由于 $\sqrt{x-2y+9}$ 与 $|x-y-3|$ 互为相反数，即有 $\sqrt{x-2y+9}+|x-y-3|=0$，根据绝对值和根式的非负性，有 $\begin{cases} x-2y+9=0 \\ x-y-3=0 \end{cases}$，解得 $x=15$，$y=12$，故 $x+y=12+15=27$.

12.【答案】C

【解析】由被开方数 $a \geqslant 0$ 得：$2x-1 \geqslant 0$，$1-2x \geqslant 0$，解得：$x \geqslant \dfrac{1}{2}$，$x \leqslant \dfrac{1}{2}$，所以 $x=$

$\frac{1}{2}$，把 $x=\frac{1}{2}$ 代入等式得 $y=4$，故 $xy=\frac{1}{2}\times4=2$.

13.【答案】A

【解析】 当 $1<x<2$ 时，$x-1>0$，$x-2<0$，所以 $\frac{|x-1|}{1-x}+\frac{|x-2|}{x-2}=-1-1=-2$.

14.【答案】C

【解析】 因为 $|3x-4|+|3x+2|=6$，所以 $\left|x-\frac{4}{3}\right|+\left|x+\frac{2}{3}\right|=2$，由绝对值的几何意义，$-\frac{2}{3}\leqslant x\leqslant\frac{4}{3}$，因为 x 是整数，所以 $x=0$ 或 1.

15.【答案】C

【解析】 由题意可知，所求的 x 即为数轴上到点 -3 和点 4 的距离之和大于等于 7 的点，-3 和 4 之间距离是 7，所以数轴上任何一点都符合要求，所以 $x\in R$.

二、条件充分性判断题

16.【答案】B

【解析】 这三根木棒长度不同，但要求把它们截成同样长的小棒，不许剩余，实际上就求它们的最大公约数，8、12、20 的最大公约数是 4，所以每根小棒最长能有 4 厘米.

17.【答案】B

【解析】 设这堆苹果至少有 m 个，依这个意思：$m-1$ 是 2、3、4、5、6 的最小公倍数，因为他们的最小公倍数是 60，所以选 B.

18.【答案】B

【解析】 显然条件（1）不成立，例如 $\frac{2}{3}$；对于一个分数如果分母的质因数只有 2 或 5，则该分数能化为有限小数，条件（2）充分.

19.【答案】A

【解析】 条件（1）$abc+a=45\Rightarrow a(bc+1)=45=5\times9$ 或 3×15，满足条件的只有 $a=3$，$b=2$，$c=7$，则条件（1）充分.

条件（2）反例，如 $a=5$，$b=2$，$c=4$ 不充分.

20.【答案】B

【解析】 由条件（1）$m=\frac{\sqrt{3}-3}{2+\sqrt{3}}=\frac{(\sqrt{3}-3)(2-\sqrt{3})}{(2+\sqrt{3})(2-\sqrt{3})}=5\sqrt{3}-9$，不充分.

由条件（2）$m=\frac{(1-\sqrt{3})(1-\sqrt{3})}{(1-\sqrt{3})(1+\sqrt{3})}=\sqrt{3}-2$，充分.

21.【答案】B

【解析】 直接用算术平均值与几何平均值计算，条件（1）知 $\frac{6+5+3}{3}=\frac{14}{3}$，$\sqrt[3]{6\times5\times3}=\sqrt[3]{90}$，不充分；条件（2）知 $\frac{8+4+2}{3}=\frac{14}{3}$，$\sqrt[3]{8\times4\times2}=\sqrt[3]{2^6}=4$ 充分，故选 B.

22.【答案】E

【解析】（1）$|a-b|+|b-c|+|c-a|=b-a-(b-c)+(c-a)=2(c-a)$，不充分．

（2）$|a-b|-|b-c|+|c-a|=b-a-(c-b)+(c-a)=2(b-a)$，不充分．

23. 【答案】A

【解析】当 $1<x<2$ 时，$x-1>0$，$x-2<0$，所以 $\dfrac{|x-1|}{1-x}+\dfrac{|x-2|}{x-2}=-1-1=-2$，

故条件（1）充分，条件（2）不充分．

24. 【答案】C

【解析】题干的几何意义为：

$|x-2|+|x+1|=3$ 即在数轴上 x 到 2 的距离与到 -1 的距离之和为 3 的点，因为点 -1 与点 2 的距离为 3，所以点 x 在 $[-1,2]$，因此联合起来充分．

25. 【答案】E

【解析】两条件有共同情况，如图 1-28 所示．

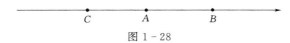

图 1-28

$|a-b|+|b-c|=2b-a-c\neq a-c$，因此两条件均不充分．

第二章 应 用 题

　　本章主要涉及的内容分布在大纲的各个部分,并无直接对于应用题的描述. 但是在考试中却占据很大的分值比重,也是出现难题的部分,需要考生重点把握.

　　应用题主要考察的问题包括以下三大部分,第一部分包括比例问题、路程问题及工程问题,此部分为常考题型,每个问题中涉及的小题型较多,题目难易跨度也很大,从易到难均有命题,不过难题较少;第二部分包括商品问题、浓度问题、集合问题、交叉问题、年龄问题、植树问题及分段计费问题,此部分的出题量及题目难易度均为中等;最后一部分包括不定方程问题、至多至少问题、线性规划问题及最值问题,这是出难题的部分.

　　应用题是考试中的重点及难点. 首先此章是考试中考题最多的一章,一般在 7 道左右,占总体量的 1/3,并且应用题难度较大,命题灵活. 建议考生们复习时注意以下三点:①对考点及公式应用熟练,掌握基本的题型和方法;②抓住各类问题的主要特点,学会建立等式进行求解;③有一些问题可以不用建立等式,或者列式后不用求解便能得到答案,需要掌握一些列方程和解题的技巧.

第一节 夯 实 基 本 功

一、比例问题

1. 知识点

(1) 比例:若 $a:b=c:d$,则 $\dfrac{a}{b}=\dfrac{c}{d}\Leftrightarrow ad=bc$.

(2) 正比:两变量 x、y 比值为非零常数,则 x、y 成正比,即 $y=kx(k\neq 0)$.

(3) 反比:两变量 x、y 乘积为非零常数,则 x、y 成反比,即 $y=\dfrac{k}{x}(k\neq 0)$.

(4) 合比定理:$\dfrac{a}{b}=\dfrac{c}{d}\Leftrightarrow\dfrac{a\pm b}{b}=\dfrac{c\pm d}{d}$.

(5) 等比定理:$\dfrac{a}{b}=\dfrac{c}{d}=\dfrac{e}{f}=\dfrac{a\pm c\pm e}{b\pm d\pm f}(b\pm d\pm f\neq 0)$.

2. 命题方向

(1) 已知部分量求总量. 已知部分量求总量为比例问题中较为基础的模型,考查总量、部分量以及部分量所占份数三者之间关系,即总量 $=\dfrac{部分量}{部分量所占份数}$.

(2) 百分比计算. 百分比计算问题要注意找准"基准量",即百分比中表示的分母的量是谁,另外当题目中无具体数值限定时可取特指分析,如取 $1=\dfrac{100}{100}$、取 $1=\dfrac{1}{1}$ 等.

（3）比例基本计算．比例基本计算核心在于恰当的利用"份数"处理问题，并且在计算过程中往往最后进行约分化简．

（4）比例变化问题．比例变化问题包含两类，一类是单因子变化，另一类是总量不变，解题的核心在于找到不变的量，然后将其份数统一，在这一过程中常常需要借助最小公倍数进行统一，统一份数后观察变化的份数与量之间的对应关系．

（5）比例定理应用．比例定理应用是指借助"合比定理""等比定理"处理问题．

（6）比例综合应用（还原问题）．当题目中出现"…余下 $\dfrac{n}{m}$ 又 k 个…"的时候可判断为还原问题，处理方法为"倒着做"，即余下的 $=\dfrac{k}{1-\dfrac{n}{m}}$．

二、路程问题

1．知识点

（1）路程＝速度×时间，符号记为 $s=vt$．

（2）速度＝$\dfrac{路程}{时间}$，符号记为 $v=\dfrac{s}{t}$．

（3）时间＝$\dfrac{路程}{速度}$，符号记为 $t=\dfrac{s}{v}$．

2．命题方向

（1）路程基本概念求解．路程基本概念求解主要是根据公式对路程、速度、时间 3 个量进行求解运算，不涉及相遇、追及等模型的使用．

（2）直线型相遇与追及．

1）反向相遇（图 2-1）．

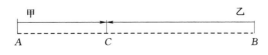

图 2-1

甲路程 $s_甲=s_{AC}=v_甲t_甲$，乙路程 $s_乙=s_{BC}=v_乙t_乙$，其中 $t_甲=t_乙=t_{相遇}$．

路程和 $s_{AB}=s_和=s_甲+s_乙=v_甲t_甲+v_乙t_乙=v_甲t_{相遇}+v_乙t_{相遇}$．

核心相遇时间 $t_{相遇}=\dfrac{s_和}{v_甲+v_乙}=\dfrac{路程和}{速度和}$．

2）同向追及（图 2-2）．

图 2-2

甲路程 $s_甲=s_{AC}=v_甲t_甲$，乙路程 $s_乙=s_{BC}=v_乙t_乙$，其中 $t_甲=t_乙=t_{追及}$．

路程差 $s_{AB}=s_{差}=s_{甲}-s_{乙}=v_{甲}t_{甲}-v_{乙}t_{乙}=v_{甲}t_{追及}-v_{乙}t_{追及}$.

核心追及时间 $t_{追及}=\dfrac{s_{差}}{v_{甲}-v_{乙}}=\dfrac{路程差}{速度差}$.

（3）圆圈型相遇与追及.

1）反向相遇（图 2-3）.

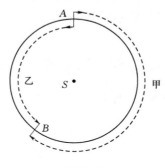

图 2-3

第一次甲、乙两人相遇时，所走路程和恰好为完整一圈，因相遇一次路程和为一圈，则相遇 n 次，路程和为 n 圈. 即 $t_{相遇}=\dfrac{路程和}{速度和}=\dfrac{ns}{v_{甲}+v_{乙}}$（$n$ 表示追上次数，s 表示一圈路程）.

2）同向追及（图 2-4）.

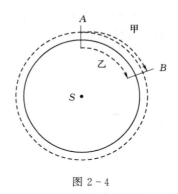

图 2-4

第一次甲追上乙时甲走的路程为完整一圈加 AB 段，而乙走的路程为 AB 段，此时两者所走路程差恰好为完整一圈. 因每追上一次路程差为一圈，追上 n 次，路程差为 n 圈. 即 $t_{追及}=\dfrac{路程差}{速度差}=\dfrac{ns}{v_{甲}-v_{乙}}$（$n$ 表示追上次数，s 表示一圈路程）.

（4）物体相对运动问题. 物体相对运动问题主要包括三类，第一类火车过山洞或桥梁的问题，第二类火车过电线杆或人（静止）的问题，第三类火车过人或车（运动）的问题，处理解决时常常需要借助相遇、追及问题.

（5）顺水、逆水问题. 顺水、逆水问题指的是物体在水流中运动的问题，要注意水速对物体速度的影响，一般 $v_{顺}=v_{船}+v_{水}$，$v_{逆}=v_{船}-v_{水}$.

（6）正反比关系应用. 正反比关系应用包括三个方向，当路程一定时，速度和时间成反比；当速度一定时，路程和时间成正比；当时间一定时，路程和速度成正比.

（7）直线往返多次相遇问题. 直线往返多次相遇问题是直线型中的一类规律性问题，其规律是第一次相遇路程和为一个 S，第 n 次相遇路程和为 $2n-1$ 个 S.

（8）速度百分比变化问题. 速度百分比变化问题指的是因为速度发生了变化而导致时间上发生了变化. 这类问题在处理时遵循三个步骤，第一步找到新、旧速度的比；第二步找到时间关系，即"新的 m 小时＝旧的 n 小时"；第三步根据题目中的时间差扩大相应倍数分析.

三、工程问题

1. 知识点

（1）工程量＝效率×时间，往往将工作总量记为单位"1".

（2）时间＝$\dfrac{\text{工程量}}{\text{效率}}$，时间往往无法进行加、减运算.

（3）效率＝$\dfrac{\text{工程量}}{\text{时间}}$，效率可以进行加、减运算.

2. 命题方向

（1）工程基本概念求解. 工程基本概念求解主要思路是将题目已知信息转化成效率后，再利用工程量建立等式.

（2）工程量转化. 工程量转化是工程问题中的常用解题技巧，指的同一份工作换成不同的人来做时间上的关系，即"甲的 m 天＝乙的 n 天"，找到后扩大相应倍数分析.

（3）轮流工作问题. 轮流工作问题指的是按照一定顺序轮流进行工作的问题，处理该问题时，往往需要找到做完一个完整的循环之后的效率和与一半的工程量相比较，分析需要多少个完整的循环，最后再考虑"收尾工作"的完成情况.

（4）两两合作工程问题. 两两合作工程问题在处理时需要转化成效率后，采取累加的方法进行求解.

（5）工程造价问题. 工程造价问题往往默认费用与天数有关，与是否完成无关，即完成一天支付一天的费用.

（6）牛吃草问题. 牛吃草问题中的难点在于每天都有新的草长出来，处理时的关键是找到真正干活的量，用"个数"乘以"时间"建立等式进行求解.

（7）效率百分比变化问题. 效率百分比变化问题指的是因为效率发生了百分比的变化而导致时间上发生了变化. 这类问题，在处理时遵循三个步骤，第一步找到新、旧效率的比；第二步找到时间关系，即"新的 m 天＝旧的 n 天"；第三步根据题目中的时间差扩大相应倍数分析.

四、商品问题

1. 知识点

（1）利润＝售价－进价.

（2）利润率＝$\dfrac{\text{利润}}{\text{进价}}\times100\%＝\dfrac{\text{售价－进价}}{\text{进价}}＝\dfrac{\text{售价}}{\text{进价}}-1$.

（3）售价＝（1＋利润率）×进价.

（4）进价＝$\dfrac{售价}{1+利润率}$.

2. 命题方向

（1）商品概念计算. 商品概念计算主要根据基本公式对进价、售价、利润等进行分析判断求解. 常见的运算包括以下几种.

1）原价为 a，提价 $p\%$，则现价为 $a(1+p\%)$.

2）原价为 a，降价 $p\%$，则现价为 $a(1-p\%)$.

3）原价为 a，打八折，则现价为 $a\times 0.8$.

4）原价为 a，打 x 折，则现价为 $a\times\dfrac{x}{10}$.

（2）商品保值问题. 商品保值问题指的是在经历提价、降价的时候与商品的原价进行比较，主要包括 4 类问题.

1）原价为 a，先提价 $p\%$ 再降价 $p\%$，则现价为小于原价.

2）原价为 a，先降价 $p\%$ 再提价 $p\%$，则现价为小于原价.

3）原价为 a，先提价 $p\%$ 再降价 $\dfrac{p\%}{1+p\%}$，则现价保持不变.

4）原价为 a，先降价 $p\%$ 再提价 $\dfrac{p\%}{1-p\%}$，则现价保持不变.

3. 变化率问题

变化率问题指的是涉及"增长率""下降率"等问题，关键点是需要抓住"基准量"，即谁做分母，即变化率＝$\dfrac{变化量}{基准量}\times 100\%$.

五、浓度问题

1. 知识点

（1）溶液＝溶质＋溶剂.

（2）浓度＝$\dfrac{溶质}{溶液}\times 100\%$.

（3）浓度＝$\dfrac{溶质}{溶质+溶剂}$（浓度相当于溶质占总体的百分比）.

（4）浓度＝$\dfrac{1}{1+\dfrac{溶剂}{溶质}}$（浓度问题相当于溶质与溶剂的比例问题）.

2. 命题方向

（1）纯溶剂置换问题. 纯溶剂置换问题指的是在反复倾倒过程中，每次倒出后都添加等量的纯溶剂，核心在于浓度发生变化但总量即溶液的量不变，处理时建议利用基本公式逐步求解计算.

（2）两溶液混合问题. 两溶液混合问题属于浓度问题中的基础问题，可以根据公式直接求解也可以使用"交叉法"，在使用"交叉法"时需要注意的是得到的比值为两溶液总量之比.

（3）浓度变化问题. 浓度变化问题主要包括三类，"稀释"即溶质不变，溶剂增加；

"蒸发"即溶质不变，溶剂减少；"加浓"即溶质增加，溶剂不变．在处理时可借鉴比例变化问题，抓住不变的量将其份数统一，再观察变化的份数与量的对应关系．

（4）水果含水量问题．水果含水量问题在处理时，因为随着水果水分的蒸发减少，使得水果总重量发生改变，需要找到果肉和水分的比，然后将果肉的份数统一，再观察水分的变化．

（5）浓度不变原则．浓度不变原则指的是一份溶液分成若干份，每份的浓度都相同．

六、集合问题

1. 知识点

集合问题应用题主要包括两类：一类是两个集合的问题；另一类是三个集合的问题．在解决集合问题时需要借助韦恩图处理，常见解题思路是将其视为平面图形一层面积，以其为主线进行求解．

2. 命题方向

（1）两个集合问题（图 2-5）．

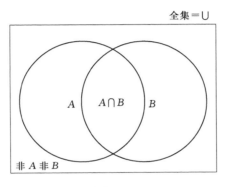

图 2-5

公式 1：$A \cup B = A + B - A \cap B$．

公式 2：$A \cup B =$ 全集 - 非 A 非 B．

（2）三个集合问题（图 2-6）．

图 2-6

公式 1：$A \cup B \cup C = A + B + C - A \cap B - B \cap C - C \cap A + A \cap B \cap C$．

公式2：$A \cup B \cup C$＝全集－非A非B非C.

七、交叉问题

1. 知识点

（1）表象特征：出现一个总体，两个部分，三个量.

（2）书写：总体值放中间，两个部分分上下两边.

（3）交叉时总体值必须错开，以保证交叉后的比值为正.

（4）交叉后得到的比值为在交叉时用掉的单位后剩余单位的比.

2. 命题方向

（1）平均分（值，环数）混合. 平均分（值，环数）混合中一个总体为总平均分，交叉后得到的比值往往为"人数之比".

（2）百分比混合. 百分比混合难点在于交叉后的比值为百分比所对应的"基准量"之比.

（3）鸡兔同笼问题. 鸡兔同笼问题利用的不是平均混合的思路，而是利用总量极端假设的思路，即将两部分都转化成总量，然后再进行交叉.

（4）倒扣分问题. 倒扣分问题在处理时要注意倒扣的分数必须带着负号计算.

八、年龄问题

1. 知识点

年龄问题的特点有两个，一个是年龄的差值恒定；另一个是年龄同步增长. 要注意处理年龄问题时，要选好参照年份，如果年龄计算得到矛盾，看看几年前是否还未出生，因为出生后才对年龄有影响.

2. 命题方向

（1）同步增长. 同步增长即随着时间的增加，年龄也都随之增加.

（2）差值恒定. 差值恒定指的是因为同步增长的原因，所以年龄差会始终保持不变.

九、植树问题

1. 知识点

植树问题主要包括两种模型的考查，在处理这类问题时会涉及最小公倍数的应用，并且要注意两端树木的个数，以及重叠部分的分析.

2. 命题方向

（1）直线型. 对于直线问题，如果长度为L，每隔n植树，则共有$\frac{L}{n}+1$棵树.

（2）圆圈型. 对于圆圈问题，如果周长为L，每隔n植树，则共有$\frac{L}{n}$棵树.

十、分段计费问题

1. 知识点

分段计费是指不同的范围对应着不同的计费方式，在实际中应用很广泛，比如电费、水费、邮费、个税、话费、出租车费、销售提成等. 解题思路的关键点有两个：一是确定每段的边界值，来判断所给数值落入的区间；二是选取对应的计费表达式进行计算.

2. 命题方向

（1）部分与全额计费. 在处理部分与全额计费问题时，关键要分清楚计费标准是"部分"还是"全额".

（2）阶梯型分段计费. 阶梯型分段计费问题，在处理时切记若未给计费标准时，默认的计费标准是分段逐级计费而不是全额计费.

十一、不定方程问题

1. 知识点

列方程解应用题，一般都是未知数个数与方程的个数一样多. 但如果方程（组）中未知数的个数多于方程的个数，此方程（组）称为不定方程组. 不定方程一般有无数解，但是结合题意，实际只要我们求出无数解中的特殊解，往往是求整数解. 有时还要加上其他限制，这时的解就是有限和确定的了. 考试中主要是涉及整数系数不定方程的整数解，一般要借助整除、奇数偶数、范围等特征来确定数值.

2. 命题方向

（1）利用奇偶性求解. 利用奇偶性求解不定方程是较为方便的一种求解方法，但是并不是通用方法，有时变量的奇偶性无法判断.

（2）利用整除求解. 利用整除求解不定方程是通用方法，但是计算量较大.

（3）利用倍数求解. 利用倍数求解不定方程的前提是不定方程的系数为分数时可以借助倍数分析判断.

十二、至多至少问题

在分析某对象至少（至多）时，可转化为其余部分最多（最少）来分析.

十三、线性规划问题

1. 知识点

线性规划应用非常广泛，解决的问题是：在资源的限制下，如何使用资源来完成最多的生产任务；或是给定一项任务，如何合理安排和规划，能以最少的资源来完成. 如常见的任务安排问题、配料问题、下料问题、布局问题、库存问题.

2. 求解思路

线性规划问题解题思路有三个：①（严格方法）找到限制条件，画出可行域，再结合目标函数截距求解最优解；②（一般方法）找到限制条件和目标函数，结合产品的性价比估值；③（技巧方法）将限制条件取等，解出交点，代入目标函数中筛选（可结合性价比高低）.

十四、最值问题

1. 知识点

最值问题是文字应用题的延伸部分，是将定制问题转化为动态问题的过程. 解数学问题应用题的重点在于过好三关：①事理关——阅读理解，知道命题所表达的内容；②文理关——将"问题情境"中的文字语言转化为符号语言，用数学关系式表述事件；③数理关——由题意建立相关的数学模型，将实际问题数学化，并解答这一数学模型，得出符合实际意义的解答.

2. 求解思路

最值问题解题思路有三个：①利用二次函数求最值；②利用均值不等式求最值；③综合应用.

第二节 刚 刚 "恋" 习

一、比例问题部分（共计6个考点）

【考点16】已知部分量求总量

1. 园林绿化队要栽一批树苗，第一天栽了总数的15%，第二天栽了133棵，这时剩下的与已栽的棵数的比是3：5. 这批树苗一共有（　　）棵.

A. 280　　　　B. 290　　　　C. 300　　　　D. 310　　　　E. 320

【答案】A

【解析】方法一：设这批树苗共有 x 棵，则 $15\%x+133=\dfrac{5}{3+5}x$，解得 $x=280$.

方法二：第二天栽的树占这批树苗的份数为 $\dfrac{5}{3+5}-15\%=\dfrac{19}{40}$，这批树苗共有 $\dfrac{133}{\frac{19}{40}}=280$（棵）.

【考点17】百分比计算

2. 从一根圆柱形钢材上截取160厘米长的一段，截取部分的重量正好是原来重量的80%，则剩下部分的长度为（　　）厘米.

A. 120　　　　B. 80　　　　C. 40　　　　D. 20　　　　E. 10

【答案】C

【解析】$\dfrac{160}{160+x}=80\%$，解得 $x=40$，故选C.

3. 某数学竞赛设一、二等奖. 甲、乙两校获二等奖的人数总和占两校获奖人数总和的60%，则可以推出甲校获二等奖的人数占该校获奖总人数的50%.

（1）甲、乙两校获二等奖的人数比是5：6.

（2）甲、乙两校获奖的人数比是6：5.

【答案】C

【解析】单独一个条件显然是不充分的，故需要联合两个条件，假设甲、乙两校获奖总人数为110人，则甲、乙两校获奖人数分别为60人、50人，甲、乙两校获二等奖的人数为66人，进而推导出甲校获二等奖的人数为30人，故选C.

【考点18】比例基本计算

4. 公司共有员工52人，男员工人数的 $\dfrac{1}{4}$ 比女员工的 $\dfrac{1}{3}$ 少1人，则男员工比女员工多（　　）人.

A. 1　　　　B. 2　　　　C. 3　　　　D. 4　　　　E. 5

【答案】D

【解析】设男员工人数为 x，女员工人数为 y，则由题意得 $\begin{cases} x+y=52 \\ \dfrac{1}{4}x=\dfrac{1}{3}y-1 \end{cases}$，解得

$\begin{cases} x=28 \\ y=24 \end{cases}$，于是得男员工比女员工多 4 人，故选 D.

5. 某厂有职工 1260 人，女职工的 $\frac{1}{8}$ 与男职工的 $\frac{2}{5}$ 同样多，则男、女职工各（　　）人.

　　A. 960，300　　B. 300，960　　C. 1000，260　　D. 260，1000　　E. 860，400

【答案】 B

【解析】 因为女职工的 $\frac{1}{8}$ 与男职工的 $\frac{2}{5}$ 同样多，所以男、女职工的比例为 5 : 16，那么男、女职工总份数为 5＋16＝21 份，则有 $\frac{1260}{21}$＝60，即每一份对应 60 人，则男职工有 60×5＝300 人，女职工 60×16＝960 人，故选 B.

6. 一个桶中装有 $\frac{3}{4}$ 的沙子，可以确定桶中现有的沙子可装 6 杯.

（1）如果向桶中加入 1 杯沙子，则桶中的沙子将占有其容量的 $\frac{7}{8}$.

（2）如果从桶中取出 2 杯沙子，则桶中的沙子将占有其容量的一半.

【答案】 D

【解析】 设这个桶的容量为 a 杯，则桶中的沙子为 $\frac{3}{4}a$，根据（1）可得：$\frac{3}{4}a+1=\frac{7}{8}a \Rightarrow a=8$，从而可以求出桶中的沙子是 6 杯，同理（2）也充分，故选 D.

【考点 19】比例变化问题

7. 某辅导班开班当日，经统计，男学员占 45%，第二天又有 48 位女学员报名，此时，男学员的数量占 25%，那么这个班有男学员（　　）人.

　　A. 17　　　　B. 27　　　　C. 37　　　　D. 47　　　　E. 57

【答案】 B

【解析】 原来男同学与女同学人数比为 45 :（100－45）＝9 : 11，后来男同学与女同学人数比为 25 :（100－25）＝9 : 27，27－11＝16，即 48 位女同学对应 16 份，那么一份对应 3 个人，而男生占 9 份，故男生人数为 3×9＝27.

【考点 20】比例定理应用

8. 甲、乙、丙三种物品，已知甲与乙的价格之和与丙的价格之比为 7 : 2；乙与丙的价格之和与甲的价格之比为 5 : 4，则甲与丙的价格之和与乙的之比是（　　）.

　　A. 5 : 2　　　B. 4 : 1　　　C. 3 : 1　　　D. 3 : 2　　　E. 2 : 1

【答案】 E

【解析】 利用合比定理

$$\begin{cases} \dfrac{甲+乙}{丙}=\dfrac{7}{2} \\ \dfrac{乙+丙}{甲}=\dfrac{5}{4} \end{cases} \Rightarrow \begin{cases} \dfrac{甲+乙+丙}{丙}=\dfrac{7+2}{2} \\ \dfrac{乙+丙+甲}{甲}=\dfrac{5+4}{4} \end{cases} \Rightarrow \begin{cases} \dfrac{甲+乙+丙}{丙}=\dfrac{9}{2} \\ \dfrac{乙+丙+甲}{甲}=\dfrac{9}{4} \end{cases} \Rightarrow \dfrac{甲+丙}{乙}=\dfrac{4+2}{3}=2$$

【考点21】比例综合应用（还原问题）

9. 一堆西瓜，第一次卖出总数的 $\frac{1}{4}$ 又 6 个，第二次卖出余下的 $\frac{1}{3}$ 又 4 个，第三次卖出余下的 $\frac{1}{2}$ 又 3 个，恰好卖完，问这堆西瓜原有（ ）个.

    A. 21   B. 24   C. 28   D. 30   E. 32

【答案】C

【解析】第三次卖出余下的 $\frac{1}{2}$ 又 3 个，恰好卖完，说明第三次卖了 6 个，第二次总共的瓜为 $(6+4) \div \frac{2}{3} = 15$ 个，第一次总数为 $(15+6) \div \frac{3}{4} = 28$ 个，故选 C.

二、商品问题部分（共计 3 个考点）

【考点22】商品概念计算

10. 六·一期间某商店出售大、中、小气球，大球每个 3 元，中球每个 1.5 元，小球每个 1 元，张老师用 120 元买了 55 个气球送给李老师，其中买中球的钱和买小球的钱一样多，问张老师每种球各买（ ）.

    A. 大球 20 个，中球 15 个，小球 15 个

    B. 大球 30 个，中球 15 个，小球 10 个

    C. 大球 20 个，中球 10 个，小球 15 个

    D. 大球 30 个，中球 15 个，小球 15 个

    E. 大球 30 个，中球 10 个，小球 15 个

【答案】E

【解析】因为买中球的钱与买小球的钱一样多，所以小球的数量是中球的 1.5 倍，所以不妨设大球 x 个，中球 y 个，小球 $1.5y$ 个.

根据题意有 $\begin{cases} x+2.5y=55 \\ 3x+1.5y+1.5y=120 \end{cases} \Rightarrow \begin{cases} x=30 \\ y=10 \end{cases}$

大球 30 个，中球 10 个，小球 15 个.

11. 某商店按定价的 80%（八折）出售，仍能获得 20% 的利润，定价时期望的利润是（ ）.

    A. 21% B. 24% C. 28% D. 30% E. 50%

【答案】E

【解析】设定价为 x，则售价为 $0.8x$，获利 20%，则成本价为 $\frac{0.8x}{1.2} = \frac{2x}{3}$，期待利润率为 $\frac{x - \frac{2x}{3}}{\frac{2x}{3}} \times 100\% = 50\%$.

12. 某个商贩在一次买卖中，同时卖出两件商品，售价都是 135 元，则他在此次买卖中赔了 18 元.

（1）按成本计算，其中一件盈利 25%，一件亏本 25%.

（2）按成本计算，其中一件盈利 20％，一件亏本 20％．

【答案】A

【解析】条件（1）：设第一件成本 x 元，第二件成本 y 元．

$x=\dfrac{135}{1+25\%}=108$ 元，$y=\dfrac{135}{1-25\%}=180$ 元．总成本是 $180+108=288$ 元．$135\times2-288=-18$ 元，赔了 18 元，充分．

条件（2）：设第一件成本 x 元，第二件成本 y 元．

$x=\dfrac{135}{1+20\%}=112.5$ 元，$y=\dfrac{135}{1-20\%}=168.75$ 元．总成本是 $112.5+168.75=281.25$ 元．$135\times2-281.25=-11.25$ 元，赔了 11.25 元，不充分．故选 A.

【考点 23】商品保值问题

13. 某种商品降价 15％后，若欲恢复原价，应提价（　　）．

    A．15％　　　　B．15.25％　　　　C．16.78％　　　　D．17.17％　　　　E．17.65％

【答案】E

【解析】设原价为 1，降价 15％后需提价 x 才能恢复原价，即 $1\times(1-15\%)(1+x)=1$，解得 $x\approx17.65\%$，故选 E.

14. 该股票涨了多少？

    （1）某股票连续三天涨 10％后，又连续三天跌 10％．

    （2）某股票连续三天跌 10％后，又连续三天涨 10％．

【答案】E

【解析】设股票的原价值为 1，条件（1）：$1\times(1+10\%)^3\times(1-10\%)^3=0.99^3<1$，不充分；条件（2）：$1\times(1-10\%)^3\times(1+10\%)^3=0.99^3<1$，不充分，联合显然不充分．

【考点 24】变化率问题

15. 某市生产总值连续两年持续增加，第一年的增长率为 p，第二年的增长率为 q，则该市这两年生产总值的年平均增长率为（　　）．

    A．$\dfrac{p+q}{2}$　　　　　　　　B．$\dfrac{(p+1)(q+1)-1}{2}$　　　　　　　　C．$\sqrt{pq}$

    D．$\sqrt{(p+1)(q+1)}-1$　　　　E．$\sqrt{(p+1)(q+1)}+1$

【答案】D

【解析】设年平均增长率为 x，则 $(1+x)^2=(p+1)(q+1)$，解得 $x=\sqrt{(p+1)(q+1)}-1$.

16. 小明爸爸今年的收入比前年增加了 30％．

    （1）小明爸爸去年的收入比前年减少了 20％．

    （2）小明爸爸今年的收入比去年增加了 50％．

【答案】E

【解析】假设去年收入为 100 元，由条件（1）可得：去年比前年减少了 20％，那么前年的时候为 125；由条件（2）可知：今年比去年增加了 50％，那么今年的收入为 150；显然今年没有比去年增加 30％．联合后，今年比前年增加了 $\dfrac{150-125}{150}\times100\%\neq30\%$，因此联合不充分，故选 E.

三、浓度问题部分（共计 5 个考点）

【考点 25】纯溶剂置换问题

17. 一个容器容积为 24 升，先装满浓度为 80% 的酒精，倒出若干后用水加满，这时容器内酒精的浓度为 50%．原来倒出浓度为 80% 的酒精（   ）升．

A. 7   B. 9   C. 10   D. 12   E. 14

【答案】B

【解析】设倒出酒精 x 升，$\dfrac{24 \times 0.8 - 0.8x}{24} = 0.5$，$x = 9$．

【考点 26】两溶液混合问题

18. 将一种浓度为 15% 的溶液 30 千克，配制成浓度不低于 20% 的同种溶液，则至少需要浓度为 35% 的该种溶液（   ）千克．

A. 6   B. 7   C. 8   D. 9   E. 10

【答案】E

【解析】设 35% 溶液为 x 千克，则得：$35\% x + 30 \times 15\% = (x + 30) \times 20\%$

解得：$x = 10$ 千克，故至少需要 35% 的溶液 10 千克，故选 E.

【考点 27】浓度变化问题

19. 浓度为 15% 的糖水，蒸发掉水 45 克，浓度为 20%．溶液中有糖（   ）克．

A. 26   B. 27   C. 28   D. 29   E. 30

【答案】B

【解析】设原来的溶液质量为 x，则糖的质量为 $15\% x$，蒸发掉水后的质量为 $x - 45$，$\dfrac{15\% x}{x - 45} = 20\%$，解得 $x = 180$，所以糖的质量为 $180 \times 15\% = 27$．

【考点 28】水果含水量问题

20. 有 10 千克蘑菇，它们的含水量是 99%，稍经晾晒，含水量下降到 98%，晾晒后的蘑菇重（   ）千克．

A. 3   B. 4   C. 5   D. 6   E. 7

【答案】C

【解析】原来蘑菇的含水量是 99%，即纯蘑菇的重量占 10 千克的（$1 - 99\%$），求出不含水的纯蘑菇的重量，进而设出晾晒后的蘑菇重为 x 千克，后来含水量下降到 98%，即纯蘑菇重量占晒干后的蘑菇重的（$1 - 98\%$），求出不含水的纯蘑菇的重量，根据纯蘑菇重量不变，列出方程得：$10(1 - 99\%) = x(1 - 98\%)$，解得：$x = 5$．

【考点 29】浓度不变原则

21. 甲容器有浓度为 12% 的盐水 500 克，乙容器有 500 克水．把甲中盐水的一半倒入乙中，混合后再把乙中现有盐水的一半倒入甲中，混合后又把甲中的一部分盐水倒入乙中，使甲、乙的盐水重量相同，则最后乙中盐水的百分比浓度为（   ）．

A. 6%   B. 5%   C. 5.2%   D. 4.9%   E. 4.8%

【答案】E

【解析】甲的一半倒入乙后，乙中盐水的浓度：$\dfrac{250 \times 12\%}{500 + 250} = 4\%$，含盐共 30 克，此

时甲中含盐为 30 克，再将乙中一半倒入甲后，甲中盐水的浓度：$\dfrac{15+30}{250+375}=7.2\%$，含盐 45 克．此时乙中含盐 15 克，因为甲、乙共有盐水 1000 克，甲、乙相同的话，那么甲、乙应该各为 500 克，甲应该倒入乙 125 克，此时乙中盐水的浓度 $\dfrac{15+125\times7.2\%}{500}=4.8\%$．

四、路程问题部分（共计 8 个考点）

【考点 30】路程基本概念求解

22. 如果你上山的速度是 2 米/秒，下山的速度是 6 米/秒（假设上山和下山走的是同一条山路）．那么，你全程的平均速度是（　　）米/秒．

　　A．3　　　　　B．4　　　　　C．5　　　　　D．6　　　　　E．7

【答案】A

【解析】设山路的长度为 S，则平均速度 $v=\dfrac{2S}{\dfrac{S}{2}+\dfrac{S}{6}}=3$．

23. 某人往返甲、乙两地，去时步行每小时行 5 千米，返回时乘车每小时行 30 千米，往返共用 3.5 小时，甲、乙两地相距（　　）千米．

　　A．8　　　　　B．10　　　　　C．12　　　　　D．15　　　　　E．18

【答案】D

【解析】去时步行每小时行 5 千米，那么走 1 千米需要时间 $\dfrac{1}{5}$ 小时，返回时乘车每小时 30 千米，行 1 千米需要时间 $\dfrac{1}{30}$ 小时，往返共用 3.5 小时，即 3.5 小时行了两个全程，所以甲、乙两地的距离为 $3.5\div\left(\dfrac{1}{5}+\dfrac{1}{30}\right)=15$（千米），故选 D．

24. 商场的自动扶梯匀速由下往上行驶，两个孩子同时在行驶的扶梯上下走动，并同时到达，女孩由下往上走，男孩由上往下走，则当该扶梯静止时，可看到的扶梯梯级有 60 级．

　　(1) 女孩走了 40 级到达楼上．

　　(2) 男孩走了 80 级到达楼下．

【答案】C

【解析】显然需要联合，男、女生所用时间相同，设为 t，女生顺电梯而上，少走的楼梯数应该是 t 时间内电梯自己上升的楼梯数；男生逆电梯而下，多走的楼梯数应该是 t 时间内电梯自己上升的楼梯数；即 $40+x=80-x\Rightarrow x=20$，电梯级数：$40+20=60$．

【考点 31】直线型相遇与追及

25. 甲、乙两人同时从相距 18 千米的两地相对而行，甲每小时行走 5 千米，乙每小时行走 4 千米．如果甲带了一只狗与甲同时出发，狗以每小时 8 千米的速度向乙跑去，遇到乙立即回头向甲跑去，遇到甲又回头向乙跑去，这样两人相遇时，狗跑了（　　）千米．

　　A．4　　　　　B．8　　　　　C．16　　　　　D．32　　　　　E．18

【答案】C

【解析】狗跑的时间正好是二人的相遇时间，$18÷(5+4)=2$（小时），$8×2=16$（千米）.

26. 甲、乙两车从 A 地开往 B 地分别需要用 10 个小时和 15 个小时，若乙车先出发 3 小时，则甲车出发（　　）小时后能追上乙车.

    A. 8　　　　　B. 7　　　　　C. 6　　　　　D. 5　　　　　E. 4

【答案】C

【解析】甲每小时行全程的 $\dfrac{1}{10}$，乙每小时行全程的 $\dfrac{1}{15}$，每小时甲比乙多行了 $\dfrac{1}{10}-\dfrac{1}{15}=$ $\dfrac{1}{30}$，乙先出发 3 小时，行了 $\dfrac{1}{15}×3=\dfrac{1}{5}$，所以甲要追上乙需要 $\dfrac{1}{5}÷\dfrac{1}{30}=6$（小时）.

【考点 32】圆圈型相遇与追及

27. 甲、乙两人以不同的速度在环形跑道上跑步，甲比乙快，则乙跑一圈需要 6 分钟.

    （1）甲、乙反向而行，每隔 2 分钟相遇一次.

    （2）甲、乙同向而行，每隔 6 分钟相遇一次.

【答案】C

【解析】显然两条件单独均不充分，考虑联合，设跑道一圈的长度为 S，由条件（1）：$(v_甲+v_乙)×2=S$，由条件（2）：$(v_甲-v_乙)×6=S$，两式联立解得 $v_甲=2v_乙$，将其代入 $(v_甲+v_乙)×2=S$，可得到 $(2v_乙+v_乙)×2=S$，即 $t=\dfrac{S}{v_乙}=6$（分钟）.

28. 甲、乙两人从运动场同一起点同时同向出发，甲跑的速度为 200 米/分钟，乙步行，当甲第 5 次超越乙时，乙恰好走完三圈，则再过 1 分钟，甲在乙的前方（　　）米.

    A. 75　　　　　B. 85　　　　　C. 105　　　　　D. 115　　　　　E. 125

【答案】E

【解析】当甲第 5 次超越乙时，甲比乙多跑 5 圈，而此时乙恰好走完三圈，则甲恰好跑了 8 圈，即甲、乙的速度比为 8∶3，再过 1 分钟后，甲跑了 200 米，而乙只走了 $200×$ $\dfrac{3}{8}=75$ 米，则甲在乙的前方 125 米.

【考点 33】物体相对运动问题

29. 一列火车匀速行驶时，通过一座长为 250 米的桥梁需要 10 秒，通过一座长为 450 米的桥梁需要 15 秒，该火车通过长为 1050 米的桥梁需要（　　）秒.

    A. 22　　　　　B. 25　　　　　C. 28　　　　　D. 30　　　　　E. 35

【答案】D

【解析】设火车长度为 S，速度为 v，则有 $v=\dfrac{250+S}{10}=\dfrac{450+S}{15}\Rightarrow S=150$ 米，$v=$ $\dfrac{250+150}{10}=40$（米/秒），进而得到火车通过 1050 米桥梁所需时间为 $t=\dfrac{1050+S}{v}=\dfrac{1050+150}{40}=$ 30（秒）.

【考点 34】顺水、逆水问题

30. 一艘轮船从上游的甲港顺流到下游的丙港，然后掉头向上到达中游的乙港，共用了 12 小时．已知这条船顺流的速度是逆流速度的 2 倍，水流速度是 2 千米/小时，从甲港到乙港相距 18 千米．则甲港和丙港之间的距离为（   ）千米．

    A．42   B．44   C．40   D．48   E．34

【答案】B

【解析】设船在静水中的速度为 m，$m+2=2(m-2) \Rightarrow m=6$；设乙港和丙港之间的距离为 x，$\dfrac{18+x}{6+2}+\dfrac{x}{6-2}=12$，解得 $x=26$；$26+18=44$．

【考点 35】正反比关系应用

31．甲、乙两人相向而行，已知甲由 A 地出发，乙由 B 地出发，相遇后甲再行 8 小时可到达 B 地，乙再行 12.5 小时可到达 A 地，则甲行全程需（   ）小时．

    A．10   B．12.5   C．18   D．16   E．25

【答案】C

【解析】设相遇时间为 t，相遇点为 C 点，因为 AC 段路程一定，则 $\dfrac{v_甲}{v_乙}=\dfrac{t_乙}{t_甲}=\dfrac{12.5}{t}$，又因为 BC 段路程一定，则 $\dfrac{v_甲}{v_乙}=\dfrac{t_乙}{t_甲}=\dfrac{t}{8}$，所以 $\dfrac{t}{8}=\dfrac{12.5}{t} \Rightarrow t=10$，故则甲行全程需 18 小时．

【考点 36】直线往返多次相遇问题

32．汽车和自行车分别从 A、B 两地同时相向而行，汽车每小时行 50 千米，自行车每小时行 10 千米，两车相遇后，各自仍沿原方向行驶，当汽车到达 B 地后返回到两车相遇地时，自行车在前面 10 千米处正向 A 地行驶，则 A、B 两地的距离是（   ）千米．

    A．150   B．160   C．180   D．200   E．210

【答案】A

【解析】由图 2-7 可知，汽车所走路程为 $A \rightarrow B \rightarrow C$，自行车所走路程为 $B \rightarrow C \rightarrow D$，$C$ 点为相遇地点，$CD=10$ 千米．因为自行车速度为 10 千米，则自行车走 CD 用 1 小时，即汽车走 BC 往返用时 1 小时；因为汽车与自行车速度比为 $5:1$，所以自行车走 BC 用时 $\dfrac{5}{2}$ 小时，则相遇时间为 $\dfrac{5}{2}$ 小时，则 $S=(50+10)\times\dfrac{5}{2}=150$（千米）．

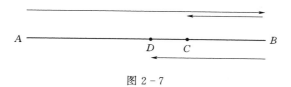

图 2-7

【考点 37】速度百分比变化问题

33．某人驾车从 A 地赶往 B 地，前一半路程比计划多用时 45 分钟，平均速度只有计划的 80%，若后一半路程的平均速度 120 千米/小时，此人还能按原定时间到达 B 地．A、B 两地的距离为（   ）千米．

    A．450   B．480   C．520   D．540   E．600

【答案】D

【解析】设从 A 地到 B 地计划用时 t，两地距离为 S，所以计划速度为 $\dfrac{S}{t}$（图 2-8）.

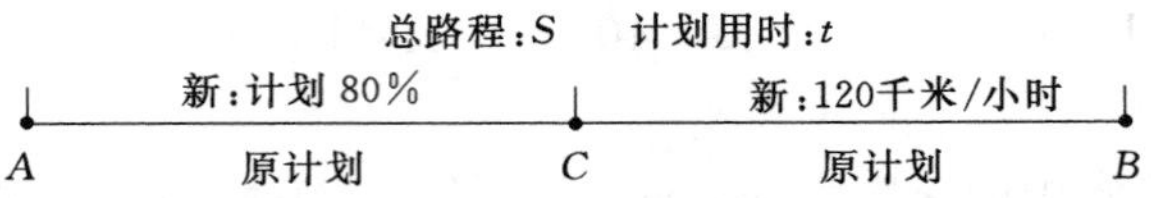

$$\text{总路程：}S \qquad \text{计划用时：}t$$

图 2-8

由前半程 AC 段得：$\left(\dfrac{t}{2}+\dfrac{45}{60}\right)\times 0.8\times\left(\dfrac{S}{t}\right)=\dfrac{S}{2}$，解得 $t=6$.

由后半程 BC 段得：$\dfrac{S}{2}=\left(\dfrac{t}{2}-\dfrac{45}{60}\right)\times 120$，解得 $S=540$.

五、工程问题（共计 7 个考点）

【考点 38】工程基本概念求解

34. 甲、乙两队一起修一条路，甲队修了全长的 $\dfrac{7}{15}$ 还多 12 米，乙队修的是甲队的 $\dfrac{2}{3}$，则这条路甲队修了（　　）米.

　　A．45　　　　　B．50　　　　　C．52　　　　　D．53　　　　　E．54

【答案】E

【解析】因为，乙队修的是甲队的 $\dfrac{2}{3}$，则甲队修的部分就为全程的 $\dfrac{3}{2+3}=\dfrac{3}{5}$，全程 $=\dfrac{12}{\dfrac{3}{5}-\dfrac{7}{15}}=90$，故甲修的 $90\times\dfrac{3}{5}=54$，故选 E．

35. 甲、乙二人植树．单独植完这批树，甲比乙所需时间多 $\dfrac{1}{3}$，如果二人一起干，完成任务时乙比甲多植树 36 棵，这批树一共（　　）棵.

　　A．200　　　　B．203　　　　C．241　　　　D．252　　　　E．266

【答案】D

【解析】设乙所用的时间为"1"，甲的时间是乙的 $1+\dfrac{1}{3}=1\dfrac{1}{3}$ 倍，则甲与乙的时间比是 $4:3$．工作总量一定，工作效率和工作时间成反比例，所以甲与乙的工效比为 $3:4$，则共植树：$36\div\left(\dfrac{4}{7}-\dfrac{3}{7}\right)=252$ 棵，故选 D．

36. 一个水池有两个排水管甲和乙，一个进水管丙．如果同时开放甲和丙，20 小时可以将水池的水排空；如果同时开放乙和丙，30 小时可以将水池的水排空；如果单独开放丙管，60 小时可以将空水池注满．若同时打开甲、乙、丙三水管，要排空已经注满水的水池，需要（　　）小时.

　　A．15　　　　　B．10　　　　　C．12　　　　　D．13　　　　　E．14

【答案】B

【解析】丙的效率为 $\dfrac{1}{60}$，甲的效率为 $\dfrac{1}{20}+\dfrac{1}{60}=\dfrac{1}{15}$，乙的效率为 $\dfrac{1}{30}+\dfrac{1}{60}=\dfrac{1}{20}$，三管同

时开 $\dfrac{1}{\dfrac{1}{15}+\dfrac{1}{20}-\dfrac{1}{60}}=10$.

【考点39】工程量转化问题

37. 甲、乙两人加工同一种玩具，甲加工 90 个玩具所用的时间与乙加工 120 个玩具所用的时间相等，已知甲、乙两人每天共加工 35 个玩具，甲、乙两天加工的玩具相差（   ）个.

A. 5   B. 6   C. 8   D. 12   E. 10

【答案】E

【解析】 甲、乙两人每天共加工 35 个，所以甲、乙两人两天共加工 70 个；又因为甲 90 个等于乙 120 个，即甲 3 个等于乙 4 个；所以完成 70 个，甲 30 个，乙 40 个，相差 10 个.

38. 甲、乙两队开挖一条水渠．甲队单独挖要 8 天完成，乙队单独挖要 12 天完成．现在两队同时挖了几天后，乙队调走，余下的甲队在 3 天内完成．乙队挖了（   ）天.

A. 2   B. 3   C. 4   D. 5   E. 6

【答案】B

【解析】 甲 8 天等于乙 12 天，则甲 2 天等于乙 3 天；设甲、乙合作 t 天，甲挖 $3t$ 天，乙挖 $3t$ 天，剩下甲挖 3 天.

转化成甲：甲挖 $3t$ 天，甲挖 $2t$ 天，剩下甲挖 3 天；有 $3t+2t+3=8\Rightarrow t=1$，所以乙队挖了 $3t=3$ 天.

【考点40】轮流工作问题

39. 完成某项任务，甲单独做需 4 天，乙需 6 天，丙需 8 天，现甲、乙、丙三人依次轮换地工作，则完成该项任务共需（   ）天.

A. $6\dfrac{2}{3}$ B. $5\dfrac{1}{3}$ C. 6   D. $4\dfrac{2}{3}$ E. 4

【答案】B

【解析】 由题可知甲、乙、丙三人的工作效率分别是 $\dfrac{1}{4}$、$\dfrac{1}{6}$、$\dfrac{1}{8}$，即 $\dfrac{6}{24}$、$\dfrac{4}{24}$、$\dfrac{3}{24}$，故甲、乙、丙各做 1 天后完成 $\dfrac{13}{24}$，甲、乙再分别做 1 天可完成了 $\dfrac{10}{24}$，丙做需要 $\dfrac{\dfrac{1}{24}}{\dfrac{1}{8}}=\dfrac{1}{3}$ 天，共计 $5\dfrac{1}{3}$ 天.

【考点41】两两合作工程问题

40. 一项工程，甲、乙两队合作需 12 天完成，乙、丙两队合作需 15 天完成，甲、丙两队合作需 20 天完成，如果由甲、乙、丙三队合作需（   ）天完成.

A. 6   B. 7   C. 8   D. 9   E. 10

【答案】E

【解析】 设这项工程为单位"1"，则甲、乙合作的工效为 $\dfrac{1}{12}$，乙、丙合作的工效为

$\frac{1}{15}$，甲、丙合作的工效为 $\frac{1}{20}$．因此甲、乙、丙三队合作的工效的两倍为 $\frac{1}{12}+\frac{1}{15}+\frac{1}{20}$，所以甲、乙、丙三队合作的工效为 $\left(\frac{1}{12}+\frac{1}{15}+\frac{1}{20}\right)\div2=\frac{1}{10}$，因此三队合作完成这项工程的时间为 $1\div\frac{1}{10}=10$ 天，故选 E.

【考点 42】工程造价问题

41. 某单位进行办公室装修，若甲、乙两个装修公司合作，需 10 周完成，工时费为 100 万元，甲公司单独做 6 周后由乙公司接着做 18 周完成，工时费为 96 万元．甲公司每周的工时费为（ ）万元．

A. 7.5   B. 7   C. 6.5   D. 6   E. 5.5

【答案】 B

【解析】 设甲每周费用为 x，乙每周费用为 y；则 $\begin{cases}10x+10y=100\\6x+18y=96\end{cases}$，解得 $x=7$ 万元.

【考点 43】牛吃草问题

42. 有一块牧场，可供 10 头牛吃 20 天，15 头牛吃 10 天，则它可供 25 头牛吃（ ）天．

A. 6   B. 7   C. 8   D. 9   E. 5

【答案】 E

【解析】 设该牧场每天长草量恰可供 x 头牛吃一天，这片草场可供 25 头牛吃 n 天．10 头牛吃 20 天：现在有 10 头牛，从中选 x 头牛去吃每天长出来的草；那么还剩下（$10-x$）头牛在吃草场原有的草，20 天吃完，原有草量为（$10-x$）×20.

15 头牛吃 10 天：现在有 15 头牛，从中选 x 头牛去吃每天长出来的草；那么还剩下（$15-x$）头牛在吃草场原有的草，10 天吃完，原有草量为（$15-x$）×10.

根据原有草量可得：

（$10-x$）×20＝（$15-x$）×10＝（$25-x$）×n，（$10-x$）×20⇒（$15-x$）×10⇒$x=5$，代入 $n=5$.

【考点 44】效率百分比变化问题

43. 小红抄写一份材料，每分钟抄写 30 个字，若干分钟可以抄完，当她抄到这份材料的 $\frac{2}{5}$ 时，决定提高 50% 的效率，结果提前了 20 分钟抄完，则这份材料共有（ ）字．

A. 1500   B. 2000   C. 2800   D. 3000   E. 3500

【答案】 D

【解析】 设共有 x 字，则后面 $\frac{3}{5}$ 的用时比原来效率下少了 20 分钟.

$$\frac{\frac{3}{5}x}{30}=\frac{\frac{3}{5}x}{30\times(1+50\%)}+20\Rightarrow x=3000$$

六、交叉问题部分（共计 4 个考点）

【考点 45】平均分（值，环数）混合

44. 公司共有职工 50 人，理论知识考核平均成绩为 81 分，其中科室职工平均成绩为 90 分，车间职工平均成绩 75 分，车间职工的人数为（　　）人．

　　A. 20　　　　　B. 25　　　　　C. 30　　　　　D. 28　　　　　E. 35

【答案】 C

【解析】 一般方法，设科室职工人数为 x 人，车间职工人数为 $50-x$ 人，则有 $\dfrac{90x+75(50-x)}{50}=81$，解得 $x=20$ 人，则车间职工为 $50-20=30$（人）．

交叉法（具体方法见本章第一节交叉法部分），1 个总体（81 分），2 个部分（科室、车间），3 个量（90 分、81 分、75 分）．

科室 90 分　　　　　81 分　　　　$\dfrac{81-75}{90-81}=\dfrac{2}{3}$（人数之比）
车间 75 分

所以车间 $50\times\dfrac{3}{5}=30$（人）．

【考点 46】百分比混合问题

45. 某城市现在有人口 70 万，如果 5 年后城镇人口增加 4%，农村人口增加 5.4%，则全市人口将增加 4.8%．现在城镇人口有（　　）万．

　　A. 25　　　　　B. 30　　　　　C. 35　　　　　D. 40　　　　　E. 45

【答案】 B

【解析】 一般方法，设现在城镇人口为 x 万，现在农村人口为 $70-x$ 万，则有 $\dfrac{40\%x+5.4\%(70-x)}{70}=4.8\%$，解得 $x=30$ 万．

交叉法（具体方法见本章第一节交叉法部分），1 个总体（4.8%），2 个部分（城镇、农村），3 个量（4.8%、4%、5.4%）．

城镇 4%　　　　　4.8%　　　　$\dfrac{5.4-4.8}{4.8-4}=\dfrac{0.6}{0.8}$（人数比）
农村 5.4%

城镇人口有 $70\times\dfrac{0.6}{0.6+0.8}=30$．故选 B．

【考点 47】鸡兔同笼问题

46. 一个笼子里关着鸡、兔共 100 只，数一数共 240 只脚，问鸡、兔各（　　）只．

　　A. 40、60　　　　B. 70、30　　　　C. 50、50　　　　D. 80、20　　　　E. 60、40

【答案】 D

【解析】 一般方法，设笼子里有鸡 x 只，兔 $100-x$ 只，则有 $2x+4(100-x)=240$，解得 $x=80$，因此有鸡 80 只，兔 20 只．

交叉法（具体方法见本章第一节交叉法部分），1 个总体（240 脚），2 个部分（鸡、兔），3 个量（240 脚、200 脚、400 脚）．

鸡　　200 脚　　　　240 脚　　　　$\dfrac{400-240}{240-200}=\dfrac{4}{1}$（个数比）
兔　　400 脚

即鸡占 $\dfrac{4}{4+1}=\dfrac{4}{5}$，兔子占 $\dfrac{1}{4+1}=\dfrac{1}{5}$，所以鸡80只，兔子20只．故选D．

【考点48】倒扣分问题

47. 某出版社委托印刷厂印制 500 本书，双方商定每本书印刷费 0.24 元，但如果发生印刷错误，那么每印错一本书，不仅不给印刷费，而且还要赔偿 1.26 元，结果印刷厂共得到报酬 115.5 元．则印刷过程中印错了（   ）本书．

A. 1   B. 2   C. 3   D. 4   E. 5

【答案】 C

【解析】 一般方法，设印错了 x 本，则有 $(500-x)\times 0.24-1.26x=115.5$，解得 $x=3$ 本．

交叉法（具体方法请见本章节第一节交叉法部分），一个总体（115.5），两个部分（印对、印错），三个量 $[115.5、500\times 0.24、500\times(-1.26)]$．

印对 500×0.24（元）

印错 $500\times(-1.26)$（元）   115.5 元 $\dfrac{115.5-500\times(-1.26)}{500\times 0.24-115.5}=\dfrac{497}{3}$（对错本数比）

即印错了 3 本．故选 C．

七、年龄问题（共计 2 个考点）

【考点49】同步增长

48. 今年张老师的年龄是小华年龄的 5 倍，过 8 年，张老师的年龄是小华年龄的 3 倍，小华今年（   ）岁．

A. 4   B. 8   C. 16   D. 32   E. 18

【答案】 B

【解析】 设小华今年年龄为 x 岁，张老师为 y 岁，则 $\begin{cases}5x=y\\3(x+8)=y+8\end{cases}\Rightarrow\begin{cases}x=8\\y=40\end{cases}$．

【考点50】差值恒定

49. 今年许鹏比爸爸小 30 岁，4 年后爸爸的年龄是许鹏的 3 倍，问许鹏今年（   ）岁．

A. 11   B. 16   C. 17   D. 18   E. 19

【答案】 A

【解析】 设今年许鹏年龄为 x 岁，爸爸年龄为 y 岁，则 $\begin{cases}y-x=30\\y+4=3(x+4)\end{cases}\Rightarrow\begin{cases}x=11\\y=41\end{cases}$．

八、植树问题（共计 2 个考点）

【考点51】直线型

50. 在一条马路的两旁植树，每隔 3 米植一棵，植到头还剩 3 棵；每隔 2.5 米植一棵，植到头还缺少 37 棵，那么这条马路的长度为（   ）米．

A. 210   B. 220   C. 300   D. 214   E. 250

【答案】 C

【解析】 $\begin{cases}\left(\dfrac{L}{3}+1\right)\times 2=n-3\\\left(\dfrac{L}{2.5}+1\right)\times 2=n+37\end{cases}\Rightarrow L=300$．

【考点 52】圆圈型

51. 在圆形水池边植树，把树植在距离岸边均为 3 米的圆周上，按弧长计算，每隔 2 米植一棵树，共植了 314 棵. 水池的周长是（ ）米（π＝3.14）.

    A. 314   B. 609   C. 628.16   D. 609.16   E. 628

【答案】D

【解析】 设植树周长为 L，则 $\dfrac{L}{2}=314 \Rightarrow L=628$ 米，又因为 $L=2r\pi \Rightarrow r=\dfrac{L}{2\pi}=\dfrac{628}{2\times3.14}=100$（米），所以水池周长为 $2\pi r'=2\pi(r-3)=2\times3.14\times(100-3)=609.16$（米），故选 D.

九、分段计费问题（共计 2 个考点）

【考点 53】部分与全额计费

52. 某风景区集体门票收费标准是：20 人以内（含 20 人），每人 25 元；超过 20 人，超过的部分，每人 10 元，甲班有 45 人，乙班有 30 人，两班分开买票比一起买票多花（ ）元.

    A. 300   B. 350   C. 380   D. 400   E. 450

【答案】A

【解析】 分开买票时，甲班花费 $20\times25+25\times10=750$（元），乙班花费 $20\times25+10\times10=600$（元），共计 1350 元；合并买票时，一共花费 $20\times25+55\times10=1050$（元），相差 300 元.

53. 白山市出租车计价规则如下：行程不超过 3 千米，收取起步价 8 元；超过 3 千米的部分每千米加收 1.8 元. 小红从教室坐出租车到家，共付车费 26 元，则教室到小红家的路程为（ ）千米.

    A. 13   B. 14   C. 15   D. 16   E. 17

【答案】A

【解析】 26 元的车费是由两部分组成的，一部分为不超过 3 千米的，为 8 元；另一部分为超过 3 千米的部分 $26-8=18$（元），超出的路程为 $\dfrac{18}{1.8}=10$（千米），共计行驶了 $10+3=13$（千米）.

【考点 54】阶梯型分段计费

54. 2006 年 1 月 1 日起，某市全面推行农村合作医疗，农民每年每人只拿出 10 元就可以享受合作医疗，某人住院报销了 805 元，则花费了（ ）元.

住院费/元	报销率/%	住院费/元	报销率/%
不超过 3000	15	5000~10000	35
3000~4000	25	10000~20000	40
4000~5000	30		

    A. 3220   B. 4183.33   C. 4350   D. 4500   E. 以上均不正确

【答案】C

【解析】不超过 3000 元时，最多报销 $450<805$，$3000\sim4000$ 元时，最多报销 $450+250=700<805$，小于 5000 元时，最多报销 $450+250+300=1000>805$，所以，花费了 $4000+\dfrac{805-700}{0.3}=4350$（元）.

十、集合问题部分（共计 2 个考点）

【考点 55】两个集合问题

55. 某单位有 90 人，其中 65 人参加外语培训，72 人参加计算机培训，已知参加外语培训而未参加计算机培训的有 8 人，则参加计算机培训而未参加外语培训的人数是（　　）人.

A. 5　　　　B. 8　　　　C. 10　　　　D. 12　　　　E. 15

【答案】E

【解析】两项都参加的有 $65-8=57$（人），只参加计算机培训的有 $72-57=15$（人）（图 2-9）.

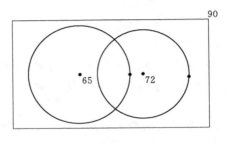

图 2-9

【考点 56】三个集合问题

56. 某班有 35 名学生，每个学生至少参加英语小组、语文小组和数学小组其中一个. 现在已知参加英语小组的有 17 人，参加语文小组的有 30 人，参加数学小组的有 13 人，同时参加了三个小组的有 5 人. 那么只参加了一个小组的人数是（　　）人.

A. 10　　　　B. 13　　　　C. 15　　　　D. 20　　　　E. 16

【答案】C

【解析】总人数=一项均未参加的+只参加一项的+只参加两项的+参加三项的，一项均未参加的：0 人，因为每个人至少参加一个，只参加一项的：为 x 人，参加两项的 $=(17+30+13)+5-35=30$，只参加两项的=参加两项的-3×参加三项的 $=30-3\times5=15$，$35=0+x+15+5$，解得 $x=15$.

十一、不定方程问题（共计 3 个考点）

【考点 57】利用奇偶性求解

57. 一只公鸡 5 元钱，一只母鸡 3 元钱，3 只小鸡 1 元钱，现用 100 元钱刚好买了 100 只鸡，问公鸡有（　　）只.

A. 1　　　　B. 2　　　　C. 3　　　　D. 4　　　　E. 5

【答案】D

【解析】根据题意可得到方程组：$\begin{cases} x+y+z=100 \\ 5x+3y+\dfrac{1}{3}z=100 \end{cases}$，化简得到 $7x+4y=100$，其中，100 为偶数，$4y$ 为偶数，那么 $7x$ 一定是偶数，x 一定是偶数，选项 B 代入后 y 不是整数，因此选 D.

【考点 58】利用整除求解

58. 袋子里有三种球，分别标有 2、3、5，小明从中摸出 12 个球，它们的数字之和是 43. 则小明最多摸出（　　）个标有 2 的球.

  A. 2   B. 3   C. 4   D. 5   E. 6

【答案】D

【解析】设摸出的 12 个球中标有 2、3、5 的分别有 x、y、z 个.

根据题意可得方程组：$\begin{cases} x+y+z=12 & (1) \\ 2x+3y+5z=43 & (2) \end{cases}$.

$5\times(1)-(2)$ 得：$3x+2y=17$，求 x 的最大值，即当 $y=1$ 时，x 取到最大值 5.

【考点 59】利用倍数求解

59. 甲级铅笔 7 毛钱一支，乙级铅笔 3 毛钱一支，小明有 6 元钱恰好可以买两种不同数量的铅笔共（　　）支.

  A. 16   B. 17   C. 18   D. 19   E. 20

【答案】A

【解析】依题意得不定方程 $7x+3y=60$，60 是 3 的倍数，y 的系数 3 同样也是 3 的倍数，则 x 也一定是 3 的倍数，$x=3$，$y=13$，$x=6$，$y=6$（舍），所以总数为 16.

60. 买 20 支铅笔、3 块橡皮擦、2 本日记本需 32 元，买 39 支铅笔、5 块橡皮擦、3 本日记本需 58 元，买 5 支铅笔、5 块橡皮擦、5 本日记本需（　　）元.

  A. 20   B. 25   C. 30   D. 35   E. 40

【答案】C

【解析】设每支铅笔、每块橡皮擦、每本日记本各需 x、y、z 元，则

$\begin{cases} 20x+3y+2z=32 \\ 39x+5y+3z=58 \end{cases} \Rightarrow \begin{cases} 40x+6y+4z=64 \\ 39x+5y+3z=58 \end{cases} \Rightarrow x+y+z=6 \Rightarrow 5x+5y+5z=30.$

十二、至多至少问题部分（共计 1 个考点）

【考点 60】至多至少问题

61. 某学生在军训时进行打靶测试，共射击 10 次. 他的第 6、7、8、9 次射击分别射中 9.0 环、8.4 环、8.1 环、9.3 环，他的前 9 次射击的平均环数高于前 5 次的平均环数. 若要使 10 次射击的平均环数超过 8.8 环，则他第 10 次射击至少应该射中（　　）环（报靶成绩精确到 0.1 环）.

  A. 9.0   B. 9.2   C. 9.4   D. 9.5   E. 9.9

【答案】E

【解析】因为第 10 次射击要尽可能少，则当总数确定后，前 9 次的总环数最多，为了控制 10 次总环数使其尽可能的少，故取每次环数为平均值 8.8，再加 0.1，即 $8.8\times10+0.1$；

第 6、7、8、9 次射击的平均环数为 $\dfrac{9.0+8.4+8.1+9.3}{4}=8.7$，前 9 次射击的平均环数高于前 5 次的平均环数，取前 5 次成绩为 8.7，再减 0.1，即 $8.7\times5-0.1$，第 10 次射击环数 $8.8\times10+0.1-(8.7\times5-0.1)-4\times8.7=9.9$.

十三、线性规划问题部分（共计 1 个考点）

【考点 61】线性规划问题

62. 已知 x、y 满足 $\begin{cases} x-4y\leqslant-3 \\ 3x+5y\leqslant25 \\ x\geqslant1 \end{cases}$，则 $z=2x+y$ 的最大值为（　　）．

A. 10　　　　B. 11　　　　C. 12　　　　D. 13　　　　E. 14

【答案】C

【解析】不等式组 $\begin{cases} x-4y\leqslant-3 \\ 3x+5y\leqslant25 \\ x\geqslant1 \end{cases}$ 在坐标系中表示的区域如图 2-10 所示：

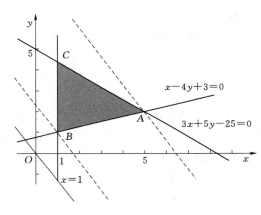

图 2-10

其中虚线代表直线 $y=-2x+z$，当直线过 A 点（5，2）时，截距 z 取得最大值，因此 $z=2x+y=12$，故选 C.

十四、最值问题（共计 3 个考点）

【考点 62】利用二次函数求最值

63. 生产季节性产品的企业，当它的产品无利润时就会及时停产，现有一生产季节性产品的企业，一年中获得利润 y 与月份 n 之间的函数关系式是 $y=-n^2+15n-36$，那么该企业一年中应停产的月份是（　　）．

A. 1 月、2 月　　　　　　B. 1 月、2 月、3 月　　　　C. 3 月、12 月
D. 1 月、2 月、3 月、12 月　　　E. 1 月

【答案】D

【解析】令 $y>0$，可以得到 $-n^2+15n-36>0$，可知 $3<n<12$，所以选 D.

【考点 63】利用均值不等式求最值

64. 某种生产设备购买时费用为 10 万元，每年的设备管理费用为 3000 元，这种生产

设备的维护费用：第一年 2000 元，第二年 4000 元，第三年 6000 元，以后按照每年 2000 元的增量逐年递增，则这套生产设备最多使用（ ）年报废最划算（即年平均费用最低）.

A. 9 　　　B. 10 　　　C. 11 　　　D. 12 　　　E. 13

【答案】A

【解析】设使用 x 年的年平均费用为 y 万元.

第 x 年的维护费用是 $0.2x$，前 x 年的维护费用之和为 $\dfrac{x(0.2+0.2x)}{2}$，由已知，

得 $y=\dfrac{10+0.3x+\dfrac{0.2+0.2x}{2}x}{x}$，即 $y=0.4+\dfrac{10}{x}+\dfrac{x}{10}$（$x\in N^{*}$），由基本不等式，知

$y\geqslant 2\sqrt{\dfrac{10}{x}\cdot\dfrac{x}{10}}+0.4=2.4$，当且仅当 $\dfrac{10}{x}=\dfrac{x}{10}$，即 $x=10$ 时，等号成立.

因此使用 10 年报废最合算，年平均费用为 2.4 万元，答案选 B.

【考点 64】综合应用

65. 某公司三个项目小组一共 615 名员工，已知 A 组人数的 $\dfrac{1}{2}$ 恰好等于 B 组人数的 $\dfrac{2}{5}$，同时等于 C 组人数的 $\dfrac{3}{7}$，则三组中人数最少的一组共有员工（ ）人.

A. 180 　　　B. 210 　　　C. 225 　　　D. 165 　　　E. 240

【答案】A

【解析】由题意可知 $\dfrac{1}{2}A=\dfrac{2}{5}B=\dfrac{3}{7}C$，$35A=28B=30C$，所以 A 组最少，因为 $A:B=$

$4:5$，$B:C=15:14$，所以 $A:B:C=12:15:14$，故 $A=615\times\dfrac{12}{41}=180$.

第三节　立　竿　见　影

一、问题求解

1. 一块合金内铜和锌的比是 2：3，现在再加入 6 克锌，共得新合金 36 克，则新合金内铜和锌的比为（ ）.

A. $\dfrac{3}{4}$ 　　　B. $\dfrac{3}{2}$ 　　　C. $\dfrac{1}{2}$ 　　　D. $\dfrac{4}{3}$ 　　　E. $\dfrac{2}{3}$

2. 一家公司向银行借款 34 万元，欲按 $\dfrac{1}{2}:\dfrac{1}{3}:\dfrac{1}{9}$ 的比例分配给下属甲、乙、丙三车间进行技术改造，则甲车间应得（ ）万元.

A. 4 　　　B. 8 　　　C. 2 　　　D. 18 　　　E. 17

3. 某产品生产时只有一等品，二等品和不合格品三种. 若一批此产品中，二等品数量占一等品的 $\dfrac{5}{7}$，二等品与不合格品之比为 4：3，则不合格率约为（ ）.

A. 23.9% 　　　B. 23.8% 　　　C. 23.7% 　　　D. 23.6% 　　　E. 23.5%

4. 一种商品按进价的 100% 加价后出售，经过一段时间，商家为了尽快减少库存，决定 5 折销售，这时每件商品（　　）.

A. 赚 50% 　　B. 赔 50% 　　C. 赔 25% 　　D. 不赔不赚 　　E. 以上均不正确

5. 某种皮衣价格为 1650 元，打 8 折出售仍可盈利 10%. 那么若以 1750 元出售，可盈利（　　）元.

A. 350 　　B. 400 　　C. 450 　　D. 550 　　E. 600

6. 有甲、乙两个桶，甲桶中储酒精 12 千克，水 18 千克；乙桶中储酒精 9 千克，水 3 千克. 现从甲、乙两桶中各取（　　）千克，才能使得配成的混合液体含有酒精和水各 7 千克.

A. 10，4 　　B. 2，12 　　C. 4，10 　　D. 12，2 　　E. 8，6

7. 甲、乙两瓶酒精溶液分别重 300 克和 120 克，其中甲含酒精 120 克，乙含酒精 90 克，现要兑成浓度为 50% 的酒精溶液 140 克，则需从两瓶中分别取（　　）.

A. 甲 70 克，乙 70 克 　　B. 甲 90 克，乙 50 克 　　C. 甲 110 克，乙 30 克
D. 甲 80 克，乙 60 克 　　E. 甲 100 克，乙 40 克

8. 要从含盐 12.5% 的盐水 40 千克中蒸去（　　）千克的水分才能制出含盐 20% 的盐水.

A. 5 　　B. 10 　　C. 15 　　D. 20 　　E. 25

9. 三种动物赛跑，兔子的速度是狐狸的 $\frac{2}{3}$，狐狸的速度是松鼠的 2 倍，1 分钟松鼠比兔子少跑 14 米，半分钟狐狸比兔子多跑（　　）米.

A. 12 　　B. 13 　　C. 14 　　D. 15 　　E. 16

10. 甲、乙两人相距 100 米，甲在前每秒跑 3 米，乙在后每秒跑 5 米. 两人同时出发，同向而行，（　　）秒后乙能追上甲.

A. 45 　　B. 50 　　C. 55 　　D. 60 　　E. 65

11. 甲、乙两人沿同一路线骑车（匀速）从 A 区到 B 区，甲需用 30 分钟，乙需用 40 分钟，如果乙比甲早出发 5 分钟去 B 区，则甲出发后经过（　　）分钟可以追上乙.

A. 25 　　B. 20 　　C. 15 　　D. 12 　　E. 10

12. 一汽艇顺流下行 63 千米到达目的地，然后逆流回航，共航行 5 小时 20 分钟，已知水流速度为 3 千米/小时，汽艇在静水中的速度为（　　）千米/小时.

A. 24 　　B. 26 　　C. 20 　　D. 18 　　E. 30

13. 已知船在静水中的速度为 28 千米/小时，水流的速度为 2 千米/小时，则此船在相距 78 千米的两地间往返一次所需时间是（　　）小时.

A. 5.9 　　B. 5.6 　　C. 5.4 　　D. 4.4 　　E. 4

14. 一个蓄水池有两根水管，单开进水管，10 分钟可注满全池，单开出水管 15 分钟可将全池水放完. 两管同时打开，（　　）分钟可注满全池.

A. 15 　　B. 20 　　C. 25 　　D. 30 　　E. 35

15. 某车间原计划每天生产 50 个零件，改进操作方法后，实际上每天比原计划多生产 6 个零件，结果比原计划提前 5 天，并且超额生产 8 个零件，则原计划车间应该生产

（   ）个零件.

    A. 2360   B. 2400   C. 2460   D. 2500   E. 2560

16. 一件工程，甲单独 10 天完工，乙单独 15 天完工，甲、乙两人合作（   ）天完工.

    A. 5   B. 6   C. 7   D. 8   E. 9

17. 一项工程，甲单独做需 10 天，乙单独做需 15 天. 现要求 8 天完成这项工程，且两人合作天数尽可能少，那么两人至少要合作（   ）天.

    A. 2   B. 3   C. 3.5   D. 4   E. 4.5

18. 一项工程由甲、乙合作 30 天可完成，甲队单独做 24 天后，乙队加入，两队合作 10 天后，甲队调走，乙队又继续做了 17 天后完成. 若这项工程由甲队单独做，则需要（   ）天.

    A. 60   B. 70   C. 80   D. 90   E. 100

19. 加工一批零件，甲单独做 20 天可以完工，乙单独做 30 天可以完工. 现两队合作来完成这个任务，合作中甲休息了 2 天，乙休息了若干天，这样共 14 天完工. 则乙休息了（   ）天.

    A. 2   B. 3   C. 4   D. 5   E. 6

20. 有一水池，池底有泉水不断涌出，要想把水池的水抽干，10 台抽水机需抽 8 小时，8 台抽水机需抽 12 小时，如果用 6 台抽水机，那么需抽（   ）小时.

    A. 22   B. 23   C. 24   D. 25   E. 26

21. 某班学生的平均成绩是 80 分，其中男生的平均成绩是 75 分，女生的平均成绩是 85 分. 则该班男、女生的人数比为（   ）.

    A. 1：1   B. 1：2   C. 2：1   D. 1：3   E. 3：1

22. 一段公路上共行驶 106 辆四轮汽车和两轮摩托车，它们共有 344 只车轮，问汽车与摩托车各有（   ）辆.

    A. 68，38   B. 67，39   C. 66，40   D. 65，41   E. 60，46

23. 母女俩今年的年龄共 35 岁，再过 5 年，母亲的年龄为女儿的 4 倍，母亲今年（   ）岁.

    A. 29   B. 30   C. 31   D. 32   E. 33

24. 今年母女的年龄和是 45 岁，5 年后，母亲的年龄刚好比女儿大 3 倍，那么今年母亲和女儿年龄各是（   ）岁.

    A. 39，6   B. 42，9   C. 46，10   D. 50，13   E. 55，17

25. 两座楼房之间相距 40 米，每隔 4 米栽一棵雪松，则一共栽（   ）棵雪松.

    A. 8   B. 9   C. 10   D. 11   E. 12

26. 出租车在开始 10 千米之内收费 10.4 元，以后每走 1 千米，收费 1.6 元，则走 20 千米收费（   ）元.

    A. 20.8   B. 26   C. 26.4   D. 24.4   E. 20

27. 为节约能源，国家电网某地区分公司在新季度按以下规定收取每月电费：用电不超过 200 千瓦·时，按 0.5 元/（千瓦·时）收费；如果超过 200 千瓦·时，超过部分按 0.7 元/

（千瓦·时）收费．若某用户四月份的电费平均每千瓦·时为 0.6 元，该用户四月份交了（　　）元电费．

　　A．210　　　　　B．220　　　　　C．240　　　　　D．280　　　　　E．300

28．100 个学生中，88 人有手机，76 人有电脑，其中有手机没有电脑的共 15 人，则 100 名学生中有电脑但没有手机的共有（　　）人．

　　A．25　　　　　B．15　　　　　C．5　　　　　D．3　　　　　E．2

29．某年级 60 名学生中，有 30 人参加合唱团，45 人参加运动队，其中参加合唱团而未参加运动队的有 8 人，则既未参加运动队也未参加合唱团的有（　　）人．

　　A．4　　　　　B．5　　　　　C．6　　　　　D．7　　　　　E．8

30．某单位有 88 人，其中 65 人通过了外语考核，74 人通过了计算机考核，已知通过了外语考核而没有通过计算机考核的有 3 人，则两种考核都没有通过的有（　　）人．

　　A．14　　　　　B．11　　　　　C．10　　　　　D．9　　　　　E．4

二、条件充分性判断题

31．浓度为 5% 的甲种盐水 5 千克，加入浓度为 $n\%$ 乙种盐水 3 千克，并加入水 2 千克后，最后浓度变为 10%．

　　（1）$n=20$．　　　　　　　　　　（2）$n=25$．

32．大货车和小轿车从同一地点出发沿同一公路行驶，大货车先走 1.5 小时，小轿车出发后 4 小时追上了大货车．如果小轿车每小时多行 5 千米，则出发后 3 小时追上了大货车．

　　（1）小轿车实际上每小时行 55 千米．　　（2）小轿车实际上每小时行 65 千米．

33．洗衣机厂计划 20 天生产洗衣机 1600 台，生产 5 天后由于改进技术，效率提高 25%．

　　（1）完成计划还要 12 天．　　　　　　（2）完成计划还要 10 天．

34．小华今年 k 岁，小华父母的年龄之和是小华年龄的 8 倍，4 年前父母的年龄和是小华年龄的 14 倍．

　　（1）$k=8$．　　　　　　　　　　（2）$k=9$．

详　解

一、问题求解

1．【答案】C

【解析】铜和锌的比是 2∶3 时，合金重量：$36-6=30$（克）．

铜的重量：$30\times\dfrac{2}{2+3}=12$（克），新合金中锌的重量：$36-12=24$（克）．

新合金内铜和锌的比：$12∶24=1∶2$．

2．【答案】D

【解析】甲∶乙∶丙 $=\dfrac{1}{2}∶\dfrac{1}{3}∶\dfrac{1}{9}=9∶6∶2$，故甲：$\dfrac{9}{17}\times34=18$（万元），故选 D．

3．【答案】B

【解析】一等品与二等品的比为 $7:5$，二等品与不合格品之比为 $4:3$，将二等品份数统一，即一等品比二等品为 $28:20$，二等品比不合格品为 $20:15$. 则三者比例关系为 $28:20:15$，则不合格率为 $\frac{15}{28+20+15}\times100\%\approx23.8\%$.

4. 【答案】D

【解析】设进价为 x 元，则原售价为 $x(1+100\%)=2x$，新售价为 $2x\times0.5=x$（元），这时每件商品的售价与进价相等.

5. 【答案】D

【解析】设皮衣成本价为 x 元，八折出售盈利为 $1650\times0.8=1.1x$，得 $x=1200$，故最终可盈利 $1750-1200=550$（元）.

6. 【答案】A

【解析】设在甲、乙两桶各取 x、y 千克，得到 $\frac{12}{30}x+\frac{9}{12}y=\frac{18}{30}x+\frac{3}{12}y=7$，得到 $x=10$、$y=4$，答案选 A.

7. 【答案】E

【解析】甲的浓度为 $\frac{120}{300}=40\%$，乙的浓度为 $\frac{90}{120}=75\%$.

设在甲、乙两瓶各取 x、y 克，有 $\begin{cases}40\%x+75\%y=50\%\times140\\x+y=140\end{cases}\Rightarrow x=100$、$y=40$.

8. 【答案】C

【解析】可列方程，设蒸去 x 千克的水，那么 $\frac{40\times12.5\%}{40-x}=20\%$，解得 $x=15$，也可以将选项代入逐个验证，故选 C.

9. 【答案】C

【解析】设狐狸速度为 x，则兔子速度为 $\frac{2}{3}x$，松鼠速度为 $\frac{1}{2}x$，有 $\frac{2}{3}x-\frac{1}{2}x=14$，解得 $x=84$，即狐狸每分钟跑 84 米，兔子每分钟跑 56 米，一分钟狐狸比兔子多跑 28 米，所以半分钟兔子比狐狸多跑 14 米.

10. 【答案】B

【解析】两人速度不同，跑的路程也不同，后面的人要追上前面的人，就要比前面的人多跑 100 米，而两人跑步所用的时间是相同的，所以有等量关系：乙走的路程－甲走的路程 $=100$，即 $t=\frac{S_{差}}{v_{差}}=\frac{100}{5-3}=50$，故选 B.

11. 【答案】C

【解析】设 A 区到 B 区之间的距离为 S，甲出发后经过 x 分钟可以追上乙，得 $\frac{S}{30}x=\frac{S}{40}(x+5)\Rightarrow x=15$，故选 C.

12. 【答案】A

【解析】设速度为 v，$\frac{63}{v+3}+\frac{63}{v-3}=\frac{16}{3}$，$v=24$，故选 A.

13. 【答案】B

【解析】根据行船问题中逆水和顺水航行的性质可知往返所需时间为

$$t = \frac{S}{v_{船} + v_{水}} + \frac{S}{v_{船} - v_{水}} = \frac{78}{28+2} + \frac{78}{28-2} = 5.6(小时)$$

14. 【答案】D

【解析】进水管的工效为 $\frac{1}{10}$，出水管的工效为 $\frac{1}{15}$，同时打开两水管时进水的工效为 $\frac{1}{10} - \frac{1}{15} = \frac{1}{30}$，时间为 $1 \div \frac{1}{30} = 30$（分钟）．

15. 【答案】B

【解析】设实际用了 t 天，则有 $56t - 8 = 50 \times (t+5) \Rightarrow t = 43$，$50 \times (43+5) = 2400$．

16. 【答案】B

【解析】设甲、乙合作 x 天，则有 $\left(\frac{1}{10} + \frac{1}{15} \right) x = 1 \Rightarrow x = 6$，需要合作 6 天．

17. 【答案】B

【解析】因为两人合作天数要尽可能少，单独做的应是工作效率较高的甲．故设两人合作了 x 天，甲单独做了 $8 - x$ 天．所列方程为 $\frac{1}{10}(8-x) + \left(\frac{1}{10} + \frac{1}{15} \right) x = 1 \Rightarrow x = 3$．

18. 【答案】B

【解析】设甲、乙单独各需要 x、y 天完成．

$$\begin{cases} 30\left(\dfrac{1}{x} + \dfrac{1}{y} \right) = 1 \\ 34 \times \dfrac{1}{x} + 27 \times \dfrac{1}{y} = 1 \end{cases} \Rightarrow x = 70，故选 B.$$

19. 【答案】A

【解析】共 14 天完工，则甲做（14−2）天，设乙做了 x 天，有 $\frac{12}{20} + \frac{x}{30} = 1 \Rightarrow x = 12$，所以乙休息了 $14 - 12 = 2$(天)．

20. 【答案】C

【解析】设每分钟流入的水量相当于 x 台抽水机的排水量，共需 t 小时，有恒等式：

$(10 - x) \times 8 = (8 - x) \times 12 = (6 - x) \times t$，解 $(10 - x) \times 8 = (8 - x) \times 12$，得 $x = 4$，代入恒等式 $t = 24$．

21. 【答案】A

【解析】一般方法，设男生人数为 x 人，女生人数为 y 人，则有 $\frac{75x + 85y}{x+y} = 80 \Rightarrow 75x + 85y = 80x + 80y \Rightarrow 5x = 5y \Rightarrow x : y = 1 : 1$．

交叉法（具体方法见本章第一节交叉法部分），1 个总体（80 分），2 个部分（男生、女生），3 个量（85 分、80 分、75 分）．

女生　85 分　　　　　　　　　　　$\frac{80 - 75}{85 - 80} = \frac{1}{1}$（人数比）．

男生　75 分　　　　80 分

22.【答案】C

【解析】1 个总体（344 个），2 个部分（汽车、摩托车），3 个量（344 个、106×4 个、106×2 个）．

汽车　　106×4（个）

摩托车　106×2（个）　　　344 个　　$\dfrac{344 - 106 \times 2}{106 \times 4 - 344} = \dfrac{132}{80}$（个数比）

摩托车有 $\dfrac{80}{80 + 132} \times 106 = 40$，即汽车有 $106 - 40 = 66$．故选 C．

23.【答案】C

【解析】设母亲今年年龄为 x 岁，女儿为 y 岁，则 $\begin{cases} x + y = 35 \\ x + 5 = 4(y + 5) \end{cases} \Rightarrow \begin{cases} x = 31 \\ y = 4 \end{cases}$．

24.【答案】A

【解析】设母亲今年为 x 岁，女儿年龄为 y 岁，则 $\begin{cases} x + y = 45 \\ x + 5 = 4(y + 5) \end{cases} \Rightarrow \begin{cases} x = 39 \\ y = 6 \end{cases}$．

25.【答案】B

【解析】因为两端不能栽树，所以是直线型基础上"-2"，即减掉两端 $\left(\dfrac{40}{4} + 1 \right) - 2 = 9$．

26.【答案】C

【解析】分两段来计算：（1）1～10 千米，收费 10.4 元；（2）10～20 千米，收费 $10 \times 1.6 = 16$（元），所以走 20 千米收费 $10.4 + 16 = 26.4$（元），故选 C．

27.【答案】C

【解析】设该用户四月份用电 x 千瓦·时．依题意得 $0.5 \times 200 + 0.7 \times (x - 200) = 0.6x$，解得：$x = 400$，所以 $0.6x = 0.6 \times 400 = 240$．即交电费 240 元，故选 C．

28.【答案】D

【解析】两种都有的＝有手机的－只有手机没有电脑的＝$88 - 15 = 73$．

只有电脑没有手机的＝有电脑的－两种都有的＝$76 - 73 = 3$，故选 D．

29.【答案】D

【解析】根据已知可得既参加了合唱团又参加了运动队的人数为 $30 - 8 = 22$（人），则只参加运动队未参加合唱团的人数为 $45 - 22 = 23$（人），故既未参加合唱团又未参加运动队的人数为 $60 - (8 + 22 + 23) = 7$（人）．

30.【答案】B

【解析】总人数＝只通过计算机的＋只通过外语的＋两科都通过的＋都没通过的

　　　　　＝通过计算机的＋只通过外语的＋未通过的

$88 = 74 + 3 + x$，$x = 11$，故选 B．

二、条件充分性判断题

31.【答案】B

【解析】根据题意可列出等式：$5 \times 5\% + 3 \times n\% = (4 + 3 + 2) \times 10\%$，解得 $n = 25$．条件（1）不充分，条件（2）充分，故选 B．

32.【答案】A

【解析】$\begin{cases} \dfrac{1.5v_大}{v_小-v_大}=4 \\ \dfrac{1.5v_大}{v_小+5-v_大}=3 \end{cases}$ $\Rightarrow v_小=55$，条件（1）充分，条件（2）不充分，故选 A.

33．【答案】A

【解析】根据题意原计划每天生产洗衣机 $1600\div20=80$（台），五天生产了 $80\times5=400$（台），还有 $1600-400=1200$（台）没生产，改进技术后每天生产洗衣机 $80\times(1+25\%)=100$（台），需要用 $1200\div100=12$（天）来完成，条件（1）充分，条件（2）不充分，故选 A.

34．【答案】A

【解析】$\begin{cases} 父+母=8k \\ (父-4)+(母-4)=14(k-4) \end{cases}$ $\Rightarrow k=8$，所以条件（1）充分，条件（2）不充分，故选 A.

第四节　渐入佳境

（标准测试卷）

一、问题求解

1．一条长为 1200 米的道路的一边每隔 30 米立一根电线杆，另一边每隔 25 米栽一棵树，如果在马路入口与出口处刚好同时有电线杆与树相对而立，那么整条道路上两边同时有电线杆与树相对而立的地方共有（　　）处.

　　A．7　　　　　B．8　　　　　C．9　　　　　D．10　　　　　E．11

2．一个班有 45 个学生，统计借课外书的情况是：全班学生都借有语文或数学书，借语文书的有 39 人，借数学书的有 32 人. 语文、数学两种书都借的有（　　）人.

　　A．26　　　　B．23　　　　C．25　　　　D．27　　　　E．24

3．某服装公司就消费者对红、黄、蓝三种颜色的偏好情况进行市场调查，共抽取了 40 名消费者，发现其中有 20 人喜欢红色、20 人喜欢黄色、15 人喜欢蓝色，至少喜欢两种颜色的有 19 人，喜欢三种颜色的有 3 人，则三种颜色都不喜欢的有（　　）人.

　　A．8　　　　　B．7　　　　　C．6　　　　　D．5　　　　　E．4.

4．甲地有 89 吨货物要运到乙地，大卡车载重量 7 吨，小卡车载重量 4 吨，大卡车运一趟耗油 14 升，小卡车运一趟耗油 9 升，运完这些货物最少耗油（　　）升.

　　A．180　　　　B．181　　　　C．182　　　　D．183　　　　E．184

5．某服装厂生产出来的一批衬衫中大号和小号各占一半，其中 25% 是白色，75% 是蓝色的. 如果这批衬衫总共有 100 件，其中大号白色衬衫有 10 件，问小号蓝色衬衫有（　　）件.

　　A．15　　　　B．25　　　　C．35　　　　D．40　　　　E．45

6．某商店商品按原价提高 50% 后，7 折优惠，每售一套盈利 625 元，其成本 2000 元，问按优惠价售出比按原价售出时多赚钱（　　）元.

　　A．110　　　　B．115　　　　C．120　　　　D．125　　　　E．130

7. 两个杯中分别装有浓度为 40% 与 10% 的盐水, 倒在一起后混合盐水的浓度为 30%, 若再加入 300 克 20% 的盐水, 则浓度变为 25%. 那么原有浓度为 40% 的盐水 （　　　） 克.

　　A. 180　　　　B. 190　　　　C. 200　　　　D. 210　　　　E. 220

8. 要把 30% 的糖水与 15% 的糖水混合, 配成 25% 的糖水 600 克, 需要 30% 和 15% 的糖水各 （　　　） 克.

　　A. 400, 200　B. 410, 190　C. 420, 180　D. 430, 170　E. 440, 160

9. 某部队进行急行军, 预计行 60 千米的路程可在下午 5 点钟到达, 后来由于速度比预计的加快了 $\frac{1}{5}$, 结果于 4 点钟到达, 这时的速度是 （　　　） 千米/小时.

　　A. 8　　　　　B. 10　　　　　C. 12　　　　　D. 13　　　　　E. 14

10. 一辆大客车每小时行驶的路程是一辆小客车的 $\frac{6}{7}$, 当小客车 2 小时行了一条路的 $\frac{1}{3}$ 时, 大客车正好行了这条路的 $\frac{5}{14}$. 那么大客车比小客车早出发 （　　　） 小时.

　　A. $\frac{1}{3}$　　　　B. $\frac{1}{2}$　　　　C. $\frac{2}{3}$　　　　D. 1　　　　E. $\frac{1}{4}$

11. 某电视机厂每天生产电视 500 台. 在质量评比中, 每生产一台合格电视机记 5 分, 生产一台不合格电视机扣 18 分, 如果 4 天得了 9931 分, 那么 4 天生产了 （　　　） 台合格电视机.

　　A. 1999　　　B. 1998　　　C. 1997　　　D. 1996　　　E. 1995

12. 一项工作, 甲、乙合作要 12 天完成. 若甲先做 3 天后, 再由乙工作 8 天, 共完成这件工作的 $\frac{5}{12}$. 则甲的工作效率是乙的 （　　　） 倍.

　　A. 1.5　　　　B. 1.6　　　　C. 1.8　　　　D. 2　　　　E. 2.2

13. 一项工程, 小红单独做需 10 天完成, 小籍单独做需 12 天完成, 小刚单独做需 15 天完成, 现在小红、小籍合作 4 天后, 剩下的工程由小刚单独完成, 则还需 （　　　） 天.

　　A. 2　　　　　B. 3　　　　　C. 4　　　　　D. 5　　　　　E. 6

14. 某停车场只能停放三轮车和自行车, 某日经点算, 停车场中共停车 114 辆, 共有车轮 299 个, 则自行车的数量是 （　　　） 辆.

　　A. 38　　　　　B. 43　　　　　C. 48　　　　　D. 51　　　　　E. 63

15. 市政府根据社会需要, 对自来水价格举行了听证会, 决定从今年 4 月份起对自来水价格进行调整. 调整后生活用水价格的部分信息如下表:

用　水　量	单价/(元/立方米)
5 立方米以内（包括 5 立方米）的部分	2
5 立方米以上的部分	x

已知 5 月份老王家和小红家分别交水费 19 元、31 元, 且小红家的用水量是老王家的用水量的 1.5 倍. 则表中的 x 为 （　　　） 元/立方米.

　　A. 3　　　　　B. 4　　　　　C. 5　　　　　D. 6　　　　　E. 7

16. 一条环形赛道前段为上坡，中段为平坡，后段为下坡，且三段长度均相同，现 A、B 两车同时从赛道起点出发同向行驶，其中 A 车上、平、下坡时速相同，B 车上坡时速比 A 车慢 20%，平坡时速与 A 车相同，下坡时速比 A 车快 20%，则 B 车跑完赛道一圈的时间为 36 分钟.

(1) A 车跑完赛道一圈的时间为 37 分钟.

(2) A 车跑完赛道一圈的时间为 35 分钟.

17. 某商品因换季打折销售，这种商品的定价是 225 元.

(1) 按定价的 7.5 折出售将亏本 25 元.

(2) 按定价的 9.5 折出售将赚 20 元.

18. 某校有 100 名学生参加数学竞赛，平均分为 63 分，那么可以确定男学生比女学生多 40 名.

(1) 男学生平均 60 分.　　　(2) 女学生平均 70 分.

19. 一个圆形水池周围每隔 π 米栽一棵柳树，共栽 40 棵.

(1) 水池的周长是 40π 米.　　(2) 水池的半径为 20 米.

20. 售出一件甲商品比售出一件乙商品利润要高.

(1) 售出 5 件甲商品、4 件乙商品共获利 50 元.

(2) 售出 4 件甲商品、5 件乙商品共获利 47 元.

21. 在一条公园小路旁放一排花，每两盆花之间距离为 4 米，共放了 25 盆. 现在要改成每 m 米放一盆，则有 9 盆花不必搬动.

(1) $m = 6$.　　　　　(2) $m = 9$.

22. 一项工程，甲队单独做 15 天完成，乙队单独做 12 天完成. 现在甲、乙合作 4 天后，剩下的工程由丙队 8 天完成.

(1) 丙单独做 15 天完成.　(2) 丙单独做 20 天完成.

23. 已知船在静水中的速度为 8 千米/小时，平时往返甲、乙两港逆行与顺行所用的时间比为 2：1. 当水流速度为原来的 n 倍时船往返用了 9 小时，则甲、乙两港相距 20 千米.

(1) $n = 2$.　　　　　(2) $n = 3$.

24. 养的白兔与黑兔共 600 只.

(1) 饲养小组养的白兔与黑兔的只数比是 7：5，饲养黑兔 250 只.

(2) 饲养小组养的白兔与黑兔的只数比是 7：5，饲养黑兔 350 只.

25. 浓度为 70% 的酒精溶液 100 克，与另一酒精溶液混合，则混合后酒精溶液的浓度是 30%.

(1) 另一溶液是浓度为 20% 的酒精 400 克.

(2) 另一溶液是浓度为 20% 的酒精 200 克.

详　解

一、问题求解

1. 【答案】C

【解析】电线杆与树相对而立，即间隔既是 30 的倍数，也是 25 的倍数，也就是 30 与 25 的最小公倍数为 150，则有 $\dfrac{1200}{150}+1=9$.

2.【答案】A

【解析】考查应用题基本题型，两个集合的问题，因此两种书都借的有 $39+32-45=26$.

3.【答案】B

【解析】只喜欢两种颜色的人有 $19-3=16$（人），根据集合问题可知，三种颜色都不喜欢的有 $40-[(20+20+15)-16-3\times2]=7$（人）.

4.【答案】B

【解析】设大卡车 x 辆，小卡车 y 辆. 根据题意有 $\begin{cases}7x+4y=89\\x\geqslant0\\y\geqslant0\end{cases}$.

题目要求最少耗油量，即求 $14x+9y$ 的最小值.

因为大卡车每吨耗油：$14\div7=2$（升）；小卡车为：$9\div4=2.25$（升）. 则大卡车每吨的耗油量较少. 所以在尽量满载的情况下，多使用大卡车运送，即使 x 的值尽可能的大，耗油最少.

$y=\dfrac{89-7x}{4}\geqslant0$，解得 $x\leqslant12\dfrac{5}{7}$，当 $x=12$ 时，$y=1.25$（舍去）.

当 $x=11$ 时，$y=3$，符合题意，即需要 11 辆大车，3 辆小车即能全部运完且能满载. 需耗油：$14\times11+9\times3=181$（升）.

5.【答案】C

【解析】白色衬衫有 25 件，小号白色衬衫有 $25-10=15$（件）；小号衬衫有 50 件，小号蓝色衬衫有 $50-15=35$（件）.

6.【答案】D

【解析】此题是已知最终售价即"优惠价"，由此逆推. 依所给条件去求原价，即可知盈亏，设原价为 x，售价＝成本＋盈利＝$2000+625=2625$（元），$x(1+50\%)\times0.7=2625\Rightarrow x=2625\div0.7\div1.5=2500$(元).

多赚：$2625-2500=125$ 元，故选 D.

7.【答案】C

【解析】设原来 40% 的食盐水为 x，原来 10% 的食盐水为 y，则有 $40\%x+10\%y=30\%(x+y)$，得 $x=2y$，又再加入 300 克 20% 的食盐水，则浓度变成 25%，有 $300\times20\%+30\%(2y+y)=25\%(2y+y+300)$,解得 $y=100$，所以 $x=200$.

8.【答案】A

【解析】根据十字交叉法，30% 的溶液和 15% 的溶液质量比为 2：1，则各需 $600\times\dfrac{2}{3}=400$（克）和 $600\times\dfrac{1}{3}=200$（克）.

9.【答案】C

【解析】设预计的速度是 x，结果是按 $\frac{6}{5}x$ 的速度行军的，那么有 $\frac{60}{x}=\frac{60}{\frac{6}{5}x}+1$，解得 $x=10$，所以这时的速度是 $\frac{6}{5}x=12$.

10. 【答案】B

【解析】设大客车比小客车早出发 x 小时，则根据题意得 $\frac{2\times v_{小}}{\frac{6}{7}\times v_{小}\times(2+x)}=\frac{\frac{1}{3}}{\frac{5}{14}}$ 解得 $x=\frac{1}{2}$.

11. 【答案】C

【解析】此题为鸡兔同笼问题，根据已知得 4 天生产了 2000 台电视机，假设全部是合格的，则应该记 $2000\times5=10000$ 分，比实际得分 9931 分多算了 69 分，因为每个不合格的应该记 -18 分，故每个不合格的当作合格处理时多记了 23 分，则不合格的有 $\frac{69}{23}=3$（台），则合格的有 $2000-3=1997$（台）.

12. 【答案】A

【解析】甲 12 天、乙 12 天完成；甲 3 天、乙 8 天完成 $\frac{5}{12}$；则甲 5 天、乙 5 天也完成 $\frac{5}{12}$，故甲干 2 天的工作量等于乙干 3 天的工作量，因此甲的工作效率是乙的 1.5 倍.

13. 【答案】C

【解析】因为小红单独做需 10 天完成，小刚单独做需 15 天完成；则小红做 4 天，相当于小刚做 $\frac{15\times4}{10}=6$ 天.

因为小籍单独做需 12 天完成，小刚单独做需 15 天完成；则小籍做 4 天，相当于小刚做 $\frac{15\times4}{12}=5$ 天.

小红、小籍合作 4 天相当于小刚已做了 11 天的活，又因为小刚单独需 15 天完成，故剩下的工程由小刚单独完成，则还需 $15-11=4$（天）.

14. 【答案】B

【解析】1 个总体（299 个），2 个部分（三轮车、自行车），3 个量（299、114×3 个、114×2 个）.

三轮车　114×3（个）　　　299（个）　　$\frac{299-114\times2}{114\times3-299}=\frac{71}{43}$（个数比）
自行车　114×2（个）

自行车有 $\frac{43}{71+43}\times114=43$. 故选 B.

15. 【答案】A

【解析】设老王家用水量为 $2y$，则小红家用水量为 $3y$，老王家水费为 $2\times5+(2y-5)x=$

19，小红家水费为 $2 \times 5 + (3y - 5)x = 31$，解得 $\begin{cases} x = 3 \\ y = 4 \end{cases}$.

二、条件充分性判断题

16.【答案】E

【解析】设 A 车车速为 V，有 $\dfrac{S}{0.8V} + \dfrac{S}{V} + \dfrac{S}{1.2V} = 36 \Rightarrow \dfrac{37}{12} \cdot \dfrac{S}{V} = 36 \Rightarrow \dfrac{S}{V} = \dfrac{36 \times 12}{37} \Rightarrow$ $\dfrac{3S}{V} = \dfrac{36^2}{37}$，条件（1）、条件（2）均不充分.

17.【答案】C

【解析】显然单独不充分；联合条件，设商品定价为 x，则 $0.75x + 25 = 0.95x - 20$，$x = 225$，充分.

18.【答案】C

【解析】1 个总体（63 分），2 个部分（男、女学生），3 个量（63 分、60 分、70 分）

男学生　60 分

女学生　70 分　　63 分　　$\dfrac{70 - 63}{63 - 60} = \dfrac{7}{3}$（人数比）

所以男生比女生多 $\dfrac{7 - 3}{7 + 3} \times 100 = 40$（人）.

19.【答案】D

【解析】条件（1）：水池的周长是 40π，则所栽树木为 $\dfrac{40\pi}{\pi} = 40$ 棵，条件（1）充分.

条件（2）：根据周长公式 $C = 2\pi r$，解得周长为 40π，同理条件（2）充分，故选 D.

20.【答案】C

【解析】显然两条件单独均不充分，考虑联合，设一件甲商品的利润为 x 元，一件乙商品的利润为 y 元，则有 $\begin{cases} 5x + 4y = 50 \\ 4x + 5y = 47 \end{cases}$，即 $x - y = 3$，显然 $x > y$，充分.

21.【答案】A

【解析】设小路长为 L 米，$\dfrac{L}{4} + 1 = 25 \Rightarrow L = 96$ 米.

条件（1）$m = 6$，原来与现在相对而立部分不必搬动，即间隔既是 4 的倍数，也得是 6 的倍数，也就是 4 与 6 的最小公倍数为 12，则有 $\dfrac{96}{12} + 1 = 9$（盆）不需要搬动.

条件（2）$m = 9$，原来与现在相对而立部分不必搬动，即间隔既是 4 的倍数，也得是 9 的倍数，也就是 4 与 9 的最小公倍数为 36，则有 $\dfrac{96}{36} + 1$ 无法整除，故不充分.

22.【答案】B

【解析】条件（1）：甲 15 天＝丙 15 天，则甲 1 天＝丙 1 天；乙 12 天＝丙 15 天，则乙 4 天＝丙 5 天；甲 4 天，乙 4 天，丙 t 天.

转化成丙：丙 4 天，丙 5 天，丙 t 天；$4 + 5 + t = 15 \Rightarrow t = 6$，不充分.

条件（2）：甲 15 天＝丙 20 天，则甲 3 天＝丙 4 天；乙 12 天＝丙 20 天，则乙 3 天＝丙 5 天；甲 4 天，乙 4 天，丙 t 天.

转化成丙：丙 $\frac{16}{3}$ 天，丙 $\frac{20}{3}$ 天，丙 t 天；$\frac{16}{3}+\frac{20}{3}+t=20 \Rightarrow t=8$，充分．

23．【答案】A

【解析】设水速为 v，总距离为 S，由题干可知，逆水时间与顺水时间之比，恰好等于顺水速度与逆水速度之比，即：$\frac{8+v}{8-v}=2 \Rightarrow v=\frac{8}{3}$．

条件（1）：新的水速 $v_1=\frac{8}{3} \times 2=\frac{16}{3}$，则 $\frac{S}{8+\frac{16}{3}}+\frac{S}{8-\frac{16}{3}}=9 \Rightarrow S=20$．

条件（2）：明显不充分．

24．【答案】A

【解析】条件（1）和条件（2）互斥，条件（1）时，黑兔只数为 $\frac{5}{12} \times 600=250$，充分，故选 A．

25．【答案】A

【解析】100 克 70％的酒精溶液中含酒精 $100 \times 70\%=70$（克）；400 克 20％的酒精溶液中含酒精 $400 \times 20\%=80$（克）．混合后的酒精溶液中含酒精的量 $=70+80=150$（克），酒精溶液总重量 $=100+400=500$（克），混合后酒精溶液浓度 $=\frac{150}{500} \times 100\%=30\%$，显然条件（1）正确，条件（2）不符合条件．

第三章　表达式运算

代数主要考查整式及分式的运算．其中整式主要涉及乘法和除法运算，包括乘法公式、因式分解、因式定理；分式主要考查恒等变形（通分、约分），并要注意定义域分母不为零．

本章内容考试所占分值较少，一般 1 道题左右．虽然直接命题不多，而且以往的考题难度不大，但本章是学习数学的基础，所以不可以放松对此章的学习．

建议考生备考时注意掌握表达式的运算规律，对于乘法公式的运用要熟练以及灵活，正向、逆向均可以使用；因式分解及恒等变形作为考试的必备技能要会还要快．此外注意特值法在表达式化简求值的巧妙应用．

第一节　夯 实 基 本 功

一、完全平方公式

（1）$(a+b)^2 = a^2 + 2ab + b^2$.

（2）$(a-b)^2 = a^2 - 2ab + b^2$.

【典例 1】将两个表达式 $(x+2y)^2$、$(x-2y)^2$ 分别展开.

【解析】$(x+2y)^2 = x^2 + 2 \cdot x \cdot (2y) + (2y)^2 = x^2 + 4xy + 4y^2$,

　　　　$(x-2y)^2 = x^2 - 2 \cdot x \cdot (2y) + (2y)^2 = x^2 - 4xy + 4y^2$.

【典例 2】已知 $x + \dfrac{1}{x} = 3$，求 $x^2 + \dfrac{1}{x^2} = ($　　$)$，$x^4 + \dfrac{1}{x^4} = ($　　$)$.

【解析】$x^2 + \dfrac{1}{x^2} = \left(x + \dfrac{1}{x}\right)^2 - 2 = 3^2 - 2 = 7$，$x^4 + \dfrac{1}{x^4} = \left(x^2 + \dfrac{1}{x^2}\right)^2 - 2 = 7^2 - 2 = 47$.

【典例 3】已知 $x - \dfrac{1}{x} = 3$，则 $x^2 + \dfrac{1}{x^2} = $，$x^4 + \dfrac{1}{x^4} = ($　　$)$.

【解析】$x^2 + \dfrac{1}{x^2} = \left(x - \dfrac{1}{x}\right)^2 + 2 = 3^2 + 2 = 11$，$x^4 + \dfrac{1}{x^4} = \left(x^2 + \dfrac{1}{x^2}\right)^2 - 2 = 11^2 - 2 = 119$.

【错解】$x^4 + \dfrac{1}{x^4} = \left(x^2 + \dfrac{1}{x^2}\right)^2 + 2 = 11^2 + 2 = 123$，$x^4 + \dfrac{1}{x^4} \neq \left(x^2 + \dfrac{1}{x^2}\right)^2 + 2 = x^4 + \dfrac{1}{x^4} + 4$.

【错因】在计算 $x^4 + \dfrac{1}{x^4}$ 时，因使用的是 $x^2 + \dfrac{1}{x^2}$ 计算，后面将出现"减 2"，即 $x^4 + \dfrac{1}{x^4} = \left(x^2 + \dfrac{1}{x^2}\right)^2 - 2$，若使用的是 $x^2 - \dfrac{1}{x^2}$ 计算，后面将出现"加 2"，即 $x^4 + \dfrac{1}{x^4} = \left(x^2 - \dfrac{1}{x^2}\right)^2 + 2$.

【典例 4】已知 $x^2-3x+1=0$，求 $x^2+\dfrac{1}{x^2}=($ 　　 $)$.

【解析】两边 $x^2-3x+1=0$ 同除 x，可得 $x+\dfrac{1}{x}=3$，又因为 $x^2+\dfrac{1}{x^2}=\left(x+\dfrac{1}{x}\right)^2-2=$

$3^2-2=7$.

【典例 5】若 $x^2+\dfrac{1}{x^2}=7$，则 $x+\dfrac{1}{x}=($ 　　 $)$.

【解析】$x^2+\dfrac{1}{x^2}=\left(x+\dfrac{1}{x}\right)^2-2=7$，$\left(x+\dfrac{1}{x}\right)^2=9\Rightarrow x+\dfrac{1}{x}=\pm3$.

【归纳】一定要注意开平方后有正、负两种情况.

二、平方差公式

公式：$a^2-b^2=(a+b)(a-b)$

【典例 6】求 $(2+1)(2^2+1)(2^4+1)(2^8+1)$ 的值为 （　　）.

【解析】$(2+1)(2^2+1)(2^4+1)(2^8+1)$

$$=\frac{(2-1)(2+1)(2^2+1)(2^4+1)(2^8+1)}{2-1}$$

$$=\frac{(2^2-1)(2^2+1)(2^4+1)(2^8+1)}{2-1}$$

$$=\frac{(2^4-1)(2^4+1)(2^8+1)}{2-1}$$

$$=\frac{(2^8-1)(2^8+1)}{2-1}$$

$$=\frac{2^{16}-1}{2-1}=2^{16}-1$$

【归纳】平方差公式主要应用价值用于字符表达式"解锁"运算.

三、立方差（和）公式

（1）$x^3+y^3=(x+y)(x^2-xy+y^2)$.

（2）$x^3-y^3=(x-y)(x^2+xy+y^2)$.

【典例 7】将表达式 x^3+8 因式分解.

【解析】$x^3+8=x^3+2^3=(x+2)(x^2-2x+4)$.

【典例 8】表达式 $(x^2-y^2)(x^4+x^2y^2+y^4)$ 展开后为 （　　）.

【答案】$(x^2-y^2)(x^4+x^2y^2+y^4)=x^6-y^6$.

四、三个数完全平方公式

（1）公式：$(a+b+c)^2=a^2+b^2+c^2+2ab+2bc+2ac$.

【典例 9】表达式 $(a-b+c)^2$ 展开式为 （　　）.

【解析】$(a-b+c)^2=a^2+b^2+c^2-2ab-2bc+2ac$.

【典例 10】表达式 $(a-b-c)^2$ 展开式为 （　　）.

【解析】$(a-b-c)^2=a^2+b^2+c^2-2ab+2bc-2ac$.

（2）应用.

【典例 11】若 $\dfrac{1}{a}+\dfrac{1}{b}+\dfrac{1}{c}=0$，则 $(a+b+c)^2=a^2+b^2+c^2$.

【证明】因为 $\dfrac{1}{a}+\dfrac{1}{b}+\dfrac{1}{c}=\dfrac{ab+bc+ac}{abc}=0$，所以 $ab+bc+ac=0$，故 $(a+b+c)^2=a^2+b^2+c^2+2ab+2bc+2ac=a^2+b^2+c^2$.

【典例 12】若 a、b、c 表示长方体的长、宽、高，则长方体所有棱长和为 $4(a+b+c)$，体对角线为 $\sqrt{a^2+b^2+c^2}$，表面积 $2ab+2bc+2ac$，故 $(a+b+c)^2=a^2+b^2+c^2+2ab+2bc+2ac$，亦可表示为 $\left(\dfrac{\text{棱长和}}{4}\right)^2=(\text{体对角线})^2+\text{表面积}$.

五、十字相乘

（1）形如：ax^2+bx+c 因式分解.

$$ax^2+bx+c$$

$$\begin{array}{ll} a_1x & c_1 \\ a_2x & c_2 \end{array}$$

其中要求满足 $a_1c_2+a_2c_1=b$，则有 $ax^2+bx+c=(a_1x+c_1)(a_2x+c_2)$.

【典例 13】$3x^2+2x-1$

【解析】$3x^2+2x-1$

$$\begin{array}{ll} 3 & -1 \\ 1 & 1 \end{array}$$

$3x^2+2x-1=(3x-1)(x+1)$

【典例 14】x^4+11x^2-12

【解析】x^4+11x^2-12

$$\begin{array}{ll} 1 & 12 \\ 1 & -1 \end{array}$$

$x^4+11x^2-12=(x^2+12)(x^2-1)$

【典例 15】将 $x^2-7xy+6y^2$ 因式分解.

【解析】$x^2-7xy+6y^2$

$$\begin{array}{ll} 1 & -6 \\ 1 & -1 \end{array}$$

$x^2-7xy+6y^2=(x-6y)(x-y)$

（2）形如：$ax+bxy+cy+c$ 因式分解.

$$ax+bxy+cy+c$$

$$\begin{array}{ll} a_1x & c_1 \\ a_2 & c_2y \end{array}$$

其中要求满足 $a_1c_2=b$，$a_2c_1=c$，则有 $ax+bxy+cy+c=(a_1x+c_1)(a_2+c_2y)$.

【典例 16】$2x+6xy-3y-1$

【解析】$2x+6xy-3y-1$

$$\begin{array}{ll} 2x & -1 \\ 1 & 3y \end{array}$$

$2x+6xy-3y-1=(2x-1)(1+3y)$

(3) 形如：二次六项式 $ax^2+bxy+cy^2+dx+ey+f$ 因式分解.

$$ax^2+bxy+cy^2+dx+ey+f$$

$$a_1x \qquad c_1y \qquad f_1$$
$$a_2x \qquad c_2y \qquad f_2$$

其中要求满足 $a_1c_2+a_2c_1=b$，$c_1f_2+c_2f_1=e$，$a_1f_2+a_2f_1=d$，则有
$ax^2+bxy+cy^2+dx+ey+f=(a_1x+c_1y+f_1)(a_2x+c_2y+f_2)$.

【典例 17】将 $x^2-3xy-10y^2+x+9y-2$ 因式分解.

【解析】 $x^2-3xy-10y^2+x+9y-2$

$$x \qquad -5y \qquad 2$$
$$x \qquad 2y \qquad -1$$

$x^2-3xy-10y^2+x+9y-2=(x-5y+2)(x+2y-1)$

【典例 18】$x^2-y^2+5x+3y+4$

【解析】 $x^2-y^2+5x+3y+4$

$$x \quad -y \qquad 4$$
$$x \quad y \qquad 1$$

$x^2-y^2+5x+3y+4=(x-y+4)(x+y+1)$

六、因式定理

多项式 $f(x)$ 含有因式 $ax-b \Leftrightarrow$ 多项式 $f(x)$ 能被 $ax-b$ 整除 $\Leftrightarrow f\left(\dfrac{b}{a}\right)=0$.

七、余式定理

多项式 $f(x)$ 除以 $ax-b$，余式为 $f\left(\dfrac{b}{a}\right)$.

第二节　刚　刚　"恋"　习

一、基本公式部分（共计 4 个考点）

【考点 65】完全平方公式应用

1. 求表达式 $5-2x^2-3y^2+4y(x+1)$ 的最大值是（　　）.

A．7　　　　B．8　　　　C．9　　　　D．10　　　　E．11

【答案】C

【解析】将原式变形为

$$5-2x^2-3y^2+4y(x+1)=-(2x^2-4xy+2y^2+y^2-4y+4)+9$$
$$=-[2(x-y)^2+(y-2)^2]+9$$

$x=y=2$ 时原式取得最大值 9，故选 C.

2. 若 $x^2-3x+1=0$，则 $\dfrac{x^2}{x^4+x^2+1}$ 的值是（　　）.

A．$\dfrac{1}{7}$　　　B．$\dfrac{1}{8}$　　　C．$\dfrac{1}{9}$　　　D．$\dfrac{1}{10}$　　　E．$\dfrac{1}{6}$

【答案】B

【解析】因为 $x^2-3x+1=0$，方程两端同时除以 x，有 $x+\dfrac{1}{x}=3$，所以 $\left(x+\dfrac{1}{x}\right)^2=9$，

即 $x^2+\dfrac{1}{x^2}=9-2=7$，所以 $\dfrac{x^2}{x^4+x^2+1}=\dfrac{\dfrac{x^2}{x^2}}{\dfrac{x^4+x^2+1}{x^2}}=\dfrac{1}{x^2+1+\dfrac{1}{x^2}}=\dfrac{1}{7+1}=\dfrac{1}{8}$.

3. 已知 a、b、c 是不全相等的任意实数，若 $x=a^2-bc$，$y=b^2-ac$，$z=c^2-ab$，则 x、y、z（ ）．

    A. 都大于 0   B. 至少有一个大于 0   C. 至少有一个小于 0

    D. 都不小于 0   E. 以上均不正确

【答案】B

【解析】$x+y+z=a^2+b^2+c^2-bc-ac-ab=\dfrac{1}{2}\big[(a-b)^2+(a-c)^2+(b-c)^2\big]>0$，因此至少有一个大于 0.

4. 能够确定 $x^2+\dfrac{1}{x^2}=7$.

    （1）$x+\dfrac{1}{x}=3$.   （2）$x+\dfrac{1}{x}=2$.

【答案】A

【解析】条件（1）：$x+\dfrac{1}{x}=3\Rightarrow x^2+\dfrac{1}{x^2}=\left(x+\dfrac{1}{x}\right)^2-2=7$，充分.

条件（2）：$x+\dfrac{1}{x}=2\Rightarrow x^2+\dfrac{1}{x^2}=\left(x+\dfrac{1}{x}\right)^2-2=2$，不充分.

【考点 66】平方差公式应用

5. 化简 $(3+1)(3^2+1)(3^4+1)(3^8+1)=$（ ）．

【答案】$\dfrac{3^{16}}{2}-\dfrac{1}{2}$

【解析】原式 $=\dfrac{(3-1)(3+1)(3^2+1)(3^4+1)(3^8+1)}{2}$

$=\dfrac{(3^2-1)(3^2+1)(3^4+1)(3^8+1)}{2}$

$=\dfrac{(3^4-1)(3^4+1)(3^8+1)}{2}$

$=\dfrac{(3^8-1)(3^8+1)}{2}$

$=\dfrac{3^{16}}{2}-\dfrac{1}{2}$

【考点 67】立方差（和）公式应用

6. 已知 $x^2+y^2=9$，$xy=4$，则 $\dfrac{x+y}{x^3+y^3+x+y}=$（ ）．

    A. $\dfrac{1}{2}$ B. $\dfrac{1}{5}$ C. $\dfrac{1}{6}$ D. $\dfrac{1}{13}$ E. $\dfrac{1}{14}$

【答案】C

【解析】$\dfrac{x+y}{x^3+y^3+x+y}=\dfrac{x+y}{(x+y)(x^2-xy+y^2)+(x+y)}=\dfrac{1}{x^2-xy+y^2+1}=\dfrac{1}{6}$.

7. $\dfrac{a^3}{a^6+1}=\dfrac{1}{18}$.

(1) $a^2-3a+1=0$.　　　　　(2) $a^2+3a+1=0$.

【答案】A

【解析】条件（1）：$a^3-3a+1=0\Rightarrow a+\dfrac{1}{a}=3$，$\Rightarrow \dfrac{a^3}{a^6+1}=\dfrac{1}{a^3+\dfrac{1}{a^3}}=$

$\dfrac{1}{\left(a+\dfrac{1}{a}\right)^3-3\left(a+\dfrac{1}{a}\right)}=\dfrac{1}{18}$，充分；条件（2）：同理可得不充分.

【考点68】三个数完全平方公式应用

8. 若 $3(a^2+b^2+c^2)=(a+b+c)^2$，则 a、b、c 三者的关系为（　　）.

A. $a+b=b+c$　　　　B. $a+b+c=1$　　　　C. $a=b=c$

D. $ab=bc=ac$　　　　E. $abc=1$

【答案】C

【解析】$3(a^2+b^2+c^2)=(a+b+c)^2\Leftrightarrow a^2+b^2+c^2-ab-ac-bc=\dfrac{1}{2}[(a-c)^2+(b-c)^2+(a-b)^2]=0$，所以得到 $a=b=c$，故选 C.

9. $a=b=c$.

(1) $3(a^2+b^2+c^2)=(a+b+c)^2$.　　　　(2) $(a-b)^2=(b-c)^2=(a-c)^2$.

【答案】D

【解析】根据条件（1）$2(a^2+b^2+c^2)=2ab+2ac+2bc$，则 $(a-b)^2+(b-c)^2+(a-c)^2=0$，那么 $a=b=c$，单独充分. 再看条件（2）括号内的式子可能相等也可能互为相反数，分别讨论均满足题干，故选 D.

二、因式分解部分（共计4个考点）

【考点69】表达式化简求值

10. 化简 $\left(1+\dfrac{4}{a^2-4}\right)\cdot\dfrac{a+2}{a}$ 为（　　）.

A. $\dfrac{a}{a-2}$　　B. $\dfrac{a+2}{a}$　　C. 0　　D. $\dfrac{a}{a+2}$　　E. $\dfrac{a-2}{a}$

【答案】A

【解析】原式 $=\dfrac{a^2-4+4}{a^2-4}\times\dfrac{a+2}{a}=\dfrac{a^2}{(a+2)(a-2)}\times\dfrac{a+2}{a}=\dfrac{a}{a-2}$.

11. 已知 $x=2+\sqrt{3}$，$y=2-\sqrt{3}$，求 $\left(x+\dfrac{1}{y}\right)\left(y+\dfrac{1}{x}\right)$ 的值为（　　）.

A. 1　　　　B. 2　　　　C. 3　　　　D. 4　　　　E. 0

【答案】D

【解析】由于 $xy = (2+\sqrt{3})(2-\sqrt{3}) = 1$，故 $\left(x+\dfrac{1}{y}\right)\left(y+\dfrac{1}{x}\right) = 2 + xy + \dfrac{1}{xy} = 4$，故选 D.

12. 如果 $\dfrac{a}{b} = 2$，则 $\dfrac{a^2 - ab + b^2}{a^2 + b^2} = ($　$)$.

A. $\dfrac{3}{5}$　　　B. $-\dfrac{2}{5}$　　　C. 1　　　D. $\dfrac{2}{5}$　　　E. $-\dfrac{3}{5}$

【答案】A

【解析】方法一：$\dfrac{a}{b} = 2$，$a = 2b$，代入 $\dfrac{a^2 - ab + b^2}{a^2 + b^2} = \dfrac{4b^2 - 2b^2 + b^2}{4b^2 + b^2} = \dfrac{3}{5}$.

方法二：将原始分子分母同时除以 b^2，得

$$\dfrac{a^2 - ab + b^2}{a^2 + b^2} = \dfrac{\dfrac{a^2}{b^2} - \dfrac{a}{b} + 1}{\dfrac{a^2}{b^2} + 1} = \dfrac{\left(\dfrac{a}{b}\right)^2 - \dfrac{a}{b} + 1}{\left(\dfrac{a}{b}\right)^2 + 1} = \dfrac{4 - 2 + 1}{4 + 1} = \dfrac{3}{5}.$$

13. 已知 $4x + 3y + 6z = 0$、$x - 2y + 7z = 0$，则 $\dfrac{2x^2 + 3y^2 + 6z^2}{x^2 + 5y^2 + 7z^2} = ($　$)$.

A. 1　　　B. 2　　　C. $\dfrac{1}{2}$　　　D. $\dfrac{2}{3}$　　　E. $\dfrac{3}{2}$

【答案】A

【解析】$\begin{cases} 4x + 3y + 6z = 0 \\ x - 2y + 7z = 0 \end{cases}$，解得 $\begin{cases} x = -3z \\ y = 2z \end{cases}$，代入原式得 $\dfrac{2x^2 + 3y^2 + 6z^2}{x^2 + 5y^2 + 7z^2} = 1$，故选 A.

14. 已知 $(x^2 + px + 8)(x^2 - 3x + q)$ 的展开式中不含 x^2、x^3 项，则 p、q 的值为（　）.

A. $\begin{cases} p = 2 \\ q = 1 \end{cases}$　　B. $\begin{cases} p = 3 \\ q = 2 \end{cases}$　　C. $\begin{cases} p = 3 \\ q = -1 \end{cases}$　　D. $\begin{cases} p = 1 \\ q = 3 \end{cases}$　　E. $\begin{cases} p = 3 \\ q = 1 \end{cases}$

【答案】E

【解析】x^2 项系数为：$8 - 3p + q$；x^3 项的系数为：$-3 + p$.

因为展开式中不含 x^2、x^3 项，所以 $\begin{cases} 8 - 3p + q = 0 \\ -3 + p = 0 \end{cases}$；解得 $\begin{cases} p = 3 \\ q = 1 \end{cases}$，故选 E.

15. 当 a、b、c 取（　）时，多项式 $f(x) = 2x - 7$ 与 $g(x) = a(x-1)^2 - b(x+2) + c(x^2 + x - 2)$ 相等.

A. $a = -\dfrac{11}{9}$，$b = \dfrac{5}{3}$，$c = \dfrac{11}{9}$　　　　B. $a = -11$，$b = 15$，$c = 11$

C. $a = \dfrac{11}{9}$，$b = \dfrac{5}{3}$，$c = -\dfrac{11}{9}$　　　　D. $a = 11$，$b = 15$，$c = -11$

E. 以上均不正确

【答案】A

【解析】可以利用多项式相等的定义，即若多项式相等，必有对应项的系数相等，由 $g(x) = a(x-1)^2 - b(x+2) + c(x^2 + x - 2) = (a+c)x^2 + (c - 2a - b)x + a - 2b - 2c$，

有 $\begin{cases} a+c=0 \\ c-2a-b=2 \\ a-2b-2c=-7 \end{cases}$，解得 $\begin{cases} a=-\dfrac{11}{9} \\ b=\dfrac{5}{3} \\ c=\dfrac{11}{9} \end{cases}$，故选 A.

16. 若 $(2x+1)^4=a_0+a_1x+a_2x^2+a_3x^3+a_4x^4$，则 $(a_0+a_2+a_4)(a_1+a_3)$ 的值为（ ）．

    A. 1680   B. 1840   C. 1240   D. 1640   E. 1820

【答案】D

【解析】当 $x=1$ 时，$(2+1)^4=a_0+a_1+a_2+a_3+a_4=81$；当 $x=-1$ 时，$(-2+1)^4=a_0-a_1+a_2-a_3+a_4=1$；相加，$2(a_0+a_2+a_4)=82$；相减，$2(a_1+a_3)=80$；原式 $=41\times40=1640$．

17. 多项式 $f(x)=3x^3-11x^2-23x-9$ 的值是 -5．

    (1) $x^2-1=5x$．   (2) $x^2-1=3x$．

【答案】A

【解析】由条件（1）知道 $x^3=5x^2+x$，代入到 $f(x)=3x^3-11x^2-23x-9$，可以得到 $f(x)=4x^2-20x-9=4-9=-5$，而对于条件（2）用同样的方法就不能得到这样的结果，因此不充分，故选 A．

18. 若 x 和分式 $\dfrac{3x+2}{x-1}$ 都是整数，那么 $x=$（ ）．

    A. 2，6   B. 0，2，6   C. -4 D. -4，0，2，6   E. 0，-4

【答案】D

【解析】令 $t=\dfrac{3x+2}{x-1}=3+\dfrac{5}{x-1}$，$x$、$\dfrac{5}{x-1}$ 均是整数，所以 $x-1$ 应是 5 的约数，又 $5=1\times5=(-1)\times(-5)$，则 $x-1=1$，5，-1，-5，所以 $x=2$，$x=6$，$x=0$，$x=-4$．

【考点70】十字相乘

19. 分解因式．

    (1) $7x^2-19x-6$．

    (2) $6x^2-7x-5$．

    (3) $x^2-13xy-30y^2$．

    (4) $x^2+y^2+2xy-x-y-6$．

【解析】(1) $7x^2-19x-6=(7x+2)(x-3)$．

    (2) $6x^2-7x-5=(2x+1)(3x-5)$．

    (3) $x^2-13xy-30y^2=(x-15y)(x+2y)$．

    (4) $x^2+y^2+2xy-x-y-6=(x+y)^2-(x+y)-6=(x+y-3)(x+y+2)$．

20. 设 $x^2+px+q=(x+a)(x+b)$，若 $p<0$、$q>0$，则（ ）．

    A. $a>0$，$b>0$ B. $a<0$，$b<0$ C. $a<0$，$b>0$

    D. $ab<0$ E. $a>0$，$b<0$

【答案】B

【解析】由题意得：$p=a+b<0$、$q=ab>0$，即得 $a<0$，$b<0$.

【考点71】因式定理

21. 若 $2x^3+x^2+kx-2$ 能被 $2x+\dfrac{1}{2}$ 整除，那么 k 等于（　　）.

A. $-\dfrac{63}{8}$　　　　B. $\dfrac{63}{8}$　　　　C. $\dfrac{61}{8}$　　　　D. $-\dfrac{61}{8}$　　　　E. 1

【答案】A

【解析】方法一：待定系数法

由题干可知，$2x+\dfrac{1}{2}$ 是 $2x^3+x^2+kx-2$ 的一个因式，通过观察，可知

$$2x^3+x^2+kx-2=\left(2x+\dfrac{1}{2}\right)(ax^2+bx-4)$$

$$\left(2x+\dfrac{1}{2}\right)(x^2+bx-4)=2x^3+2bx^2-8x+\dfrac{1}{2}x^2+\dfrac{1}{2}bx-2=2x^3+\left(2b+\dfrac{1}{2}\right)x^2+\left(\dfrac{1}{2}b-8\right)x-2$$

系数一一对应，所以 $b=\dfrac{1}{4}\Rightarrow k=-\dfrac{63}{8}$.

方法二：除式法

$$
\begin{array}{r}
x^2+\dfrac{1}{4}x-4 \\[2pt]
2x+\dfrac{1}{2}\overline{\smash{\big)}\,2x^3+x^2+kx-2} \\[2pt]
\underline{2x^3+\dfrac{1}{2}x^2} \\[2pt]
\dfrac{1}{2}x^2+kx \\[2pt]
\underline{\dfrac{1}{2}x^2+\dfrac{1}{8}x} \\[2pt]
\left(k-\dfrac{1}{8}\right)x-2 \\[2pt]
\underline{-8x-2} \\[2pt]
0
\end{array}
$$

因为整除，所以余数为 0，即 $k-\dfrac{1}{8}=-8\Rightarrow k=-\dfrac{63}{8}$.

方法三：乘法定理

令：$2x^3+x^2+kx-2=K$，$2x+\dfrac{1}{2}=M$.

因为 $2x^3+x^2+kx-2$ 能被 $2x+\dfrac{1}{2}$ 整除，即 $2x+\dfrac{1}{2}$ 为 $2x^3+x^2+kx-2$ 的因式，有

$2x^3+x^2+kx-2=\left(2x+\dfrac{1}{2}\right)N=MN=K$.

$M=\dfrac{K}{N}$，当 $K=0$ 时，对应的 M 有唯一值，$M=0$，即 $2x+\dfrac{1}{2}=0\Rightarrow x=-\dfrac{1}{4}$，将

$x = -\dfrac{1}{4}$ 代入 $2x^3 + x^2 + kx - 2 = K = 0$, 解得 $k = -\dfrac{63}{8}$.

22. 若 $x^3 + ax^2 + bx + 8$ 有两个因式 $x+1$ 和 $x+2$, 则 $a+b = ($　　$)$.

A. 7　　　　　B. 8　　　　　C. 15　　　　　D. 21　　　　　E. 23

【答案】D

【解析】因 $x+1$ 和 $x+2$ 是 $x^3 + ax^2 + bx + 8$ 的两个因式, 则可令 $x+1 = 0$ 和 $x+2 = 0$,
得 $x = -1$ 和 $x = -2$, 代入得到

$$\begin{cases} (-1)^3 + a(-1)^2 + b(-1) + 8 = 0 \\ (-2)^3 + a(-2)^2 + b(-2) + 8 = 0 \end{cases} 解得 \begin{cases} a = 7 \\ b = 14 \end{cases}, 故 a+b = 21, 故选 D.$$

23. $x^4 + mx^2 - px + 2$ 能被 $x^3 + 3x + 2$ 整除.

(1) $m = -6$, $p = 3$.　　　　　　　　(2) $m = 3$, $p = -6$.

【答案】A

【解析】$f(x) = x^2 + 3x + 2 = (x+1)(x+2)$, 故 $f(-1) = f(-2) = 0$, 即有 $g(x) =$
$x^4 + mx^2 - px + 2$, $g(-1) = g(-2) = 0$, 从而有 $\begin{cases} (-1)^4 + m(-1)^2 - p(-1) + 2 = 0 \\ (-2)^4 + m(-2)^2 - p(-2) + 2 = 0 \end{cases}$,

解得: $m = -6$, $p = 3$, 故只有条件 (1) 充分.

【考点72】余式定理

24. 设 $f(x)$ 为实系数多项式, 以 $x-1$ 除之, 余数为 9, 以 $x-2$ 除之, 余数为 16,
则 $f(x)$ 除以 $(x-1)(x-2)$ 的余式为 (　　).

A. $7x+2$　　B. $7x+3$　　C. $7x+4$　　D. $7x+5$　　E. $2x+7$

【答案】A

【解析】已知 $f(1) = 9$, $f(2) = 16$, 设 $f(x) = (x-1)(x-2)q(x) + (ax+b)$, 有

$$\begin{cases} f(1) = a+b = 9 \\ f(2) = 2a+b = 16 \end{cases} \Rightarrow \begin{cases} a = 7 \\ b = 2 \end{cases}, 故余式为 7x+2, 故选 A.$$

25. 多项式 $f(x)$ 除以 $2x^2 - 9x + 4$ 的余式是 $7x+2$.

(1) $f(x)$ 除以 $x^2 - 3x - 4$ 的余式是 $4x-1$.

(2) $f(x)$ 除以 $2x^2 - 3x + 1$ 的余式是 $2x+7$.

【答案】E

【解析】显然单独都不充分, 联合考虑:

由 $f(x) = (x^2 - 3x - 4)p(x) + 4x - 1 = (x+1)(x-4)p(x) + 4x - 1$

可知 $f(4) = 15$.

由 $f(x) = (2x^2 - 3x + 1)q(x) + 2x + 7 = (x-1)(2x-1)q(x) + 2x + 7$

可知 $f\left(\dfrac{1}{2}\right) = 8$.

$f(x) = (2x^2 - 9x + 4)k(x) + ax + b = (x-4)(2x-1)k(x) + ax + b$

根据 $f(4) = 15$, $f\left(\dfrac{1}{2}\right) = 8$, 可列方程 $\begin{cases} 4a+b = 15 \\ \dfrac{1}{2}a+b = 8 \end{cases} \Leftrightarrow \begin{cases} a = 2 \\ b = 7 \end{cases}$

所以余式是 $2x+7$, 故选 E.

第三节 立 竿 见 影

一、问题求解

1. 对一切非零实数 a、b，若 $\dfrac{1}{a}+\dfrac{1}{b}=1$，则 $\dfrac{1}{a^2}+\dfrac{2}{ab}+\dfrac{1}{b^2}$ 的值为 （   ）．

   A. -1 B. 0 C. 1 D. 2 E. 不能确定

2. 已知 $x-y=5$，且 $z-y=10$，则整式 $x^2+y^2+z^2-xy-yz-zx$ 的值为 （   ）．

   A. 105 B. 75 C. 55 D. 35 E. 25

3. 如果 $a^2+b^2+2c^2+2ac-2bc=0$，则 $a+b$ 的值为 （   ）．

   A. 0 B. 1 C. -1 D. -2 E. 2

4. 若 $a>1$，$b<0$，且 $a^b+a^{-b}=2\sqrt{2}$，则 a^b-a^{-b} 的值为 （   ）．

   A. 2 B. -2 C. 2 或 -2 D. 4 E. 4 或 -4

5. 已知 x、y 满足 $x^2+y^2+\dfrac{5}{4}=2x+y$，求代数式 $\dfrac{xy}{x+y}=$（   ）．

   A. $\dfrac{1}{3}$ B. $\dfrac{1}{4}$ C. $\dfrac{1}{5}$ D. $\dfrac{2}{3}$ E. $\dfrac{3}{4}$

6. 已知 $A=x^2+2y^2-z^2$，$B=-4x^2+3y^2+2z^2$，且 $A+B+C=0$，则多项式 C 为 （   ）．

   A. $5x^2-y^2-z^2$ B. $3x^2-5y^2-z^2$ C. 0

   D. $3x^2-y^2-3z^2$ E. $3x^2-5y^2+z^2$

7. 当 $x=-5$ 时，代数式 ax^4+bx^2+c 的值是 3，求当 $x=5$ 时，代数式 ax^4+bx^2+c 的值是 （   ）．

   A. 1 B. 2 C. 3 D. 4 E. 5

8. 已知 $a^2+bc=14$，$b^2-2bc=-6$，则 $3a^2+4b^2-5bc=$（   ）．

   A. 12 B. 14 C. 16 D. 18 E. 19

9. 已知 $x=2016$，则 $|4x^2-5x+1|-4|x^2+2x+2|+3x+7$ （   ）．

   A. -20160 B. -20610 C. -20162 D. 20160 E. -21600

10. 已知 $3a^2+2a+5$ 是一个偶数，那么整数 a 一定是 （   ）．

   A. 奇数   B. 偶数   C. 任意数

   D. 既可以是奇数，也可以是偶数   E. 质数

11. 当 $x=-\dfrac{7}{12}$ 时，式子 $(x-2)^2-2(2-2x)-(1+x)(1-x)$ 的值等于 （   ）．

   A. $-\dfrac{23}{72}$ B. $-\dfrac{25}{72}$ C. $-\dfrac{13}{72}$ D. $-\dfrac{15}{72}$ E. $-\dfrac{27}{72}$

12. 下列分式中，最简分式有 （   ） 个．

$\dfrac{a^3}{3x^2}$，$\dfrac{x-y}{x^2+y^2}$，$\dfrac{m^2+n^2}{m^2-n^2}$，$\dfrac{m+1}{m^2-1}$，$\dfrac{a^2-2ab+b^2}{a^2-2ab-b^2}$

A. 2   B. 3   C. 4   D. 5   E. 1

13. 若 $\dfrac{1}{2y^2+3y+7}=\dfrac{1}{8}$，则 $\dfrac{1}{4y^2+6y-9}$ 的值为（　　）.

A. $\dfrac{1}{2}$ B. $-\dfrac{1}{17}$ C. $-\dfrac{1}{7}$ D. $\dfrac{1}{7}$ E. $\dfrac{1}{17}$

14. 化简 $\left(\dfrac{a^2}{a-3}+\dfrac{9}{3-a}\right)\div\dfrac{a+3}{a}$ 的结果是（　　）.

A. a B. $-a$ C. $a+3$ D. $\dfrac{1}{a}$ E. $-\dfrac{1}{a}$

15. 若二次多项式 $x^2+2kx-3k^2$ 能被 $x-1$ 整除，则 k 的值是（　　）.

A. 1 或 $-\dfrac{1}{3}$ B. -1 或 $-\dfrac{1}{3}$ C. 0   D. 1 或 -1 E. 以上均不正确

16. 已知 $x-m$ 既是多项式 x^2+nx-6 的因式，又是多项式 x^2-2x+1 的因式，则 $m+n=$（　　）.

A. 0   B. 4   C. 5   D. 6   E. 7

17. 若 x^3+x^2+ax+b 能被 x^2-3x+2 整除，则（　　）.

A. $a=4$，$b=4$ B. $a=-4$，$b=-4$ C. $a=10$，$b=-8$

D. $a=-10$，$b=8$ E. $a=2$，$b=0$

18. 已知 $f(x)=x^3+a^2x^2+ax-1$ 能被 $x+1$ 整除，则实数 a 的值为（　　）.

A. 2 或 -1 B. 2   C. -1 D. -2 或 1   E. 以上均不正确

19. 若 $x^3+mx^2-10x+n$ 除以 $x+1$ 余 16，除以 $x+3$ 余 18，则（　　）.

A. $m=2$，$n=4$ B. $m=-2$，$n=6$ C. $m=1$，$n=4$

D. $m=1$，$n=6$ E. $m=-2$，$n=4$

二、条件充分性判断题

20. 若 m、n 是两个不相等的实数，则 $m^3-2mn+n^3=-2$.

（1）$m^2=n+2$.   （2）$n^2=m+2$.

21. 设 x 是非零实数，则 $x^3+\dfrac{1}{x^3}=18$.

（1）$x+\dfrac{1}{x}=3$.   （2）$x^2+\dfrac{1}{x^2}=7$.

22. 设 a、b、c 为互不相等的非零实数，则 $|abc|=1$.

（1）$a+\dfrac{1}{b}=b+\dfrac{1}{c}$.   （2）$b+\dfrac{1}{c}=c+\dfrac{1}{a}$.

23. $x^2-2xy+ky^2+3x-5y+2$ 能分解成两个一次因式的乘积.

（1）$k=-3$.   （2）$k=3$.

24. $x-2$ 是多项式 $f(x)=x^3-x^2+mx-n$ 的因式.

（1）$m=2$，$n=8$.   （2）$m=3$，$n=10$.

25. $f(x)$ 除以 $(x-1)(x+2)$ 的余式为 $-x+4$.

（1）$f(x)$ 除以 $x-1$ 的余数为 3.   （2）$f(x)$ 除以 $x+2$ 的余数为 6.

26. $\dfrac{(a^2-4a+4)(a^3-2)}{a^3-6a^2+12a-8}-\dfrac{(a+1)(a^2-a+1)}{a-2}$ 的值是正整数.

(1) $a=1$.   (2) $a=-1$.

详　　解

一、问题求解

1. 【答案】C

【解析】$\dfrac{1}{a^2}+\dfrac{2}{ab}+\dfrac{1}{b^2}=\left(\dfrac{1}{a}+\dfrac{1}{b}\right)^2=1$.

2. 【答案】B

【解析】$x^2+y^2+z^2-xy-yz-zx=\dfrac{1}{2}\left[(x-y)^2+(y-z)^2+(z-x)^2\right]$,

$\begin{cases} x-y=5 \\ z-y=10 \end{cases}\Rightarrow z-x=5$, 代入计算, 可知选 B.

3. 【答案】A

【解析】$a^2+b^2+2c^2+2ac-2bc=(a+c)^2+(b-c)^2=0$, 根据非负性, 所以 $a=-c$, $b=c$, 从而 $a+b=0$, 故选 A.

4. 【答案】B

【解析】$(a^b-a^{-b})^2=(a^b+a^{-b})^2-4a^b\cdot a^{-b}=(2\sqrt{2})^2-4=4$, 因为 $a>1$, $b<0$, 所以 $a^b<a^{-b}$, $a^b-a^{-b}<0$, 故 $a^b-a^{-b}=-2$.

5. 【答案】A

【解析】由已知得 $(x-1)^2+\left(y-\dfrac{1}{2}\right)^2=0$, 得 $x=1$, $y=\dfrac{1}{2}$, 原式 $=\dfrac{1}{3}$, 故选 A.

6. 【答案】B

【解析】根据题意 $x^2+2y^2-z^2-4x^2+3y^2+2z^2+C=0$, 则 $-3x^2+5y^2+z^2+C=0$, 即 $C=3x^2-5y^2-z^2$, 故选 B.

7. 【答案】C

【解析】当 $x=-5$, $ax^4+bx^2+c=a(-5)^4+b(-5)^2+c=a(5)^4+b(5)^2+c=3$, 当 $x=5$, $ax^4+bx^2+c=a(5)^4+b(5)^2+c=3$, 故选 C.

8. 【答案】D

【解析】$3a^2+4b^2-5bc=3(a^2+bc)+4(b^2-2bc)=42-24=18$

9. 【答案】A

【解析】$|4x^2-5x+1|-4|x^2+2x+2|+3x+7=4x^2-5x+1-4(x^2+2x+2)+3x+7$
$$=-10x=-20160$$

10. 【答案】A

【解析】$3a^2+2a+5$ 是偶数, 又 $2a$ 一定是偶数, 故 $3a^2+5$ 也必须是偶数, 即 $3a^2$ 应是奇数, 从而 a 应是奇数.

11. 【答案】A

【解析】原式 $=x^2-4x+4-4+4x-1+x^2=2x^2-1$，把 $x=-\dfrac{7}{12}$ 代入，得 $2x^2-1=$ $-\dfrac{23}{72}$.

12．【答案】C

【解析】因为题目中有且只有 $\dfrac{m+1}{m^2-1}=\dfrac{m+1}{(m+1)(m-1)}=\dfrac{1}{m-1}$ 可进行约分，故选 C.

13．【答案】C

【解析】由题意：$2y^2+3y=1\Rightarrow 4y^2+6y-9=-7\Rightarrow\dfrac{1}{4y^2+6y-9}=-\dfrac{1}{7}$.

14．【答案】A

【解析】$\left(\dfrac{a^2}{a-3}+\dfrac{9}{3-a}\right)\div\dfrac{a+3}{a}=\dfrac{a^2}{a-3}\cdot\dfrac{a}{a+3}+\dfrac{9}{3-a}\cdot\dfrac{a}{a+3}$

$=\dfrac{a^3-9a}{a^2-3^2}=\dfrac{a(a^2-9)}{a^2-9}=a$.

15．【答案】A

【解析】由因式定理有 $f(1)=0$，解得 $k=1$ 或 $-\dfrac{1}{3}$.

16．【答案】D

【解析】由题意 $x^2-2x+1=(x-1)^2$，所以 $m=1$，因此 $x-1$ 为 x^2+nx-6 的因式，所以 $(x-1)(x+6)=x^2+5x-6$，则 $n=5\Rightarrow m+n=6$.

17．【答案】D

【解析】设 $f(x)=x^3+x^2+ax+b$，由于 $f(x)$ 能被 $x^2-3x+2=(x-1)(x-2)$ 整除，因此 $f(1)=0$ 且 $f(2)=0\Rightarrow\begin{cases}a+b=-2\\2a+b=-12\end{cases}$，解得 $\begin{cases}a=-10\\b=8\end{cases}$.

18．【答案】A

【解析】$f(x)=x^3+a^2x^2+ax-1$ 能被 $x+1$ 整除 $\Rightarrow f(-1)=a^2-a-2=0$，解得：$a=2$ 或 -1.

19．【答案】D

【解析】$f(-1)=-1+m+10+n=16$；$f(-3)=-27+9m+30+n=18$．解得 $\begin{cases}m=1\\n=6\end{cases}$.

二、条件充分性判断题

20．【答案】C

【解析】显然一个条件不能解出，所以需要两个联立．利用条件（1）和条件（2），得出 $m^3=mn+2m$，$n^3=mn+2n$，代入 $m^3-2mn+n^3=2(m+n)$，$m^2-n^2=n-m\Rightarrow m+n=$ $-1\Rightarrow m^3-2mn+n^3=-2$.

21．【答案】A

【解析】条件（1）：$x+\dfrac{1}{x}=3\Rightarrow x^3+\dfrac{1}{x^3}=\left(x+\dfrac{1}{x}\right)^3-3\left(x+\dfrac{1}{x}\right)=18$，充分．

条件（2）：$x^2+\dfrac{1}{x^2}=\left(x+\dfrac{1}{x}\right)^2-2=7\Rightarrow x+\dfrac{1}{x}=\pm3\Rightarrow x^3+\dfrac{1}{x^3}=\left(x+\dfrac{1}{x}\right)^3-3\left(x+\dfrac{1}{x}\right)=$ ±18，不充分．

22.【答案】C

【解析】两条件联合，则有 $a+\dfrac{1}{b}=b+\dfrac{1}{c}=c+\dfrac{1}{a}$，因为 a、b、c 为互不相等的非零实数，所以不妨取 $b=1$，则可计算 $c=-\dfrac{1}{2}$，$a=-2$，故 $|abc|=1$，答案为 C.

23.【答案】A

【解析】条件（1）：$x^2-2xy-3y^2+3x-5y+2=(x-3y+1)(x+y+2)$，充分．

条件（2）：$x^2-2xy+3y^2+3x-5y+2$ 无法分解为两个一次因式的乘积，不充分．

24.【答案】D

【解析】$x-2$ 是 $f(x)=x^3-x^2+mx-n$ 的因式 $\Leftrightarrow f(2)=8-4+2m-n=0$，显然两条件均充分．

25.【答案】C

【解析】设 $f(x)=(x-1)(x+2)\cdot q(x)+ax+b$，由条件（1），$f(x)$ 除以 $x-1$ 的余数为 $f(1)=a+b=3$，不能同时确定 a、b 的大小，不充分；由条件（2），$f(x)$ 除以 $x+2$ 的余数为 $f(-2)=-2a+b=6$，不能同时确定 a、b 的大小，不充分；考虑联合，$\begin{cases}a+b=3\\-2a+b=6\end{cases}$，解得 $\begin{cases}a=-1\\b=4\end{cases}$，因此余式为 $-x+4$，充分．

26.【答案】D

【解析】原式 $=\dfrac{a^3-2}{a-2}-\dfrac{a^3+1}{a-2}=-\dfrac{3}{a-2}$，所以 $a-2=-1$ 或 -3，得 $a=\pm1$.

第四节　渐　入　佳　境

一、问题求解

1. 已知 $x+\dfrac{1}{x}=9$（$0<x<1$），则 $\sqrt{x}-\dfrac{1}{\sqrt{x}}$ 的值为（　　）.

A. $-\sqrt{7}$　　　　B. $-\sqrt{5}$　　　　C. $\sqrt{7}$　　　　D. $\sqrt{5}$　　　　E. $\pm\sqrt{7}$

2. $f(x)=x^4+x^3-3x^2-4x-1$ 和 $g(x)=x^3+x^2-x-1$ 的最大公因式是（　　）.

A. $x+1$　　　　B. $x-1$　　　　C. $(x-1)(x+1)$

D. $(x-1)(x+1)^2$　　　　E. $(x+1)^2$

3. 若 $0<x<1$，则 $\sqrt{\left(x-\dfrac{1}{x}\right)^2+4}-\sqrt{\left(x+\dfrac{1}{x}\right)^2-4}$ 等于（　　）.

A. $\dfrac{2}{x}$　　　　B. $-\dfrac{2}{x}$　　　　C. $-2x$　　　　D. $2x$　　　　E. $3x$

4. 已知实数 x、y、z 满足 $x+y=5$，$z^2=xy+y-9$，那么 $x+2y+3z=$（　　）.

A. 4　　　　B. 8　　　　C. 12　　　　D. 16　　　　E. 20

5. 已知 $a-b=4$，$ab+c^2+4=0$，则 $a+b+c=$（　　）.

A. -2　　　B. -1　　　C. 0　　　D. 1　　　E. 2

6. 若 $\sqrt{a^2-3a+1}+b^2+2b+1=0$，则 $a^2+\dfrac{1}{a^2}-|b|$ 的值（　　）.

A. 7　　　B. 6　　　C. 5　　　D. 4　　　E. 3

7. 设 $x=\dfrac{1}{\sqrt{2}-1}$，a 是 x 的小数部分，b 是 $4-x$ 的小数部分，则 $a^3+b^3+3ab(a+b)=$（　　）.

A. 4　　　B. 2　　　C. 3　　　D. 1　　　E. 6

8. 已知实数 x、y、z 满足 $x^2+y^2+z^2=4$，则 $(2x-y)^2+(2y-z)^2+(2z-x)^2$ 最大值为（　　）.

A. 12　　　B. 20　　　C. 28　　　D. 36　　　E. 44

9. 若 $\dfrac{1}{x}-\dfrac{1}{y}=5$，则 $\dfrac{2x+4xy-2y}{x-3xy-y}$ 的值为（　　）.

A. -1　　　B. $\dfrac{3}{4}$　　　C. $\dfrac{4}{3}$　　　D. 1　　　E. 以上均不正确

10. 化简 $\dfrac{1}{x^2+3x+2}+\dfrac{1}{x^2+5x+6}+\cdots+\dfrac{1}{x^2+201x+10100}$ 为（　　）.

A. $\dfrac{100}{(x-1)(x-101)}$　　　B. $\dfrac{100}{(x+1)(x-101)}$　　　C. $\dfrac{100}{(x+1)(x+101)}$

D. $\dfrac{100}{(x-1)(x+101)}$　　　E. $\dfrac{101}{(x-1)(x+101)}$

11. 若 $2x^2+3x-a^2$ 与 $2x^3-3x^2-2x+3$ 有一次公因式，则 a 必不等于下列哪一个数（　　）.

A. $\sqrt{5}$　　　B. $-\sqrt{5}$　　　C. 3　　　D. -3　　　E. 1

12. 若多项式 $x^2-3xy-10y^2+x+9y+k$ 能分解成两个一次因式的乘积，则（　　）.

A. $k=-2$　　B. $k=-3$　　C. $k=2$　　D. $k=0$　　E. $k=3$

13. 多项式 x^3+ax^2+bx-6 的两个因式是 $x-1$ 和 $x-2$，则其第三个一次因式为（　　）.

A. $x-6$　　B. $x-3$　　C. $x+1$　　D. $x+2$　　E. $x+3$

14. $f(x)$ 是一个多项式，除以 $(x-3)$ 的余式为 -1，除以 $(x+1)$ 的余式为 3，则 $f(x)$ 除以 $(x-3)(x+1)$ 的余式为（　　）.

A. $3x-1$　　B. $x+2$　　C. $2-x$　　D. $2x-2$　　E. 以上均不正确

15. 设多项式 $f(x)$ 除以 $(x-1)(x-2)(x-3)$ 的余式为 $2x^2+x-7$，则以下说法中不正确的是（　　）.

A. $f(x)$ 除以 $x-1$ 的余式为 -4　　B. $f(x)$ 除以 $x-2$ 的余式为 3

C. $f(x)$ 除以 $x-3$ 的余式为 14　　D. $f(x)$ 除以 $(x-1)(x-2)$ 的余式为 $7x-11$

E. $f(x)$ 除以 $(x-2)(x-3)$ 的余式为 $11x+19$

二、条件充分性判断题

16. a、b 均为实数，则 $2a+b=1$.

（1）$a^2+b^2-4a+6b+13=0$.　　　　（2）$a^2+b^2+6a-4b+13=0$.

17. 设 a、b、c 是三个互不相等的正数，则有 $\dfrac{a-c}{b}=\dfrac{c}{a+b}=\dfrac{b}{a}$.

（1）$3b=2c$.　　　　（2）$3a=4c$.

18. 已知 $(x+2)(x^2+ax+b)$ 的积中不含 x 的二次项和一次项.

（1）$a=2$，$b=-4$.　　　　（2）$a=-2$，$b=4$.

19. $f(x)$ 为关于 x 的多项式，则 $f(-1)+f(-3)=-13$.

（1）$f(x)$ 除以 x^2-4x-5 的余式为 $2x+3$.

（2）$f(x)$ 除以 x^2+2x-3 的余式为 $3x-5$.

20. 若 $x^2(x+1)+y(xy+y)=(x+1)A$（其中 $x\neq-1$）.

（1）$A=x^2+y^2$.　　　　（2）$A=x^2-y^2$.

21. 设 $a^2+\dfrac{4}{a^2}=5$.

（1）$a-\dfrac{2}{a}=1$.　　　　（2）$a+\dfrac{2}{a}=3$.

22. $\dfrac{a}{a^2+7a+1}=\dfrac{1}{10}$.

（1）$a+\dfrac{1}{a}=3$.　　　　（2）$a+\dfrac{1}{a}=2$.

23. $\dfrac{1}{(x-1)x}+\dfrac{1}{x(x+1)}+\cdots+\dfrac{1}{(x+9)(x+10)}=\dfrac{11}{12}$.

（1）$x=2$.　　　　（2）$x=-11$.

24. x^2-y^2 的值可以唯一确定.

（1）$x-y=0$.　　　　（2）$x+y=0$.

25. 若 a、b 为非负实数，则 $a+b<\dfrac{4}{5}$.

（1）$ab\leqslant\dfrac{1}{16}$.　　　　（2）$a^2+b^2\leqslant1$.

详　　解

一、问题求解

1.【答案】A

【解析】$\left(\sqrt{x}-\dfrac{1}{\sqrt{x}}\right)^2=x+\dfrac{1}{x}-2=7$，$\sqrt{x}-\dfrac{1}{\sqrt{x}}<0$，$\sqrt{x}-\dfrac{1}{\sqrt{x}}=-\sqrt{7}$.

2.【答案】A

【解析】$f(x)=x^4+x^3-3x^2-4x-1=x^3(x+1)-(x+1)(3x+1)$

$\qquad\qquad=x^3(x+1)-(x+1)(3x+1)=(x+1)(x^3-3x-1)$

同理，$g(x)=x^3+x^2-x-1=(x-1)(x+1)^2$，$f(x)$ 和 $g(x)$ 有最大公因式 $x+1$.

3. 【答案】D

【解析】由 $0<x<1$，可得：$0<x<\dfrac{1}{x}$，因此，$\sqrt{\left(x-\dfrac{1}{x}\right)^2+4}-\sqrt{\left(x+\dfrac{1}{x}\right)^2-4}$

$=\sqrt{\left(x+\dfrac{1}{x}\right)^2}-\sqrt{\left(\dfrac{1}{x}-x\right)^2}=x+\dfrac{1}{x}-\dfrac{1}{x}+x=2x.$

4. 【答案】B

【解析】由完全平方公式可知，$x+y=5\Rightarrow x=5-y$，$z^2=xy+y-9=(5-y)y+y-9=$

$-y^2+6y-9=-(y-3)^2.$

所以 $z^2+(y-3)^2=0\Leftrightarrow z=0$，$y=3$，$x=2$. 所以 $x+2y+3z=8$，故选 B.

5. 【答案】C

【解析】$a-b=4$，$a=b+4$ 代入等式，得 $(b+4)\cdot b+c^2+4=0$，

$b^2+4b+4+c^2=0\Rightarrow(b+2)^2+c^2=0\Rightarrow\begin{cases}b=-2\\c=0\end{cases}$，$a=2$，$a+b+c=0$.

6. 【答案】B

【解析】因为 $\sqrt{a^2-3a+1}+b^2+2b+1=0$，所以 $\sqrt{a^2-3a+1}+(b+1)^2=0$.

即 $a^2-3a+1=0$ 且 $b+1=0$，所以 $a+\dfrac{1}{a}=3$，$a^2+\dfrac{1}{a^2}=7$，$b=-1$，所以 $a^2+\dfrac{1}{a^2}-$

$|b|=7-1=6.$

7. 【答案】D

【解析】因为 $x=\dfrac{1}{\sqrt{2}-1}=\sqrt{2}+1$，所以 x 的整数部分为 2，小数部分为 $\sqrt{2}-1=a$，又

因为 $4-x=3-\sqrt{2}$，所以 $4-x$ 的整数部分为 1，小数部分为 $2-\sqrt{2}=b$，由 $a^3+b^3=(a+$

$b)(a^2-ab+b^2)$ 得，$a^3+b^3+3ab(a+b)=(a+b)^3$，a、b 分别为 x 和 $4-x$ 的小数部分，

$a<1$，$b<1$，$x+(4-x)=4$，则 $a+b=1$，即 $(a+b)^3=1$.

8. 【答案】C

【解析】$(2x-y)^2+(2y-z)^2+(2z-x)^2=5(x^2+y^2+z^2)-4(xy+yz+xy)=20-$

$2[(x+y+z)^2-(x^2+y^2+z^2)]$，当 $(x+y+z)=0$ 时，取最大值 28.

9. 【答案】B

【解析】$\dfrac{2x+4xy-2y}{x-3xy-y}=\dfrac{\dfrac{2}{y}+4-\dfrac{2}{x}}{\dfrac{1}{y}-3-\dfrac{1}{x}}=\dfrac{2\left(\dfrac{1}{y}-\dfrac{1}{x}\right)+4}{\dfrac{1}{y}-\dfrac{1}{x}-3}=\dfrac{3}{4}.$

10. 【答案】C

【解析】$\dfrac{1}{x^2+3x+2}+\dfrac{1}{x^2+5x+6}+\dfrac{1}{x^2+7x+12}+\cdots+\dfrac{1}{x^2+201x+10100}$

$=\dfrac{1}{(x+1)(x+2)}+\dfrac{1}{(x+2)(x+3)}+\cdots+\dfrac{1}{(x+100)(x+101)}$

$=\left(\dfrac{1}{x+1}-\dfrac{1}{x+2}\right)+\left(\dfrac{1}{x+2}-\dfrac{1}{x+3}\right)+\cdots+\left(\dfrac{1}{x+100}-\dfrac{1}{x+101}\right)$

$$= \frac{1}{x+1} - \frac{1}{x+101} = \frac{100}{(x+101)(x+1)}$$

故选 C.

11. 【答案】E

【解析】$2x^3 - 3x^2 - 2x + 3 = x^2(2x-3) - (2x-3) = (x-1)(x+1)(2x-3)$，将 $x=1$，-1，$\frac{3}{2}$ 分别代入 $2x^2 + 3x - a^2$，解得 $a = \pm\sqrt{5}$ 或 ± 3.

12. 【答案】A

【解析】由双十字相乘法因式分解

$x^2 - 3xy - 10y^2 + x + 9y + k$

$$\begin{matrix} 1 & 2 & m \\ 1 & -5 & n \end{matrix} \Rightarrow \begin{cases} 2n - 5m = 9 \\ m + n = 1 \end{cases} \Leftrightarrow \begin{cases} m = -1 \\ n = 2 \end{cases} \Rightarrow k = -2.$$

13. 【答案】B

【解析】设 $x^3 + ax^2 + bx - 6 = (x-1)(x-2)(x+c)$，观察常数项，可得 $2c = -6$，解得 $c = -3$，因此第三个一次因式为 $x-3$.

14. 【答案】C

【解析】$f(3) = -1$，$f(-1) = 3$，验证后选 C.

15. 【答案】E

【解析】设 $f(x) = (x-1)(x-2)(x-3)q(x) + 2x^2 + x - 7$，

A. $f(x)$ 除以 $x-1$ 的余式为 $f(1) = -4$.

B. $f(x)$ 除以 $x-2$ 的余式为 $f(2) = 3$.

C. $f(x)$ 除以 $x-3$ 的余式为 $f(3) = 14$.

D. $f(x)$ 除以 $(x-1)(x-2)$ 的余式为 $2x^2 + x - 7$ 除以 $(x-1)(x-2)$ 的余式为 $7x - 11$.

E. $f(x)$ 除以 $(x-2)(x-3)$ 的余式为 $2x^2 + x - 7$ 除以 $(x-2)(x-3)$ 的余式为 $11x - 19$.

二、条件充分性判断题

16. 【答案】A

【解析】条件（1）：$(a-2)^2 + (b+3)^2 = 0 \Rightarrow a = 2$，$b = -3 \Rightarrow 2a + b = 1$，充分.

条件（2）：$(a+3)^2 + (b-2)^2 = 0 \Rightarrow a = -3$，$b = 2 \Rightarrow 2a + b = -4$，不充分.

17. 【答案】C

【解析】单独显然不充分，考虑联合，$\begin{cases} 3b = 3c \\ 3a = 4c \end{cases}$ 不妨令 $a = 4k$，$c = 3k$，$b = 2k$，代入原式 $\frac{a-c}{b} = \frac{4k-3k}{2k} = \frac{1}{2}$，同理 $\frac{c}{a+b} = \frac{1}{2}$，$\frac{b}{a} = \frac{1}{2}$，故选 C.

18. 【答案】B

【解析】条件（1）：$(x+2)(x^2 + 2x - 4) = x^3 + 4x^2 - 8$，含有 x^2 项，不充分.

条件（2）：$(x+2)(x^2 - 2x + 4) = x^3 + 8$，不含有 x 的二次项和一次项，充分.

19. 【答案】C

【解析】条件（1）：设 $f(x)=(x+1)(x-5)g(x)+2x+3$，因此 $f(-1)=1$，但不能确定 $f(-3)$ 的值，不充分；条件（2）：同理可得 $f(-3)=-14$，不充分．联合两条件，$f(-1)+f(-3)=-13$，充分，故选 C．

20．【答案】A

【解析】$x^2(x+1)+y(xy+y)=(x+1)A$ 即 $x^2(x+1)+y(xy+y)-(x+1)A=0$ 即 $(x+1)(x^2+y^2-A)=0$，因为 $x\neq-1$，$x^2+y^2-A=0$，即 $x^2+y^2=A$．

21．【答案】D

【解析】由条件（1）两边平方可得 $a^2+\dfrac{4}{a^2}-4=1$，即有 $a^2+\dfrac{4}{a^2}=5$．同理条件（2）也可推出结论．

22．【答案】A

【解析】$\dfrac{a}{a^2+7a+1}=\dfrac{1}{10}\Leftrightarrow\dfrac{1}{a+\dfrac{1}{a}+7}=\dfrac{1}{10}\Leftrightarrow a+\dfrac{1}{a}=3$，条件（1）充分，条件（2）不充分．

23．【答案】D

【解析】此题可利用公式 $\dfrac{1}{m(m+1)}=\dfrac{1}{m}-\dfrac{1}{m+1}$，化简后再进行求解．

原式 $=\left(\dfrac{1}{x-1}-\dfrac{1}{x}\right)+\left(\dfrac{1}{x}-\dfrac{1}{x+1}\right)+\cdots+\left(\dfrac{1}{x+9}-\dfrac{1}{x+10}\right)=\dfrac{11}{12}$，即 $\dfrac{1}{x-1}-\dfrac{1}{x+10}=\dfrac{11}{12}$．

解得 $x_1=2$，$x_2=-11$．

24．【答案】D

【解析】条件（1）：可知 $x-y=0$，则 $x^2-y^2=(x+y)(x-y)=0$，充分．

条件（2）：可知 $x^2-y^2=(x+y)(x-y)=0$，充分．故选 D．

25．【答案】E

【解析】条件（1）显然不充分 $\left(例如 a=1，b=\dfrac{1}{16}\right)$．条件（2）显然不充分 $\left(例如 a=b=\dfrac{1}{2}\right)$，联合 $a^2+b^2+2ab\leqslant1+\dfrac{1}{8}$，即 $(a+b)^2\leqslant\dfrac{9}{8}\Rightarrow0\leqslant a+b\leqslant\dfrac{3\sqrt{2}}{4}$ 不充分，故选 E．

第四章　函　　数

　　函数是数学中最重要的概念之一,是初高中的重点学习及考查对象. 大纲中对函数部分的要求主要包括两大部分的内容：一元二次函数及指数、对数函数. 一元二次函数主要掌握基本概念及图像性质；指数及对数部分需要熟悉基本运算公式及两种函数的性质和图像.

　　本章在考试中所占分值仍然不高,一般1～2题,直接命题虽然不多,但是间接考题很多,经常和其他章节的内容综合出题,比如指数、对数运算往往与数列部分等差中项及等比中项综合考查,一元二次函数又是一元二次方程及不等式重要基础,也是最值问题常见的解题方法.

　　备考时建议考生将函数的性质结合图像一起学习,数形结合也是常见的解题方法. 对于指数和对数,要将两者对比学习,通过两者的区别和联系更好地掌握图像、性质和相关公式.

第一节　夯　实　基　本　功

一、一元二次函数抛物线

1. 定义

一元二次函数抛物线形如 $f(x)=ax^2+bx+c$ $(a\neq 0)$.

2. 性质

(1) a 影响、控制开口方向. $a>0$,开口向上,有最小值,如 $f(x)=x^2+4x+3$. $a<0$(图 4-1),开口向下,有最大值,如 $f(x)=-x^2+3x-4$(图 4-2).

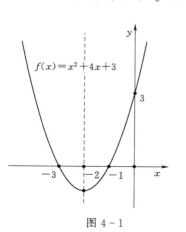

图 4-1

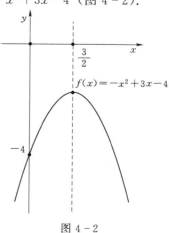

图 4-2

（2）b 影响、控制对称轴，对称轴为 $x = -\dfrac{b}{2a}$.

（3）c 为抛物线与 y 轴交点值；即为 y 轴上的截距（图 4-3）.

【陷阱】截距有正、负之分.

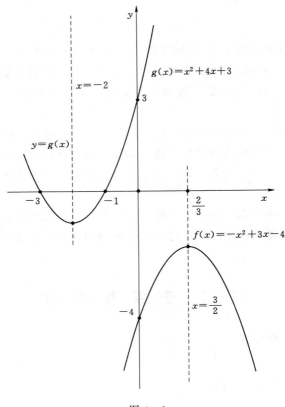

图 4-3

（4）顶点坐标：$\left(-\dfrac{b}{2a}, \dfrac{4ac-b^2}{4a} \right)$. $x_0 - \dfrac{b}{2a}$ 为对称轴，纵坐标为抛物线最值，在求解时只需将横坐标代入求解即可，而很少套用公式进行求解. 在使用时纵坐标可写成 $\dfrac{-\Delta}{4a}$，可理解成顶点到 x 轴的距离，表示为 $\left| \dfrac{-\Delta}{4a} \right|$.

（5）最值问题.

1）$a > 0$，开口向上，有最小值，当 $x = -\dfrac{b}{2a}$ 时取得最小值，值为 $\dfrac{4ac-b^2}{4a}$.

2）$a < 0$，开口向下，有最大值，当 $x = -\dfrac{b}{2a}$ 时取得最大值，值为 $\dfrac{4ac-b^2}{4a}$.

当 x_0 越接近对称轴 $x = -\dfrac{b}{2a}$ 时，越接近最值；即 $d = \left| x_0 - \left(-\dfrac{b}{2a} \right) \right|$，$d$ 越小越接近最值.

（6）图像与 x 轴交点个数（图 4-4）.

判别式 $\Delta = b^2 - 4ac$ $\begin{cases} >0，有 2 个交点（考查：两交点之间距离） \\ =0，有 1 个交点（考查：与 x 轴相切）. \\ <0，无交点（考查：恒正、恒负） \end{cases}$

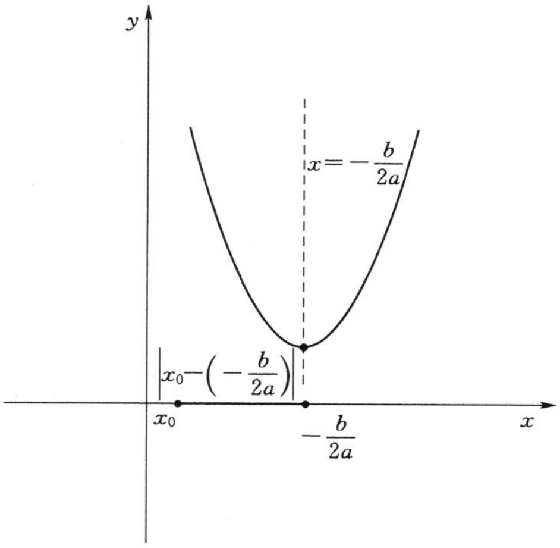

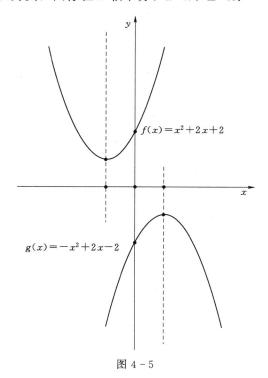

图 4-4

（7）恒成立问题（图 4-5）.

1）恒正：函数值恒为正，图像在 x 轴上方，$a > 0$，$\Delta < 0$.

2）恒负：函数值恒为负，图像在 x 轴下方，$a < 0$，$\Delta < 0$.

图 4-5

（8）二次项系数 a 其绝对值对图像的影响.

1）若 $|a|$ 越大，则抛物线开口越小.

2）若 $|a|$ 越小，则抛物线开口越大.

二、指数函数

1. 定义

形如 $y=a^x$（$a>0$ 且 $a\neq1$）的函数叫作指数函数（图 4-6）.

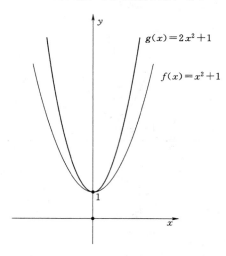

图 4-6

2. 运算

（1）$a^m a^n=a^{m+n}$，如 $a^2 a^3=a^{2+3}=a^5$.

（2）$a^m\div a^n=a^{m-n}$，如 $a^5\div a^3=a^{5-3}=a^2$.

（3）$(a^m)^n=a^{mn}$，如 $(a^5)^3=a^{3\times5}=a^{15}$.

（4）$a^{\frac{n}{m}}=\sqrt[m]{a^n}$，如 $a^{\frac{5}{3}}=\sqrt[3]{a^5}$，$a^{\frac{1}{2}}=\sqrt[2]{a^1}=\sqrt{a}$.

（5）$a^{-m}=\dfrac{1}{a^m}$，如 $a^{-2}=\dfrac{1}{a^2}$，$a^{-3}=\dfrac{1}{a^3}$.

3. 图像与性质

（1）当底数 $0<a<1$ 时，函数为减函数（图 4-7）.

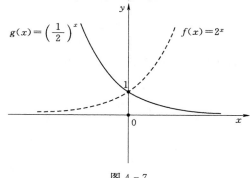

图 4-7

（2）当底数 $a>1$ 时，函数为增函数.

（3）图像恒过定点 （0，1）.

（4）图像恒在 x 轴上方，即函数值恒为正.

三、对数函数

1. 定义

形如 $y=\log_a x$ （$a>0$ 且 $a\neq 1$）的函数叫作对数函数.

2. 运算

（1）加、减运算.

$\log_a m+\log_a n=\log_a mn$，如 $\log_5 2+\log_5 3=\log_5 2\times 3=\log_5 6$.

$\log_a m-\log_a n=\log_a m\div n$，如 $\log_5 2-\log_5 3=\log_5 2\div 3=\log_5 \dfrac{2}{3}$.

（2）幂运算.

$\log_{a^m} b^n=\dfrac{n}{m}\log_a b$，如 $\log_9 16=\log_{3^2} 2^4=\dfrac{4}{2}\log_3 2=2\log_3 2$.

（3）倒数关系.

$\log_a b \ \log_b a=1$，如 $\log_3 4 \ \log_8 9=\log_3 2^2\times\log_{2^3} 3^2=2\times\dfrac{2}{3}\log_3 2 \ \log_2 3$.

3. 图像与性质

（1）当底数 $0<a<1$ 时，函数为减函数 （图 4 - 8）.

（2）当底数 $a>1$ 时，函数为增函数.

（3）图像恒过定点 （1，0）.

（4）图像恒在 y 轴右侧，即函数自变量取值大于零.

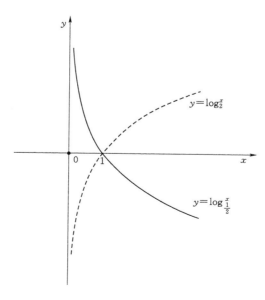

图 4 - 8

第二节 刚刚"恋"习

一、一元二次函数部分（共计 2 个考点）

【考点 73】基本概念求解

1. 已知 $a<0$，$a-b+c>0$，那么二次函数 $y=ax^2+bx+c$（　　）.

A. 恒大于零 　　　　　　　　　B. 恒小于零

C. b^2-4ac 恒小于零 　　　　D. 一定与 x 轴有两个交点

E. 一定与 x 轴有交点但交点个数与判别式的值有关

【答案】D

【解析】$a<0$ 说明函数开口向下；$x=-1$ 时，$y=a-b+c>0$，说明 $x=-1$ 时图像在 x 轴上方，故该函数图像必与 x 轴有两个交点，故选 D.

【考点 74】图像性质应用

2. 如图 4-9 所示，Rt$\triangle OAB$ 的顶点 $A(-2,4)$ 在抛物线 $y=ax^2$ 上，将 Rt$\triangle OAB$ 绕点 O 顺时针旋转 $90°$，得到 $\triangle OCD$，边 CD 与该抛物线交于点 P，则点 P 的坐标为（　　）.

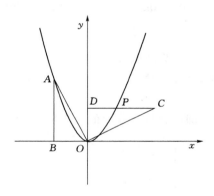

图 4-9

A. $(\sqrt{2},\sqrt{2})$ 　　B. $(2,2)$ 　　C. $(\sqrt{2},2)$ 　　D. $(2,\sqrt{2})$ 　　E. $(1,1)$

【答案】C

【解析】因为抛物线 $y=ax^2$，经过点 $A(-2,4)$，可求 $y=x^2$，因为旋转后可知点 P 纵坐标为 2，代入求解可得 P 坐标为 $(\sqrt{2},2)$，故选 C.

二、指数函数部分（共计 2 个考点）

【考点 75】指数运算

3. 若 $a=-0.3^2$，$b=3^{-2}$，$c=\left(-\dfrac{1}{3}\right)^{-2}$，$d=\left(\dfrac{1}{3}\right)^0$，则 a、b、c、d 的大小关系是（　　）.

A. $a>b>c>d$ 　　B. $b>c>d>a$ 　　C. $c>d>b>a$ 　　D. $d>a>b>d$ 　　E. 无法确定

【答案】C

【解析】因为 $a=-0.3^2=-0.09$，$b=3^{-2}=\dfrac{1}{9}$，$c=\left(-\dfrac{1}{3}\right)^{-2}=9$，$d=\left(\dfrac{1}{3}\right)^0=1$，所以 a、b、c、d 的大小关系是 $c>d>b>a$，故选 C.

4. $(x+6)^{x+2012}=1$.

(1) $x^2+10x+25=0$.　　　　　　　　　　(2) $x=-2012$.

【答案】D

【解析】(1) 因为 $x^2+10x+25=0$，解得 $x=-5$，当 $x=-5$ 时代入得 $(-5+6)^{x+2012}=1^{x+2012}=1$，充分.

(2) 因为当 $x=-2012$ 时，$(x+6)^{-2012+2012}=(x+6)^0=1$，充分，故选 D.

【考点 76】指数图像性质

5. 若函数 $f(x)=2^{x+a}$ 的图像过点 $(-1,1)$，则 $f(x-2)$、$f(2x-1)$、$f(x+2)$ 成等比数列.

(1) $x=-1$.　　　　　　　　　　(2) $x=1$.

【答案】B

【解析】因为 $f(x)=2^{x+a}$ 的图像过点 $(-1,1)$，则 $a=1$，$f(x)=2^{x+1}$，$f(x-2)=2^{x-1}$、$f(2x-1)=2^{2x}$、$f(x+2)=2^{x+3}$ 成等比数列，有 $(2^{2x})^2=2^{x-1}\cdot 2^{x+3}$，解得 $x=1$，因此条件 (1) 不充分，条件 (2) 充分，故选 B.

三、对数函数部分（共计 2 个考点）

【考点 77】对数运算

6. 计算 $2\log_5 10+\log_5 0.25=$（　　　）.

A. -2　　　　B. -1　　　　C. 0　　　　D. 1　　　　E. 2

【答案】E

【解析】$2\log_5 10+\log_5 0.25=\log_5 10^2+\log_5 0.25=\log_5 100\times 0.25=\log_5 25=2$.

【考点 78】对数图像性质

7. 设函数 $f(x)=\begin{cases}2^{1-x}, & x\leqslant 1 \\ 1-\log_2 x, & x>1\end{cases}$，则满足 $f(x)\leqslant 2$ 的 x 的取值范围是（　　　）.

A. $[-2,+\infty)$　　　　　　B. $[0,+\infty)$　　　　　　C. $(1,2)$

D. $[1,+\infty)$　　　　　　E. $(2,+\infty)$

【答案】$[0,+\infty)$

【解析】当 $x\leqslant 1$ 时，有 $2^{1-x}\leqslant 2$，可变形为 $1-x\leqslant 1$，$x\geqslant 0$，综上 $0\leqslant x\leqslant 1$；当 $x>1$ 时，$1-\log_2 x\leqslant 2$，$\log_2 x\geqslant 1-2=-1=-1\times\log_2 2=\log_2 2^{-1}=\log_2 \dfrac{1}{2}$ 可变形为 $x\geqslant \dfrac{1}{2}$，$x>1$，综上两种情况答案为 $[0,+\infty)$.

第三节　立　竿　见　影

1. 抛物线 $y=x^2-6x+5$ 的顶点坐标为（　　　）.

A. $(3,-4)$　　　B. $(-3,-4)$　　C. $(-3,4)$　　　D. $(0,-5)$　　　E. $(0,5)$

2. 二次函数 $y=kx^2-6x+9$ 与 x 轴有交点，则 k 的取值范围是（　　）.

A. $k<1$ 　　　　　　　B. $k<1$ 且 $k\neq0$ 　　　　　　　C. $k\leq1$

D. $k\leq1$ 且 $k\neq0$ 　　　　E. 以上均不正确

3. n 为正整数，计算 $(-2)^{2n+1}+2\cdot(-2)^{2n}$ 的结果是（　　）.

A. 0 　　　　B. 1 　　　　C. 2^{2n+1} 　　　　D. -2^{2n+1} 　　　　E. 2

4. 已知方程 $ax+by=11$ 有两组解 $\begin{cases}x=5\\y=2\end{cases}$ 和 $\begin{cases}x=1\\y=-4\end{cases}$，则 $\log_9a^b=$（　　）.

A. -1 　　　　B. -5 　　　　C. -7 　　　　D. 1 　　　　E. -1 或 -5

5. 已知 x、y、z 都是正数，且 $2^x=3^y=6^z$，那么 $\dfrac{z}{x}+\dfrac{z}{y}=$（　　）.

A. -1 　　　　B. 0 　　　　C. 1 　　　　D. $\log_23$ 　　　　E. $\log_32$

6. 已知 $3^a=2$，那么 $\log_38-2\log_36$ 用 a 表示是（　　）.

A. $a-2$ 　　　B. $5a-2$ 　　　C. $3a-(1+a)^2$ 　　　D. $3a-a^2$ 　　　E. $3a+a^2$

7. 若式子 $x^2-3=(x-2)^0$ 成立，则 x 的取值为（　　）.

A. ±2 　　　　B. 2 　　　　C. -2 　　　　D. $\pm\sqrt{3}$ 　　　　E. 不存在

8. 函数 $y=2^{-(x+1)}-1$ 的图像不经过（　　）.

A. 第一象限 　　　　　　　B. 第二象限 　　　　　　　C. 第三象限

D. 第四象限 　　　　　　　E. 第一、二象限

详　　解

1. 【答案】A

【解析】抛物线的对称轴为 $-\dfrac{b}{2a}$，即 $-\dfrac{-6}{2}=3$，顶点坐标横坐标为 3，$y=3^2-18+5=-4$，则顶点坐标为（3，-4）.

2. 【答案】D

【解析】要保证函数是二次函数首先要保证二次项系数不为 0，即 $k\neq0$，二次函数与 x 轴有交点，即方程 $kx^2-6x+9=0$ 有实根，需满足 $\Delta=36-36k\geq0$，解得 $k\leq1$，综上，选 D.

3. 【答案】A

【解析】$(-2)^{2n+1}+2\times(-2)^{2n}=(-2)\times(-2)^{2n}+2\times(-2)^{2n}=0$.

4. 【答案】A

【解析】将两组解代入方程可知 $\begin{cases}a=3\\b=-2\end{cases}$，则 $\log_9a^b=\log_93^{-2}=-1$，故选 A.

5. 【答案】C

【解析】由于 $2^x=3^y=6^z$，取自然对数，有 $x\ln2=y\ln3=z\ln6$，$\dfrac{z}{x}=\dfrac{\ln2}{\ln6}$，$\dfrac{z}{y}=\dfrac{\ln3}{\ln6}$，从而 $\dfrac{z}{x}+\dfrac{z}{y}=1$.

6. 【答案】A

【解析】$3^a = 2$，那么 $a = \log_3 2$，$\log_3 8 - 2\log_3 6 = 3\log_3 2 - 2(\log_3 2 + \log_3 3) = 3a - 2(a+1) = a - 2$，故选 A.

7.【答案】C

【解析】由题意得 $\begin{cases} x^2 - 3 = 1 \\ x \neq 2 \end{cases}$，解得 $x = -2$，故选 C.

8.【答案】A

【解析】根据图像平移规律，$y = 2^{-(x+1)} - 1$ 相当于 $y = \left(\dfrac{1}{2}\right)^x$ 的图像沿 x 轴向左平移 1 个单位后，再向下平移 1 个单位形成，如图 4 - 10 所示，过第二、三、四象限. 故选 A.

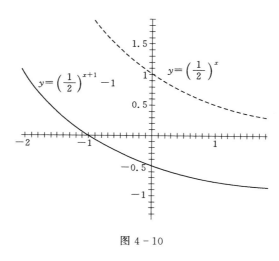

图 4 - 10

第四节 渐 入 佳 境

（标准测试卷）

一、问题求解

1. 把一个小球以 20 的速度竖直向上弹出，它在空中的高度 h 与时间 t 满足关系：$h = 20t - 5t^2$. 当 $h = 20$ 时，小球的运动时间为（ ）.

A. 2　　　　　B. 1.8　　　　　C. 5　　　　　D. 3　　　　　E. 以上均不正确

2. 若式子 $x^2 - 3 = (x-2)^0$ 成立，则 x 的取值为（ ）.

A. ± 2　　　　　B. 2　　　　　C. -2　　　　　D. $\pm\sqrt{3}$　　　　　E. 不存在

3. 化简 $\left[\sqrt[3]{(-5)^2}\right]^{\frac{3}{4}}$ 的结果为（ ）.

A. 5　　　　　B. $\sqrt{5}$　　　　　C. $-\sqrt{5}$　　　　　D. -5　　　　　E. $\sqrt{-5}$

4. 已知 $a^{-m} = 2$，$b^n = 3$，则 $(a^{-2m}b^{-n})^{-3}$ 的值是（ ）.

A. $\dfrac{27}{64}$　　　　　B. $\dfrac{81}{32}$　　　　　C. $\dfrac{9}{128}$　　　　　D. $\dfrac{9}{64}$　　　　　E. $\dfrac{25}{64}$

5. 设 $a=\pi^{0.3}$，$b=\log_\pi 3$，$c=3^0$，则 a、b、c 的大小关系是（　　）.

　　A. $a>b>c$　　　B. $b>c>a$　　　C. $b>a>c$　　　D. $a>c>b$　　　E. $c>b>a$

6. 对数 $\lg a$ 与 $\lg b$ 互为相反数，则有（　　）.

　　A. $ab=1$　　　B. $ab=-1$　　　C. $ab=2$　　　D. $ab=-2$　　　E. $ab=\dfrac{1}{2}$

7. 已知函数 $y=ax^2+bx+c(a\neq 0)$ 的图像经过点（-1，3）和（1，1）两点，若 $0<c<1$，则 a 的取值范围是（　　）.

　　A. $(1,3)$　　　B. $[1,3]$　　　C. $[2,3)$　　　D. $(1,2)$　　　E. $[1,2)$

8. 函数 $f(x)=\dfrac{\lg^{(2x^2+5x-12)}}{\sqrt{x^2-3}}$ 的定义域是（　　）.

　　A. $(-\infty,4]\cup[5,+\infty)$　　　　B. $(-\infty,4)$　　　C. $(-\infty,-4)\cup(\sqrt{3},+\infty)$

　　D. $(-\infty,-3)\cup(\sqrt{3},+\infty)$　　　　E. $(\sqrt{3},+\infty)$

9. 设 $y_1=4^{0.9}$，$y_2=8^{0.44}$，$y_3=\left(\dfrac{1}{2}\right)^{-1.5}$，则（　　）.

　　A. $y_3>y_1>y_2$　　　　　　B. $y_2>y_1>y_3$　　　C. $y_1>y_2>y_3$

　　D. $y_1>y_3>y_2$　　　　　　E. 以上均不对

10. 若函数 $y=mx^2+mx+m-2$ 的值恒为负数，则 m 取值范围是（　　）.

　　A. $m\leqslant 0$　　　B. $m<0$　　　C. $m=0$　　　D. $m>0$　　　E. $m\geqslant 0$

二、条件充分性判断题

11. $a^n=0$.

　　(1) $1+(-1)^n=a$.　　　　　　　　(2) $\sqrt{n}=\dfrac{1+n}{2}$.

12. $m=9$.

　　(1) 已知 $a^{\frac{1}{2}}=\dfrac{4}{9}(a>0)$，则 $\log_{\frac{2}{3}}a=m$.

　　(2) $\left(\lg\dfrac{1}{4}-\lg 25\right)\div 100^{-\frac{1}{2}}=m$.

13. 已知 $a>0$，$b>0$，$ab=8$，则当 $a=n$ 时，$\log_2 a\cdot\log_2(2b)$ 取得最大值.

　　(1) $n=2$.　　　　　　　　　　　(2) $n=4$.

14. 某种细菌在培养过程中，经过 3 小时，这种细菌由 1 个可变成 512 个.

　　(1) 每 20 分钟分裂一次（由一个分裂为两个）.

　　(2) 每 15 分钟分裂一次（由一个分裂为两个）.

15. 规定一种新运算"$\otimes$"，运算规则是：$a\otimes b=(a^2-b^2)\div(ab)$，则 $\dfrac{25}{6}\otimes(3\otimes 2)=m$.

　　(1) $m=24$.　　　　　　　　　　　(2) $m=\dfrac{24}{5}$.

详　解

一、问题求解

1.【答案】A

【解析】$h=20t-5t^2=20$，$t=2$，故小球运动时间为 2 秒，本题给的小球速度为干扰条件，故选 A.

2.【答案】C

【解析】由题意得 $\begin{cases} x^2-3=1 \\ x\neq 2 \end{cases}$，解得 $x=-2$，故选 C.

3.【答案】B

【解析】$\left[\sqrt[3]{(-5)^2}\right]^{\frac{3}{4}}=(\sqrt[3]{5^2})^{\frac{3}{4}}=(5^{\frac{2}{3}})^{\frac{3}{4}}=5^{\frac{1}{2}}=\sqrt{5}$，故选 B.

4.【答案】A

【解析】$(a^{-2m}b^{-n})^{-3}=(2^2\times 3^{-1})^{-3}=\dfrac{27}{64}$.

5.【答案】D

【解析】$a=\pi^{0.3}>1=c>b=\log_{\pi}3$，故选 D.

6.【答案】A

【解析】因为 $\lg a=-\lg b$，所以 $\lg a+\lg b=0$，所以 $\lg(ab)=0$，所以 $ab=1$.

7.【答案】D

【解析】由题设条件得 $\begin{cases} 3=a-b+c \\ 1=a+b+c \end{cases}$，解得 $\begin{cases} 2=a+c\Rightarrow c=2-a \\ b=-1 \end{cases}$，又 $0<c<1\Rightarrow 0<2-a<1\Rightarrow 1<a<2$，故选 D.

8.【答案】C

【解析】$f(x)$ 的定义域是 $\begin{cases} 2x^2+5x-12>0 \\ x^2-3>0 \end{cases}$ 的解，可得 $\begin{cases} x\in(-\infty,-4)\cup\left(\dfrac{3}{2},+\infty\right) \\ x\in(-\infty,-\sqrt{3})\cup(\sqrt{3},+\infty) \end{cases}\Rightarrow$
$x\in(-\infty,-4)\cup(\sqrt{3},+\infty)$. 故选 C.

9.【答案】D

【解析】$y_1=4^{0.9}=(2^2)^{0.9}=2^{1.8}$，$y_2=8^{0.44}=(2^3)^{0.44}=2^{1.32}$，$y_3=\left(\dfrac{1}{2}\right)^{-1.5}=$
$[(2)^{-1}]^{-1.5}=2^{1.5}$，又因为底数为 2 的指数函数在实数范围内是单调递增的，因此 $y_1>y_3>y_2$.

10.【答案】A

【解析】分两种情况：

（1）$y=mx^2+mx+m-2$ 为二次函数，则 $m<0$，$\dfrac{4m(m-2)-m^2}{4m}<0$，解得 $m<\dfrac{8}{3}$，故 $m<0$.

（2）当 $m=0$，变为 $y=-2$，为一个常函数，且值恒为负数. 所以 m 取值范围是 $m\leqslant 0$.

二、条件充分性判断题

11.【答案】C

【解析】条件（1）：$1+(-1)^n=a$，这里当 n 为偶数时，$a=2$，不充分；当 n 为奇数时，$a=0$，$a^n=0$，充分，综上，条件（1）不充分.

条件（2）：$\sqrt{n}=\dfrac{1+n}{2}\Rightarrow n-2\sqrt{n}+1=0\Rightarrow(\sqrt{n}-1)^2=0$，解得 $n=1$，不充分；两条件联合，即 $n=1$，$a=0$ 时充分，故选 C.

12.【答案】E

【解析】条件（1）：可得 $a=\dfrac{16}{81}\Rightarrow m=\log_{\frac{2}{3}}a=4$，不充分；条件（2）：$m=\lg\dfrac{1}{100}\div\dfrac{1}{\sqrt{100}}=-2\div\dfrac{1}{10}=-20$，不充分；联合亦不充分.

13.【答案】B

【解析】由 $ab\leqslant\left(\dfrac{a+b}{2}\right)^2$ 可知，$\log_2 a\log_2(2b)\leqslant\left(\dfrac{\log_2 a+\log_2(2b)}{2}\right)^2$ 当且仅当 $\log_2 a=\log_2(2b)$ 时取得最大值，又因 $a>0$，$b>0$，$ab=8$，则 $a=4$，故选 B.

14.【答案】A

【解析】条件（1）：其总共分裂了 $3\times60\div20=9$ 次，所以分裂后变成 $2^9=512$ 个，充分；条件（2）：其总共分裂了 $3\times60\div15=12$ 次，所以分裂后变成 $2^{12}\neq512$ 个，不充分.

15.【答案】B

【解析】$3\otimes2=(3^2-2^2)\div6=\dfrac{5}{6}$，$\dfrac{25}{6}\otimes\dfrac{5}{6}=\left[\left(\dfrac{25}{6}\right)^2-\left(\dfrac{5}{6}\right)^2\right]\div\left(\dfrac{25}{6}\times\dfrac{5}{6}\right)=\dfrac{24}{5}$，条件（1）不充分，条件（2）充分.

第五章 方 程 与 不 等 式

本章的基础内容是各种方程及不等式的解法，其中代数方程包括一元一次方程、一元二次方程、二元一次方程组等；不等式包括一元一次不等式（组）、一元二次不等式、简单绝对值不等式、简单分式不等式及高次不等式等．其中重点为一元二次方程及不等式，除此之外均值不等式是此章的重点也是难点．

方程和不等式是建立数学表达式关系的基本方法，尤其在应用题中，往往要借助方程或不等式来进行求解，因此本章在考试中所占分值虽然不高，一般 1 题左右，但是解题的基本方法所在，是重要的基础章节．

从以往考试来看，方程部分以一元二次方程为主，经常考查方程的解法、根的判别、韦达定理、根的分布以及一元二次方程的应用；不等式主要考查各种不等式的解法；对于均值不等式的学习是本章的重难点所在，考生们需要理解均值不等式的含义，并且会灵活运用均值不等式来求解最值，是考试中的常考内容．

第一节 夯 实 基 本 功

一、一元二次方程

1．定义

形如 $ax^2+bx+c=0(a\neq0)$ 的方程叫作一元二次方程．

2．核心

方程的核心价值为根或解．

3．根的判断

判别式 $\Delta=b^2-4ac$ $\begin{cases} >0，有两个不相等的实数根 \\ =0，有两个相等的实数根 \\ <0，无实根 \end{cases}$ ．

4．根的求解

（1）求根公式：$x_{1,2}=\dfrac{-b\pm\sqrt{b^2-4ac}}{2a}$ （要求记忆）．

（2）因式分解，十字相乘，即

$ax^2+bx+c=0$

$\Downarrow \qquad \Downarrow$

即 $\begin{matrix} a_1 & \quad & c_1 \\ a_2 & \quad & c_2 \end{matrix}$

$a_1c_2+a_2c_1=b$（验证）

$(a_1x+c_1)(a_2x+c_2)=0$

5. 根与系数关系（韦达定理）

$$\begin{cases} x_1 + x_2 = -\dfrac{b}{a} \ (\text{与常数项无关}) \\ x_1 x_2 = \dfrac{c}{a} \ (\text{与一次项系数无关}) \end{cases}.$$

6. 韦达定理应用

(1) $\dfrac{1}{x_1} + \dfrac{1}{x_2} = -\dfrac{b}{c}$（与二次项系数无关）.

(2) $|x_1 - x_2| = \dfrac{\sqrt{\Delta}}{|a|}$.

几何意义：表示两个根（两个交点）之间距离.

推导过程：

$$|x_1 - x_2| = \sqrt{(x_1 - x_2)^2} = \sqrt{(x_1 + x_2)^2 - 4x_1 x_2} = \sqrt{\left(-\dfrac{b}{a}\right)^2 - 4\dfrac{c}{a}} = \dfrac{\sqrt{b^2 - 4ac}}{|a|} = \dfrac{\sqrt{\Delta}}{|a|}.$$

7. 韦达定理常见结论

对于一元二次方程 $ax^2 + bx + c = 0\,(a \neq 0)$：

(1) 若两根互为相反数，则 $b = 0$，因为 $x_1 + x_2 = -\dfrac{b}{a} = 0 \Rightarrow b = 0$.

(2) 若两根互为倒数，则 $a = c$，因为 $x_1 x_2 = \dfrac{c}{a} = 1 \Rightarrow a = c$.

(3) 若一根为 0，则 $c = 0$，因为 $0x_2 = \dfrac{c}{a} = 0 \Rightarrow c = 0$.

另：代入方程 $a0^2 + b0 + c = 0 \Rightarrow c = 0$.

(4) 若一根为 1，则 $a + b + c = 0$，因为 $\begin{cases} 1 + x_2 = -\dfrac{b}{a} \\ 1 x_2 = \dfrac{c}{a} \end{cases} \Rightarrow 1 + \dfrac{c}{a} = -\dfrac{b}{a} \Rightarrow a + b + c = 0.$

另：代入方程 $a1^2 + b1 + c = 0 \Rightarrow a + b + c = 0$.

(5) 若一根为 -1，则 $a - b + c = 0$，因为 $\begin{cases} -1 + x_2 = -\dfrac{b}{a} \\ -1 x_2 = \dfrac{c}{a} \end{cases} \Rightarrow -1 + \left(-\dfrac{c}{a}\right) = -\dfrac{b}{a} \Rightarrow a -$

$b + c = 0.$

另：代入方程 $a(-1)^2 + b(-1) + c = 0 \Rightarrow a - b + c = 0$.

(6) 若 a、c 异号，则方程一定有两个不相等实数根，因为 $\begin{cases} \Delta = b^2 - 4ac \\ ac < 0 \end{cases} \Rightarrow \Delta > 0.$

8. 三次方程韦达定理

已知关于 x 的三次方程，$ax^3 + bx^2 + cx + d = 0\,(a \neq 0)$，有三个实数根 x_1、x_2、x_3，

则 $\begin{cases} x_1 + x_2 + x_3 = -\dfrac{b}{a} \\ x_1 x_2 + x_2 x_3 + x_3 x_1 = \dfrac{c}{a} \\ x_1 x_2 x_3 = -\dfrac{d}{a} \end{cases}.$

【典例1】已知方程 $x^3+2x^2-5x-6=0$ 的根为 $x_1=-1$，x_2，x_3，则 $\dfrac{1}{x_2}+\dfrac{1}{x_3}=$（　　）.

A. $\dfrac{1}{6}$　　　B. $\dfrac{1}{5}$　　　C. $\dfrac{1}{4}$　　　D. $\dfrac{1}{3}$

【答案】A

【解析】已知方程 $x^3+2x^2-5x-6=0$ 的一个根 $x_1=-1$，则说明方程含有一次因式 $x+1$，所以 $x^3+2x^2-5x-6=(x+1)(x^2+ax-6)$，可求得 $a=1$，那么 x_2、x_3 为方程 $x^2+x-6=0$ 的两根，所以 $\dfrac{1}{x_2}+\dfrac{1}{x_3}=\dfrac{x_2+x_3}{x_2 x_3}=\dfrac{1}{6}$.

【引申】根据一元三次方程 $ax^3+bx^2+cx+d=0$ 的韦达定理，

$$
\begin{cases}
x_1+x_2+x_3=-\dfrac{b}{a} \\[2mm]
x_1x_2+x_2x_3+x_1x_3=\dfrac{c}{a} \\[2mm]
x_1x_2x_3=-\dfrac{d}{a}
\end{cases}
$$
，由于 $x_1=-1$，则 $x_2+x_3=-1$，$x_2x_3=-6$，$\dfrac{1}{x_2}+\dfrac{1}{x_3}=\dfrac{x_2+x_3}{x_2x_3}=$ $\dfrac{-1}{-6}=\dfrac{1}{6}$.

9. 两个一元二次方程根之间关系

（1）一元二次方程 $ax^2+bx+c=0(a\ne 0)$ 与 $cx^2+bx+a=0(c\ne 0)$ 的两个方程根互为倒数.

【证明】设方程 $ax^2+bx+c=0(a\ne 0)$ 两根为 x_1、x_2，根据韦达定理有

$$
\begin{cases}
x_1+x_2=-\dfrac{b}{a} \\[2mm]
x_1x_2=\dfrac{c}{a} \\[2mm]
\dfrac{1}{x_1}+\dfrac{1}{x_2}=-\dfrac{b}{c} \\[2mm]
\dfrac{1}{x_1}\dfrac{1}{x_2}=\dfrac{a}{c}
\end{cases}
$$

设方程 $cx^2+bx+a=0(c\ne 0)$ 两根为 t_1、t_2，根据韦达定理有

$$
\begin{cases}
t_1+t_2=-\dfrac{b}{c}=\dfrac{1}{x_1}+\dfrac{1}{x_2} \\[2mm]
t_1t_2=\dfrac{a}{c}=\dfrac{1}{x_1}\dfrac{1}{x_2}
\end{cases}
$$

（2）一元二次方程 $ax^2+bx+c=0(a\ne 0)$ 与 $ax^2-bx+c=0(a\ne 0)$ 的两个方程根互为相反数.

【证明】设方程 $ax^2+bx+c=0(a\ne 0)$ 两根为 x_1、x_2，根据韦达定理有

$$\begin{cases} x_1+x_2=-\dfrac{b}{a} \\[2mm] x_1 x_2=\dfrac{c}{a} \\[2mm] \dfrac{1}{x_1}+\dfrac{1}{x_2}=-\dfrac{b}{c} \\[2mm] \dfrac{1}{x_1}\dfrac{1}{x_2}=\dfrac{a}{c} \end{cases}$$

设方程 $ax^2-bx+c=0(a\neq0)$ 两根为 t_1、t_2，根据韦达定理有

$$\begin{cases} t_1+t_2=\dfrac{b}{a}=-(x_1+x_2) \\[2mm] t_1 t_2=\dfrac{c}{a}=x_1 x_2=(-x_1)(-x_2) \end{cases}$$

二、一元二次不等式

假设方程 $ax^2+bx+c=0(a>0)$ 有两个根 x_1，x_2，且 $(x_1<x_2)$.

（1）若 $ax^2+bx+c>0(a>0)$，则解集为 $x<x_1$ 或 $x>x_2$.

（2）若 $ax^2+bx+c\geqslant0(a>0)$，则解集为 $x\leqslant x_1$ 或 $x\geqslant x_2$.

（3）若 $ax^2+bx+c<0(a>0)$，则解集为 $x_1<x<x_2$.

（4）若 $ax^2+bx+c\leqslant0(a>0)$，则解集为 $x_1\leqslant x\leqslant x_2$.

第二节　刚刚"恋"习

一、一元二次方程部分（共计 7 个考点）

【考点 79】公共根问题

1. 方程 $x^2+ax+2=0$ 与 $x^2-2x-a=0$ 有一公共实数解.

（1）$a=3$.　　　　　　　　（2）$a=-2$.

【答案】 A

【解析】 条件（1）$a=3$ 代入，得两方程为 $x^2+3x+2=0$ 和 $x^2-2x-3=0$，故有一个公共根，为 $x=-1$，充分；条件（2）$a=-2$ 代入，两方程相同且没有实数解，所以条件（2）不充分，选择 A.

【考点 80】根的判断

2. 关于 x 的方程 $ax^2-(3a+1)x+2(a+1)=0$ 有两个不相等的实数根 x_1、x_2，且有 $x_1-x_1 x_2+x_2=1-a$，则 a 的值是（　　）.

A. -2　　　　B. -1　　　　C. 0　　　　D. 1　　　　E. 2

【答案】 B

【解析】 $\Delta=b^2-4ac=(3a+1)^2-4a[2(a+1)]=(a-1)^2$.

$(a-1)^2>0$，即 $a\neq1$，由韦达定理

$$\begin{cases} x_1+x_2=-\dfrac{-(3a+1)}{a} \\[2mm] x_1 x_2=\dfrac{2(a+1)}{a} \end{cases}, x_1-x_1 x_2+x_2=\dfrac{3a+1}{a}-\dfrac{2(a+1)}{a}, \dfrac{3a+1}{a}-\dfrac{2(a+1)}{a}-1+a=0,$$

解得 $a=\pm 1$，又因为 $a\neq 1$，所以 $a=-1$

3. 关于 x 的方程 $ax^2+(2a-1)x+(a-3)=0$ 有两个不相等的实数根.

(1) $a<3$.　　　　　　　　(2) $a\geqslant 1$.

【答案】B

【解析】方程要有两个不相等实数根，需满足 $\begin{cases} a\neq 0 \\ \Delta=(2a-1)^2-4a(a-3)\geqslant 0 \end{cases} \Rightarrow a\geqslant -\dfrac{1}{8}$.

且 $a\neq 0$ 条件（1）当 $a=0$ 不满足，故不充分，条件（2）充分，故选 B.

【考点 81】根与系数关系（韦达定理）

4. 关于 x 的方程 $2x^2-mx-4=0$ 的两根为 x_1 和 x_2，且 $\dfrac{1}{x_1}+\dfrac{1}{x_2}=2$，则实数 $m=$（　　）.

A. -8　　　B. 8　　　C. 4　　　D. -4　　　E. 6

【答案】A

【解析】由韦达定理得 $\begin{cases} x_1+x_2=\dfrac{m}{2} \\ x_1x_2=-2 \end{cases}$，$\dfrac{1}{x_1}+\dfrac{1}{x_2}=\dfrac{x_1+x_2}{x_1x_2}=2\Rightarrow m=-8$，故选 A.

5. 已知 $x^2+(2k+1)x+k^2-2=0$ 的两个实数根的平方和等于 11，则（　　）.

A. $k=-3$ 或 1　　　B. $k=-3$　　　C. $k=1$　　　D. $k=3$　　　E. $k=2$

【答案】C

【解析】设 x_1，x_2 是方程的两个实数根，则 $x_1+x_2=-(2k+1)$，$x_1x_2=k^2-2$，根据题意得，$x_1^2+x_2^2=11\Rightarrow(x_1+x_2)^2-2x_1x_2=11$，则 $[-(2k+1)]^2-2(k^2-2)=11\Rightarrow k_1=-3$，$k_2=1$.

验证 $k=-3$ 不符合题意舍去，故 $k=1$，选择 C.

6. 若关于 x 的一元二次方程 $2x^2-2x+3m-1=0$ 的两个实数根为 x_1、x_2，且 $x_1x_2>x_1+x_2-4$，则实数 m 的取值范围是（　　）.

A. $m>-\dfrac{5}{3}$　　B. $m\leqslant\dfrac{1}{2}$　　C. $m<-\dfrac{5}{3}$　　D. $-\dfrac{5}{3}<m\leqslant\dfrac{1}{2}$　　E. $m\geqslant\dfrac{1}{2}$

【答案】D

【解析】$\Delta=4-4\times 2(3m-1)\geqslant 0$，所以 $m\leqslant\dfrac{1}{2}$.

$x_1+x_2=1$，$x_1x_2=\dfrac{3m-1}{2}$，所以 $\dfrac{3m-1}{2}>-3$，所以 $m>-\dfrac{5}{3}$. 取交集选择 D.

【考点 82】根的符号分布

7. 方程 $8x^2-(m-1)x+m-7=0$ 两根异号且正根绝对值大.

(1) $m>1$.　　　　　　　　(2) $m<7$.

【答案】C

【解析】方程有两根首先要保证 $\Delta=(m-1)^2-32(m-7)\geqslant 0$，$\Delta=(m-1)^2-32(m-7)=m^2-34m+225$ 恒大于 0，因此无论 m 取何值，方程恒有两不等实根，再根据韦达定理，两根异号说明 $x_1x_2=\dfrac{m-7}{8}<0$，解得 $m<7$，正根绝对值大说明 $x_1+x_2=\dfrac{m-1}{8}>0$，解得

$m>1$，观察两条件，联合充分，选 C.

【考点 83】根的区间分布

8. 方程 $x^2-4x+3a^2-2=0$ 在区间 $[-1，1]$ 上有实根. 则实数 a 的取值范围是（　　）.

A. $-\dfrac{2}{3}\leqslant a\leqslant\dfrac{2}{3}$ 　　　B. $-\dfrac{2}{3}<a<\dfrac{2}{3}$ 　　　C. $-\dfrac{\sqrt{15}}{3}<a\leqslant\dfrac{\sqrt{15}}{3}$

D. $-\dfrac{\sqrt{15}}{3}<a<\dfrac{\sqrt{15}}{3}$ 　　　E. $-\dfrac{\sqrt{15}}{3}\leqslant a\leqslant\dfrac{\sqrt{15}}{3}$

【答案】 E

【解析】 设 $f(x)=x^2-4x+3a^2-2=0$，其对称轴为 $x=-\dfrac{-4}{2}=2$ 在区间 $[-1，1]$，又因为方程 $x^2-4x+3a^2-2=0$ 在区间 $[-1，1]$ 上有实根，根据函数性质有 $f(-1)\cdot f(1)\leqslant 0$，即 $(3a^2+3)(3a^2-5)\leqslant 0$，因为 $3a^2+3>0$，$3a^2-5\leqslant 0$，解得 $-\dfrac{\sqrt{15}}{3}\leqslant a\leqslant\dfrac{\sqrt{15}}{3}$.

【考点 84】根的特征分布

9. 已知 m、n 为有理数，且 $\sqrt{5}-2$ 是方程 $x^2+mx+n=0$ 的一个根，则 $m+n$ 的值为（　　）.

A. 3 　　　B. 4 　　　C. 5 　　　D. 6 　　　E. 7

【答案】 A

【解析】 把 $\sqrt{5}-2$ 代入原方程有 $(\sqrt{5}-2)^2+m(\sqrt{5}-2)+n=0$，$(9-2m+n)+(m-4)\sqrt{5}=0$ 因为 m、n 为有理数，所以 $\begin{cases}9-2m+n=0\\m-4=0\end{cases}$，所以 $\begin{cases}m=4\\n=-1\end{cases}$，$m+n=3$.

10. 方程 $x^2-(a+8)x+8a-1=0$ 有两个整数根，则整数 a 的值为（　　）.

A. -8 　　　B. 8 　　　C. 7 　　　D. 9 　　　E. 以上均不正确

【答案】 B

【解析】 原方程变为 $(x-a)(x-8)=1$，所以 $\begin{cases}x-a=1\\x-8=1\end{cases}$ 或 $\begin{cases}x-a=-1\\x-8=-1\end{cases}$，所以 $x=9$ 或 7，$a=8$.

【考点 85】与二次函数综合

11. 若一元二次方程 $x^2+px-q=0$ 无实根，则抛物线 $y=-x^2-px+q$ 位于（　　）.

A. x 轴的下方 　　　B. x 轴的上方 　　　C. 第二、三、四象限
D. 第一、四象限 　　　E. 第一、二、三象限

【答案】 A

【解析】 $a=-1<0$，抛物线开口向下，一元二次方程 $x^2+px-q=0$ 无实数根，所以函数 $y=-x^2-px+q$ 与 x 轴无交点，所以抛物线 $y=-x^2-px+q$ 位于 x 轴的下方，故

选 A.

二、其他方程部分（共计 5 个考点）

【考点 86】一元一次方程（组）

12. 对任意实数 x，等式 $ax-4x+5+b=0$ 恒成立，则 $(a+b)^{2008}$ （　　）.

A. 0　　　　　B. 1　　　　　C. 2^{1004}　　　　D. $\cdot\, 2^{2008}$　　　　E. 2

【答案】B

【解析】方法一（基本解法）：$ax-4x+5+b=0 \Leftrightarrow (a-4)x+(5+b)=0$，又任意实数 x 等式是恒成立的，故有 $a=4$，$b=-5$，有 $a+b=-1$，从而 $(a+b)^{2008}=1$.

方法二（特值法）：由于对任意实数 x，等式 $ax-4x+5+b=0$ 恒成立，所以可以取 $x=1$，则原式转化为 $a-4+5+b=0 \Rightarrow a+b=-1$，所以 $(a+b)^{2008}=1$.

【考点 87】分式方程

13. 若分式 $\dfrac{x^2-9}{x^2-4x+3}$ 的值为零，则 x 的值为 （　　）.

A. 3　　　　B. 3 或 -3　　　C. -3　　　D. 0　　　　E. 0 或 -3

【答案】C

【解析】由题意可得 $\begin{cases} x^2-9=0 \\ x^2-4x+3\neq0 \end{cases}$，得到 $x=-3$，选 C.

【考点 88】无理方程

14. 如果关于 x 的无理方程 $\sqrt{2x+m}=x$ 有实数根 $x=1$，那么 m 的值为 （　　）.

A. -1　　　B. 0　　　　C. 1　　　　D. 2　　　　E. -2

【答案】A

【解析】两边同时平方可得：$2x+m=x^2$，实数根 1 是方程的解，将 $x=1$ 代入方程，可解得 $m=-1$，故选 A.

【考点 89】绝对值方程

15. 方程 $|x-|3x-7||=4$ 的根是 （　　）.

A. $x=\dfrac{11}{4}$ 或 $x=\dfrac{11}{2}$　　　　　B. $x=\dfrac{3}{4}$ 或 $x=\dfrac{3}{2}$　　　　　C. $x=\dfrac{3}{2}$ 或 $x=\dfrac{11}{4}$

D. $x=\dfrac{3}{4}$ 或 $x=\dfrac{11}{2}$　　　　　E. $x=\dfrac{3}{2}$ 或 $x=\dfrac{11}{2}$

【答案】D

【解析】用代入验证法知，当 $x=\dfrac{11}{2}$ 时，$\left|\dfrac{11}{2}-\left|3\times\dfrac{11}{2}-7\right|\right|=4$；当 $x=\dfrac{3}{4}$ 时，$\left|\dfrac{3}{4}-\left|3\times\dfrac{3}{4}-7\right|\right|=4$，故选 D.

16. 满足 $|a-b|+ab=1$ 的非负整数对 (a,b) 的个数是 （　　）.

A. 1　　　　B. 2　　　　C. 3　　　　D. 4　　　　E. 5

【答案】C

【解析】由 $|a-b|+ab=1$ 且 a，b 为非负整数，观察得 $\begin{cases} |a-b|=1 \\ ab=0 \end{cases}$ 或 $\begin{cases} |a-b|=0 \\ ab=1 \end{cases}$，解

得 $\begin{cases} a=1 \\ b=0 \end{cases}$ 或 $\begin{cases} a=0 \\ b=1 \end{cases}$ 或 $\begin{cases} a=1 \\ b=1 \end{cases}$，从而 (a,b) 的非负整数对为 $(1,0)$、$(0,1)$、$(1,1)$，故选 C.

【考点 90】超越方程

17. 方程 $4^{-|x-1|}-4\times 2^{-|x-1|}=a$ 有实根，则 a 的取值范围是（　　　）.

A. $a\leqslant -3$ 或 $a\geqslant 0$　　　　B. $a\leqslant -3$ 或 $a\geqslant 0$　　　　C. $-3\leqslant a<0$

D. $-3\leqslant a\leqslant 0$　　　　　　　　E. 以上均不正确

【答案】 C

【解析】 令 $t=2^{-|x-1|}\Rightarrow$ 原式 $=t^2-4t=a\Rightarrow(t-2)^2=a+4$，又因为 $0<t\leqslant 1\Rightarrow 1\leqslant(t-2)^2<4$，因此 $1\leqslant a+4<4\Rightarrow -3\leqslant a<0$

18. 解方程 $\log_x^2 25-3\log_{25}x+\log_{\sqrt{x}}5-1=0$ 的所有实根之积为（　　　）.

A. $\dfrac{1}{25}$　　　B. $\sqrt[3]{5}$　　　C. $\dfrac{\sqrt[3]{5}}{5}$　　　D. $\dfrac{1}{\sqrt[3]{5}}$　　　E. $5\sqrt[3]{5}$

【答案】 C

【解析】 $\log_{\sqrt{x}}5=\log_x25\Rightarrow$ 原式 $=2\log_x25-3\log_{25}x-1=0$. 令 $t=\log_x25$，原式 $=\dfrac{2}{t}-3t-1=0\Rightarrow t_1=-1$，$t_2=\dfrac{2}{3}$. 当 $\log_{25}x=-1$ 时，$x_1=25^{-1}=\dfrac{1}{25}$；当 $\log_{25}x=\dfrac{2}{3}$ 时，$x_3=25^{\frac{2}{3}}=5\sqrt[3]{5}$，故 $x_1x_2=\dfrac{\sqrt[3]{5}}{5}$.

三、基本不等式部分（共计 3 个考点）

【考点 91】不等式性质

19. 若 $0<x<3$，$-1<y<1$，则 $x-y$ 的范围是（　　　）.

A. $(-1,2)$　　B. $(1,2)$　　C. $(-1,4)$　　D. $(1,4)$　　　　E. $\varnothing$

【答案】 C

【解析】 因为 $-1<y<1$，所以 $-1<-y<1$，所以 $-1<x-y<4$. 故选 C.

20. $\dfrac{a}{d}<\dfrac{b}{c}$.

(1) $a>b>0$.　　　　　　　　(2) $c<d<0$.

【答案】 C

【解析】 条件（1）和条件（2）明显单独不充分，考虑联合，$a>b>0$，$c<d<0\Rightarrow ac<bd$，同时除以 cd，可以得到 $\dfrac{a}{d}<\dfrac{b}{c}$，充分，选 C.

【考点 92】一元一次不等式（组）

21. 关于 x 的不等式组 $\begin{cases} \dfrac{2x+5}{3}>x-5 \\ \dfrac{x+3}{2}<x+a \end{cases}$ 只有 5 个整数解，则 a 的取值范围是（　　　）.

A. $-6<a<-\dfrac{11}{2}$　　　　　　B. $-6\leqslant a<-\dfrac{11}{2}$　　　　C. $-6<a\leqslant -\dfrac{11}{2}$

D. $-6 \leqslant a \leqslant -\dfrac{11}{2}$ E. $a \geqslant 1$

【答案】C

【解析】解不等式组，得 $\begin{cases} x < 20 \\ x > 3 - 2a \end{cases}$，因为不等式组只有 5 个整数解，即解只能是 15，

16，17，18，19；因此 a 的取值范围是 $\begin{cases} 3 - 2a \geqslant 14 \\ 3 - 2a < 15 \end{cases} \Rightarrow -6 < a \leqslant -\dfrac{11}{2}$，故选 C.

【考点 93】一元二次方程

22. 满足不等式 $(x+4)(x+6)+3 > 0$ 的所有实数 x 的集合为（   ）.

A. $[4, +\infty)$ B. $(4, +\infty)$ C. $(-\infty, -2]$

D. $(-\infty, -1)$ E. $(-\infty, +\infty)$

【答案】E

【解析】不等式 $(x+4)(x+6)+3 = x^2 + 10x + 27 > 0$，其中 $a > 0$、$\Delta < 0$，因此不等式恒成立，故选 E.

23. 不等式 $2x^2 + (2a-b)x + b \geqslant 0$ 的解为 $x \leqslant 1$ 或 $x \geqslant 2$，则 $a + b = $（   ）.

A. 1   B. 3   C. 5   D. 7   E. 8

【答案】B

【解析】方程 $2x^2 + (2a-b)x + b = 0$ 的两根为 $x_1 = 1$，$x_2 = 2$，可以求出 $a = -1$，$b = 4$
因此 $a + b = 3$，选 B.

24. 已知 $-2x^2 + 5x + c \geqslant 0$ 的解为 $-\dfrac{1}{2} \leqslant x \leqslant 3$，则 $c = $（   ）.

A. $\dfrac{1}{3}$ B. 3   C. $-\dfrac{1}{3}$ D. -3 E. 以上均不正确

【答案】B

【解析】由已知得 $(2x+1)(x-3) \leqslant 0 \Rightarrow 2x^2 - 5x - 3 \leqslant 0$，即 $-2x^2 + 5x + 3 \geqslant 0 \Rightarrow c = 3$，故选 B.

四、其他不等式部分（共计 4 个考点）

【考点 94】分式不等式

25. 不等式 $\dfrac{3x+1}{x-3} < 1$ 的解集是（   ）.

A. $-3 < x < 3$ B. $-2 < x < 3$ C. $-13 < x < 3$

D. $-3 < x < 14$ E. 以上均不正确

【答案】B

【解析】原式 $\Leftrightarrow \dfrac{3x+1}{x-3} - 1 < 0 \Leftrightarrow \dfrac{2x+4}{x-3} < 0 \Leftrightarrow (x+2)(x-3) < 0$，所以解集为 $-2 < x < 3$，故选 B.

【考点 95】无理不等式

26. 不等式 $\sqrt{2x^2+1} - x \leqslant 1$ 的解集是（   ）.

A. $[0,2)$ B. $[0,2]$ C. $(1,2]$ D. $[1,2]$ E. $[2,3)$

【答案】B

【解析】由 $\sqrt{2x^2+1}-x\leqslant 1$，得 $\sqrt{2x^2+1}\leqslant 1+x$，所以 $\begin{cases}x+1\geqslant 0\\2x^2+1\leqslant (x+1)^2\end{cases}$，所以 $\begin{cases}x\geqslant -1\\0\leqslant x\leqslant 2\end{cases}$，所以 $0\leqslant x\leqslant 2$，故选 B.

【考点 96】绝对值不等式

27. 不等式 $x^2-x-5>|2x-1|$ 的解集中包含（　　）个 10 以内的质数？

A. 0　　　　B. 1　　　　C. 2　　　　D. 3　　　　E. 无数个

【答案】C

【解析】由题意取 10 以内的质数，则 $x>1$，即得 $x^2-x-5>2x-1\Rightarrow x^2-3x-4>0\Rightarrow (x-4)(x+1)>0\Rightarrow x>4$ 或 $x<-1$ 综上所述 $4<x<10$ 以内的质数为 5，7，故选 C.

【考点 97】超越不等式

28. 不等式 $2^{x^2-\frac{3}{2}x}<4\sqrt{2}$ 的解集为（　　）.

A. $\left(-\infty,\frac{5}{2}\right)$　　B. $\left[1,\frac{5}{2}\right]$　　C. $\left(-1,\frac{5}{2}\right)$　　D. $(1,+\infty)$　　E. $\left(1,\frac{5}{2}\right)$

【答案】C

【解析】原不等式变形为 $2^{x^2-\frac{3}{2}x}<2^{\frac{5}{2}}$，则 $x^2-\frac{3}{2}x<\frac{5}{2}\Leftrightarrow 2x^2-3x-5<0\Leftrightarrow (2x-5)(x+1)<0$，故解集为 $\left(-1,\frac{5}{2}\right)$.

29. 不等式 $\log_{x-3}(x-1)\geqslant 2$ 的解集（　　）.

A. $\{x\,|\,x>3\}$　　　　B. $\{x\,|\,x>1\}$　　　　C. $\{x\,|\,3<x<4\}$

D. $\{x\,|\,4<x\leqslant 5\}$　　E. $\{x\,|\,2<x\leqslant 5\}$

【答案】D

【解析】原不等式等价于 $\begin{cases}x-1>0\\x-3>1\\x-1\geqslant (x-3)^2\end{cases}$ 或 $\begin{cases}x-1>0\\0<x-3<1\\x-1\leqslant (x-3)^2\end{cases}$，解之得 $4<x\leqslant 5$，因此原不等式的解集为 $\{x\,|\,4<x\leqslant 5\}$，故选 D.

30. $(x^2-2x-8)(2-x)(2x-x^2-6)>0$.

(1) $x\in(-3,-2)$.　　　　(2) $x\in[2,3]$.

【答案】E

【解析】原式等价于：$(x^2-2x-8)(x-2)(x^2-2x+6)>0\Rightarrow (x+2)(x-4)(x-2)(x^2-2x+6)>0$，其中 x^2-2x+6 恒为正，使用穿线法：

解集为 $-2<x<2$ 或 $x>4$. 条件（1）不充分，条件（2）不充分，故选 E.

第三节　立　竿　见　影

一、问题求解

1. 方程 $x^2-2x+c=0$ 的两根之差的平方等于 16，则 c 的值是（　　）.

A. 3　　　　B. -3　　　　C. 6　　　　D. 0　　　　E. 2

2. 已知关于 x 的方程 $x^2+2(m-2)x+m^2+4=0$ 有两个实数根，且这两个根的平方和比两根的乘积大 21，则 $m=$（　　）.

A. 17　　　B. -1　　　C. -17　　　D. 1 和 -17　　　E. 17 和 -1

3. 方程 $kx^2-3x+2=0$ 有两个相等的实数根，则必有（　　）.

A. $k=0$　　　B. $k\geqslant 0$　　　C. $k=\dfrac{9}{8}$　　　D. $k=-\dfrac{9}{8}$　　　E. $k<0$

4. 若 $\dfrac{x(x-1)}{x^2-1}$ 的值为零，则 $x=$（　　）.

A. 0 或 1　　　B. 0　　　C. 1　　　D. 0 或 2　　　E. 以上均不正确

5. 已知关于 x 的方程 $a(2x-1)=3x-2$ 无解，则 a 的值为（　　）.

A. 0　　　B. $\dfrac{1}{2}$　　　C. $\dfrac{3}{2}$　　　D. $\dfrac{2}{3}$　　　E. 4

二、条件充分性判断题

6. 方程 $x^2-2mx+m^2-4=0$ 有两个不相等的实数根.

(1) $m>4$.　　　　　　　　　　(2) $m>3$.

7. 关于 x 的方程 $mx^2+mx+2m+1=0$ 有两个相等实根.

(1) $m=0$.　　　　　　　　　　(2) $m=-\dfrac{4}{7}$.

8. 关于 x 的方程 $2x^2-mx-m^2=0$ 有一个根是 1.

(1) $m=-2$.　　　　　　　　　　(2) $m=1$.

9. 方程 $x^2-2kx+k^2-4=0$ 有两个不相等的实数根.

(1) $k>2$.　　　　　　　　　　(2) $k<-2$.

10. $a=0$.

(1) 关于 x 的方程 $\dfrac{ax+1}{x-1}=0$ 无实根.　　　(2) 关于 x 的方程 $\dfrac{a-1}{x-1}=\dfrac{x}{x-1}$ 有增根.

11. 不等式 $(x-2)(x+2)>1$ 成立.

(1) $x<2$.　　　　　　　　　　(2) $x>3$.

12. 自然数 n 满足 $4n-n^2-3>0$.

(1) 自然数 n 加上 2 后是一个完全平方数.

(2) 自然数 n 减去 1 后是一个完全平方数.

13. $a|a-b|\geqslant |a|(a-b)$.

(1) 实数 $a>0$.　　　　　　　　(2) 实数 a，b 满足 $a>b$.

详　解

一、问题求解

1. 【答案】B

【解析】$(x_1-x_2)^2=(x_1+x_2)^2-4x_1x_2=4-4c=16\Rightarrow c=-3$，故选 B.

2. 【答案】B

【解析】$\Delta=4(m-2)^2-4(m^2+4)\geqslant0\Rightarrow m\leqslant0$. 由条件 $(x_1^2+x_2^2)-x_1x_2=21$，得 $(x_1+x_2)^2-3x_1x_2=4(m-2)^2-3(m^2+4)=21$，解得 $m=-1$.

3. 【答案】C

【解析】$\Delta=0\Rightarrow9-8k=0\Rightarrow k=\dfrac{9}{8}$，故选 C.

4. 【答案】B

【解析】把选项中的值直接代入，使分子为零，分母不为零，因此 $x=0$.

5. 【答案】C

【解析】原方程式可变形为 $(2a-3)x=a-2$，方程无解，则 $(2a-3)=0$，$a-2\neq0$，得 $a=\dfrac{3}{2}$.

二、条件充分性判断题

6. 【答案】D

【解析】$\Delta=4m^2-4(m^2-4)=16>0$，判别式恒正，所以 $m\in R$，故选 D.

7. 【答案】B

【解析】题干要求方程有两个相等实根，则二次项系数 $m\neq0$，条件（1）不充分，$\Delta=m^2-4m(2m+1)=0$，解得 $m=-\dfrac{4}{7}$，条件（2）充分，选 B.

8. 【答案】D

【解析】方程的一个根是 1，说明将 $x=1$ 代入原方程等式成立，则有 $m^2+m-2=0$，关于 m 的一元二次方程，解这个方程得到 $m=-2$ 或 $m=1$，两条件均充分，选 D.

9. 【答案】D

【解析】有两个不相等的实数根即判别式大于 0，$\Delta=(-2k)^2-4\times1\times(k^2-4)=16>0$，故条件（1）和条件（2）单独都充分，故选 D.

10. 【答案】E

【解析】条件（1）时，有 $(ax+1)(x-1)=0$，则 $a=-1$ 不成立；条件（2）显然不成立. 条件（1）和条件（2）联立也充分.

11. 【答案】B

【解析】$x^2-5>0\Rightarrow x<-\sqrt{5}$ 或 $x>\sqrt{5}$，故选 B.

12. 【答案】C

【解析】条件（1）$n+2>0$，$n>-2$ 而当 $n=7$ 时 $4n-n^2-3=-24<0$，所以不充分. 条件（2）$n-1>0$，$n>1$，而当 $n=5$ 时 $4n-n^2-3=-8<0$，不充分.

联立，$\begin{cases} n+2=a^2 \\ n-1=b^2 \end{cases} \Rightarrow a^2-b^2=3 \Rightarrow (a+b)(a-b)=1\times 3$，所以 $\begin{cases} a+b=1 \\ a-b=3 \end{cases}$ 或 $\begin{cases} a+b=3 \\ a-b=1 \end{cases}$，因此 $\begin{cases} a=2 \\ b=-1 \end{cases}$ 或 $\begin{cases} a=2 \\ b=1 \end{cases}$，则可知 n 只能取 2，代入 $4n-n^2-3>0$ 成立，所以选 C.

13.【答案】A

【解析】两边同除以 $|a||a-b|$，则题干结论变为 $\dfrac{a}{|a|} \geqslant \dfrac{a-b}{|a-b|}$，当 $a>0$ 时，$\dfrac{a}{|a|}=1$，$\dfrac{a}{|a|} \geqslant \dfrac{a-b}{|a-b|}$ 恒成立，所以条件（1）充分，条件（2）不充分.

第四节　渐　入　佳　境

（标准测试卷）

一、问题求解

1. 对于分式方程，下列说法中一定正确的是（　　）.

A. 只要是分式方程，一定有增根

B. 分式方程若有增根，增根代入最简公分母中，其值一定为 0

C. 使分式方程中分母为零的值，都是此方程的增根

D. 分式方程化成整式方程，整式方程的解都是分式方程的解

E. 分式方程的解为零就是增根

2. 已知 x、y、z 满足 $\dfrac{2}{x}=\dfrac{3}{y-z}=\dfrac{5}{z+x}$，则 $\dfrac{5x-y}{y+2z}$ 的值为（　　）.

A. -1　　　　B. $\dfrac{1}{3}$　　　　C. $-\dfrac{1}{3}$　　　　D. $\dfrac{1}{2}$　　　　E. $\dfrac{1}{4}$

3. 若 x_1、x_2 是方程 $x^2+2x-2007=0$ 的两个根，则 $(x_1-5)(x_2-5)=$（　　）.

A. -1964　　B. -1972　　C. -1998　　D. -2015　　E. -2027

4. $x^2+x-6>0$ 的解集是（　　）.

A. $(-\infty,-3)$　　　　B. $(-3,2)$　　　　C. $(2,+\infty)$

D. $(-\infty,-3)\bigcup(2,+\infty)$　　E. 以上均不正确

5. 若 $x^2+xy+y=14$，$y^2+xy+x=28$，则 $x+y$ 的值为（　　）.

A. 6 或 -7　　B. 6 或 7　　C. -6 或 -7　　D. -6 或 7　　E. 6

6. 若 $x^2-5x+1=0$，则 $x^4+\dfrac{1}{x^4}$ 的值为（　　）.

A. 527　　　　B. 257　　　　C. 526　　　　D. 256　　　　E. 356

7. 如果 $\begin{cases} x=m \\ y=n \end{cases}$ 是方程 $2x+y=0$ 的一个解（$m\neq 0$），那么（　　）.

A. $m\neq 0$，$n=0$　　　　B. m、n 同号　　　　C. m、n 异号

D. m、n 可能异号，也可能同号　　　E. 无法判断

8. 方程 $|x|-\dfrac{4}{x}=\dfrac{3|x|}{x}$ 的实数根的个数为（　　）.

A. 0 　　　 B. 1 　　　 C. 2 　　　 D. 3 　　　 E. 4

9. 关于 x 的方程 $\lg(x^2+11x+8)-\lg(x+1)=1$ 的解为 （　　）.

A. 1 　　　 B. 2 　　　 C. 3 　　　 D. 3 或 2 　　　 E. 1 或 2

10. 解方程 $(x^2+4x)^2-2(x^2+4x)-15=0$，有 （　　） 个整数解

A. 2 　　　 B. 3 　　　 C. 4 　　　 D. 5 　　　 E. 6

11. 不等式 $ax^2+bx+2>0$ 的解集是 $\left(-\dfrac{1}{2},\ \dfrac{1}{3}\right)$，则 $a-b=$（　　）.

A. 0 　　　 B. -14 　　　 C. 14 　　　 D. -10 　　　 E. 10

12. 已知不等式组 $\begin{cases} x-a\geqslant 0 \\ -2x>-4 \end{cases}$ 有解，则 a 的取值为 （　　）.

A. $a>-2$ 　　 B. $a\geqslant -2$ 　　 C. $a<2$ 　　 D. $a\geqslant 2$ 　　 E. $a=2$

13. 设 a、$b\in R$，若 $a-|b|>0$，则下列不等式中正确的是 （　　）.

A. $b-a>0$ 　　 B. $a^3+b^3<0$ 　　 C. $a^2-b^2<0$ 　　 D. $a+b>0$ 　　 E. $\dfrac{a}{b}>1$

14. 不等式 $|x-1|+|x-3|>4$ 的解为 （　　）.

A. $0<x<4$ 　　 B. $x<0$ 　　 C. $0\leqslant x\leqslant 4$ 　　 D. $x>4$ 　　 E. $x<0$ 或 $x>4$

15. 不等式 $\dfrac{3}{x-2}\leqslant 1-\dfrac{2}{x+2}$ 的解集为 （　　）.

A. $(-\infty,-2)\cup(6,+\infty)$ 　　　 B. $(-\infty,-2]\cup(-1,2)$ 　　　 C. $[-1,2)\cup(6,+\infty)$

D. $(-\infty,-2)\cup(-1,2)\cup(6,+\infty)$ 　　　 E. $(-\infty,-2)\cup[-1,2)\cup[6,+\infty)$

二、条件充分性判断题

16. 若 a，$b\in \boldsymbol{R}$，则不等式 $\dfrac{b}{a}+\dfrac{a}{b}\geqslant 2$ 恒成立.

(1) $ab>0$. 　　　　　　　　　 (2) $ab<0$.

17. 设 a，$b\in \boldsymbol{R}$，则 $a|a|>b|b|$.

(1) $0>a>b$. 　　　　　　　　 (2) $a>b>0$.

18. $m\leqslant 1$.

(1) $\begin{cases} x+8<4x-1 \\ x>m \end{cases}$ 的解集为 $x>3$.

(2) 分式方程 $\dfrac{x-1}{x-2}=\dfrac{m}{x-2}+2$ 有增根.

19. 关于 x 的两个方程 $x^2+4mx+4m^2+2m+3=0$ 和 $x^2+(2m+1)x+m^2=0$ 中至少有一个方程有实根 （　　）.

(1) $m\geqslant 1$. 　　　　　　　　 (2) $m\leqslant -2$.

20. $3x^2+3x-5=-2$.

(1) $x^2+x-1=0$. 　　　　　　　 (2) $x^2-x-1=0$.

21. 关于 x 的不等式 $ax+b>0$ 对一切实数 x 都成立.

(1) $a=0$. 　　　　　　　　　　 (2) $b>0$.

22. 条件充分性判断：$|1+|1+x||=-x$.

(1) $x < -1$.   (2) $x < 2$.

23. 设 x_1、x_2 是方程 $x^2 - 2(k+1)x + k^2 + 2 = 0$ 的两个实数根，则 $(x_1 + 1)(x_2 + 2) = 8$.

(1) $k = 1$.   (2) $k = -3$.

24. $\dfrac{1}{xy} > \dfrac{1}{6}$.

(1) $x < 3$ 且 $y < 2$.   (2) x、y 均为正实数.

详　解

一、问题求解

1. 【答案】B

【解析】A. 整式方程的解不一定都是会使分式方程的分母为 0，所以分式方程不一定有增根，错误.

　　B. 增根是分式方程化成整式方程，整式方程的根，又使分母为 0 的未知数的值，正确.

　　C. 分母为 0 的值，不一定是化为整式方程的方程的解，错误.

　　D. 有增根说明整式方程的解不一定都是分式方程的解，错误.

　　E. 分式方程的增根是使最简公分母的值为零的解. 故选 B.

2. 【答案】B

【解析】取 $x = 2$，$z = 3$，$y = 6$，代入可得.

3. 【答案】B

【解析】由题意，根据根与系数的关系得：$x_1 + x_2 = -2$，$x_1 x_2 = -2007$，则有 $(x_1 - 5)(x_2 - 5) = x_1 x_2 - 5(x_1 + x_2) + 25 = -2007 - 5(-2) + 25 = -1972$.

4. 【答案】D

【解析】$x^2 + x - 6 > 0 \Rightarrow (x + 3)(x - 2) > 0 \Rightarrow x < -3$ 或 $x > 2$，故选 D.

5. 【答案】A

【解析】由已知得 $(x + y)^2 + x + y - 42 = 0$，分解得到 $(x + y + 7)(x + y - 6) = 0$，故 $x + y + 7 = 0$ 或 $x + y - 6 = 0$，所以 $x + y = 6$ 或 -7，故选 A.

6. 【答案】A

【解析】$x^2 - 5x + 1 = 0 \Rightarrow x + \dfrac{1}{x} = 5$，从而 $x^2 + \dfrac{1}{x^2} + 2 = 25 \Rightarrow x^2 + \dfrac{1}{x^2} = 23 \Rightarrow \left(x^2 + \dfrac{1}{x^2}\right)^2 = 529 \Rightarrow x^4 + \dfrac{1}{x^4} = 527$.

7. 【答案】C

【解析】把 $\begin{cases} x = m \\ y = n \end{cases}$ 代入方程，得 $2m + n = 0$，即 $2m = -n$. 又 $m \neq 0$，所以 m、n 为异号，故选 C.

8. 【答案】B

【解析】方法一：分情况讨论，当 $x < 0$ 时，$-x - \dfrac{4}{x} = -3$ 无解；当 $x > 0$ 时，$x - \dfrac{4}{x} = 3$

$\Rightarrow x=4$，-1（舍）．所以只有一个实数根．

方法二：数形结合，绝对值 $y=|x|$ 和 $y=\dfrac{3|x|}{x}+\dfrac{4}{x}$ 双曲线只有一个交点．

9．【答案】A

【解析】$x^2+11x+8=10(x+1)$，$x=1$ 或 $x=-2$（舍）．

10．【答案】C

【解析】将原方程式左边分解因式，可得 $(x^2+4x+3)(x^2+4x-5)=0$．

$(x+1)(x+3)(x-1)(x+5)=0$，由此得 $x+1=0$，或 $x+3=0$，或 $x-1=0$，或 $x+5=0$（原方程的解是 -1，-3，1，-5）．

11．【答案】D

【解析】由题意可知 $\left(x+\dfrac{1}{2}\right)\left(x-\dfrac{1}{3}\right)<0\Rightarrow 6x^2+x-1<0$，所以原不等式为 $-12x^2-2x+2>0$，$\begin{cases}a=-12\\b=-2\end{cases}\Rightarrow a-b=-10$，故选 D．

12．【答案】C

【解析】原不等式组可化为 $\begin{cases}x\geqslant a\\x<2\end{cases}$，由于不等式组有解，所以 $a<2$．

13．【答案】D

【解析】利用特值法：令 $a=1$，$b=0$ 即可计算．

14．【答案】E

【解析】当 $x<1$ 时，$|x-1|+|x-3|>4\Rightarrow 1-x+3-x>4\Rightarrow x<0$，则 $x<0$．

当 $1\leqslant x<3$ 时，$|x-1|+|x-3|>4\Rightarrow x-1+3-x>4\Rightarrow 2>4\Rightarrow\varnothing$．

当 $x\geqslant 3$ 时，$|x-1|+|x-3|>4\Rightarrow x-1+x-3>4\Rightarrow x>4$，则 $x>4$．

故不等式的取值为 $x<0$ 或 $x>4$．

15．【答案】E

【解析】分式方程移项通分，注意分母不为 0．原式移项通分得 $\dfrac{3x+6+2x-4-x^2+4}{x^2-4}\leqslant 0$，

$(x^2-5x-6)(x^2-4)\geqslant 0$，$x\neq\pm 2$，由穿根法得答案为 E．

二、条件充分性判断题

16．【答案】A

【解析】显然要使不等式成立，a 与 b 必须同号．条件（1）充分，条件（2）不充分，选 A．

17．【答案】D

【解析】条件（1）$0>a>b\Rightarrow a^2<b^2\Rightarrow -a^2>-b^2\Rightarrow a|a|>b|b|$，充分．

条件（2）$a>b>0\Rightarrow a^2>b^2\Rightarrow a|a|>b|b|$，充分，答案选 D．

18．【答案】B

【解析】条件（1）$\begin{cases}x+8<4x-1\\x>m\end{cases}\Rightarrow\begin{cases}x>3\\x>m\end{cases}\Rightarrow x>3$，从而 $m\leqslant 3$，不充分．

条件（2） $\dfrac{x-1}{x-2}=\dfrac{m}{x-2}+2\Rightarrow x-1=m+2(x-2)\Rightarrow x=3-m$ 是增根，从而 $m=1$.

19.【答案】D

【解析】$\Delta_1=-8m-12\geqslant0\Rightarrow m\leqslant-\dfrac{3}{2}$；$\Delta_2=4m+1\geqslant0\Rightarrow m\geqslant-\dfrac{1}{4}$，都成立.

20.【答案】A

【解析】整体代换法，由条件（1）得 $x^2+x=1$，原式成立；由条件（2）$x^2=x+1$ 代入原式得 $3x+3+3x-5=6x-2$ 不充分.

21.【答案】C

【解析】条件（1）和条件（2）明显单独不充分，联合，对于任何 x 都有 $ax+b>0$ 成立，充分，故选 C.

22.【答案】A

【解析】由（1）因为 $x<-1$，所以 $1+x<0$，得到 $|1+x|=-(1+x)$，从而 $|1+|1+x||=|1-(1+x)|=|-x|=-x$，充分.

对于条件（2），显然 $x=0$ 时不充分，故选 A.

23.【答案】E

【解析】条件（1）时，方程为 $x^2-4x+3=0$，根为 1 和 3. 代入得 $(x_1+1)(x_2+3)=10$ 或 12，条件不充分.

条件（2）时，方程为 $x^2+4x+11=0$，方程没有实根. 条件不充分.

24.【答案】C

【解析】条件（1），取 $x=1$，$y=-1$，则 $\dfrac{1}{xy}=-1<\dfrac{1}{6}$，不充分. 条件（2），显然不充分. 考虑联合，可得 $0<xy<6$，因此 $\dfrac{1}{xy}>\dfrac{1}{6}$，充分.

第六章　数　　列

本章大纲考点为数列、等差数列、等比数列. 内容主要包括等差、等比数列的定义、公式（通项公式及前 n 项和公式）以及性质；递推数列求通项公式及求和；数列的应用.

数列每年考 2～3 个题, 此部分易出综合性题目. 近年来, 对数列的考察逐渐由考察定义、概念向综合能力演变, 试题灵活多变, 从而向考生提出了更高的要求, 只了解一般概念, 会用几个基本公式已不可能达到联考的要求.

考生们要想掌握数列一章, 需要深刻理解概念及性质定理, 学会灵活使用公式, 多练习典型题型, 以求真正掌握这部分知识, 达到一定的熟练程度.

考生们在学习等差数列、等比数列时可以将两种数列的定义、公式、性质对比着来记, 多做多练, 把公式及性质熟练掌握并且能灵活运用；学习递推数列求通项时, 首先需要掌握基本方法, 比如累加、累乘、待定系数与换元法以及利用 $a_n = S_n - S_{n-1}(n \geqslant 2)$ 等, 还可以写出前面若干项寻找数列的规律；对于求和的问题, 常见公式背熟, 常见方法会用即可.

第一节　夯　实　基　本　功

一、数列

1. 概念

（1）数列. 按一定次序排列的一列数叫作数列. 一般形式为 a_1, a_2, a_3, $\cdots$, a_n, 简记为 $\{a_n\}$, 这里 a_n 叫作该数列的通项.

（2）通项. 通项指第 n 项 a_n 与项数 n 之间的关系, 公式为 $a_n = f(n)$, $n \in N^*$. 通项 a_n 可看作是关于 n 的函数.

（3）前 n 项和 S_n. $S_n = a_1 + a_2 + \cdots + a_n = \sum\limits_{i=1}^{n} a_i$（$\sum$ 为求和符号）.

2. a_n 与 S_n 的关系

$$a_n = \begin{cases} S_1, & (n=1) \\ S_n - S_{n-1}, & (n \geqslant 2) \end{cases}.$$

【注意】该公式为通用公式, 与是否为特殊数列无关.

【典例 1】已知 $S_n = 2n^2 - 3n + 1$, 求 a_n.

【解析】当 $n \geqslant 2$ 时, $a_n = S_n - S_{n-1} = 2n^2 - 3n + 1 - [2(n-1)^2 - 3(n-1) + 1] = 4n - 5$.
强行令 $n = 1$, 得 $a_1 = 4 \times 1 - 5 = -1$（用作后面验证）.

当 $n = 1$ 时, $a_1 = S_1 = 2 - 3 + 1 = 0$, 不等于 -1, 所以 $a_n = \begin{cases} 0, & n=1 \\ 4n-5, & n \geqslant 2 \end{cases}$.

二、等差数列

1. 定义

一般地，如果一个数列从第 2 项起，每一项与它前一项的差等于同一个常数，这个数列就叫作等差数列，这个常数叫作公差，常用字母 d 表示，即 $a_{n+1}-a_n=d$，$(n=1,2,3,\cdots)$.

2. 等差数列通项公式

（1）基础（记住），$a_n=a_1+(n-1)d$.

（2）强化（记住），$a_n=a_m+(n-m)d$，如 $a_6=a_2+(6-2)d$.

（3）高阶（理解），$a_n=dn+(a_1-d)$（可将 a_n 视为关于 n 的一次函数）.

核心在于将公差 d 视为斜率 k.

3. 等差数列前 n 项和 S_n

（1）基础（记住），$S_n=\dfrac{n(a_1+a_n)}{2}$（即首项加末项乘以项数除以 2）.

（2）常用（记住），$S_n=na_1+\dfrac{1}{2}n(n-1)d$.

（3）高阶（理解），$S_n=\dfrac{d}{2}n^2+\left(a_1-\dfrac{d}{2}\right)n$（可将 S_n 视为关于 n 的二次函数）.

核心在于此"二次函数"的二次项系数为 $\dfrac{d}{2}$，即图像开口与公差有关；常数项为零，即图像经过坐标原点 $(0,0)$；对称轴 $n=\dfrac{1}{2}-\dfrac{a_1}{d}$（二分之一减去首项比上公差 d）.

4. 常用的性质（$\{a_n\}$ 是等差数列）

（1）角标和定理：若 $m+n=k+t$，则 $a_m+a_n=a_k+a_t$. 如 $a_2+a_6=a_3+a_5=2a_4$.

（2）等差中项：若 a、b、c 成等差数列，则 b 称为 a 和 c 的等差中项，有 $2b=a+c$.

（3）若 $\{a_n\}$ 是等差数列，则 $\{a_n\}$ 中等间隔的三项仍为等差数列. 如等差数列的奇数项依次成等差.

（4）若 $\{a_n\}$ 是等差数列，S_n 为其前 n 项和，则 S_n，$S_{2n}-S_n$，$S_{3n}-S_{2n}$，$\cdots$ 仍为等差数列.

5. 等差数列中奇数项与偶数项问题

（1）若等差数列共有偶数项（$2n$ 项），则 ① $S_{偶数}-S_{奇数}=\dfrac{2n}{2}d=nd$；② $S=S_{偶数}+S_{奇数}$.

（2）若等差数列共有奇数项，则 ① $S_{奇数}-S_{偶数}=a_{中间}$；② $S=S_{偶数}+S_{奇数}=$ 项数 $\times a_{中间}$.

三、等比数列

1. 定义

一般地，如果一个数列从第 2 项起，每一项与它的前一项的比等于同一个非零常数，那么这个数列就叫作等比数列，这个常数叫作公比. 公比通常用字母 q 表示（$q\neq0$），即 $\dfrac{a_{n+1}}{a_n}=q$，$q\neq0$. 等比数列中任何一个元素均不为 0.

2. 等比数列通项公式

（1）$a_n = a_1 q^{n-1}$.

（2）$a_n = a_m q^{n-m}$，如 $a_6 = a_2 q^{6-2}$.

（3）$a_n = \dfrac{a_1}{q} q^n$（可将 a_n 视为关于 n 的指数函数）.

3. 等比数列前 n 项和 S_n

（1）当 $q=1$ 时，$S_n = na_1$. 这时该数列叫作非零常数列，非零常数列既是等差数列又是等比数列.

（2）当 $q \neq 1$ 时，$S_n = \dfrac{a_1(1-q^n)}{1-q}$.

要求：会套用公式求解.

（3）当公比 q 的绝对值 $|q| < 1$ 时（可以"简化"理解为公比 $0 < q < 1$），称该数列为无穷递缩等比数列（考点），它的所有项的和 $S = \dfrac{a_1}{1-q}$.

【典例 2】求以 0.7 为首项，0.1 为公比的等比数列的所有项的和.

$$S = \dfrac{a_1(1-0)}{1-q} = \dfrac{a_1}{1-q} = \dfrac{0.7}{1-0.1} = \dfrac{0.7}{0.9} = \dfrac{7}{9}$$

4. 常用的性质（$\{a_n\}$ 是等比数列）

（1）角标和定理. 若 $m+n = l+k$，则 $a_m a_n = a_l a_k$，如 $a_2 a_6 = a_3 a_5 = a_4 a_4 = a_4^2$.

（2）若 a、b、c 成等比数列，则 b 称为 a 和 c 的等比中项，有 $b^2 = ac$.

（3）若 $\{a_n\}$ 是等比数列，则 $\{a_n\}$ 中等距的三项也成等比数列. 如等比数列的奇数项依次成等比；偶数项依次成等比.

（4）若 $\{a_n\}$ 是等比数列，S_n 为等比数列的前 n 项和，则 S_n，$S_{2n} - S_n$，$S_{3n} - S_{2n}$，… 仍为等比数列.

5. 等比数列中偶数项问题

若等比数列共有偶数项（$2n$ 项），则 ① $\dfrac{S_{偶数}}{S_{奇数}} = q$（公比）；② $S = S_{偶数} + S_{奇数}$.

第二节　刚刚"恋"习

一、数列概念部分（共计 2 个考点）

【考点 98】数列概念与定义

1. 已知 $S_n = 2n^2 - 3n + 1$，求 a_n.

【答案】$a_n = \begin{cases} 0 & (n=1) \\ 4n-5 & (n \geq 2) \end{cases}$

【解析】当 $n=1$ 时，$a_1 = S_1 = 0$；当 $n \geq 2$ 时，$a_n = S_n - S_{n-1} = 4n-5$.

把 $n=1$ 代入 $a_n = 4n-5 = -1 \neq 0$，根据公式有 $a_n = \begin{cases} 0 & (n=1) \\ 4n-5 & (n \geq 2) \end{cases}$.

【考点 99】字符串求和运算

2. $\dfrac{1}{1\times 2}+\dfrac{1}{2\times 3}+\dfrac{1}{3\times 4}+\cdots+\dfrac{1}{99\times 100}=$（　　）.

A. $\dfrac{99}{100}$　　　　B. $\dfrac{100}{101}$　　　　C. $\dfrac{99}{101}$　　　　D. $\dfrac{97}{100}$

【答案】 A

【解析】 $\dfrac{1}{1\times 2}+\dfrac{1}{2\times 3}+\dfrac{1}{3\times 4}+\cdots+\dfrac{1}{99\times 100}$

$=\left(1-\dfrac{1}{2}\right)+\left(\dfrac{1}{2}-\dfrac{1}{3}\right)+\left(\dfrac{1}{3}-\dfrac{1}{4}\right)+\cdots+\left(\dfrac{1}{99}-\dfrac{1}{100}\right)=1-\dfrac{1}{100}=\dfrac{99}{100}.$

3. $\dfrac{\dfrac{1}{2}+\left(\dfrac{1}{2}\right)^2+\left(\dfrac{1}{2}\right)^3+\cdots+\left(\dfrac{1}{2}\right)^8}{0.1+0.2+0.3+0.4+\cdots+0.9}=$（　　）.

A. $\dfrac{85}{768}$　　　　B. $\dfrac{85}{512}$　　　　C. $\dfrac{85}{384}$　　　　D. $\dfrac{255}{256}$　　　　E. 以上均不正确

【答案】 C

【解析】 分子是首项为 $\dfrac{1}{2}$、公比是 $\dfrac{1}{2}$ 的等比数列的前 8 项的和，分母是首项为 0.1，

公差为 0.1 的等差数列的前 9 项的和，因此 $\dfrac{\dfrac{1}{2}\times\dfrac{1-\left(\dfrac{1}{2}\right)^8}{1-\dfrac{1}{2}}}{\dfrac{(0.1+0.9)\times 9}{2}}=\dfrac{85}{384}.$

二、等差、等比数列（共计 4 个考点）

【考点 100】等差数列概念及公式

4. 在公差不为零的等差数列 $\{a_n\}$ 中，若 S_8 是 S_4 的 3 倍，则 a_1 与 d 的比为（　　）.

A. $5:2$　　　B. $2:5$　　　C. $5:1$　　　D. $1:5$　　　E. 无法判断

【答案】 A

【解析】 因为 $\{a_n\}$ 为等差数列，设首项为 a_1，公差为 d，所以 $8a_1+\dfrac{8\times 7}{2}d=$

$3\times\left(4a_1+\dfrac{4\times 3}{2}d\right)$，所以 $2a_1=5d.$

因为 $d\neq 0$，所以 $a_1:d=5:2$，故选 A.

5. 等差数列 $\{a_n\}$ 中，$a_1=-5$，它的前 11 项的平均值是 5，若从中抽取 1 项，余下 10 项的平均值是 4，则抽取的是第（　　）项.

A. 8　　　　B. 9　　　　C. 11　　　　D. 13　　　　E. 15

【答案】 C

【解析】 设抽取的是第 n 项，因为 $S_{11}=55$，$S_{11}-a_n=40$，所以 $a_n=15$，又因为 $S_{11}=\dfrac{a_1+a_{11}}{2}\times 11=11a_6=55$，解得 $a_6=5.$

由 $a_1=-5$，得 $d=\dfrac{a_6-a_1}{6-1}=2.$ 令 $15=-5+2(n-1)$，所以 $n=11$，故选 C.

6. 设等差数列 $\{a_n\}$ 的前 n 项和为 S_n，如果 $a_2=9$，$S_4=40$，求常数 c，使数列 $\{\sqrt{S_n+c}\}$ 成等差数列.

A. 4 或 9 　　　 B. 4 　　　 C. 9 　　　 D. 3 　　　 E. 8

【答案】C

【解析】由 $a_2=9$、$S_4=40$，得 $a_1=7$、$d=2$，故 $a_n=2n+5$、$S_n=n^2+6n$、$\sqrt{S_n+c}=\sqrt{n^2+6n+c}$，故 $c=9$ 时，$\sqrt{S_n+c}=n+3$ 是等差数列，故选 C.

【考点 101】等差数列性质

7. 已知等差数列 $\{a_n\}$ 中的 a_1 与 a_{10} 是方程 $x^2-3x-5=0$ 的两个根，那么 a_3+a_8 等于（　　）.

A. 3 　　　 B. 4 　　　 C. -3 　　　 D. -4 　　　 E. -3 或 3

【答案】A

【解析】根据韦达定理有 $a_1+a_{10}=3\Rightarrow a_3+a_8=3$.

8. 已知等差数列 $\{a_n\}$，S_n 为前 n 项和，若 $S_4=30$，$S_8=90$，求 S_{12}.

A. 150 　　　 B. 160 　　　 C. 180 　　　 D. 190 　　　 E. 200

【答案】C

【解析】由等差的性质可知，$\{a_n\}$ 为等差数列，则 S_4，S_8-S_4，$S_{12}-S_8$ 也成等差数列 $\Rightarrow S_{12}-S_8=90\Rightarrow S_{12}=180$.

9. 已知等差数列 $\{a_n\}$ 前 n 项和为 S_n，等差数列 $\{b_n\}$ 前 n 项和 T_n，$a_3=6$，$b_2+b_7=8$，则 $\dfrac{5S_5+1}{7T_8+3}=$（　　）.

A. $\dfrac{25}{38}$ 　　　 B. $\dfrac{1}{2}$ 　　　 C. 1 　　　 D. $\dfrac{151}{227}$ 　　　 E. $\dfrac{5}{7}$

【答案】D

【解析】因为 $S_5=5a_3=30$，$T_8=\dfrac{8(b_1+b_8)}{2}=4(b_2+b_7)=32$，所以 $\dfrac{5S_5+1}{7T_8+3}=\dfrac{151}{227}$.

【考点 102】等比数列概念及公式

10. 已知 $\{a_n\}$ 为等比数列，$a_4+a_7=2$，$a_5a_6=-8$，则 $a_1+a_{10}=$（　　）.

A. 7 　　　 B. 5 　　　 C. -5 　　　 D. -7 　　　 E. 5 或 -7

【答案】D

【解析】在等比数列中，$a_5a_6=a_4a_7=-8$，所以公比 $q<0$，又 $a_4+a_7=2$，解得 $\begin{cases}a_4=-2\\a_7=4\end{cases}$ 或 $\begin{cases}a_4=4\\a_7=-2\end{cases}$.

由 $\begin{cases}a_4=-2\\a_7=4\end{cases}$，解得 $\begin{cases}a_1=1\\q^3=-2\end{cases}$，此时 $a_1+a_{10}=a_1+a_1q^9=1+(-2)^3=-7$.

由 $\begin{cases}a_4=4\\a_7=-2\end{cases}$，解得 $\begin{cases}a_1=-8\\q^3=-\dfrac{1}{2}\end{cases}$，此时 $a_1+a_{10}=a_1+a_1q^9=a_1(1+q^9)=-8\left(1-\dfrac{1}{8}\right)=-7$.

综上 $a_1+a_{10}=-7$，故选 D.

11. 已知等比数列 $\{a_n\}$ 的前 n 项和为 S_n，对任意 $n \in N^*$，都有 $S_n = \frac{2}{3} a_n - \frac{1}{3}$，且 $a_k = 8$，则 k 的值为（ ）.

A. 7   B. 5   C. 3   D. 6   E. 4

【答案】E

【解析】令 $n=1$，得 $S_1 = a_1 = \frac{2}{3} a_1 - \frac{1}{3}$，解得 $a_1 = -1$.

令 $n=2$，得 $S_2 = a_1 + a_2 = -1 + a_2 = \frac{2}{3} a_2 - \frac{1}{3}$，解得 $a_2 = 2$.

所以公比 $q = -2$，所以 $a_k = a_1 q^{k-1} = -1 \times (-2)^{k-1} = 8$，解得 $k = 4$.

12. 由等比数列 $\{a_n\}$ 的奇数项构成的数列记为 $\{b_n\}$，数列 $\{b_n\}$ 的前 9 项和 $S_9 < 64$.

(1) $a_3 = \frac{1}{6}$，$a_5 = \frac{1}{3}$.   (2) $a_3 = \frac{1}{4}$，$a_5 = \frac{1}{2}$.

【答案】D

【解析】条件（1）$a_3 = \frac{1}{6}$，$a_5 = \frac{1}{3}$ $\Rightarrow$ $\begin{cases} a_1 q^2 = \frac{1}{6} \\ a_1 q^4 = \frac{1}{3} \end{cases}$ $\Rightarrow$ $\begin{cases} a_1 = \frac{1}{12} \\ q^2 = 2 \end{cases}$，则 $S_9 = \frac{a_1 [1 - (q^2)^9]}{1 - q^2} = $

$\frac{511}{12} < 64$，充分.

条件（2）$a_3 = \frac{1}{4}$，$a_5 = \frac{1}{2}$ $\Rightarrow$ $\begin{cases} a_1 q^2 = \frac{1}{4} \\ a_1 q^4 = \frac{1}{2} \end{cases}$ $\Rightarrow$ $\begin{cases} a_1 = \frac{1}{8} \\ q^2 = 2 \end{cases}$，则 $S_9 = \frac{a_1 [1 - (q^2)^9]}{1 - q^2} = \frac{511}{8} < 64$，

充分，故选 D.

【考点 103】等比数列性质

13. 已知数列 $\{a_n\}$ 是等比数列，且 $a_n > 0$，$n \in N^*$，$a_3 a_5 + 2 a_4 a_6 + a_5 a_7 = 81$，则 $a_4 + a_6 = $（ ）.

A. 9   B. 12   C. 14   D. 15   E. 16

【答案】A

【解析】因为 $a_n > 0$，$n \in N^*$，$a_3 a_5 + 2 a_4 a_6 + a_5 a_7 = 81$，所以 $a_4^2 + 2 a_4 a_6 + a_6^2 = (a_4 + a_6)^2 = 81$，所以 $a_4 + a_6 = 9$，故选 A.

14. 已知数列 $\{a_n\}$ 为等比数列，且 $a_5 = 4$，$a_9 = 64$，则 $a_7 = $（ ）.

A. -16 B. 16   C. -256 D. 256   E. 无法确定

【答案】B

【解析】由题意知 $a_5 = 4$，$a_9 = 64$，又因为 $\{a_n\}$ 为等比数列，所以 $a_5 a_9 = a_7^2 = 4 \times 64 = 256$，因为 a_5、a_7、a_9 符号相同，所以 $a_7 = 16$.

15. 在各项均为正数的等比数列中，若 $a_5 a_6 = 9$，则 $\log_3 a_1 + \log_3 a_2 + \cdots + \log_3 a_{10}$ 的值为（ ）.

A. 8   B. 10   C. 16   D. 9   E. 18

【答案】B

【解析】$\log_3 a_1 + \log_3 a_2 + \cdots + \log_3 a_{10}$

$\qquad = (\log_3 a_1 + \log_3 a_{10}) + (\log_3 a_2 + \log_3 a_9) + \cdots + (\log_3 a_5 + \log_3 a_6)$

$\qquad = \log_3 a_1 a_{10} + \log_3 a_2 a_9 + \cdots + \log_3 a_5 a_6$

$\qquad = \log_3 9 + \log_3 9 + \cdots + \log_3 9 = 5\log_3 9 = 10$

16. 在正项等比数列 $\{a_n\}$ 中, 若 $S_2 = 7$, $S_6 = 91$, 则 S_4 的值为 (　　).

　　A. 28　　　　B. 32　　　　C. 35　　　　D. 49　　　　E. 52

【答案】A

【解析】对于等比数列, S_2, $S_4 - S_2$, $S_6 - S_4$ 仍为等比数列, 则有 $S_2(S_6 - S_4) = (S_4 - S_2)^2$, 代入解得 $S_4 = 28$ (由于是正项数列, 负根舍去), 故选 A.

三、数列综合部分 (共计 3 个考点)

【考点 104】求和、求通项

17. 已知数列 $\{a_n\}$ 满足 $\dfrac{a_n}{a_{n-1}} = \dfrac{n}{n+1}$ ($n \geqslant 2$), $a_1 = 2015$, 则 $a_{2014} = $ (　　).

　　A. 1　　　　B. 2　　　　C. 3　　　　D. 4　　　　E. 5

【答案】B

【解析】累乘法: $\left(\dfrac{a_n}{a_{n-1}}\right)\left(\dfrac{a_{n-1}}{a_{n-2}}\right)\left(\dfrac{a_{n-2}}{a_{n-3}}\right) \cdots \left(\dfrac{a_3}{a_2}\right)\left(\dfrac{a_2}{a_1}\right) = \left(\dfrac{n}{n+1}\right)\left(\dfrac{n-1}{n}\right) \cdots \left(\dfrac{3}{4}\right)\left(\dfrac{2}{3}\right) \Rightarrow$

$\dfrac{a_n}{a_1} = \dfrac{2}{n+1} \Rightarrow \dfrac{a_{2014}}{2015} = \dfrac{2}{2015} \Rightarrow a_{2014} = 2$. 故选 B.

18. 已知数列 $\{a_n\}$ 中, $a_1 = 2$, $a_{n+1} = 2a_n + 3 (n \in N^*)$, 则数列 $\{a_n\}$ 的通项公式为 (　　).

　　A. $a_n = 3 \times 2^{n-1} - 1$　　　　B. $a_n = 5 \times 2^{n-1} - 3$　　　　C. $a_n = 5 \times 2^n - 8$

　　D. $a_n = 4^n - 2$　　　　E. 以上均不正确

【答案】B

【解析】递推数列恒等变形: $a_{n+1} = 2a_n + 3 \Leftrightarrow a_{n+1} + x = 2(a_n + x) \Rightarrow a_{n+1} = 2a_n + x \Rightarrow x = 3 \Rightarrow a_{n+1} + 3 = 2(a_n + 3)$, $\{a_n + 3\}$ 是首项为 5, 公比为 2 的等比数列 $\Rightarrow a_n + 3 = 5 \times 2^{n-1}$, 则 $a_n = 5 \times 2^{n-1} - 3$. 故选 B.

【考点 105】数列最值问题

19. 已知 y 为 $x+1$, $x-3$ 的等差中项, 则 $x^2 + y^2$ 的最小值为 (　　).

　　A. $\dfrac{1}{4}$　　　　B. $\dfrac{1}{3}$　　　　C. $\dfrac{1}{2}$　　　　D. 1　　　　E. 4

【答案】C

【解析】$y = \dfrac{x+1+x-3}{2} = x - 1$, 故 $x^2 + y^2 = 2x^2 - 2x + 1$, 最小值为 $\dfrac{1}{2}$, 故选 C.

20. 在等差数列 $\{a_n\}$ 中, S_n 表示前 n 项和, 若 $a_1 = 13$, $S_3 = S_{11}$, 则 S_n 的最大值是 (　　).

　　A. 42　　　　B. 49　　　　C. 59　　　　D. 133　　　　E. 不存在

【答案】B

【解析】由 $S_3 = S_{11}$, 可知 $n = 7$ 是 S_n 的抛物线的对称轴, 即 $7 = \dfrac{1}{2} - \dfrac{a_1}{d} \Rightarrow d = -2$, 因

此 S_n 的最大值为 $S_7 = \dfrac{d}{2} \times 7^2 + \left(a_1 - \dfrac{d}{2}\right) \times 7 = 49$.

21. 已知数列 $\{a_n\}$ 满足 $a_1 = 1$，$a_n > 0$，$a_{n+1}^2 - a_n^2 = 1 (n \in N^*)$，那么使 $a_n < 5$ 成立的 n 的最大值为（　）.

　　A. 4　　　　　B. 5　　　　　C. 24　　　　　D. 25　　　　　E. 无法确定

【答案】C

【解析】本题考查数列性质，由题意 $a_1 = 1$，$a_n > 0$，$a_{n+1}^2 - a_n^2 = 1$（$n \in N^*$），可得 $a_n^2 = n$，即 $a_n = \sqrt{n}$，要使 $a_n < 5$ 则 $n < 25$.

【考点 106】等差、等比综合应用

22. 等差数列 $\{a_n\}$ 中，$a_2 = 4$，$a_4 + a_7 = 15$. 设 $b_n = 2^{a_n - 2} + n$，则 $b_1 + b_2 + \ldots + b_{10} = $（　）.

　　A. 2101　　　B. 2000　　　C. 2001　　　D. 1999　　　E. 以上均不正确

【答案】A

【解析】等差数列 $\{a_n\}$ 中，$a_2 = 4$，$a_4 + a_7 = 15$ 可知 $a_1 = 3$，$d = 1$，因此 $a_n = n + 2$，故 $b_n = 2^n + n$，因而 $b_1 + b_2 + \cdots + b_{10} = 2101$，故选 A.

23. 已知等差数列 $\{a_n\}$ 的公差 $d \neq 0$，且 a_1、a_3、a_9 成等比数列，则 $\dfrac{a_1 + a_3 + a_9}{a_2 + a_4 + a_{10}}$ 为（　）.

　　A. $\dfrac{9}{10}$　　　B. 4　　　C. -4　　　D. $\dfrac{13}{16}$　　　E. 无法确定

【答案】D

【解析】由于 a_1、a_3、a_9 成等比数列，故 $a_3^2 = a_1 a_9 \Leftrightarrow (a_1 + 2d)^2 = a_1(a_1 + 8d) \Leftrightarrow a_1 = d$，故 $a_n = nd$，因此 $\dfrac{a_1 + a_3 + a_9}{a_2 + a_4 + a_{10}} = \dfrac{13}{16}$，故选 D.

24. 三个不同的非零实数 a、b、c 成等差数列，且 a、c、b 恰成等比数列，则 $\dfrac{a}{b} = $（　）.

　　A. 1　　　　B. 4　　　C. 2　　　D. -2　　　E. -3

【答案】B

【解析】设等差数列的公差为 d，则 $b = a + d$，$c = a + 2d$，由 a、c、b 恰成等比数列可知 $c^2 = ab \Rightarrow (a + 2d)^2 = a(a + d) \Rightarrow a = -\dfrac{4}{3}d \Rightarrow b = -\dfrac{1}{3}d$，则 $\dfrac{a}{b} = 4$.

第三节　立　竿　见　影

一、问题求解

1. 在数列 $\{a_n\}$ 中 $a_1 = 1$，$a_2 = 2$，$a_{n+2} = 2a_{n+1} - a_n$，则 $a_4 = $（　）.

　　A. 3　　　B. 4　　　C. 5　　　D. 6　　　E. 7

2. 数列 1，3，7，15… 的通项公式 a_n 是（　）.

A. 2^n B. 2^n+1 C. 2^n-1 D. 2^{n-1} E. 2^{n+1}

3. 已知等差数列 $\{a_n\}$ 的通项为 $a_n=90-2n$，则这个数列共有正数项（　　）.

A. 43 项   B. 44 项   C. 45 项   D. 90 项   E. 无穷多项

4. 数列 $\{a_n\}$ 满足 $a_1=1$，$a_{n+1}=a_n+3$，若 $a_n=2014$，则 $n=$（　　）.

A. 669   B. 670   C. 671   D. 672   E. 673

5. 在等差数列 $\{a_n\}$ 中，$S_4=1$，$S_8=4$，设 $S=a_{17}+a_{18}+a_{19}+a_{20}$，则 $S=$（　　）.

A. 8   B. 9   C. 10   D. 11   E. 12

6. 如果等差数列 $\{a_n\}$ 中，$a_3+a_4+a_5=12$，那么 $a_1+a_2+\cdots+a_7=$（　　）.

A. 14   B. 21   C. 28   D. 35   E. 40

7. 已知数列 $\{a_n\}$ 满足 $a_1=1$，$a_{n+1}a_n=2^n(n\in N^*)$，则 $a_{10}=$（　　）.

A. 64   B. 32   C. 16   D. 8   E. 4

8. 公比为正数，且 $a_3a_9=2a_5^2$，$a_2=1$，则 $a_1=$（　　）.

A. $\dfrac{1}{2}$ B. $\dfrac{\sqrt{2}}{2}$ C. $\sqrt{2}$ D. 2   E. 4

9. 已知首项为 1 的无穷递缩等比数列的所有项之和为 3，q 为其公比，则 $q=$（　　）.

A. $\dfrac{2}{3}$ B. $-\dfrac{2}{3}$ C. $\dfrac{1}{3}$ D. $-\dfrac{1}{3}$ E. $\dfrac{3}{2}$

10. 已知 1，$\sqrt{2}$，2，$\cdots$ 为等比数列，当 $a_n=8\sqrt{2}$ 时，$n=$（　　）.

A. 6   B. 7   C. 8   D. 9   E. 10

11. 设 S_n 为等比数列 $\{a_n\}$ 的前 n 项和，已知 $3S_3=a_4-2$，$3S_2=a_3-2$，则公比 $q=$（　　）.

A. 3   B. 4   C. 5   D. 6   E. 7

12. 在各项均为正数的等比数列 $\{a_n\}$ 中，$a_1=3$，前三项的和为 21，则 $a_3+a_4+a_5=$（　　）.

A. 33   B. 72   C. 84   D. 146   E. 189

13. 在等比数列 $\{a_n\}$ 中，若 $a_7a_{12}=5$，则 $a_8a_9a_{10}a_{11}=$（　　）.

A. 10   B. 25   C. 50   D. 75   E. 80

14. 已知 $\{a_n\}$ 为等比数列，$a_4+a_7=2$，$a_5a_6=-8$，则 $a_1+a_{10}=$（　　）.

A. 7   B. 5   C. -5 D. -7 E. -9

15. 公比为 2 的等比数列 $\{a_n\}$ 的各项都是正数，且 $a_3a_{11}=16$，则 $a_5=$（　　）.

A. 8   B. 6   C. 4   D. 2   E. 1

16. 等比数列 $\{a_n\}$ 中，$a_7a_8a_9a_{10}a_{11}=-32$，则 $\dfrac{a_{10}^2}{a_{11}}=$（　　）.

A. 4   B. 2   C. -1 D. -2 E. -4

17. 在等差数列 $\{a_n\}$ 中，$a_n>0$，且 $a_1+a_2+\cdots+a_{10}=30$，则 a_5a_6 的最大值等于（　　）.

A. 3   B. 6   C. 9   D. 18   E. 36

18. 已知 $\{a_n\}$ 是等差数列，$\{b_n\}$ 是等比数列，且 $a_1+a_2=10$，$a_4-a_3=2$，$b_2=a_3$，

$b_3 = a_7$，$b_6 = a_n$，则 $n =$（   ）.

   A. 60   B. 61   C. 62   D. 63   E. 64

二、条件充分性判断题

19. 数列 $\{a_n\}$ 既是无穷数列，又是递增数列.

（1）-1，$\sqrt{2}$，$-\sqrt{3}$，$\cdots$，$-\sqrt{21}$，$-\sqrt{22}$，$\cdots$.

（2）-1，$-\dfrac{1}{2}$，$-\dfrac{1}{4}$，$-\dfrac{1}{8}$，$\cdots$.

20. 等差数列 $\{a_n\}$ 和 $\{b_n\}$ 的前 n 项和分别为 S_n 和 T_n，则 $\dfrac{a_7}{b_7} = \dfrac{13}{14}$.

（1）$S_n = n^2$，$T_n = 2n^2 - n$.

（2）对一切正整数 n，都有 $\dfrac{S_n}{T_n} = \dfrac{n}{n+1}$.

21. 等比数列的前 4 项和 $S_4 = 15$.

   （1）首项为 1.   （2）公比为 3.

22. 在等差数列 $\{a_n\}$ 中，其前 n 项和为 S_n，则 $S_{2008} = -2008$.

   （1）$a_1 = -2008$.   （2）$\dfrac{S_{12}}{12} - \dfrac{S_{10}}{10} = 2$.

23. 设数列 $\{a_n\}$ 为等比数列，则 $S_{3n} = 63$.

   （1）该数列前 n 项的和为 48.

   （2）该数列前 $2n$ 项的和为 60.

24. $a_1 + a_2 + \cdots + a_{10} = 15$.

   （1）数列 $\{a_n\}$ 的通项公式是 $a_n = (-1)^n(3n-2)$.

   （2）数列 $\{a_n\}$ 的通项公式是 $a_n = (-1)^n(3n-1)$.

详　解

一、问题求解

1.【答案】B

【解析】由题意知，$a_3 = 2a_2 - a_1 = 3$，$a_4 = 2a_3 - a_2 = 4$，故选 B.

注：$a_{n+2} = 2a_{n+1} - a_n$，则 $a_{n+2} - a_{n+1} = a_{n+1} - a_n$，可知相邻两项等距，为等差数列.

2.【答案】C

【解析】观察数列规律或特值法，显然有 $a_n = 2^n - 1$. 故选 C.

3.【答案】B

【解析】由题意知等差数列 $\{a_n\}$ 的通项为 $a_n = 90 - 2n > 0$，可以得到数列的正项个数，因为 $90 - 2n > 0$，所以 $n < 45$，因为 $n \in N^*$，所以这个数列共有正数项 44 项.

4.【答案】D

【解析】由题意可知，$\{a_n\}$ 是公差 $d = 3$ 的等差数列，首项 $a_1 = 1$，则通项公式为 $a_n = 3n - 2$. $a_n = 3n - 2 = 2014 \Rightarrow n = 672$. 故选 D.

5.【答案】B

【解析】$S=S_{20}-S_{16}$，S_4，S_8-S_4，$\cdots$，$S_{20}-S_{16}$ 成等差数列，其中 $S=S_{20}-S_{16}$ 是第五项，即 1，3，5，7，9，所以 $S=S_{20}-S_{16}=9$. 故选 B.

6. 【答案】C

【解析】$a_3+a_4+a_5=12=3a_4$，所以 $a_1+a_2+\cdots+a_7=\dfrac{7}{2}(a_1+a_7)=7a_4=28$.

7. 【答案】B

【解析】由题可知 $a_{n+1}a_n=2^n$，$a_{n+2}a_{n+1}=2^{n+1}$，故 $\dfrac{a_{n+2}}{a_n}=2$，又 $a_1=1$，可得 $a_2=2$，故 $a_{10}=2^5=32$.

8. 【答案】B

【解析】设公比为 q，由已知得 $a_1q^2 \cdot a_1q^8=2(a_1q^4)^2$，所以 $q^2=2$，又因为等比数列 $\{a_n\}$ 的公比为正数，所以 $q=\sqrt{2}$，$a_1=\dfrac{a_2}{q}=\dfrac{\sqrt{2}}{2}$，故选 B.

9. 【答案】A

【解析】$S=\dfrac{a_1}{1-q}=\dfrac{1}{1-q}=3\Rightarrow q=\dfrac{2}{3}$. 故选 A.

10. 【答案】C

【解析】观察可知，通项公式 $a_n=2^{\frac{n-1}{2}}$，$a_8=8\sqrt{2}=2^{\frac{7}{2}}$，所以 $n=8$. 故选 C.

11. 【答案】B

【解析】两式相减得，$3a_3=a_4-a_3$，$a_4=4a_3$，所以 $q=\dfrac{a_4}{a_3}=4$.

12. 【答案】C

【解析】$S_3=\dfrac{3(1-q^3)}{1-q}=21\Rightarrow q=2$，所以 $a_3+a_4+a_5=4\times21=84$. 故选 C.

13. 【答案】B

【解析】$a_7a_{12}=a_8a_{11}=a_9a_{10}=5$，所以 $a_8a_9a_{10}a_{11}=25$. 故选 B.

14. 【答案】D

【解析】$a_4+a_7=2$，$a_5a_6=a_4a_7=-8\Rightarrow a_4=4$，$a_7=-2$ 或 $a_4=-2$，$a_7=4$.

$a_4=4$，$a_7=-2\Rightarrow a_1=-8$，$a_{10}=1\Leftrightarrow a_1+a_{10}=-7$.

$a_4=-2$，$a_7=4\Rightarrow a_{10}=-8$，$a_1=1\Leftrightarrow a_1+a_{10}=-7$.

15. 【答案】E

【解析】因为公比为 2 的等比数列的各项都是正数，且 $a_3a_{11}=16$，所以 $a_7^2=16$，所以 $a_7=4=a_5\times2^2$，解得 $a_5=1$，选 E.

16. 【答案】D

【解析】$a_{10}^2=a_9a_{11}\Rightarrow \dfrac{a_{10}^2}{a_{11}}=a_9$，$a_9^5=-32$ 则 $a_9=\sqrt[5]{-32}=-2$，故选 D.

17. 【答案】C

【解析】由题意得 $a_1+a_2+\cdots+a_{10}=30$，得 $a_5+a_6=\dfrac{30}{5}=6$.

由基本不等式得 $a_5a_6 \leqslant 9$.

18. 【答案】D

【解析】直接计算可得 $a_n = 2n + 2$，$b_n = 2^{n+1}$，故可以算出 $n = 63$．故选 D.

二、条件充分性判断题

19. 【答案】B

【解析】首先条件（1）和条件（2）中的项数都是无限的，所以都是无穷数列；条件（1）的项有正有负，故而不是递增数列，条件（1）不充分；条件（2）的项是递增的，条件（2）充分，选 B.

20. 【答案】B

【解析】条件（1）$S_n = n^2 \Rightarrow a_n = 2n - 1$，$T_n = 2n^2 - n \Rightarrow b_n = 4n - 3$，$\dfrac{a_7}{b_7} = \dfrac{2 \times 7 - 1}{4 \times 7 - 3} = \dfrac{13}{25}$，不充分.

条件（2）$\dfrac{a_7}{b_7} = \dfrac{S_{13}}{T_{13}} = \dfrac{13}{13 + 1} = \dfrac{13}{14}$，充分，故选 B.

21. 【答案】E

【解析】显然本题需要考虑联合，首项为 1，公比为 3 的等比数列的前 4 项和 $S_4 = \dfrac{1 \times (1 - 3^4)}{1 - 3} = 40$，不充分，故选 E.

22. 【答案】C

【解析】显然单独均不充分，考虑联合，有 $\dfrac{S_{12}}{12} - \dfrac{S_{10}}{10} = 2 \Rightarrow \dfrac{a_1 + a_{12}}{2} - \dfrac{a_1 + a_{10}}{2} = 2 \Rightarrow d = 2$，则 $S_{2008} = 2008a_1 + \dfrac{2007}{2}d \times 2008 = -2008$.

23. 【答案】C

【解析】显然单独不充分，联合条件：由等比数列的性质得 S_n，$S_{2n} - S_n$，$S_{3n} - S_{2n}$ 成等比数列，则 $S_{2n} - S_n = 12$，继而可知 $S_{3n} - S_{2n} = 3$，则 $S_{3n} = 63$.

24. 【答案】D

【解析】条件（1）$a_1 + a_2 + \cdots + a_{10} = -1 + 4 - 7 + 10 + \cdots - 25 + 28 = 3 \times 5 = 15$，充分.

条件（2）$a_1 + a_2 + \cdots + a_{10} = -2 + 5 - 8 + 11 + \cdots - 26 + 29 = 3 \times 5 = 15$，充分. 故选 D.

第四节　渐　入　佳　境

（标准测试卷）

一、问题求解

1. 如图，下列图形都是由面积为 1 的正方形按一定的规律组成，其中，第（1）个图形中面积为 1 的正方形有 2 个，第（2）个图形中面积为 1 的正方形有 5 个，第（3）个图形中面积为 1 的正方形有 9 个，……，按此规律，则第（6）个图形中面积为 1 的正方形的个数为（　　）．

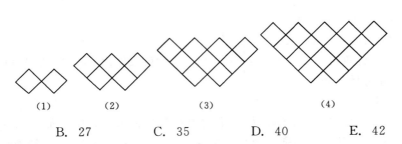

(1)　　　(2)　　　　(3)　　　　　(4)

A. 20　　　　B. 27　　　　C. 35　　　　D. 40　　　　E. 42

2. 已知数列 $2,\sqrt{10},4,\cdots,\sqrt{2(3n-1)},\cdots$ 那么 8 是它的第（　　）项.

A. 14　　　　B. 8　　　　C. 6　　　　D. 7　　　　E. 11

3. 已知 S_n 为等差数列 $\{a_n\}$ 的前 n 项的和，$a_2+a_5=4$，$S_7=21$，则 a_7 的值为（　　）.

A. 6　　　　B. 7　　　　C. 8　　　　D. 9　　　　E. 10

4. 等差数列 $\{a_n\}$ 中，$a_2+a_3+a_{10}+a_{11}=64$，则 $S_{12}=$（　　）.

A. 64　　　　B. 81　　　　C. 128　　　　D. 192　　　　E. 188

5. 已知两个等差数列 $\{a_n\}$ 和 $\{b_n\}$ 的前 n 项和分别为 A_n 和 B_n，且 $\dfrac{A_n}{B_n}=\dfrac{7n+45}{n+3}$，则使得 $\dfrac{a_n}{b_n}$ 为整数的正整数 3 的个数是（　　）.

A. 2　　　　B. 3　　　　C. 4　　　　D. 5　　　　E. 6

6. 已知数列 $\{a_n\}$，$a_1=4$，点 (a_{n-1},a_n) $(n\geqslant 2)$ 在函数 $f(x)=3x+2$ 上，则 a_n 的通项公式为（　　）.

A. $5\times 3^{n-1}-1$　　B. $5\times 3^{n-1}$　　C. 5×3^n　　D. $4n$　　E. 3^n+1

7. 在各项均为正数的等比数列 $\{a_n\}$ 中，$a_2=1$，$a_8=a_6+2a_4$，则 $a_6=$（　　）.

A. 2　　　　B. 3　　　　C. 4　　　　D. 6　　　　E. 8

8. 设 $S=3-3^2+3^3-3^4+3^5-3^6+3^7$，则 S 被 4 除的余数是（　　）.

A. 0　　　　B. 1　　　　C. 2　　　　D. 3　　　　E. 6

9. 已知数列 $\{a_n\}$，若 $a_n=n^2-5n+4$ 有最小值，则最小值为（　　）.

A. 2　　　　B. 1　　　　C. 0　　　　D. -1　　　　E. -2

10. 设 $S_n=1+2+3+\cdots+n$，则 $f(n)=\dfrac{S_n}{(n+32)S_{n+1}}$ 的最大值为（　　）.

A. 50　　　　B. $\dfrac{1}{50}$　　　　C. 100　　　　D. $\dfrac{1}{100}$　　　　E. 不存在

11. 数列 $\{a_n\}$ 的前 n 项和 $S_n=a^n-1$（a 是不为零的），那么数列 $\{a_n\}$（　　）.

A. 一定是等差数列

B. 一定是等比数列

C. 要么是等差数列，要么是等比数列

D. 既不可能是等差数列，又不可能是等比数列

E. 既是等差数列，又是等比数列

12. 已知 S_k 表示数列 $\{a_n\}$ 的前 k 项和，且 $S_{k+1}+S_k=a_{k+1}(k\in N)$，那么此数列是（　　）.

A. 递增数列　　B. 递减数列　　C. 常数列　　　　D. 摆动数列　　E. 不是数列

13. 若 $a+b+c$，$b+c-a$，$c+a-b$，$a+b-c$ 依次成等比数列，公比为 q，则 $q^3+q^2+q=$
（　　）.

A. 1　　　　　B. 2　　　　　C. 4　　　　　D. 5　　　　　E. 6

14. 等差数列 $\{a_n\}$ 中，如果 $a_1+a_4+a_7=39$，$a_3+a_6+a_9=27$，则数列 $\{a_n\}$ 前 9 项的和为（　　）.

A. 297　　　B. 144　　　C. 88　　　D. 66　　　E. 99

15. 已知 $a_1,\cdots,a_k$ 是有限项等差数列，且 $a_4+a_7+a_{10}=17$，$a_4+a_5+\cdots+a_{14}=77$，若 $a_k=13$，则 k 的值是（　　）.

A. 18　　　　B. 12　　　　C. 9　　　　D. 22　　　　E. 36

二、条件充分性判断题

16. 某种细菌在培养过程中，每 15 分钟分裂一次（由一个分裂为两个）. 若要这种细菌由 n 个繁殖成 256 个，则需要 m 小时.

（1）$n=1$，$m=2$.　　　　　　　　　（2）$n=2$，$m=1$.

17. 方程组 $\begin{cases} x+y=a \\ y+z=4 \\ z+x=2 \end{cases}$，得 x，y，z 成等差数列.

（1）$a=1$.　　　　　　　　　　　　（2）$a=0$.

18. 数列 $\{a_n\}$，则 $1\leqslant a_n\leqslant 2$.

（1）$a_1=1$.　　　　　　　　　　　（2）$a_n=1+\dfrac{1}{a_{n-1}}$（$n\geqslant 2$）.

19. $\{a_n\}$ 是等比数列.

（1）$a_{n+1}^2=a_n a_{n+2}\neq 0$.　　　　　（2）$a_{n+1}=\sqrt{a_n a_{n+2}}$.

20. 已知数列 $\{a_n\}$ 满足 $a_{n+1}=\dfrac{a_n+2}{a_n+1}$（$n=1,2,\cdots$），则 $a_2=a_3=a_4$.

（1）$a_1=\sqrt{2}$.　　　　　　　　　（2）$a_1=-\sqrt{2}$.

21. 等差数列 $\{a_n\}$ 中，$a_2+a_4+a_{15}$ 为常数，则 S_n 也为常数.

（1）$n=14$.　　　　　　　　　　　（2）$n=13$.

22. $a_n=2n$.

（1）$\{a_n\}$ 为等差数列.　　　　　　（2）$a_1+a_3=8$，$a_2+a_4=12$.

23. 可以确定数列 $\left\{a_n-\dfrac{2}{3}\right\}$ 是等比数列.

（1）α，β 是方程 $a_n x^2-a_{n+1}x+1=0$ 的两实根，且满足 $6\alpha-2\alpha\beta+6\beta=3$.

（2）a_n 是等比数列 $\{b_n\}$ 的前 n 项和，其中 $q=-\dfrac{1}{2}$，$b_1=1$.

24. 若 3 个正数 a，b，c 成等比数列，则 $b=1$.

（1）$a=5+2\sqrt{6}$，$c=5-2\sqrt{6}$.　　（2）$a=4-\sqrt{6}$，$c=4+\sqrt{6}$.

25. $S_6=126$.

(1) 数列 $\{a_n\}$ 的通项是 $a_n = 10(3n-4)$.

(2) 数列 $\{a_n\}$ 的通项是 $a_n = 2^n$.

详　解

一、问题求解

1. 【答案】B

【解析】由图可知，第 n 个图形中正方形的个数为 $1+\cdots+n+n$，故第（6）个图形中正方形个数为 $1+2+\cdots+5+6+6=27$.

2. 【答案】E

【解析】由已知得到数列的通项公式，$a_n = \sqrt{2(3n-1)}$，令 $\sqrt{2(3n-1)}=9$，解得 $n=11$，故选 E.

3. 【答案】D

【解析】由题意 $a_2+a_5=4$，$S_7=21$ 可转化为 $2a_1+5d=4$，$a_1+3d=3$，解得 $a_1=-3$，$d=2$，$a_7=-3+6\times2=9$.

4. 【答案】D

【解析】$a_2+a_{11}=a_3+a_{10}=a_1+a_{12}=32$，所以 $S_{12}=\dfrac{12(a_1+a_{12})}{2}=192$，故选 D.

5. 【答案】D

【解析】由常用公式 $\dfrac{a_n}{b_n}=\dfrac{A_{2n-1}}{B_{2n-1}}=\dfrac{7(2n-1)+45}{(2n-1)+3}=\dfrac{7n+19}{n+1}=7+\dfrac{12}{n+1}$，所以 $n=1$，2，3，5，11 时，$\dfrac{a_n}{b_n}$ 为整数，所以选 D.

6. 【答案】A

【解析】由题意得，当 $n\geqslant2$ 时，$a_n=3a_{n-1}+2$，两边同时加 1，得到 $a_n+1=3(a_{n-1}+1)$，令 $b_n=a_n+1$，则 $\{b_n\}$ 是公比为 3，首项为 5 的等比数列，故 $a_n+1=5\times3^{n-1}$，$a_n=5\times3^{n-1}-1$.

7. 【答案】C

【解析】a_2，a_4，a_6，a_8 成等比数列，设其公比为 q；$a_8=a_6+2a_4\Leftrightarrow a_4q^2=a_4q+2a_4$.
得：$q^2-q-2=0$，解得 $q=2$ 或 $q=-1$，由题意得 $q=2$. 所以 $a_6=a_2q^2=4$. 故选 C.

8. 【答案】B

【解析】可以看出是等比数列前 n 项和，首项 $a_1=3$，$q=-3$，$S=\dfrac{3\times[1-(-3)^7]}{1-(-3)}=\dfrac{3\times2188}{4}=1641$，则 S 被 4 除余数为 1.

9. 【答案】E

【解析】因为 $a_n=n^2-5n+4=\left(n-\dfrac{5}{2}\right)^2-\dfrac{9}{4}$ 的对称轴方程为 $n=\dfrac{5}{2}$. 又 $n\in N^*$，所以当 $n=2$ 或 $n=3$ 时，a_n 有最小值，其最小值为 $a_2=a_3=-2$.

10. 【答案】B

【解析】$S_n = \frac{1}{2}n(n+1) \Rightarrow S_{n+1} = \frac{1}{2}(n+1)(n+2)$，所以 $f(n) = \frac{S_n}{(n+32)S_{n+1}} = \frac{n}{n^2+34n+64} = \frac{1}{n+34+\frac{64}{n}} = \frac{1}{\left(\sqrt{n}-\frac{8}{\sqrt{n}}\right)^2+50} \leqslant \frac{1}{50}$.

11.【答案】C

【解析】当 $a=1$ 时，此数列各项均为 0，此时数列是等差数列，但不是等比数列.

当 $a \neq 1$ 时，由 $S_n = a^n-1$ 得 $a_n = S_n - S_{n-1} = a^n - 1 - a^{n-1} + 1 = (a-1)a^{n-1}$（$n \geqslant 2$）.

上式对 $n=1$ 也适合，故此数列通项公式为 $a_n = (a-1)a^{n-1}$，所以 $\frac{a_n}{a_{n-1}} = \frac{(a-1)a^{n-1}}{(a-1)a^{n-2}} = a(n \geqslant 2)$，因此，当 $a \neq 1$ 时，数列 $\{a_n\}$ 为等比数列，但不是等差数列，故选 C.

12.【答案】C

【解析】$S_{k+1} + S_k = a_{k+1} = S_{k+1} - S_k$，所以 $S_k = 0$，所以数列 $\{a_n\}$ 只能是每项都是 0，故选 C.

13.【答案】A

【解析】设 $x = a+b+c$，则 $b+c-a = xq$，$c+a-b = xq^2$，$a+b-c = xq^3$.

所以 $xq + xq^2 + xq^3 = x(x \neq 0)$，所以 $q+q^2+q^3 = 1$，故选 A.

14.【答案】E

【解析】由 $a_1 + a_4 + a_7 = 39$，得 $3a_4 = 39$，$a_4 = 13$. 由 $a_3 + a_6 + a_9 = 27$，得 $3a_6 = 27$，$a_6 = 9$，所以 $S_9 = \frac{9(a_1+a_9)}{2} = \frac{9(a_4+a_6)}{2} = \frac{9 \times (13+9)}{2} = 9 \times 11 = 99$，故选 E.

15.【答案】A

【解析】$a_4 + a_{10} = 2a_7$，$a_4 + a_7 + a_{10} = 3a_7 = 17 \Rightarrow a_7 = \frac{17}{3}$.

同理 $a_4 + a_5 + \cdots + a_{14} = 11a_9 = 77 \Rightarrow a_9 = 7$.

由 $a_n = a_m + (n-m)d$，可以求得 $a_1 = \frac{5}{3}$，$d = \frac{2}{3}$，因而解得 $k = 18$.

二、条件充分性判断题

16.【答案】A

【解析】条件（1）$n=1$，$m=2$ 时，分裂 8 次，得到 $1 \times 2^8 = 256$ 个.

条件（2）$n=2$，$m=1$ 时，分裂 4 次，得到 $2 \times 2^4 = 32$ 个.

17.【答案】B

【解析】$(y+z)-(z+x) = y-x = 2$，$(z+x)-(x+y) = z-y = 2-a$.

条件（1）当 $a=1$ 时，$y-x \neq z-y$，不充分.

条件（2）当 $a=0$ 时，$y-x = z-y$，充分. 故选 B.

18.【答案】C

【解析】显然单独都不正确，联立可以逐项算出 $a_1 = 1$，$a_2 = 2 = \frac{2}{1}$，$a_3 = \frac{3}{2}$，$a_4 = \frac{5}{3}$，$a_5 = \frac{8}{5}$，$\cdots$ 可以得到结论：$1 \leqslant a_n \leqslant 2$，故充分.

19.【答案】A

【解析】我们知道特殊数列 0，0，…，0，…，不是等比数列，故而条件（2）不充分．根据等比数列定义可知条件（1）是充分的．故选 A.

20.【答案】D

【解析】由条件（1），$a_1=\sqrt{2}$ 代入，$a_2=\dfrac{a_1+2}{a_1+1}=1+\dfrac{1}{a_1+1}=1+\dfrac{1}{\sqrt{2}+1}=\sqrt{2}$，$a_3=a_4=\sqrt{2}$，充分．同理条件（2）也充分，故选 D.

21.【答案】B

【解析】$a_2+a_4+a_{15}=(a_1+d)+(a_1+3d)+(a_1+14d)=3(a_1+6d)=3a_7$，可知 a_7 为常数，$n=14$ 时，$S_{14}=\dfrac{14(a_1+a_{14})}{2}=7(a_7+a_8)$，$a_8$ 未知，条件（1）不充分．

$n=13$ 时，$S_{13}=\dfrac{13(a_1+a_{13})}{2}=\dfrac{13}{2}\times 2a_7=13a_7$ 为常数，条件（2）充分，故选 B.

22.【答案】C

【解析】显然条件单独不充分，联合：可知在等差数列 $\{a_n\}$ 中，$a_2=4$，$a_3=6\Rightarrow d=2$，所以 $a_n=2n$，充分．故选 C.

23.【答案】D

【解析】条件（1）：$\alpha+\beta=\dfrac{a_{n+1}}{a_n}$，$\alpha\beta=\dfrac{1}{a_n}$，代入：$6\dfrac{a_{n+1}}{a_n}-\dfrac{2}{a_n}=3\Rightarrow 6\left(a_{n+1}-\dfrac{2}{3}\right)+4-2=3\left(a_n-\dfrac{2}{3}\right)+2\Rightarrow\dfrac{a_{n+1}-\dfrac{2}{3}}{a_n-\dfrac{2}{3}}=\dfrac{1}{2}$．

条件（2）：$a_n=\dfrac{1\times\left[1-\left(-\dfrac{1}{2}\right)^n\right]}{1-\left(-\dfrac{1}{2}\right)}=\dfrac{2}{3}-\dfrac{2}{3}\times\left(-\dfrac{1}{2}\right)^n\Rightarrow a_n-\dfrac{2}{3}=\dfrac{1}{3}\times\left(-\dfrac{1}{2}\right)^{n-1}$，是首项为 $\dfrac{1}{3}$，公比为 $-\dfrac{1}{2}$ 的等比数列，充分．

24.【答案】A

【解析】由 $b^2=ac$ 可知条件（1）单独成立，条件（2）是不成立的，故选 A.

25.【答案】B

【解析】条件（1）中数列为等差数列，通过前 n 项和公式计算，不充分．

条件（2）中数列为等比数列，根据等比数列求和公式求和充分，故选 B.

第七章　平　面　几　何

　　本章主要研究平面图形：三角形、四边形（矩形、平行四边形、梯形）、圆形与扇形等平面几何图形的角度、周长、面积等计算和应用．重点是几何图形的面积计算，除了以上几种基本图形之外，由这些图形组成的复合图形也经常出现．

　　平面几何一般考2道题，由于图形的多样化，此部分题目比较灵活．主要考点有三个：重点是面积的计算，此外对于边长、弧长的计算和判断图形的题目也轮流出现．

　　在学习的过程中，除了以上重点题型之外，图形重点在于三角形的学习，其中特殊三角形的性质、与面积有关的性质以及三角形相似都需要熟练掌握，近几年四边形的命题逐年增多．解题时，几何的解题思路一般要建立在直观的图形基础上，从图形入手，找到已知量与所求量的关系，进而通过简单的计算即可找到正确答案，所以基本公式及性质要熟记，图形特征需掌握．

第一节　夯　实　基　本　功

一、三角形

1. 三角形的角

（1）内角：内角之和为 $180° = \pi$（图7-1）．

（2）外角：外角等于与其不相邻的两个内角之和．

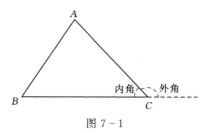

图7-1

2. 三角形的三边关系

（1）任意两边之和大于第三边，即 $a + b > c$．

（2）任意两边之差小于第三边，即 $a - b < c$．

（3）应用方向．

1）用于判断能否构成三角形．

2）用于求边长取值范围（最值）．

　　【典例1】已知三角形两边长分别为3和5，求第三条边中线的取值范围（中线指该边中点与其所对顶点的连线）．

【解析】取 BC 中点，连接 DE，因为 D 为中点，所以中位线 $DE=\frac{1}{2}AC=\frac{3}{2}$（图 7-2）.

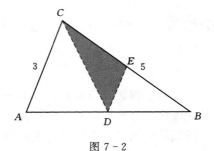

图 7-2

在三角形 $\triangle CDE$ 中，$1=CE-DE<CD<CE+DE=4$.

【归纳】通过本题大家要知道，中点往往不单独出现，因为中位线的价值要远高于中点的价值.

3. 特殊三角形（直角、等腰、等边）

（1）直角三角形（图 7-3）.

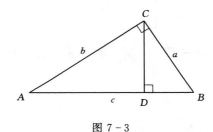

图 7-3

1）勾股定理：$a^2+b^2=c^2$（用于求直角三角形边长）.

2）常用的勾股数：（3，4，5）、（5，12，13）、（7，24，25）.

3）勾股数规律. 直角三角形中最短边长为质数（n）时，另两边为相邻整数，最短边的平方为另两边的和，三角形周长为 $n^2+n=n(n+1)$.

【典例 2】已知直角三角形最短边长为 11，则该直角三角形的周长为多少？

【解析】因为最短边长为 11，11 又是质数，所以根据规律，周长等于 $11\times12=132$.

4）直角三角形面积.

$S_{Rt\triangle ABC}=\frac{1}{2}AB\cdot CD=\frac{1}{2}AC\cdot BC$，即 $AB\cdot CD=AC\cdot BC$（图 7-4）.

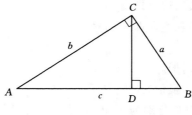

图 7-4

5) 等腰直角三角形. 需掌握等腰直角三角形的三边之比 $a:b:c=1:1:\sqrt{2}$ （图 7-5）.

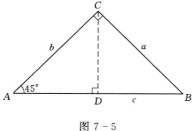

图 7-5

6) 有一个角是 30° 的直角三角形. 需掌握有一个角是 30° 的直角三角形的三边之比 $a:b:c=1:\sqrt{3}:2$ （图 7-6）.

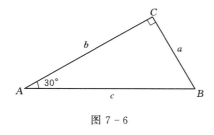

图 7-6

（2）等腰三角形.

1) 等腰三角形的顶角平分线、底边上的中线、底边上的高重合，即"三线合一"（图 7-7）.

2) 若两腰长为 a，底边长为 b，则高 $h=\sqrt{a^2-\left(\dfrac{b}{2}\right)^2}$.

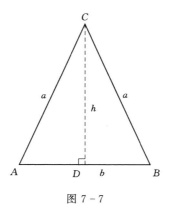

图 7-7

（3）等边三角形.

1) $h=\dfrac{\sqrt{3}}{2}a$，即高 $=\dfrac{\sqrt{3}}{2}\times$ 边长 （图 7-8）.

2) $S=\dfrac{\sqrt{3}}{4}a^2$，即面积 $=\dfrac{\sqrt{3}}{4}\times$（边长）^{2}.

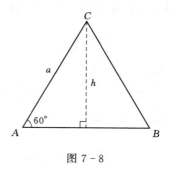

图 7 - 8

4. 三角形面积公式及应用

（1）基本公式.

1）$S = \dfrac{1}{2}ah$（考点）（图 7 - 9）.

2）$S = \sqrt{p(p-a)(p-b)(p-c)}$，$p = \dfrac{1}{2}(a+b+c)$（了解，应用少）.

3）$S = \dfrac{1}{2}ab\sin C$（了解，应用极少）.

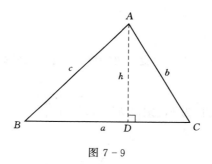

图 7 - 9

（2）考试方向.

1）同底、等高的两个三角形面积相等.

a. 如图 7 - 10 所示：已知 $l_1 // l_2$，则 $S_{\triangle ABC} = S_{\triangle ABC'}$.

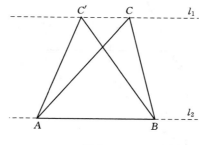

图 7 - 10

b. 如图 7 - 11 所示：在梯形 $ABCD$ 中，有 $S_{\triangle AOB} = S_{\triangle DOC}$，即 $S_1 = S_2$.

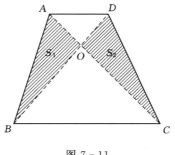

图 7 - 11

应用时机：出现平行线.

2）等高的两个三角形面积之比等于底之比. 如图 7 - 12 所示：$S_{\triangle ABE} : S_{\triangle AEF} : S_{\triangle AFC}$，即 $S_1 : S_2 : S_3 = m : n : k$.

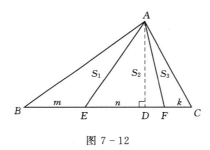

图 7 - 12

特点：①三个三角形共用顶点；②三个三角形底边共线.

应用时机：出现"相邻"三角形，即共用顶点，底边共线.

【典例 3】已知 $\triangle ABC$ 面积为 2，如图 7 - 13 所示，现将其三边分别延长 1 倍、2 倍、3 倍得到 $\triangle A'B'C'$，求 $\triangle A'B'C'$ 的面积.

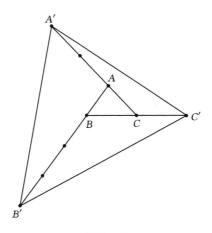

图 7 - 13

【解析】连接 AC'，连接 $A'B$（图 7 - 14）.

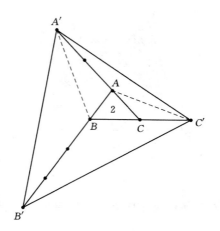

图 7 - 14

因为 $\triangle ACC'$ 与 $\triangle ACB$ 相邻，所以 $\dfrac{S_{\triangle ACC'}}{S_{\triangle ACB}}=\dfrac{CC'}{CB}=\dfrac{1}{1}$，故 $S_{\triangle ACC'}=2$.

因为 $\triangle C'AA'$ 与 $\triangle C'AC$ 相邻，所以 $\dfrac{S_{\triangle C'AC}}{S_{\triangle C'AA'}}=\dfrac{AC}{AA'}=\dfrac{1}{2}$，故 $S_{\triangle C'AA'}=4$.

因为 $\triangle BAA'$ 与 $\triangle BAC$ 相邻，所以 $\dfrac{\triangle BAC}{\triangle BAA'}=\dfrac{AC}{AA'}=\dfrac{1}{2}$，故 $S_{\triangle BAA'}=4$.

因为 $\triangle C'BA$ 与 $\triangle C'BB'$ 相邻，所以 $\dfrac{\triangle C'BA}{\triangle C'BB'}=\dfrac{BA}{BB'}=\dfrac{1}{3}$，故 $S_{\triangle C'BB'}=12$.

因为 $\triangle A'BA$ 与 $\triangle A'BB'$ 相邻，所以 $\dfrac{\triangle A'BA}{\triangle A'BB'}=\dfrac{BA}{BB'}=\dfrac{1}{3}$，故 $S_{\triangle A'BB'}=12$.

综上：$S_{A'B'C'}=2+2+4+4+12+12=36$.

3）同底的两个三角形面积之比等于高之比. 如图 7 - 15 所示，因为共用底边 AB，所以 $\dfrac{S_{\triangle ABC'}}{S_{\triangle ABC}}=\dfrac{h'}{h}$.

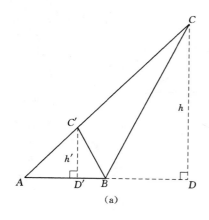

（a）

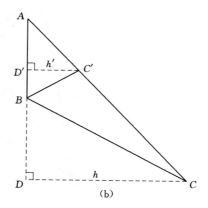

（b）

图 7 - 15

a. 因为△AC′D′与△ACD相似，所以$\dfrac{S_{\triangle ABC'}}{S_{\triangle ABC}}=\dfrac{h'}{h}=\dfrac{AC'}{AC}$.

b. 因为△BAC′与△BAC，共用顶点B，底边公共线，根据"相邻"三角形，可以得到$\dfrac{S_{\triangle ABC'}}{S_{\triangle ABC}}=\dfrac{AC'}{AC}$（图7-16）.

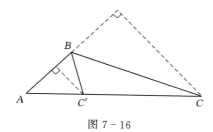

图 7 - 16

4）燕尾定理. 如图7-17所示，$\dfrac{S_{\triangle ABE}}{S_{\triangle ACE}}=\dfrac{BD}{DC}$. 使用燕尾定理时，要注意以下两点：①面积之比只与D点有关；②与E点位置无关.

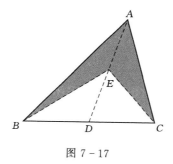

图 7 - 17

【典例4】（条件充分性判断题）如图7-18所示，已知$BD:DC=1:2$，则$\dfrac{S_{\triangle ABE}}{S_{\triangle ACE}}=\dfrac{1}{2}$.

（1）E点为AD中点.（2）E点为AD三等分点.

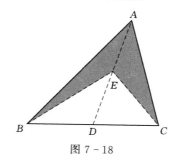

图 7 - 18

【解析】根据燕尾定理，$\dfrac{S_{\triangle ABE}}{S_{\triangle ACE}}=\dfrac{BD}{DC}=\dfrac{1}{2}$，与E点位置无关，所以两个条件都充分，选D.

【典例5】如图7-19所示，已知△ABC的面积为24，D点为BC边中点，且BF＝2AF，求 $S_{\triangle AEF}$.

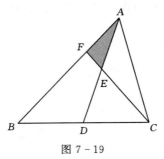

图7-19

【解析】连接BE（图7-20），设 $S_{\triangle AEF}=a$.

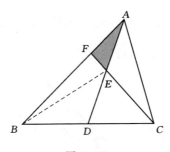

图7-20

因为△AEF与△BEF相邻，所以 $\dfrac{S_{\triangle AEF}}{S_{\triangle BEF}}=\dfrac{AF}{BF}=\dfrac{1}{2}$，故 $S_{\triangle BEF}=2a$，所以 $S_{\triangle AEB}=a+2a=3a$.

因为△AEB与△AEC燕尾，所以 $\dfrac{S_{\triangle AEB}}{S_{\triangle AEC}}=\dfrac{BD}{DC}=\dfrac{1}{1}$，故 $S_{\triangle AEC}=3a$，所以 $S_{\triangle AFC}=a+3a=4a$.

因为△AFC与△ABC相邻，所以 $\dfrac{S_{\triangle AFC}}{S_{\triangle ABC}}=\dfrac{AF}{AB}=\dfrac{1}{3}$，故 $S_{\triangle ABC}=12a$，所以 $12a=24$，故 $S_{\triangle AEF}=a=2$.

5. 三角形的全等与相似

（1）相似与全等定义.

1）三角形的全等：两个三角形的三条边及三个角都对应相等.

2）三角形的相似：两个三角形对应角相等，对应边成比例.

（2）相似与全等判定.

1）全等的判定.

a. SSS（边边边）：三边对应相等的三角形全等.

b. SAS（边角边）：两边及其夹角对应相等的三角形全等.

c. ASA（角边角）：两角及其夹边对应相等的三角形全等.

d. AAS（角角边）：两角及其一角的对边对应相等的三角形全等.

e. HL（斜边、直角边）：斜边及另一条直角边相等的直角三角形全等.

2）相似的判定（全等的一定相似）.

全　等　判　定	相　似　判　定
SSS（边边边）	对应边成比例，对应角相等
SAS（边角边）	
ASA（角边角）	只需两对应角相等
AAS（角角边）	
HL（斜边、直角边）	只需一锐角相等

（3）相似结论.

1）相似三角形（相似图形）对应边的比相等（即为相似比）.

2）相似三角形（相似图形）的高、中线、角平分线的比也等于相似比.

3）相似三角形（相似图形）的周长比等于相似比.

4）相似三角形（相似图形）的面积比等于相似比的平方.

（4）相似模型.

1）A 字形（图 7-21）：$\triangle ABC \backsim \triangle AB'C'$.

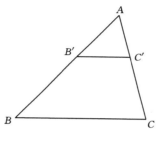

图 7-21

2）8 字形（图 7-22）：$\triangle ABC \backsim \triangle A'B'C$.

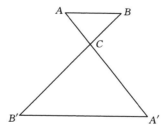

图 7-22

3）阶梯形（图 7-23）：$\triangle ABC \backsim \triangle CDE \backsim EFG$.

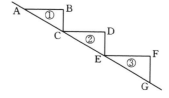

图 7-23

151

4）特殊结构 Rt△（图 7-24）.

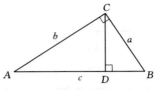

图 7-24

【结论】a. 根据等面积：$AB \cdot CD = AC \cdot BC$.

b. 根据相似：$AC^2 = AD \cdot AB$；$BC^2 = BD \cdot BA$；$CD^2 = DA \cdot DB$.

6. 三角形"四心"

（1）内心：内切圆圆心，也是三条角平分线的交点（图 7-25）.

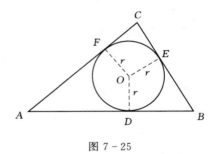

图 7-25

【性质】1）三角形内心到各边距离相等，均等于内切圆半径.

2）三角形面积 $S = \dfrac{1}{2}(a+b+c)r$.

3）直角三角形中，内切圆半径 $r_内 = \dfrac{a+b-c}{2}$（两直角边相加减斜边除以2）.

（2）外心：外接圆圆心，也是三条边的垂直平分线（中垂线）的交点（图 7-26）.

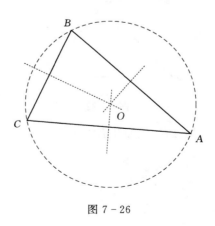

图 7-26

【性质】1）外心到各顶点距离相等.

2）直角三角形外心为斜边中点.

3）直角三角形斜边中点到各顶点距离相等.

（3）重心：三条中线的交点（图 7 - 27）.

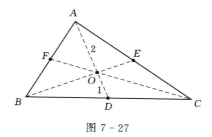

图 7 - 27

【性质】1）重心分中线上下两部分之比为 2：1.

2）重心平分三角形面积，即 $S_{\triangle ABO}=S_{\triangle BOC}=S_{\triangle COA}=\dfrac{1}{3}S_{\triangle ABC}$.

3）重心坐标公式，$A(x_1,y_1)$，$B(x_2,y_2)$，$C(x_3,y_3)$，$O\left(\dfrac{x_1+x_2+x_3}{3},\ \dfrac{y_1+y_2+y_3}{3}\right)$
（记住公式，要求会代入求解）.

4）在过重心且与底边平行的直线上任取一点，该点与底边所构成的三角形面积为原三角形面积的 $\dfrac{1}{3}$，即 $S_{\triangle BOC}=S_{\triangle BO'C}=\dfrac{1}{3}S_{\triangle ABC}$（图 7 - 28）.

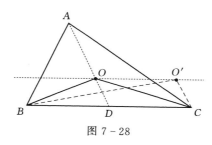

图 7 - 28

（4）垂心：三条高线的交点（了解概念即可）.

（5）等边三角形的"四心"合一.

（6）三角形中位线：连接三角形两边中点的线段叫作三角形的中位线，三角形的中位线平行于第三边并且等于第三边边长的一半（图 7 - 29）.

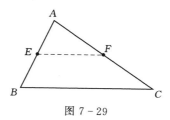

图 7 - 29

【性质】1）$EF /\!/ BC$，$EF=\dfrac{1}{2}BC$.

2）在中位线所在直线任取一点，该点与底边构成的三角形面积为原三角形面积的 $\dfrac{1}{2}$，

即 $S_{\triangle BCD} = S_{\triangle BCD'} = \dfrac{1}{2}S_{\triangle ABC}$（图 7-30）.

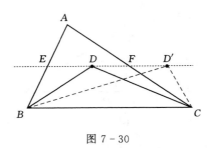

图 7-30

二、四边形

1. 内角和

（1）四边形内角和为 360°.

（2）n 边形内角和为 $(n-2) \times 180°$.

2. 平行四边形

（1）定义：一组对边平行且相等的四边形叫作平行四边形（图 7-31）.

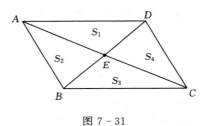

图 7-31

（2）性质.

1）两条对角线 AC 和 BD 互相平分.

2）两条对角线 AC 和 BD 将整个平行四边形面积四等分，即 $S_1 = S_2 = S_3 = S_4 = \dfrac{1}{4}S_{\square ABCD}$.

3）过对角线交点，即平行四边形中心 E 点的直线，平分平行四边形面积，即 $S_1 = S_2 = \dfrac{1}{2}S_{\square ABCD}$（图 7-32）.

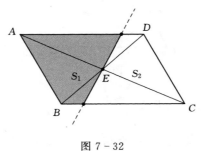

图 7-32

3. 矩形

（1）定义：有一个角是 90° 的平行四边形叫作矩形（图 7 - 33）.

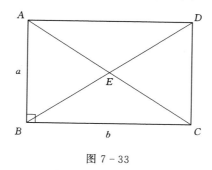

图 7 - 33

1）周长 $=2(a+b)$.

2）面积 $=ab$.

（2）性质.

1）平行四边形的所有性质都满足.

2）矩形的对角线相等.

3）如图 7 - 34 所示：$S_{阴影}=S_{空白}=\dfrac{1}{2}S_{矩形ABCD}$.

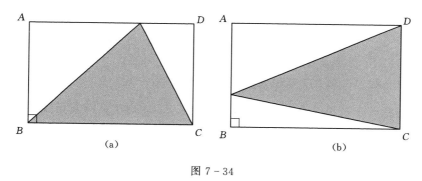

(a)   (b)

图 7 - 34

【典例 6】如图 7 - 35 所示，四条线将矩形面积分成若干份，求阴影部分面积.

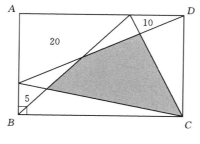

图 7 - 35

【解析】如图 7 - 36 所示，根据矩形面积性质有 $a+b+S=20+a+10+5+b$，解得 $S=35$.

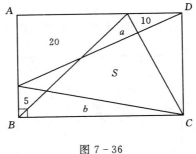

图 7 - 36

4. 菱形

(1) 定义：有一组邻边相等的平行四边形叫作菱形（图 7 - 37）.

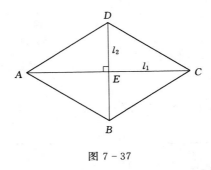

图 7 - 37

(2) 性质.

1）两条对角线 AC 和 BD 互相垂直且平分（图 7 - 38）.

2）菱形面积等于对角线乘积的一半，即 $S = \frac{1}{2}l_1l_2$，对于任意对角线互相垂直的四边形都有这个性质.

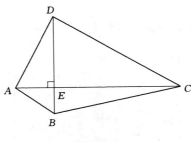

图 7 - 38

5. 梯形

(1) 定义：只有一组对边平行的四边形叫作梯形（图 7 - 39）.

(2) 中位线：两腰中点连线，EF 平行于上底和下底，$EF = \frac{1}{2}(a+b)$.

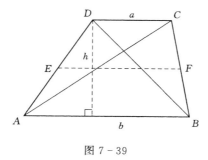

图 7 - 39

（3）面积：$S=\dfrac{(a+b)h}{2}=$中位线×高.

（4）性质.

1）根据△DEC 与△BEA 相似，可得 $\dfrac{S_1}{S_2}=\left(\dfrac{a}{b}\right)^2$（图 7 - 40）.

2）根据△DAB 与△CAB 同底等高，可得 $S_3=S_4$.

3）根据△DEC 与△DEA "相邻"，可得 $S_1S_2=S_3S_4$.

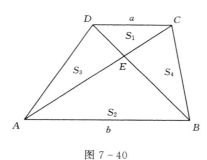

图 7 - 40

（5）辅助线：过梯形顶点做对角线平行线（图 7 - 41）.

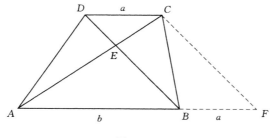

图 7 - 41

1）上底，下底在同一直线上.
2）两条对角线分别为大三角形 ACF 的两边.
3）两条对角线夹角为大三角形 ACF 的顶角.
4）梯形面积等于大三角形 ACF 的面积.

6.正方形

（1）定义：四条边都相等、四个角都是直角的四边形叫作正方形（图 7 - 42）.

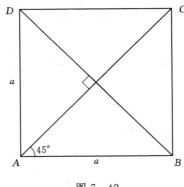

图 7 - 42

（2）对角线 $AC = BD = \sqrt{2}a$；面积 $S = a^2$.

（3）性质.

1）两组对边分别平行；四条边都相等；邻边互相垂直.

2）四个角都是 $90°$，内角和为 $360°$.

3）对角线互相垂直；对角线相等且互相平分；每条对角线平分一组对角.

4）既是中心对称图形，又是轴对称图形（有四条对称轴）.

5）正方形的一条对角线把正方形分成两个全等的等腰直角三角形；对角线与边的夹角是 $45°$.

6）正方形的两条对角线把正方形分成四个全等的等腰直角三角形.

7）正方形具有平行四边形、菱形、矩形的一切性质与特性.

8）正方形是特殊的矩形.

三、圆、扇形、弓形、圆心角与圆周角

1.圆

（1）周长 $C = 2\pi r$（图 7 - 43）.

（2）面积 $S = \pi r^2$.

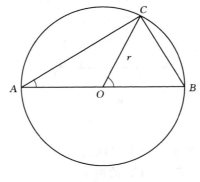

图 7 - 43

2. 扇形

$S_{扇形} = \dfrac{\alpha}{360°}\pi r^2$ （图 7-44）.

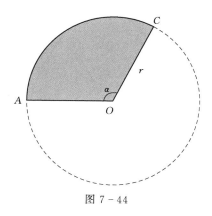

图 7-44

3. 弓形

$S_{弓形} = S_{扇形AOC} - S_{\triangle AOC}$ （图 7-45）.

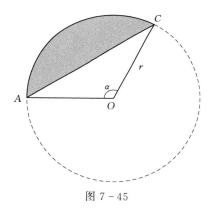

图 7-45

4. 圆心角与圆周角

$\angle COB$ 为圆心角，$\angle CAB$ 为圆周角. 圆心角等于圆周角的 2 倍，即 $\angle COB = 2\angle CAB$（图 7-46）.

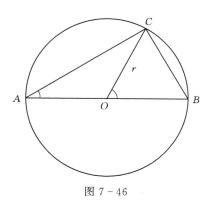

图 7-46

【典例 7】如图 7-47 所示，已知正方形 $ABCD$ 边长为 a，求：$S_①$、$S_②$、$S_②-S_③$.

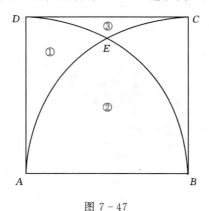

图 7-47

【解析】本题在求解时，建议先求出图 7-48 中 $S_{阴影}$ 后再分割求解.

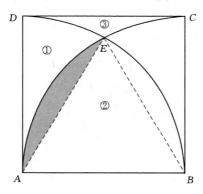

图 7-48

连接 AE 和 BE 后，因为 AB、AE、BE 均为半径，所以 $\triangle ABE$ 为等边三角形.

$$S_{阴影}=S_{扇形BAE}-S_{\triangle BAE}=\frac{1}{6}\pi a^2-\frac{\sqrt{3}}{4}a^2$$

$$S_①=S_{扇形ADE}-S_{阴影}=\frac{1}{12}\pi a^2-\left(\frac{1}{6}\pi a^2-\frac{\sqrt{3}}{4}a^2\right)=\frac{\sqrt{3}}{4}a^2-\frac{1}{12}\pi a^2$$

$$S_②=S_{扇形AEB}+S_{阴影}=\frac{1}{6}\pi a^2+\left(\frac{1}{6}\pi a^2-\frac{\sqrt{3}}{4}a^2\right)=\frac{1}{3}\pi a^2-\frac{\sqrt{3}}{4}a^2$$

$$\begin{aligned}
S_②-S_③&=(S_②+S_①)-(S_③+S_①)\\
&=S_{扇形ADB}-(S_{正方形ABCD}-S_{扇形BAC})\\
&=S_{扇形ADB}+S_{扇形BAC}-S_{正方形ABCD}\\
&=2S_{扇形ADB}-S_{正方形ABCD}\\
&=2\times\frac{1}{4}\pi a^2-a^2\\
&=\frac{1}{2}\pi a^2-a^2
\end{aligned}$$

第二节　刚刚"恋"习

一、三角形部分（共计 8 个考点）

【考点 107】三角形的角和边

1. 在图 7-49 中若 $AB//CE$，$CE＝DE$，且 $y＝45°$，则 $x＝$（　　）.

A. $45°$　　　　B. $60°$　　　　C. $67.5°$　　　　D. $112.5°$　　　　E. $135°$

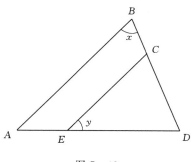

图 7-49

【答案】C

【解析】因为 $AB//CE$，所以 $\angle ECD＝\angle EDC＝x$，又因为 $y＝45°$，所以 $2x＋45°＝180°\Rightarrow x＝67.5°$.

2. 如图 7-50 所示，D 为 $\triangle ABC$ 内一点，CD 平分 $\angle ACB$，$BE\perp CD$，垂足为 D，交 AC 于点 E，$\angle A＝\angle ABE$，$AC＝5$，$BC＝3$，则 BD 的长为（　　）.

A. 1　　　　B. 1.5　　　　C. 2　　　　D. 2.5　　　　E. 3

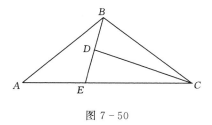

图 7-50

【答案】A

【解析】因为 CD 平分 $\angle ACB$，$BE\perp CD$，所以 $BC＝CE＝3$. 又因为 $\angle A＝\angle ABE$ 所以 $AE＝BE$. $BD＝\dfrac{1}{2}BE＝\dfrac{1}{2}AE＝\dfrac{1}{2}(AC－CE)＝1$. 故选 A.

3. 现有长度分别为 2 厘米、3 厘米、4 厘米、5 厘米的木棒，从中任取三根，能组成三角形的个数为（　　）.

A. 1　　　　B. 2　　　　C. 3　　　　D. 4　　　　E. 5

【答案】C

【解析】首先任取三根，有 2，3，4；2，3，5；2，4，5；3，4，5；再根据三角形的三边关系，得其中 2＋3＝5，排除 2，3，5；只有 3 个符合.

【考点 108】判断三角形形状

4. $\triangle ABC$ 的三边为 a、b、c，且满足 $\dfrac{a^2+b^2}{c^2}+3.25=2\times\dfrac{a+1.5b}{c}$，则 $\triangle ABC$ 是（　　）.

　　A. 直角三角形　　　　　B. 等腰三角形　　　　　C. 等边三角形

　　D. 等腰直角三角形　　　E. 以上均不正确

【答案】B

【解析】等式化简为 $4a^2+4b^2+13c^2-8ac-12bc=0$，即 $4(a-c)^2+(2b-3c)^2=0$，故 $a=c$，$b=\dfrac{3}{2}a$，则 $\triangle ABC$ 是等腰三角形.

5. $\triangle ABC$ 是直角三角形.

(1) 边长 a、b、c 满足 $a^2+b^2+c^2+338=10a+24b+26c$.

(2) $\triangle ABC$ 一条边上的中线长度为该边长的一半.

【答案】D

【解析】条件（1）$a^2+b^2+c^2+338=10a+24b+26c$，即 $a^2-10a+25+b^2-24b+144+c^2-26c+169=0$ 故有 $(a-5)^2+(b-12)^2+(c-13)^2=0$，得 $a=5$，$b=12$，$c=13$，显然为直角三角形，条件（1）充分；条件（2）显然也充分，故选 D.

【考点 109】三角形面积基本计算

6. 已知一等腰三角形的两边长 x、y 满足方程组 $\begin{cases}2x-y=3\\3x+2y=8\end{cases}$，则此等腰三角形的面积为（　　）.

　　A. $\dfrac{\sqrt{15}}{4}$　　　B. $\dfrac{\sqrt{15}}{2}$　　　C. $\sqrt{15}$　　　D. $\dfrac{\sqrt{15}}{3}$　　　E. $\dfrac{3\sqrt{15}}{4}$

【答案】A

【解析】因为 $\begin{cases}2x-y=3\\3x+2y=8\end{cases}\Rightarrow\begin{cases}x=2\\y=1\end{cases}$.

条件（1）当 2 为底，1 为腰时，因为 $1+1=2$，故不能组成三角形，舍去.

条件（2）当 1 为底，2 为腰时，如图 7-51 所示，AD 为等腰三角形底边高，且 D 为中点，$BD=\dfrac{1}{2}BC=\dfrac{1}{2}$，在 Rt $\triangle ABD$ 中，$AD=\sqrt{AB^2-BD^2}=\sqrt{2^2-\left(\dfrac{1}{2}\right)^2}=\dfrac{\sqrt{15}}{2}$，$S_{\triangle ABC}=\dfrac{1}{2}\times1\times\dfrac{\sqrt{15}}{2}=\dfrac{\sqrt{15}}{4}$.

7. 已知 Rt$\triangle ABC$ 中 $\angle C=90°$，AB 边上的中线长为 2，且 $AC+BC=6$，则 $S_{\triangle ABC}=$（　　）.

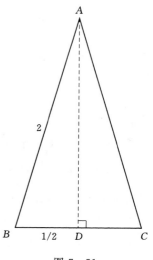

图 7-51

A. 4　　　　B. 5　　　　C. 6　　　　D. 7　　　　E. 8

【答案】B

【解析】由已知 AB 边上的中线长为 2，则 AB 为 4，有 $AC^2+BC^2=4^2 \Rightarrow (AC+BC)^2-2AC \cdot BC=16 \Rightarrow 36-2AC \cdot BC=16 \Rightarrow AC \cdot BC=10$，所以 $S_{\triangle ABC}=\dfrac{1}{2}AC \cdot BC=5$，故选 B.

【考点 110】"相邻"三角形

8. 如图 7－52 所示，点 D 为 $\triangle ABC$，BC 边的三等分点，则两个三角形的面积比 $S_{\triangle ABD}$：$S_{\triangle ACD}=$（　　）.

A. $1:3$　　　B. $1:9$　　　C. $1:2$　　　D. $1:4$　　　E. $3:1$

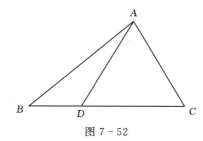

图 7－52

【答案】C

【解析】两三角形有相同的高，故面积比等于对应底边之比 $S_{\triangle ABD}$：$S_{\triangle ACD}=BD:CD=1:2$.

9. 如图 7－53 所示，在 $\triangle ABC$ 中，D 是 BC 边中点，$AE=2BE$，$S_{\triangle BDE}=5$，则 $S_{AEDC}=$（　　）.

A. 20　　　　B. 25　　　　C. 28　　　　D. 30　　　　E. 35

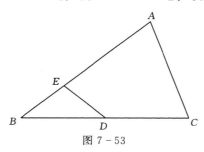

图 7－53

【答案】B

【解析】连接 EC. 因为 D 是 BC 边中点，所以 $S_{\triangle DEC}=S_{\triangle BED}=5$，$S_{\triangle BEC}=10$.

由 $AE=2BE$ 可知，$BE=\dfrac{1}{3}AB$，所以 $S_{\triangle ABC}=3S_{\triangle BEC}=30$，则 $S_{AEDC}=30-5=25$，故选 B.

【考点 111】相似三角形

10. 如图 7－54 所示，$AF=2FB$，平行四边形 $EBCD$ 的面积为 24，则直角三角形 ABC 的面积是（　　）.

A. 24　　　　B. 36　　　　C. 48　　　　D. 60　　　　E. 以上均不正确

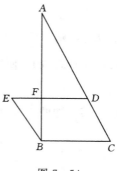

图 7 - 54

【答案】B

【解析】由图可知，$\triangle AFD \backsim \triangle BFE$，所以 $EF = \frac{1}{3}ED$，所以 $S_{\triangle EFB} = \frac{1}{6}S_{EBCD} = 4$，则 $S_{\triangle AFD} = 16$，$S_{FBCD} = 20 \Rightarrow S_{\triangle ABC} = 36$.

11. 如图 7 - 55，在直角三角形 ABC 中，$AC = 4$，$BC = 3$，$DE /\!/ BC$，已知梯形 $BCED$ 的面积为 3，则 DE 长为（ ）.

A. $\sqrt{3}$ B. $\sqrt{3}+1$ C. $4\sqrt{3}-4$ D. $\frac{3\sqrt{2}}{2}$ E. $\sqrt{2}+1$

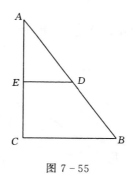

图 7 - 55

【答案】D

【解析】根据题意 $S_{\triangle ABC} = \frac{4\times 3}{2} = 6$，$S_{BCED} = 3$，所以 $S_{\triangle AED} = 6 - 3 = 3$，根据相似得到

$$\frac{S_{\triangle AED}}{S_{\triangle ABC}} = \left(\frac{DE}{BC}\right)^2 = \frac{1}{2} \Rightarrow DE = \frac{3}{2}\sqrt{2}.$$

【考点 112】特殊三角形

12. 直角三角形一条边长为 12，另两条边长为自然数，则其周长为（ ）.

A. 48   B. 36   C. 36 或 48   D. 30   E. 以上均不正确

【答案】E

【解析】有两组常用勾股数：3、4、5；5、12、13.

12 既是 3 的倍数又是 4 的倍数，因此该直角三角形三边长可以是 12、16、20，也可以是 9、12、15，两种三角形的周长分别是 48 和 36，直角三角形三边长还可以是 5、12、13，因此周长还有可能是 30，A、B、C、D 均不全面，故选 E.

13. 若直角三角形的两条直角边长为 a、b，斜边长为 c，斜边上的高为 h，则（ ）.

A. $ab=h^2$ B. $\dfrac{1}{a}+\dfrac{1}{b}=\dfrac{1}{h}$ C. $\dfrac{1}{a^2}+\dfrac{1}{b^2}=\dfrac{1}{h^2}$

D. $a^2+b^2=2h^2$ E. 以上均不正确

【答案】C

【解析】在直角三角形中，$a^2+b^2=c^2$，$ab=ch$，则 $h=\dfrac{ab}{c}\Rightarrow h^2=\dfrac{a^2b^2}{a^2+b^2}$，所以 $\dfrac{1}{h^2}=\dfrac{a^2+b^2}{a^2b^2}=\dfrac{1}{a^2}+\dfrac{1}{b^2}$.

【考点 113】三角形"四心"

14. 有一个角是 30° 的直角三角形的小直角边长 a，它的内切圆的半径为 （ ）.

A. $\dfrac{1}{2}a$ B. $\dfrac{\sqrt{3}}{2}a$ C. a D. $\dfrac{\sqrt{3}+1}{2}a$ E. $\dfrac{\sqrt{3}-1}{2}a$

【答案】E

【解析】一个角为 30° 的直角三角形三边长分别为 a、$\sqrt{3}a$、$2a$，设内切圆半径为 r.

三角形面积为 $\dfrac{1}{2}r(a+2a+\sqrt{3}a)=\dfrac{1}{2}a\cdot\sqrt{3}a\Rightarrow r=\dfrac{\sqrt{3}-1}{2}a$.

【考点 114】三角形综合应用

15. 如图 7-56 所示，在直角 $\angle O$ 的内部有一滑动杆 AB. 当端点 A 沿直线 AO 向下滑动时，端点 B 会随之自动地沿直线 OB 向左滑动. 如果滑动杆从图中 AB 处滑动到 A_1B_1 处，那么滑动杆的中点 C 所经过的路径是（ ）.

A. 直线的一部分   B. 圆的一部分   C. 线段 CC_1
D. 抛物线的一部分   E. 以上均不正确

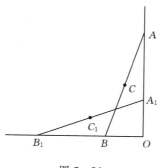

图 7-56

【答案】B

【解析】在直角三角形中斜边长度固定不变，则中线的长度不变，即以 O 为圆心 OC 的长为半径，故滑动杆的中点 C 所经过的路径是圆的一部分，故选 B.

二、四边形部分（共计 6 个考点）

【考点 115】平行四边形

16. 如图 7-57 所示，在平行四边形 $ABCD$ 中，已知 $\angle ODA = 90°$，$AC = 10$ 厘米，$BD = 6$ 厘米，则 AD 的长为（　　　）

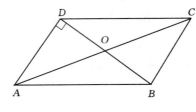

图 7-57

A. 1　　　　B. 2　　　　C. 3　　　　D. 4　　　　E. 6

【答案】D

【解析】因为四边形 $ABCD$ 是平行四边形，$AC = 10$ 厘米，$BD = 6$ 厘米，所以 $OA = OC = \frac{1}{2}AC = 5$ 厘米，$OB = OD = \frac{1}{2}BD = 3$ 厘米．因为 $\angle ODA = 90°$，所以 $AD = \sqrt{OA^2 - OD^2} = 4$ 厘米．

17. 如图 7-58 所示，平行四边形 $ABCD$ 的面积为 30，E 点为 AD 边延长线上的一点，EB 与 DC 交于 F 点，如果三角形 FBC 的面积比三角形 FDE 的面积大 9，且 $AD = 5$，则 $DE =$（　　　）．

A. 2　　　　B. 3　　　　C. 3.5　　　　D. 4　　　　E. 4.2

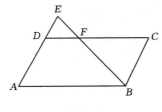

图 7-58

【答案】A

【解析】从 B 点向 AE 做垂线交 AE 于 H 点由题设结论可知，$S_{\triangle BCF} + S_{\text{梯形}ABFD} - S_{\triangle DEF} - S_{\text{梯形}ABFD} = 9$，所以 $S_{\triangle ABE} = 21$，$S_{\text{四边形}ABCD} = AD \cdot BH$，则 $BH = 6$，BH 同时为 $\triangle ABE$ 的高所以 $AE = 7$，所以 $DE = 2$，故选 A．

【考点 116】矩形

18. 如图 7-59 所示，则长方形中阴影部分面积的和为（　　　）平方厘米．

A. 75　　　　B. 80　　　　C. 85　　　　D. 90　　　　E. 120

【答案】A

【解析】连接 AG、DG，则 $S_{\triangle AFG} = S_{\triangle BFG}$，$S_{\triangle CGH} = S_{\triangle DGH}$．

则 $S_{\triangle AEG} + S_{\triangle BGH} + S_{\triangle CHI} + S_{\triangle DIF}$

$$= \frac{1}{2}EG \cdot DI + \frac{1}{2}GH \cdot DI + \frac{1}{2}HI \cdot DI + \frac{1}{2}IF \cdot DI$$

$$= \frac{1}{2}DI(EG + GH + HI + IF) = \frac{1}{2}DI \cdot EF = 75.$$

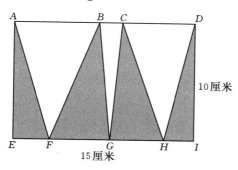

图 7－59

19. 图 7－60 中的矩形被分成四部分，其中三部分面积分别为 2、3、4，那么，阴影三角形的面积为（   ）.

A. 5   B. 6   C. 7   D. 8   E. 9

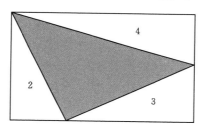

图 7－60

【答案】C

【解析】设矩形的面积为 S，如图 7－61 所示，把矩形分为四个小矩形有 $\frac{a(c+d)}{2}=2$，$\frac{bc}{2}=3$，$\frac{d(a+b)}{2}=4$，即 $ac+ad=4$，$bc=6$，$ad+bd=8$.

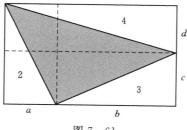

图 7－61

又 $S=(a+b)(c+d)=ac+ad+bc+bd=ac+8+6=4+6+bd$，所以 $ac=S-14$，$bd=S-10$.

把三式相乘 $a(c+d) \cdot bc \cdot d(a+b) = abcd(c+d)(a+b) = abcdS = 4 \times 6 \times 8$，所以 $abcdS = 192$.

把 $ac = S - 14$，$bd = S - 10$ 代入 $(S-10)(S-14)S = 192$.

用五个选项的值验证，则当阴影部分为 7 时 $S = 16$ 符合.

【考点 117】菱形

20. 如图 7 - 62 所示，菱形 $ABCD$ 的周长为 20，对角线 $BD = 8$. 则菱形 $ABCD$ 的面积为（　　）.

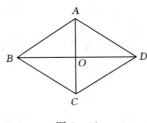

图 7 - 62

A. 25　　　　B. 24　　　　C. 22　　　　D. 18　　　　E. 16

【答案】 B

【解析】 因为菱形 $ABCD$ 的周长为 20，所以 $AB = BC = CD = AD = 5$，又因为四边形 $ABCD$ 为菱形，所以 $AC \perp BD$，且 $OA = OC$，$OB = OD = 4$，所以在直角三角形 ABO 中，由勾股定理得，$AO = 3$，所以 $AC = 6$，所以 $S_{\text{菱形}ABCD} = 6 \times 8 \div 2 = 24$.

【考点 118】梯形

21. 如图 7 - 63 所示，梯形 $ABCD$ 中，$AD \parallel BC$，中位线 EF 分别与 BD，AC 交于 G 点、H 点，若 $AD = 6$，$BC = 12$，则 $GH = ($　　$)$.

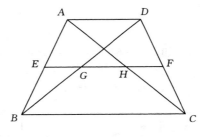

图 7 - 63

A. 3　　　　B. 4　　　　C. 2　　　　D. 1.5　　　　E. 2.5

【答案】 A

【解析】 在三角形 ABC 中，可求中位线 $EH = 6$；在三角形 ADB 中，可求中位线 $EG = 3$；所以 $GH = 6 - 3 = 3$.

22. 两条对角线把梯形 $ABCD$ 分割成四个三角形，已知两个三角形的面积（如图 7 - 64 所示），则梯形的面积是（　　）.

A. 30　　　　B. 45　　　　C. 50　　　　D. 54　　　　E. 60

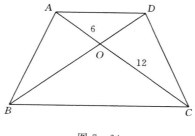

图 7 - 64

【答案】D

【解析】由梯形左右两个三角形面积相等，有 $S_{\triangle AOB}=S_{\triangle COD}=12$.

又由 $S_{\triangle AOB}S_{\triangle COD}=S_{\triangle AOD}S_{\triangle COB}$，可知 $S_{\triangle COB}=24$.

因此面积 $=12+12+6+24=54$.

【考点 119】正方形

23. 如图 7 - 65 所示，边长为 1 的正方形 $ABCD$ 绕 A 点逆时针旋转 $30°$ 到正方形 $A'B'$ $C'D'$，则图中阴影部分的面积为 （   ）.

A. $\dfrac{1}{2}$ B. $\dfrac{\sqrt{3}}{3}$ C. $1-\dfrac{\sqrt{3}}{4}$ D. $1-\dfrac{\sqrt{3}}{3}$ D. $\dfrac{\sqrt{3}}{4}$

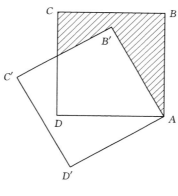

图 7 - 65

【答案】D

【解析】如图 7 - 66 所示，设 DC 与 $B'C'$ 交于点 E，连接 AE，$\angle BAB'=30°$，$\angle DAB'=60°$，又正方形 $A'B'C'D$ 是由正方形 $ABCD$ 绕 A 点逆时针旋转 $30°$ 得到的，所以 $AB'=AD$，$\angle B'=90°$，在 $Rt\triangle ADE$ 与 $Rt\triangle AB'E$ 中，$AD=AB'$，$AE=AE$，所以 Rt $\triangle ADE\cong Rt\triangle AB'E$，$\angle DAE=\dfrac{\angle DAB'}{2}=30°$，可以求出 $DE=\dfrac{\sqrt{3}}{3}$ 所以 $S_{四边形 AB'ED}=$ $2S_{\triangle ADE}=2\cdot\dfrac{AD\cdot DE}{2}=\dfrac{\sqrt{3}}{3}$，故 $S_{阴影}=S_{四边形 ABCD}-S_{四边形 AB'ED}=1-\dfrac{\sqrt{3}}{3}$.

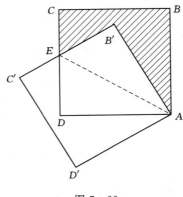

图 7 - 66

【考点 120】四边形综合

24. 顺次连接任意四边形各边中点所得的四边形与原四边形面积之比是（　　）.

A. $1:2$ B. $1:4$ C. $1:\sqrt{2}$ D. $1:3$ E. $1:8$

【答案】 A

【解析】 取四边形为正方形，通过图形可知，面积为原来的一半，故选 A.

25. 如图 7 - 67 所示，四边形 $ABCD$ 的对角线 BD 被 E、F 两点三等分，且四边形 $AECF$ 的面积为 15 平方厘米. 则四边形 $ABCD$ 的面积为（　　）.

A. 42   B. 40   C. 45   D. 50   E. 48

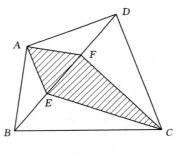

图 7 - 67

【答案】 C

【解析】 因为 E、F 两点是 BD 的三等分点，$3S_{\triangle AEF}=S_{\triangle ABD}$，$3S_{\triangle CEF}=S_{\triangle BCD}$，因为四边形 $AECF$ 的面积为 15，故四边形的面积为 $3S_{四边形AECF}=3\times15=45$.

三、圆和扇形部分（共计 3 个考点）

【考点 121】基本量求解

26. 如图 7 - 68 所示，扇形纸扇完全打开后，外侧两竹条 AB、AC 夹角为 $120°$，AB 的长为 30 厘米，贴纸部分 BD 的长为 20 厘米，则扇面（贴纸部分）的面积为（　　）平方厘米.

A. 100π B. $\dfrac{800}{3}\pi$ C. $\dfrac{400}{3}\pi$ D. 800π E. 400π

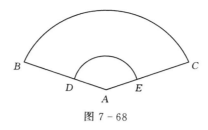

图 7-68

【答案】B

【解析】扇面（贴纸部分）的面积为扇形 ABC 减去扇形 ADE，$S_{\text{扇形}ABC}=\dfrac{\pi}{3}\cdot 30^2$；

$S_{\text{扇形}ADE}=\dfrac{\pi}{3}\cdot 10^2$，因此扇面（贴纸部分）的面积 $=\dfrac{\pi}{3}(30^2-10^2)=\dfrac{800}{3}\pi$ 平方厘米．

27．如图 7-69 所示，一个半径为 1 的圆内切于一个圆心角为 60° 的扇形，则扇形的周长为（　　）．

A．$6-2\pi$　　　　B．$6-\pi$　　　　C．$6+\pi$　　　　D．$6+2\pi$　　　　E．以上均不正确

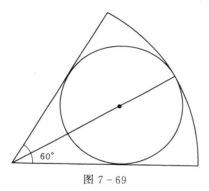

图 7-69

【答案】C

【解析】如图 7-70 所示，设 ⊙O 与扇形相切于 A 点、B 点，则 $\angle CAO=90°$，$\angle ACB=30°$，因为半径为 1 的圆内切于一个圆心角为 60° 的扇形，所以 $AO=1$，所以 $CO=2AO=2$，所以 $BC=2+1=3$，所以扇形的弧长为 $\dfrac{60\pi\times 3}{180}=\pi$，所以则扇形的周长为 $3+3+\pi=6+\pi$．故答案为 $6+\pi$．

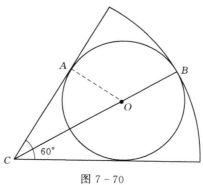

图 7-70

28. 如图 7-71 所示，直径分别是 15 和 5 的两圆外切于某点，AB 为两圆外公切线，则梯形 $ABCD$ 的面积与周长分别是 （　　）.

A. $25\sqrt{3}$，$5(4+\sqrt{3})$　　　　B. $50\sqrt{3}$，$5(4+\sqrt{3})$　　　　C. $25\sqrt{3}$，$10(4+\sqrt{3})$

D. $50\sqrt{3}$，$10(4+\sqrt{3})$　　　　E. 以上均不正确

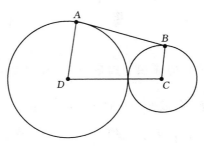

图 7-71

【答案】A

【解析】如图 7-72 所示，过 C 点做 AD 的垂线交于 E 点，则四边形 $ABCE$ 是矩形，$CD=7.5+2.5=10$，$ED=AD-BC=5$，在直角三角形 CED 中，$CE=\sqrt{CD^2-DE^2}=5\sqrt{3}$，故梯形高为 $5\sqrt{3}$，因此可以分别计算其面积和周长是 $25\sqrt{3}$，$5(4+\sqrt{3})$，选 A.

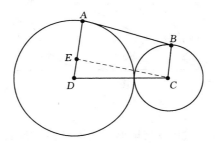

图 7-72

【考点 122】阴影面积求解

29. 如图 7-73 所示，已知 $AB=BC=CD=2$ 厘米．则阴影部分的面积为 （　　）.

A. 3π　　　　B. 4π　　　　C. 2.5π　　　　D. 3.5π　　　　E. 以上均不正确

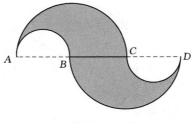

图 7-73

【答案】A

【解析】把图中两部分拼接起来，可以发现正好是一个大圆一个小圆．大圆面积为 $2^2\pi$；小圆面积为 $1^2\pi$，则阴影部分面积为 $4\pi-\pi=3\pi$．

30．如图 7-74 所示，正方形边长为 $2a$，那么图中阴影部分的面积为（　　）．

 A．$\dfrac{1}{6}\pi a^2$ B．$4-\dfrac{1}{4}\pi a^2$ C．$4-\dfrac{1}{2}\pi a^2$ D．$\dfrac{1}{2}\pi a^2$ E．$\dfrac{1}{4}\pi a^2$

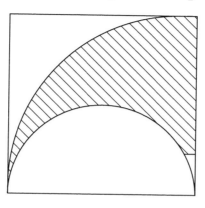

图 7-74

【答案】D

【解析】阴影部分为一个扇形减去半圆，扇形半径为 $2a$，半圆半径为 a，故阴影部分的面积为 $\dfrac{1}{4}\pi(2a)^2-\dfrac{1}{2}\pi(a)^2=\dfrac{1}{2}\pi a^2$．

31．半圆 ADB 以 C 为圆心，半径为 1，且 $CD\perp AB$，分别延长 BD 和 AD 至 E 点和 F 点，使得圆弧 AE 和 BF 分别以 B 点和 A 点为圆心，则图 7-75 中阴影部分的面积为（　　）．

 A．$\dfrac{\pi}{2}-\dfrac{1}{2}$ B．$(1-\sqrt{2})\pi$ C．$\dfrac{\pi}{2}-1$ D．$\dfrac{3\pi}{2}-2$ E．$\pi-1$

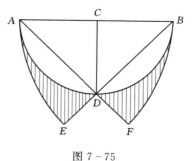

图 7-75

【答案】C

【解析】图中图像是在 CD 左右对称的，左边阴影部分面积为 $S_{扇形AEB}-S_{扇形ACD}-S_{\triangle BCD}=\dfrac{1}{8}\pi\times2^2-\dfrac{1}{4}\pi\times1^2-\dfrac{1}{2}\times1\times1=\dfrac{\pi}{4}-\dfrac{1}{2}$，因此所求阴影面积为 $\left(\dfrac{\pi}{4}-\dfrac{1}{2}\right)\times2=\dfrac{\pi}{2}-1$．

【考点 123】性质综合应用

32. 周长相同的圆、正方形和正三角形的面积分别为 a、b、c，则（　　）.

A. $a>b>c$　　B. $b>c>a$　　C. $c>a>b$　　D. $a>c>b$　　E. $b>a>c$

【答案】 A

【解析】 设周长均为 $3l$，三角形面积为 $c=\dfrac{\sqrt{3}}{4}l^2$，正方形面积为 $b=\left(\dfrac{3}{4}l\right)^2=\dfrac{9}{16}l^2$，圆面积为 $a=\pi\left(\dfrac{3l}{2\pi}\right)^2=\dfrac{9l^2}{4\pi}$，由此可知 $a>b>c$.

33. 如图 7 - 76 所示，已知半圆直径 $BC=10$ 厘米，$AB=AD$，$\angle ACD=30°$，则四边形 $ABCD$ 的面积为（　　）平方厘米.

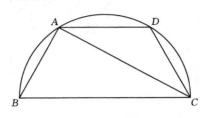

图 7 - 76

A. $\dfrac{75}{4}$　　　B. $\dfrac{75\sqrt{3}}{4}$　　　C. 25　　　D. 20　　　E. 30

【答案】 B

【解析】 因为 BC 为直径，所以 $\angle BAC=90°$. 又因为 $\angle ACB=\angle ACD=30°$，所以在 Rt$\triangle ABC$ 中，$AB=5$，$BC=10$，$AC=5\sqrt{3}$，作 $AG\perp BC$. 因为 $AG\cdot BC=AB\cdot AC$，所以 $AG=\dfrac{5\sqrt{3}}{2}$，所以 $S=(5+10)\times\dfrac{5}{2}\sqrt{3}\times\dfrac{1}{2}=\dfrac{75}{4}\sqrt{3}$.

34. 如图 7 - 77 所示，在 $\triangle ABC$ 中，D 在 AB 边上，以 BD 为直径的半圆 O 经过 E 点. 则 AC 是 $\odot O$ 的切线.

(1) $\angle C=90°$.　　　　　　(2) BE 是它的角平分线.

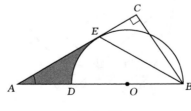

图 7 - 77

【答案】 C

【解析】 条件（1）和条件（2）联合时，$\angle OEB=\angle OBE$，又因为 BE 是它的角平分线，$\angle CBE=\angle EBO=\angle OEB$，所以 $OE\parallel BC$，$OE\perp AC$，所以 AC 为圆的切线，条件联合后充分.

35. 如图 7-78 所示，等边三角形内恰好放入三个两两外切的等圆，且各自与三角形的两条边相切

则阴影部分的面积为 $4\sqrt{3}+6-3\pi$.

(1) 圆的半径 $r=1$.   (2) 等边三角形的边长为 $2\sqrt{3}+2$.

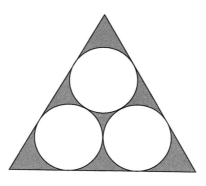

图 7-78

【答案】D

【解析】条件（1），由图 7-79 可得等边三角形边长为 $2+2\sqrt{3}$，所以 $S=\dfrac{1}{2}(2+2\sqrt{3})\times$ $(3+\sqrt{3})-3\pi=4\sqrt{3}+6-3\pi$，充分；条件（2）与条件（1）等价，充分.

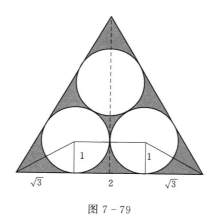

图 7-79

第三节 立 竿 见 影

一、问题求解

1. 在 $\triangle ABD$ 中，$\angle ADB=\dfrac{\pi}{2}$，$C$ 是 BD 上一点，若 E、F 分别是 AB、AC 的中点，$\triangle DEF$ 的面积为 3，则 $\triangle ABC$ 的面积为（　　）.

A．8   B．9   C．10   D．12   E．14

2. 如图 7 - 80 所示，已知 $AE = 3AB$，$BF = 2BC$，若 $\triangle ABC$ 的面积是 2，则 $\triangle AEF$ 的面积为（ ）.

　　A. 14　　　　B. 12　　　　C. 10　　　　D. 8　　　　E. 6

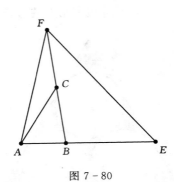

图 7 - 80

3. 两个相似三角形相似比是 5：4，其周长之比是（ ）.

　　A. $\sqrt{5}$：2　　B. 5：4　　　C. 25：16　　D. 2：$\sqrt{5}$　　E. 不能确定

4. 如图 7 - 81 所示，在 $\triangle ABC$ 中，D、E 分别是 AB、BC 上的点，若 $\triangle ACE \cong \triangle ADE \cong \triangle BDE$，则 $\angle ABC =$（ ）.

　　A. 30°　　　　B. 35°　　　　C. 45°　　　　D. 60°　　　　E. 65°

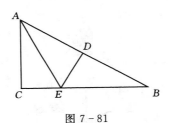

图 7 - 81

5. 某区有东，西两个正方形广场，面积共 1440 平方米，已知东广场的一边等于西广场周长的 $\frac{3}{4}$，则东广场的边长为（ ）米.

　　A. 8　　　　B. 12　　　　C. 24　　　　D. 36　　　　E. 40

6. 如图 7 - 82 所示，在梯形 $ABCD$ 中，$AD /\!/ CB$，对角线 AC，BD 相交于 O 点，若 $AD = 1$，$BC = 3$，则三角形 $\triangle AOD$ 与 $\triangle COB$ 面积之比为（ ）.

　　A. 1：9　　　B. 2：9　　　C. 1：3　　　D. 9：1　　　E. 3：1

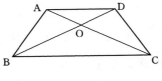

图 7 - 82

7. 如图 7-83 所示，正方形的网格中，∠1+∠2=（   ）.

A. 15°   B. 30°   C. 45°   D. 72°   E. 以上均不正确

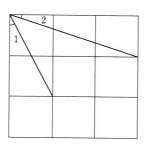

图 7-83

8. 图 7-84 是一个大正方形和一个小正方形拼成的图形，已知小正方形的边长是 6 厘米，阴影部分的面积是 66 平方厘米，则空白部分的面积是 （   ）平方厘米.

A. 70   B. 80   C. 75   D. 85   E. 60

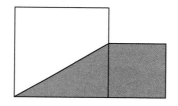

图 7-84

9. 如图 7-85 所示，在直径为 D 的大圆内做两两外切的小圆，小圆的圆心都在大圆的同一直径上，则这 5 个小圆的周长之和为 （   ）.

A. $4D$ B. $D\pi$ C. $2D\pi$ D. $4D\pi$ E. $2D$

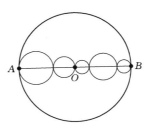

图 7-85

二、条件充分性判断题

10. 三角形三边分别为 3、8、1−2a.

（1）−5＜a＜−2.　　　　　　（2）2＜a＜5.

11. 如图 7-86 所示，则可确定 $AB /\!/ DF$.

（1）∠2+∠A=180°.　　　　　　（2）∠1=∠A.

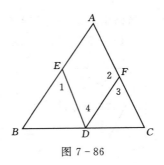

图 7-86

12. 如图 7-87 所示，把 △ABC 沿 BD 折叠，且 A 点落在边 BC 上的 E 点处. 则 ∠EDC=45°

(1) △ABC 中 AB=√2，AC=√2，BC=2.

(2) △ABC 为等腰直角三角形.

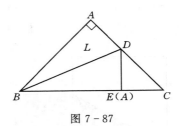

图 7-87

13. 如图 7-88 所示，在正方形网格中，将 △ABC 绕 A 点旋转后得到 △ADE.

(1) 顺时针旋转 180°.　　　　(2) 逆时针旋转 90°.

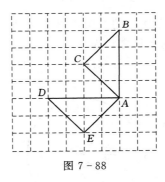

图 7-88

14. 如图 7-89 所示，BD、CF 将长方形 ABCD 分成 4 块，则四边形 ABEF 的面积是 11.

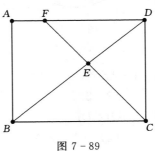

图 7-89

（1）三角形 EFD 面积是 4． （2）三角形 ECD 面积是 6．

15．已知梯形 $ABCD$ 中，$AB/\!/CD$，$AB=6$，$BC=3$，则梯形 $ABCD$ 的面积是 $\dfrac{54}{5}$．

（1）$CD=1$． （2）$AD=4$．

详　解

一、问题求解

1．【答案】D

【解析】连接 CE，因为 EF 是 $\triangle ABD$ 的中位线，所以 $S_{\triangle AEF}=S_{\triangle DEF}$，$S_{\triangle CEF}=S_{\triangle DEF}$（同底等高的两个三角形的面积相等）．又因为 $EF=\dfrac{1}{2}BC$，所以 $S_{\triangle CEB}=2S_{\triangle DEF}$．

故 $S_{\triangle ABC}=S_{\triangle AEF}+S_{\triangle CEF}+S_{\triangle CEB}=3+3+6=12$，选 D．

2．【答案】B

【解析】根据相邻三角形，面积之比等于底边之比可知，$\triangle ACF$ 面积为 2，故 $\triangle ABF$ 面积为 4，因为 $AB:BE=1:2$（图 7-90），故 $\triangle FBE$ 面积为 8，因此 $\triangle AEE$ 面积为 8+4=12．

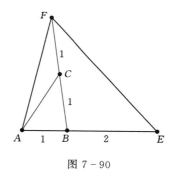

图 7-90

3．【答案】B

【解析】周长等于三角形三边之和，所以周长之比等于相似比，为 $5:4$．

4．【答案】A

【解析】因为 $\triangle ACE\cong\triangle ADE\cong\triangle BDE$，所以 $\angle ACE=\angle ADE=\angle EDB$，$\angle CAE=\angle DAE=\angle EBD$．

因为 ADB 为平角，所以 $\angle ACE=\angle ADE=\angle EDB=90°$．

所以 $\angle CAE+\angle DAE+\angle EBD=90°$，故 $\angle ABC=30°$．

5．【答案】D

【解析】设东区边长为 a，西区边长为 b，则 $a=\dfrac{3}{4}\times 4b$，$a=3b$；所以有 $(3b)^2+b^2=1440$，$b=12$，$a=36$，故选 D．

6．【答案】A

【解析】因为 $AD/\!/CB$，所以 $\angle ADO=\angle CBO$，$\angle DAO=\angle BCO$，且 $\angle AOD=\angle COB$，所以 $\triangle AOD$ 与 $\triangle COB$ 相似，所以 $AO:CO=AD:BC=1:3$．$\triangle AOD$ 与 $\triangle COB$ 面积之比

为 1：9.

7. 【答案】C

【解析】如图 7−91 所示，连接 BC，因为 $AM=CN=2$，$\angle AMC=\angle CNB=90°$，$MC=BN=1$，所以 $\triangle AMC\cong\triangle CNB\Rightarrow AC=BC$，$\angle 1=\angle 4$.

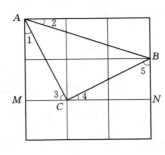

图 7−91

又 $\angle 1+\angle 3=90°$，所以 $\angle 4+\angle 3=90°$，即 $\angle ACB=180°-(\angle 4+\angle 3)=90°$.

$\triangle ABC$ 为等腰直角三角形 $\Rightarrow\angle BAC=45°$，所以 $\angle 1+\angle 2=90°-\angle BAC=45°$.

8. 【答案】A

【解析】先求出大正方形的边长，$(66-6\times6)\times2\div6=10$ 厘米，则空白部分面积为 $10\times10-10\times6\div2=70$ 平方厘米. 所以选 A.

9. 【答案】B

【解析】写出小圆周长之和，不难看出其与大圆周长刚好相等.

二、条件充分性判断题

10. 【答案】A

【解析】$1-2a>0\Rightarrow a<\dfrac{1}{2}$，$8+3>1-2a>8-3\Rightarrow-5<a<-2$，因此条件（1）充分，条件（2）不充分，选 A.

11. 【答案】A

【解析】条件（1），同旁内角互补，两直线平行，$AB\parallel DF$，充分.

条件（2），同位角相等，两直线平行，$AC\parallel DE$，不充分，所以选 A.

12. 【答案】D

【解析】条件（1）：$\sqrt{2}^2+\sqrt{2}^2=2^2$，所以 $\triangle ABC$ 为 Rt$\triangle$，所以 $DE\perp BC$，所以 $\angle ACB=45°$，所以 $\angle EDC=45°$ 充分.

条件（2）$\triangle ABC$ 为等腰 Rt$\triangle$，所以 $\angle DCE=45°$，因为 $DE\perp BC$，$\angle EDC=45°$ 充分，故选 D.

13. 【答案】B

【解析】条件（1）顺时针转 $180°$ 后，$AB\perp AD$，不重合，故其不充分；条件（2）逆时针转 $90°$ 后，AB 与 AD 重合，AC 与 AE 重合，BC 与 DE 重合，充分，故选 B

14. 【答案】C

【解析】显然需要联合. 连接 BF，知 $\triangle BEF$ 与 $\triangle EDC$ 面积相等均为 6，$\dfrac{S_{\triangle FEB}}{S_{\triangle BEC}}=\dfrac{FE}{EC}=$

$\dfrac{4}{6}$，知△BEC 面积为 9，故△BFC 面积为 9＋6＝15，因此矩形 ABCD 面积为 30，△ABD 面积为 15，四边形 AFEB 面积为 15－4＝11.

15.【答案】E

【解析】条件（1）与条件（2）显然单独不充分，考虑条件（1）与条件（2）联立，如图 7－92 所添辅助线和所设 x、y. $x＋y＝5$ 和 $3^2－y^2＝4^2－x^2$ 联立可得 $x＝\dfrac{16}{5}$、$y＝\dfrac{9}{5}$. 因此可得高为 $\dfrac{12}{5}$ 面积为 $\dfrac{1}{2}\times(1+6)\times\dfrac{12}{5}＝\dfrac{42}{5}$，联立也不成立.

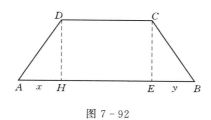

图 7－92

第四节　渐　入　佳　境
（标准测试卷）

一、问题求解

1. 将一张平行四边形的纸片折一次，使得折痕平分这个平行四边形的面积，这样的折纸方法共有（　　）种.

A. 1　　　　　B. 2　　　　　C. 4　　　　　D. 6　　　　　E. 无数种

2. 图 7－93 中大正方形面积比小正方形面积多 24 平方米，求小正方形的面积是多少（　　）平方米.

A. 30　　　　B. 35　　　　C. 45　　　　D. 25　　　　E. 40

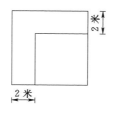

图 7－93

3. 梯形 ABCD 下底 AB 和上底 CD 的长度比为 3：2，则△ABC 面积和梯形面积比为（　　）.

A. 3：2　　　B. 9：4　　　C. 3：5　　　D. 3：1　　　E. 2：1

4. 如图 7－94 所示，小正方形边长为 a，求阴影部分面积（　　）.

A. a^2　　　B. $\dfrac{3}{4}\pi a^2$　　　C. πa^2　　　D. $a^2－\dfrac{3}{4}\pi a^2$　　　E. $2a^2－\dfrac{\pi}{4}a^2$

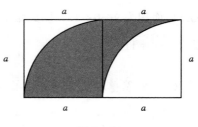

图 7 - 94

5. 如图 7 - 95 所示，已知三角形 ABC 的面积为 1，$BE = 2AB$，$BC = CD$，则三角形 BDE 的面积等于（　　）.

A. 3　　　　　　B. 4　　　　　　C. 3.5　　　　　　D. 4.5　　　　　　E. 6

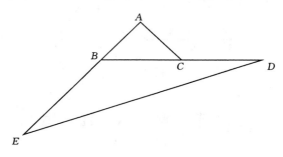

图 7 - 95

6. 三角形三边的长都是正整数，其中最长的边为 4，则这样的三角形有（　　）个.

A. 5　　　　　　B. 6　　　　　　C. 7　　　　　　D. 8　　　　　　E. 10

7. 如图 7 - 96 所示，在一个小巷内，一个梯子的长为 a，梯子的脚位于 P 点，将该梯子的顶端放于一面墙的 Q 点时，Q 离地面的高度为 k，梯子的倾斜角为 $45°$，将梯子的顶端放于另一面墙的 R 点时，R 点离地面的高度为 h，且此时梯子的倾斜角为 $75°$，则小巷的宽度等于（　　）.

A. a　　　　B. $\dfrac{h+k}{2}$　　　　C. k　　　　D. $\dfrac{a+h+k}{3}$　　　　E. h

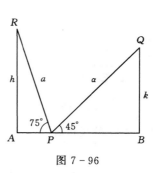

图 7 - 96

8. 如图 7 - 97 所示，圆的周长是 12π，圆的面积与长方形的面积相等，则阴影面积等于（　　）.

A. 27π　　　　B. 28π　　　　C. 29π　　　　D. 30π　　　　E. 36π

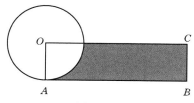

图 7-97

9. 如图 7-98 所示，已知 △ABC 的面积为 36，将 △ABC 沿 BC 平移到 △A'B'C'，使 B' 和 C 重合，连接 AC'，交 A'C 于 D，则 △C'DC 的面积为（   ）.

A. 6   B. 9   C. 12   D. 18   E. 24

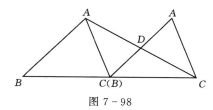

图 7-98

10. 如图 7-99 所示，在 △MBN 中，$BM=6$，A 点、C 点、D 点分别在 MB、NB、MN 上，四边形 ABCD 为平行四边形，$\angle NDC = \angle MDA$，则平行四边形 ABCD 的周长是（   ）.

A. 24   B. 18   C. 16   D. 12   E. 8

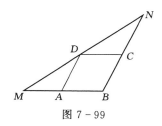

图 7-99

11. 直角边之和为 12 的直角三角形面积的最大值等于（   ）.

A. 16   B. 18   C. 20   D. 22   E. 不能确定

12. 如图 7-100 所示，已知 △ABC 中，$\angle ABC = 45°$，F 是高 AD 和高 BE 的交点，$CD = 4$，则线段 DF 的长度为（   ）.

A. $2\sqrt{2}$ B. 4   C. $3\sqrt{2}$ D. $4\sqrt{2}$ E. 以上均不正确

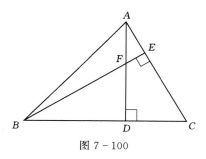

图 7-100

13. 已知正方形边长为 x，则图 7-101 中阴影部分面积为（   ）.

A. $2x^2\left(1-\dfrac{\pi}{4}\right)$ B. $x^2\left(\dfrac{3}{2}-\dfrac{\pi}{4}\right)$ C. $x^2\left(\dfrac{1}{2}-\dfrac{\pi}{4}\right)$

D. $x^2\left(1-\dfrac{\pi}{4}\right)$ E. $\dfrac{1}{2}x^2\left(1-\dfrac{\pi}{4}\right)$

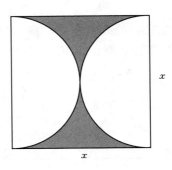

图 7-101

14. 已知等腰三角形三边的长为 a、b、c 且 $a=c$，若关于 x 的一元二次方程 $ax^2-\sqrt{2}bx+c=0$ 的两根之差为 $\sqrt{2}$，则等腰三角形的一个底角是（   ）.

A. $15°$ B. $30°$ C. $45°$ D. $60°$ E. 以上均不正确

15. 王英同学从 A 地沿北偏西 $60°$（从正北开始向西方偏转 $60°$）方向走 100 米到 B 地，再从 B 地向正南方向走 200 米到 C 地，此时王英同学离 A 地（   ）米.

A. 150 B. $50\sqrt{3}$ C. 100 D. 50 E. $100\sqrt{3}$

二、条件充分性判断

16. 如图 7-102 所示，已知 $AB/\!/CD$，$\angle A=74°$，则 $\angle E=46°$.

(1) $\angle C=3°$.   (2) $\angle C=28°$.

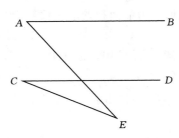

图 7-102

17. 已知 a、b、c 为三角形的三边，则 $\triangle ABC$ 是等腰三角形.

(1) a、b、c 为质数，且 $a+b+c=16$.   (2) $a^2(b-c)+b^2c-b^3=0$.

18. 如图 7-103 所示，$PQ\cdot RS=12$.

(1) $QR\cdot PR=12$.   (2) $PQ=5$.

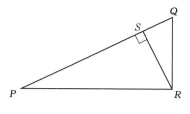

图 7－103

19. 如图 7－104 所示，已知 D 点、E 点分别是三角形 ABC 的 AB、AC 上的点，$DE /\!/ BC$，有 $S_{\triangle ABC} : S_{四边形 DBCE} = 1 : 8$.

（1）$AE : AC = 1 : 3$. 　　　（2）$AE : AC = 1 : 8$.

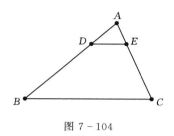

图 7－104

20. 菱形 $ABCD$ 的对角线 $AC = 24$，则菱形周长 $L = 52$.

（1）$BD = 10$. 　　　（2）$BD = 8$.

21. 如图 7－105 所示，四个全等的直角三角形与中间的小正方形拼成的一个大正方形，直角三角形的较短直角边为 a，较长直角边为 b，则 $a = 3$，$b = 4$.

（1）小正方形的边长为 1. 　　　（2）大正方形的边长为 5.

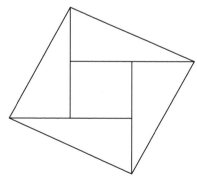

图 7－105

22. 三角形 ABC 的面积保持不变.

（1）底边 AB 增加了 2 厘米，AB 上的高 h 减少了 2 厘米.

（2）底边 AB 扩大了 1 倍，AB 上的高 h 减少了 50%.

23. $\triangle ABC$ 是等腰三角形.

（1）$\triangle ABC$ 的三边满足 $a^2 - 2bc = c^2 - 2ab$.

（2）△ABC 的三个角之比为 $1:1:2$.

24．两三角形为直角三角形，则它们相似.

（1）已知斜边比为 $1:2$，面积比为 $1:4$. 　　（2）已知有一个锐角对应相等.

25．圆的面积增大到原来的 9 倍.

（1）圆的半径增大到原来的 3 倍. 　　（2）圆的周长增大到原来的 3 倍.

详　　解

一、问题求解

1．【答案】E

【解析】只要过平行四边形的中心的直线都平分平行四边形，故选 E.

2．【答案】D

【解析】设小正方形边长为 x 米. $2x+2x+4=24$，解得 $x=5$. $5 \times 5 = 25$ 平方米. 故选 D.

3．【答案】C

【解析】因为 $AB:CD=3:2$，所以 $S_{\triangle ABC}:S_{\triangle CDA}=3:2$，所以 △$ABC$ 面积：梯形面积 $=3:5$.

4．【答案】A

【解析】由图可知阴影部分面积实际是一个正方形（边长 a）的面积，即 a^2，故选 A.

5．【答案】B

【解析】连接 AD，三角形 ABC 与三角形 ACD 相邻，且 $BC=CD$，故三角形 ABD 面积为 $1+1=2$. 因为三角形 ABD 与三角形 EBD 相邻，且 $BE=2AB$，所以三角形 EBD 面积为 4.

6．【答案】B

【解析】穷举法：4、4、4；4、4、3；4、4、2；4、4、1；4、3、3；4、3、2；共有 6 个，故选 B.

7．【答案】E

【解析】连接 RQ，可以看出四边形 $RPBQ$ 关于 RB 对称，故△RAB 为等腰直角三角形，故 $AB=h$.

8．【答案】A

【解析】$2\pi r=12\pi \Rightarrow r=6 \Rightarrow S_{\odot o}=\pi r^2=36\pi$，阴影部分面积为 $36\pi - \dfrac{1}{4} \times 36\pi = 27\pi$.

9．【答案】D

【解析】因为三角形 ABC 与三角形 $A'B'C'$ 全等，故面积也为 36，四边形 $AA'C'B'$ 为平行四边形，故△$C'DC$ 面积为 18.

10．【答案】D

【解析】由平行四边形得，$\angle NDC=\angle DMA$，又 $\angle MDA=\angle CDN$，故△MAD 为等腰三角形，$MA=AD$，同理 $DC=CN$，$MB=BN$，故周长为 $2 \times 6 = 12$.

11．【答案】B

【解析】$a+b=12$，又 $a+b\geqslant 2\sqrt{ab}$，$ab\leqslant 36$，$S=\dfrac{ab}{2}$，故 $S_{\max}=18$.

12. 【答案】B

【解析】因为 $AD\perp BC$，所以 $\angle ADC=\angle FDB=90°$，因为 $\angle ABC=45°$，所以 $\angle BAD=45°$，所以 $AD=BD$，因为 $BE\perp AC$，所以 $\angle AEF=90°$，所以 $\angle DAC+\angle AFE=90°$，因为 $\angle FDB=90°$，所以 $\angle FBD+\angle BFD=90°$，又因为 $\angle BFD=\angle AFE$，所以 $\angle FBD=\angle DAC$，在 $\triangle BDF$ 和 $\triangle CDA$ 中：$\begin{cases}\angle FBD=\angle CAD\\\angle ADC=\angle FDB，\\BD=AD\end{cases}$ 所以 $\triangle BDF\cong\triangle CDA$，所以 $DF=CD=4$.

13. 【答案】D

【解析】阴影面积＝正方形面积－两个半圆面积，即 $x^2-\pi\left(\dfrac{1}{2}x\right)^2=x^2\left(1-\dfrac{1}{4}\pi\right)$，故选 D.

14. 【答案】B

【解析】$|x_1-x_2|=\dfrac{\sqrt{2b^2-4ac}}{a}=\sqrt{2}\Rightarrow b^2=3a^2$，因此 $\dfrac{b}{a}=\dfrac{\sqrt{3}}{1}$，因此可以知道，底角为 $30°$.

15. 【答案】E

【解析】由图 7-106 易知，$\angle ABD=60°$，作 D 点为 BC 中点，则 $BD=100$，所以 $\triangle ABD$ 为边长为 100 的等边三角形 $\Rightarrow\begin{cases}\angle ADB=60°\\AD=100\end{cases}\Rightarrow\angle ADC=120°$，所以 $\triangle ADC$ 为等腰三角形 $\Rightarrow\angle DAC=30°\Rightarrow\triangle BAC$ 为直角三角形，所以 $AB^2+AC^2=BC^2\Rightarrow AC=100\sqrt{3}$，即 AC 两地距离为 $100\sqrt{3}$ 米.

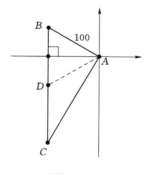

图 7-106

二、条件充分性判断题

16. 【答案】B

【解析】由条件（1）显然不充分，考虑条件（2）利用内错角的关系可以知道，$74°-28°=46°$，所以选 B.

17. 【答案】D

【解析】条件（1）由于 a、b、c 为质数，可知必含质数 2，不妨设 $a=2$，$b+c=14$，则 $b=3$，$c=11$（舍去）或 $b=c=7$，充分.

条件（2）$a^2(b-c)+b^2c-b^3=0 \Rightarrow (a+b)(a-b)(b-c)=0 \Rightarrow a=b$ 或 $b=c$.

18. 【答案】A

【解析】由面积相等，所以 $PQ \cdot RS = QR \cdot PR = 12$，故选 A.

19. 【答案】E

【解析】条件（1）$AE:AC=1:3$，所以 $S_{\triangle ADE}:S_{\triangle ABC}=1:9$，则 $S_{\triangle ABC}:S_{\text{四边形}DBCE}=9:8$，不充分.

条件（2）$AE:AC=1:8$ 所以 $S_{\triangle ADE}:S_{\triangle ABC}=1:64$，则 $S_{\triangle ABC}:S_{\text{四边形}DBCE}=64:63$，不充分.

20. 【答案】A

【解析】菱形 $ABCD$ 的边长为 $\sqrt{\left(\dfrac{AC}{2}\right)^2+\left(\dfrac{BD}{2}\right)^2}=52 \div 4$，又因 $AC=24$，则 $BD=10$，故条件（1）充分，条件（2）不充分，故选 A.

21. 【答案】C

【解析】两条件联合 $\begin{cases} b-a=1 \\ \sqrt{a^2+b^2}=5 \end{cases} \Rightarrow \begin{cases} a=3 \\ b=4 \end{cases}$，充分（图 7－107）.

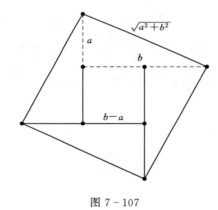

图 7－107

22. 【答案】B

【解析】条件（1）$S=\dfrac{1}{2}AB \cdot h \neq \dfrac{1}{2}(AB+2)(h-2)$ 不充分；条件（2）$S=\dfrac{1}{2} \cdot 2AB \cdot h(1-0.5)=\dfrac{1}{2}AB \cdot h$ 充分. 所以选 B.

23. 【答案】D

【解析】条件（1），对等式可变形为 $a^2-2bc-c^2+2ab=0 \Rightarrow (a^2-c^2)+(2ab-2bc)=0$，整理得 $(a-c)(a+c+2b)=0$，因为 a、b、c 为三角形三边，所以 $a+c+2b>0$，$a-c=0 \Rightarrow a=c$，即 $\triangle ABC$ 为等腰三角形，充分.

条件（2），三角形内角和 $180° = x + x + 2x \Rightarrow x = 45°$，三角形三个角分别为 $45°$、$45°$、$90°$，即 $\triangle ABC$ 为等腰直角三角形，充分，故选 D.

24.【答案】B

【解析】已知一个锐角对应相等，则两直角三角形必然相似，条件（2）充分；已知斜边比为 $1:2$，面积比为 $1:4$，只能得到对应高之比为 $1:2$，无法得到相似，条件（1）不充分.

25.【答案】D

【解析】圆原来的面积 $S = \pi R^2$，增大后的面积 $S' = 9S = 9\pi R^2 = \pi(3R)^2$，则半径扩大 3 倍，条件（1）和条件（2）都是半径扩大了原来的 3 倍，故单独都充分，故选 D.

第八章　解　析　几　何

解析几何是将平面图像放在平面直角坐标系中来研究,通过方程来确定图像的位置,将平面几何与代数联系在一起,研究图形的代数特征. 主要考查一些距离公式、直线和圆的方程以及点、线、圆之间的位置关系.

本章一般考 3 个题目,命题方向主要有:①方程的考查;②位置关系的考查,重点是直线与圆的位置关系中的相切关系;③与平面几何综合考查求面积的问题;④与代数综合考查最值问题.

建议考生在复习时,一般公式要背熟,此外注意画图的重要性,很多题目只要将图画出来,采用数形结合的方法更容易得到答案.

第一节　夯　实　基　本　功

一、点

1. 中点坐标公式

已知点 $A(x_1,y_1)$ 与点 $B(x_2,y_2)$,则 A,B 两点中点坐标 $P\left(\dfrac{x_1+x_2}{2},\dfrac{y_1+y_2}{2}\right)$.

【典例 1】已知点 $A(x,5)$ 与点 $B(-2,y)$ 的中点为 $C(1,1)$,则 $x+y$ 的值为 (　　).

A. -2　　　B. -1　　　C. 0　　　D. 1　　　E. 2

【答案】D

【解析】根据中点坐标公式有 $\dfrac{x-2}{2}=1\Rightarrow x=4$,$\dfrac{5+y}{2}=1\Rightarrow y=-3$,故 $x+y=1$.

2. 两点间距离公式

已知点 $A(x_1,y_1)$ 与点 $B(x_2,y_2)$,则 A、B 两点距离 $d=|AB|=\sqrt{(x_1-x_2)^2+(y_1-y_2)^2}$.

【典例 2】已知两点 $A(a,-5)$,$B(0,10)$ 之间的距离为 17,则实数 a 的值为(　　).

A. ± 7　　　B. ± 8　　　C. 7　　　D. 8　　　E. $\sqrt{65}$

【答案】B

【解析】由于 $\sqrt{(a-0)^2+(-5-10)^2}=17$,得到 $a^2+15^2=17^2\Rightarrow a^2=64$,所以 $a=\pm 8$.

3. 两点间斜率公式

已知点 $A(x_1,y_1)$ 与点 $B(x_2,y_2)$,则 A、B 两点所在直线斜率 $k=\dfrac{y_1-y_2}{x_1-x_2}(x_1\neq x_2)$.

【典例 3】已知点 $A(7,8)$,点 $B(10,4)$,则直线 AB 所在直线斜率为多少?

【答案】$k_{AB}=\dfrac{8-4}{7-10}=-\dfrac{4}{3}$.

4. 点到直线距离公式

已知点 $P(x_0, y_0)$，直线 $l: ax+by+c=0$，则点 P 到直线 l 距离 $d=\dfrac{|ax_0+by_0+c|}{\sqrt{a^2+b^2}}$.

【典例 4】已知直线 AB 方程为 $4x+3y-52=0$，求点 $C(4,2)$ 到直线 AB 的距离？

【答案】$d=\dfrac{|4\times4+3\times2-52|}{\sqrt{4^2+3^2}}=6$.

5. 平行直线间距离公式

已知 $l_1 \parallel l_2$，且 $l_1: ax+by+c_1=0$，$l_2: ax+by+c_2=0$，则 l_1 与 l_2 之间距离 $d=\dfrac{|c_1-c_2|}{\sqrt{a^2+b^2}}$.

【典例 5】求直线 $l_1: x-2y+1=0$ 与 $l_2: 2x-4y-3=0$ 之间的距离为多少？

【解析】$l_2: 2x-4y-3=0$ 化简为 $l_2: x-2y-\dfrac{3}{2}=0$.

则根据平行直线距离公式有 $d=\dfrac{\left|1-\left(-\dfrac{3}{2}\right)\right|}{\sqrt{1^2+(-2)^2}}=\dfrac{\dfrac{5}{2}}{\sqrt{5}}=\dfrac{\sqrt{5}}{2}$.

二、直线

1. 倾斜角

（1）定义：直线与 x 轴正方向所成的夹角，称为该直线的倾斜角，记为 α（图 8-1 中 α 为直线倾斜角，β 不是直线倾斜角）.

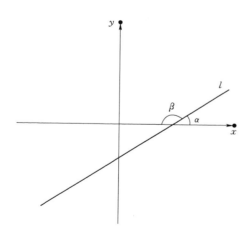

图 8-1

（2）范围：$\alpha \in [0, \pi)$，当 $\alpha=0$ 时，直线平行于 x 轴，即一条水平直线；当 $\alpha=90°$ 时，直线垂直于 x 轴，即一条竖直直线.

2. 斜率

（1）定义：倾斜角的正切值为斜率，记为 $k=\tan\alpha=\dfrac{对边}{邻边}=\dfrac{BC}{AC}$，$\alpha \neq \dfrac{\pi}{2}$（图 8-2）.

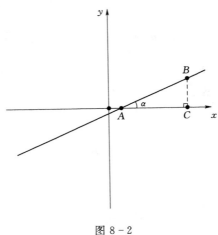

图 8 - 2

（2）特殊的倾斜角与斜率.

倾斜角 α	0	$30°=\dfrac{\pi}{6}$	$45°=\dfrac{\pi}{4}$	$60°=\dfrac{\pi}{3}$	$90°=\dfrac{\pi}{2}$	$120°=\dfrac{2\pi}{3}$	$135°=\dfrac{3\pi}{4}$	$150°=\dfrac{5\pi}{6}$
斜率 $k=\tan\alpha$	0	$\dfrac{\sqrt{3}}{3}$	1	$\sqrt{3}$	不存在	$-\sqrt{3}$	-1	$-\dfrac{\sqrt{3}}{3}$

（3）求法：已知 $A(x_1,y_1)$ 与 $B(x_2,y_2)$，则 A、B 两点所在直线斜率为 $k=\dfrac{y_1-y_2}{x_1-x_2}$，$x_1\neq x_2$.

3. 直线的方程

（1）点斜式.

1）过点 $P(x_0,y_0)$，斜率为 k 的直线方程为 $y-y_0=k(x-x_0)$.

2）两因素：①已知点 $P(x_0,y_0)$；②已知斜率 k.

3）推导过程（利用两点间斜率公式）. 设直线方程上任意一点坐标为 (x,y)，已知点 $P(x_0,y_0)$，根据斜率公式有 $k=\dfrac{y-y_0}{x-x_0}\Rightarrow y-y_0=k(x-x_0)$.

4）应用价值：用于求解推导直线方程.

【典例6】已知平面内三角形三个点 $A(7,8)$，$B(10,4)$，$C(10,-6)$，则 $\triangle ABC$ 的面积为（　）.

A. 11　　　　　B. 12　　　　　C. 13　　　　　D. 14　　　　　E. 15

【答案】E

【解析】根据两点间距离公式，可求 $|AB|=\sqrt{(10-7)^2+(4-8)^2}=5$.

根据两点间斜率公式，可求 $k_{AB}=\dfrac{8-4}{7-10}=-\dfrac{4}{3}$.

根据点斜式方程，可求 AB 所在直线方程为 $y-4=-\dfrac{4}{3}(x-10)\Rightarrow 4x+3y-52=0$.

根据点到直线距离公式，可求点 $C(10,-6)$ 到 AB 距离为 $d=\dfrac{|4\times10+3\times(-6)-52|}{\sqrt{4^2+3^2}}=6$.

故 $\triangle ABC$ 面积为 $\dfrac{1}{2}\times5\times6=15$.

（2）斜截式.

1）斜率为 k，在 y 轴上的截距为 $b(0,b)$ 的直线方程为 $y=kx+b$.

2）二因素：①已知 y 轴上的截距为 b，即直线经过点 $(0,b)$；②已知斜率 k.

3）推导过程（利用点斜式公式）. 设直线方程上任意一点坐标为 (x,y)，已知过点 $(0,b)$，根据点斜式公式有 $y-b=k(x-0)\Rightarrow y=kx+b$.

4）应用价值：用于寻找直线所在方程斜率.

（3）两点式.

1）过两个点 $P_1(x_1,y_1)$、$P_2(x_2,y_2)$ 的直线方程为 $\dfrac{y-y_1}{y_2-y_1}=\dfrac{x-x_1}{x_2-x_1}$.

2）二因素：①已知直线上点 $P_1(x_1,y_1)$；②已知直线上点 $P_2(x_2,y_2)$.

3）推导过程（利用点斜式公式以及斜率公式）. 设直线方程上任意一点坐标为 (x,y)，根据斜率公式有 $k=\dfrac{y_2-y_1}{x_2-x_1}$，根据点斜式公式有 $y-y_1=\dfrac{y_2-y_1}{x_2-x_1}(x-x_1)\Rightarrow\dfrac{y-y_1}{y_2-y_1}=\dfrac{x-x_1}{x_2-x_1}$.

4）应用价值：两点式因为公式较复杂，作为了解就好.

（4）截距式.

1）在 x 轴上的截距为 a，在 y 轴上的截距为 b 的直线方程为 $\dfrac{x}{a}+\dfrac{y}{b}=1$.

2）二因素：①已知直线在 x 轴上的截距为 a，即直线经过点 $(a,0)$；②已知直线在 y 轴上的截距为 b，即直线经过点 $(0,b)$.

3）推导过程（利用点斜式公式以及斜率公式）. 设直线方程上任意一点坐标为 (x,y)，根据斜率公式有 $k=\dfrac{b-0}{0-a}=-\dfrac{b}{a}$，根据点斜式公式有 $y-0=-\dfrac{b}{a}(x-a)\Rightarrow\dfrac{x}{a}+\dfrac{y}{b}=1$.

4）应用价值：因为结构简单且较为特殊，建议记下来，主要在确定直线位置时会有体现.

（5）一般式.

1）形如 $ax+by+c=0$（a、b 不全为零）的方程.

2）一般思路：遇到直线一般方程，优先转化成斜截式方程找到斜率，即 $y=-\dfrac{a}{b}x-\dfrac{c}{b}$，斜率 $k=-\dfrac{a}{b}$.

3）特殊情况：①当 $a=0$ 时，直线斜率为 0，是一条"水平"直线；②当 $b=0$ 时，直线斜率不存在，是一条"竖直"直线；③当 $c=0$ 时，直线经过坐标原点 $(0,0)$.

4. 直线的位置关系

位置关系	斜截式 $l_1:y=k_1x+b_1$ $l_2:y=k_2x+b_2$	一般式 $l_1:a_1x+b_1y+c_1=0$ $l_2:a_2x+b_2y+c_2=0$
平行 $l_1/\!/l_2$	$k_1=k_2,\ b_1\neq b_2$	$\dfrac{a_1}{a_2}=\dfrac{b_1}{b_2}\neq\dfrac{c_1}{c_2}$
相交	$k_1\neq k_2$	$\dfrac{a_1}{a_2}\neq\dfrac{b_1}{b_2}$
垂直 $l_1\perp l_2$ （相交的特殊情况）	$k_1\cdot k_2=-1$	$\dfrac{a_1}{b_1}\cdot\dfrac{a_2}{b_2}=-1\Leftrightarrow a_1a_2+b_1b_2=0$

（1）关于平行的应用．当 $l_1/\!/l_2$，且已知 $l_1:ax+by+c_1=0$，则 l_2 方程设立成 $ax+by+c_2=0$ 即可．

【典例7】已知两条不重合的直线 $l_1:ax-2y+2=0$ 与 $l_2:3x-4y+1=0$，l_1 上任意一点到 l_2 的距离都相等，则 a 的值为（　　）．

A．$-\dfrac{3}{2}$　　　　B．$\dfrac{3}{2}$　　　　C．$\dfrac{2}{3}$　　　　D．$-\dfrac{2}{3}$　　　　E．1

【答案】B

【解析】根据题意，l_1 上任意一点到 l_2 的距离都相等，可以判断出两直线的位置关系是平行直线，即斜率相等，有 $\dfrac{a}{3}=\dfrac{-2}{-4}\Rightarrow a=\dfrac{3}{2}$．

（2）关于垂直的应用．

1）当 $l_1\perp l_2$，两直线斜率可理解为"互为负的倒数"．如 $l_1\perp l_2$ 直线 l_1 斜率为 $\dfrac{2}{3}$，则直线 l_2 斜率为 $-\dfrac{3}{2}$．

2）两直线垂直，则对于一般方程有 $a_1a_2+b_1b_2=0$（牢记）．本应用的好处在于，该表达式关系中已经包含水平和竖直的特殊垂直关系，无需讨论斜率是否存在．

【典例8】直线 $(m+2)x+3my+1=0$ 与直线 $(m-2)x+(m+2)y-3=0$ 相互垂直，则 m 的值为（　　）．

A．$\dfrac{1}{2}$　　　　B．-2　　　　C．-2 或 $\dfrac{1}{2}$　　　　D．$-\dfrac{1}{2}$　　　　E．2

【答案】C

【解析】根据判定直线互相垂直的公式得 $(m+2)(m-2)+3m(m+2)=0$，解得 m 的值为 -2 或 $\dfrac{1}{2}$．

5. 距离公式

（1）点到直线距离公式．

已知点 $P(x_0,y_0)$，直线 $l:ax+by+c=0$，则点 P 到直线 l 距离 $d=\dfrac{|ax_0+by_0+c|}{\sqrt{a^2+b^2}}$．

【典例9】已知直线 AB 方程为 $4x+3y-52=0$，求点 $C(4,2)$ 到直线 AB 的距离？

【答案】$d=\dfrac{|4\times4+3\times2-52|}{\sqrt{4^2+3^2}}=6$

（2）平行直线间距离公式．已知 $l_1\ /\!/\ l_2$，且 l_1：$ax+by+c_1=0$，l_2：$ax+by+c_2=0$，则 l_1，l_2 之间距离 $d=\dfrac{|c_1-c_2|}{\sqrt{a^2+b^2}}$．

【典例 10】求直线 l_1：$x-2y+1=0$ 与 l_2：$2x-4y-3=0$ 之间的距离为多少？

【解析】l_2：$2x-4y-3=0$ 化简为 l_2：$x-2y-\dfrac{3}{2}=0$，则根据平行直线距离公式有 $d=$

$\dfrac{\left|1-\left(-\dfrac{3}{2}\right)\right|}{\sqrt{1^2+(-2)^2}}=\dfrac{\dfrac{5}{2}}{\sqrt{5}}=\dfrac{\sqrt{5}}{2}$．

三、圆

1. 圆的定义

平面内到一定点距离等于定长的所有点集合．

【证明】设顶点坐标为 (a,b)，定长为 r，则曲线上的点为 (x,y)．

根据圆的定义，利用两点间距离公式得 $r=\sqrt{(x-a)^2+(y-b)^2}$，两端平方后得 $(x-a)^2+(y-b)^2=r^2$，定点 (a,b) 为圆心，定长 r 为圆的半径．

2. 圆的方程

（1）标准方程．当圆心为 (a,b)，半径为 r 时，圆的标准方程为 $(x-a)^2+(y-b)^2=r^2$．

【归纳】给出圆的标准方程，可以很快地找到圆心和半径，确定圆的位置．

（2）一般方程

1）关于定义．形如 $x^2+y^2+Dx+Ey+F=0$，$D^2+E^2-4F>0$ 的方程．

【归纳】给出圆的一般方程，首要任务是化成标准方程，找到圆心和半径，进而确定圆的位置．

2）关于配方，将上述方程化成标准方程，得 $\left(x+\dfrac{D}{2}\right)^2+\left(y+\dfrac{E}{2}\right)^2=\dfrac{D^2+E^2-4F}{4}$，

且要求 $D^2+E^2-4F>0$．故圆心为 $\left(-\dfrac{D}{2},-\dfrac{E}{2}\right)$，半径为 $r=\dfrac{\sqrt{D^2+E^2-4F}}{2}>0$．

3）技巧口诀．①圆心：x 和 y 前的系数除以 2 加负号；②半径平方：圆心的横坐标与纵坐标分别平方相加再减常数项．

【典例 11】确定圆 $x^2+y^2-\dfrac{7}{3}x+\dfrac{2}{13}y-1=0$ 的圆心和半径．

【解析】圆心：系数除以 2 加负号，x 和 y 前的系数分别为 $-\dfrac{7}{3}$ 和 $\dfrac{2}{13}$，故圆心为 $\left(-\dfrac{-\dfrac{7}{3}}{2},-\dfrac{\dfrac{2}{13}}{2}\right)$，即 $\left(\dfrac{7}{6},-\dfrac{1}{13}\right)$，半径平方（圆心横、纵坐分别平方相加再减常数项）$r^2=\left(\dfrac{7}{6}\right)^2+\left(-\dfrac{1}{13}\right)^2-(-1)$．

4）特殊情况．圆的一般方程为 $x^2+y^2+Dx+Ey+F=0$（$D^2+E^2-4F>0$）．

a. 当 $D=0$ 时，则圆心在 y 轴上.

b. 当 $E=0$ 时，则圆心在 x 轴上.

c. 当 $F=0$ 时，则圆经过坐标原点 $(0,0)$.

d. 当圆与 x 轴相切时，则圆心纵坐标等于半径，即 $\left|-\dfrac{E}{2}\right|=r$（图 8-3）.

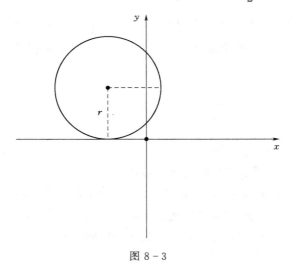

图 8-3

e. 当圆与 y 轴相切时，则圆心横坐标等于半径，即 $\left|-\dfrac{D}{2}\right|=r$（图 8-4）.

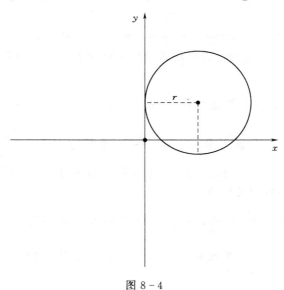

图 8-4

f. 当圆与两坐标轴都相切，则圆心横坐标等于纵坐标，等于圆的半径，即 $\left|-\dfrac{D}{2}\right|=\left|-\dfrac{E}{2}\right|=r$（图 8-5）.

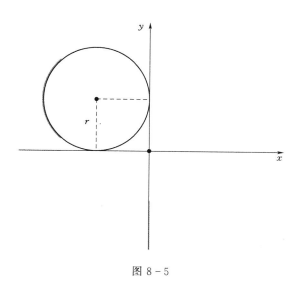

图 8 - 5

【典例 12】已知圆 $x^2 + y^2 - 4x - by + c = 0$ 与 x 轴相切，则能确定 c 的值为（　　）.

A．2 　　　　 B．3 　　　　 C．4 　　　　 D．5 　　　　 E．6

【答案】C

【解析】圆心为 $\left(2, \dfrac{b}{2}\right)$，半径 $r = \sqrt{\dfrac{4^2}{4} + \dfrac{b^2}{4} - c} = \sqrt{4 + \dfrac{b^2}{4} - c}$．因为与 x 轴相切，所以圆心纵坐标等于半径，即 $\left| -\dfrac{E}{2} \right| = r$，$\left| \dfrac{b}{2} \right| = r = \sqrt{4 + \dfrac{b^2}{4} - c}$，平方后可得 $c = 4$．

3．点与圆位置关系

点与圆的位置关系主要通过点与圆心之间的距离与圆半径比较判断．若圆 O 的方程为 $(x-a)^2 + (y-b)^2 = r^2$，点 P 的坐标为 (x_0, y_0)，则点与圆存在以下几种关系．

位置关系	图　示	条　件	考　点
点在圆内		$\|OP\| < r$ 或 $(x_0-a)^2 + (y_0-b)^2 < r^2$	1．$(x_0-a)^2 + (y_0-b)^2 < r^2$ 表示点在圆内部区域. 2．过圆内点的直线与圆总有两个交点
点在圆上		$\|OP\| = r$ 或 $(x_0-a)^2 + (y_0-b)^2 = r^2$	1．$(x_0-a)^2 + (y_0-b)^2 = r^2$ 表示点在圆周上. 2．过圆上点做圆的切线有一条

位置关系	图 示	条 件	考 点
点在圆外		$\|OP\|>r$ 或 $(x_0-a)^2+(y_0-b)^2>r^2$	1. $(x_0-a)^2+(y_0-b)^2>r^2$ 表示点在圆外部区域. 2. 过圆外点做圆的切线有两条

4. 直线与圆位置关系

直线与圆的位置关系主要通过圆心到直线的距离与圆半径比较判断，即弦心距与半径 r 的关系. 若圆 O 的方程为 $(x-a)^2+(y-b)^2=r^2$，直线 l 方程为 $ax+by+c=0$，则直线与圆存在以下几种关系.

位置关系	图 示	条 件	考 点
相离		$d=\|OP\|>r$	1. 寻找圆上到直线距离相等的点的个数. 2. 寻找圆上点到直线最长或最短的距离. 1) 最长距离为 $\|OP\|+r$. 2) 最短距离为 $\|OP\|-r$
相切		$d=\|OP\|=r$	1. 圆心与切点连线等于半径. 2. 圆心与切点连线和直线垂直. 3. 相切是有关最值问题常见的临界状态

位置关系	图　　示	条　　件	考　　点
相交	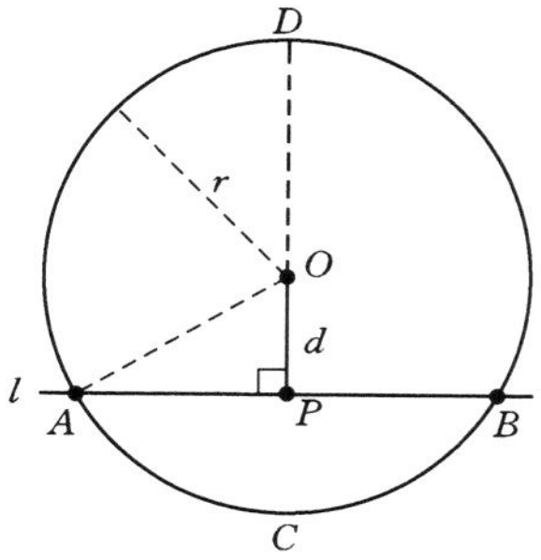 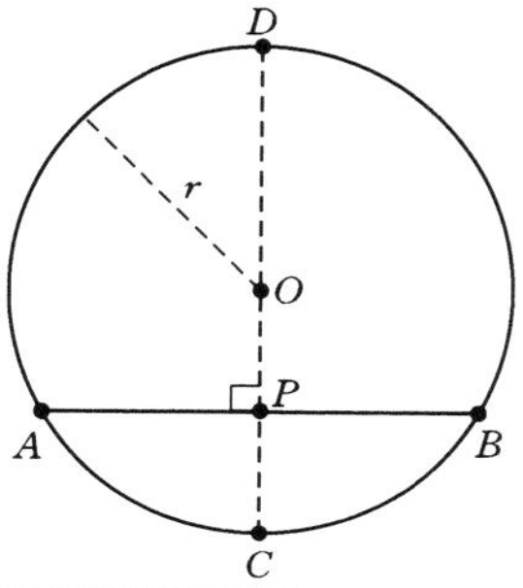	$d=\lvert OP \rvert < r$	1. 弦长 $AB=2\sqrt{r^2-d^2}$. 2. 过圆内点的最长弦为直径,如图 CD;最短弦为与该直径垂直的弦,如图 AB

【典例 13】判断直线 $ax-y-2a=0$ 与圆 $(x-2)^2+y^2=1$ 的位置关系（　　）.

A. 相交　　　　　B. 相切　　　　　C. 外离　　　　　D. 内切　　E. 以上均不正确

【答案】A

【解析】因为直线 $ax-y-2a=0$，可化为 $a(x-2)-y=0$，恒过定点 $(2,0)$，又因为 $(2-2)^2+0^2=0<1$，即该定点在圆内，故直线与圆相交.

【典例 14】已知 $a=b$，则直线 $y=x+2$ 与圆 $(x-a)^2+(y-b)^2=2$ 的位置关系为（　　）.

A. 相交　　　　　B. 相切　　　　　C. 外离　　　　　D. 内切　　　E. 以上均不正确

【答案】B

【解析】圆心坐标为 $(a，b)$，因为圆心到直线的距离为 $d=\dfrac{\lvert a-b+2 \rvert}{\sqrt{1+1}}=\sqrt{2}=r$，所以直线与圆相切.

【典例 15】在平面直角坐标系中，直线 $x+2y-3=0$ 被圆 $(x-2)^2+(y+1)^2=4$ 截得的弦长为（　　）.

A. $\dfrac{2\sqrt{55}}{5}$　　　　B. $\dfrac{2\sqrt{22}}{5}$　　　　C. $\dfrac{2\sqrt{56}}{5}$　　　　D. $\dfrac{2}{5}$　　　　E. $\dfrac{3}{5}$

【答案】A

【解析】圆心到直线的距离 $d=\dfrac{\lvert 2-2-3 \rvert}{\sqrt{1+2^2}}=\dfrac{3}{\sqrt{5}}$，所以弦长为 $2\times\sqrt{2^2-\dfrac{9}{5}}=\dfrac{2\sqrt{55}}{5}$，

选 A.

5．圆与圆的关系

圆与圆的位置关系主要通过两圆圆心之间的距离与两圆半径的和（差）比较判断，即圆心距与半径的和（差）之间的关系．若圆 O_1 的方程为 $(x-a_1)^2+(y-b_1)^2=r_1{}^2$，圆 O_2 的方程为 $(x-a_2)^2+(y-b_2)^2=r_2{}^2$，则两圆存在以下几种关系．

位置关系	图　示	条件	考点
外离		$d=\|O_1O_2\|>r_1+r_2$	1．外公切线 2 条． 2．内公切线 2 条． 3．会求外公切线长
外切		$d=\|O_1O_2\|=r_1+r_2$	1．外公切线 2 条． 2．内公切线 1 条． 3．会求外公切线长
相交		$\|r_1-r_2\|<\|O_1O_2\|$ $<r_1+r_2$	1．外公切线 2 条． 2．内公切线 0 条． 3．会求外公切线长

位置关系	图　示	条件	考点
内切		$|O_1O_2|=|r_1-r_2|$	1. 外公切线 1 条. 2. 内公切线 0 条. 3. 切记半径之差加绝对值运算
内含		$|O_1O_2|<|r_1-r_2|$	1. 外公切线 0 条. 2. 内公切线 0 条. 3. 半径之差切记加绝对值运算 4. $|O_1O_2|=0$ 表示同心圆

【应用1】外公切线求法. 适用于外离、外切、相交三种位置关系（图 8 - 6）.

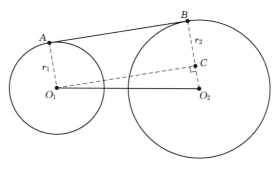

图 8 - 6

外公切线：$|AB|=|O_1C|=\sqrt{|O_1O_2|^2-|O_2C|^2}=\sqrt{|O_1O_2|^2-|r_2-r_1|^2}$.

【典例16】圆 C_1：$x^2+y^2+4x-4y+7=0$ 和圆 C_2：$x^2+y^2-4x-10y+13=0$ 的外公切线长度是（　　）.

    A. 4　　　　　　　B. $\sqrt{13}$　　　　　　C. 3　　　　　　D. $2\sqrt{5}$　　　E. 以上均不正确

【答案】A

【解析】$C_1:(x+2)^2+(y-2)^2=4$，圆心 $(-2,2)$，半径 $r=1$.

$C_2:(x-2)^2+(y-5)^2=16$，圆心 $(2,5)$，半径 $r=4$.

圆心距 $d=\sqrt{(2+2)^2+(5-2)^2}=5$，所以两圆外切，有两条外公切线，则外公切线长 $l=\sqrt{5^2-(4-1)^2}=4$，故选 A.

【应用 2】公共弦所在直线方程求法. 适用于相交位置关系（图 8-7）.

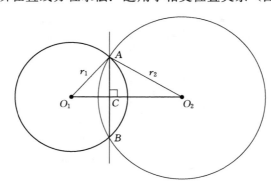

图 8-7

若圆 O_1 方程为 $x^2+y^2+D_1x+E_1y+F_1=0$，圆 O_2 的方程为 $x^2+y^2+D_2x+E_2y+F_2=0$，则公切线求法为两圆一般方程相减，即 $(D_1-D_2)x+(E_1-E_2)y+(F_1-F_2)=0$.

【典例 17】已知圆 $C_1:x^2+y^2-4x-6y+4=0$，圆 $C_2:x^2+y^2-12x-12y+63=0$，则两圆的公共弦所在方程是（　　）.

A. $6x+8y-59=0$　　　　B. $6x-8y-59=0$　　　　C. $8x-6y+59=0$

D. $8x+6y+59=0$　　　　E. $8x+6y-59=0$

【答案】E

【解析】两圆一般方程相减即可：$[-4-(-12)]x+[-6-(-12)]y+(4-63)=0$，$8x+6y-59=0$.

【应用 3】两圆交点个数应用.

当两圆有两个交点时，两圆相交；当两圆有一个交点时，两圆外切或内切；当两圆无交点时，两圆外离或内含.

【典例 18】圆 $C_1:\left(x-\dfrac{3}{2}\right)^2+(y-2)^2=r^2$ 与圆 $C_2:x^2-6x+y^2-8y=0$ 有交点. 则圆 C_1 的半径 r 取值范围为（　　）.

A. $\dfrac{5}{2}<r<\dfrac{15}{2}$　　　　B. $0<r\leqslant\dfrac{5}{2}$　　　　C. $r\geqslant\dfrac{15}{2}$

D. $\dfrac{5}{2}\leqslant r<\dfrac{15}{2}$　　　　E. $\dfrac{5}{2}\leqslant r\leqslant\dfrac{15}{2}$

【答案】E

【解析】根据圆 $C_1:\left(x-\dfrac{3}{2}\right)^2+(y-2)^2=r^2$，可得 $C_1\left(\dfrac{3}{2},2\right)$，$r_1=r$.

根据圆 C_2：$x^2-6x+y^2-8y=0$，可得 $C_2(3,4)$，$r_2=5$.

两圆圆心距 $d=\sqrt{\left(3-\dfrac{3}{2}\right)^2+(4-2)^2}=\dfrac{5}{2}$，有交点即包含三种位置关系，相交、外切、内切，则有 $|r_1-r_2|\leqslant d\leqslant r_1+r_2$，即 $|r-5|\leqslant\dfrac{5}{2}\leqslant r+5$，解得 $\dfrac{5}{2}\leqslant r\leqslant\dfrac{15}{2}$.

四、解析几何 12 种对称问题

1. 5 种基本对称

（1）点关于点对称. 对称点为中点，利用中点坐标公式求解（图 8-8）.

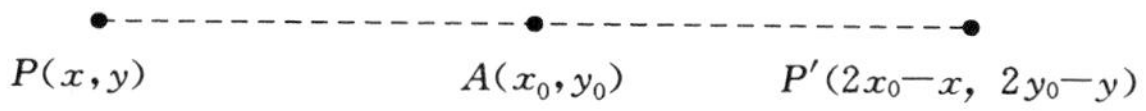

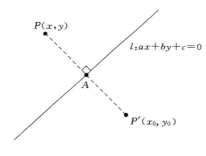

图 8-8

（2）点关于直线对称（图 8-9）.

1）$PP'\perp l$ 即斜率互为"负倒数".

2）P 和 P' 的中点 A 在对称轴上，即中点 A 满足对称轴方程.

图 8-9

（3）直线关于点对称（图 8-10）.

1）$l/\!/l'$，即 l'：$ax+by+c_1=0$（这里只含有 c_1 一个未知数）.

2）对称点 $A(x_0,y_0)$ 到直线 l 和 l' 距离相等（再利用点到直线距离公式可求 c_1）.

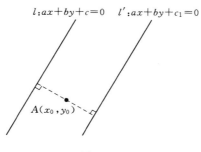

图 8-10

（4）直线关于直线对称（图 8-11）.

1）三线共点，联立 l 与 l_1 求出点 A 坐标，其也满足 l_2 方程.

2）在 l_1 上任取一点 B，求点 B 关于直线 l 对称的点 B'，点 B' 也满足 l_2 方程.

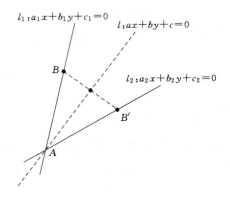

图 8-11

（5）平行直线对称．将对称轴视为"中点"，巧用中点坐标公式求解，$l'':ax+by+(2c_0-c)=0$（图 8-12）．

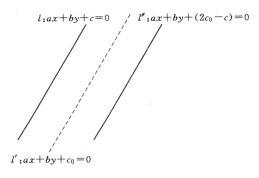

图 8-12

2. 5 种特殊对称

位置关系	对　　称	方法归纳
关于 x 轴对称	点 $P(x,y)$ $\Rightarrow$ 对称点 $P'(x,-y)$	变 "y" 为 "$-y$"
	直线 $l:ax+by+c=0$ $\Rightarrow$ 对称直线 $l':ax-by+c=0$	
关于 y 轴对称	点 $P(x,y)$ $\Rightarrow$ 对称点 $P'(-x,y)$	变 "x" 为 "$-x$"
	直线 $l:ax+by+c=0$ $\Rightarrow$ 对称直线 $l':-ax+by+c=0$	
关于原点（0,0）对称	点 $P(x,y)$ $\Rightarrow$ 对称点 $P'(-x,-y)$	变 "x、y" 为 "$-x$、$-y$"
	直线 $l:ax+by+c=0$ $\Rightarrow$ 对称直线 $l':-ax-by+c=0$	
关于 $y=x$ 轴对称	点 $P(x,y)$ $\Rightarrow$ 对称点 $P'(y,x)$	将 "x、y" 互换
	直线 $l:ax+by+c=0$ $\Rightarrow$ 对称直线 $l':ay+bx+c=0$	
关于 $y=-x$ 轴对称	点 $P(x,y)$ $\Rightarrow$ 对称点 $P'(-y,-x)$	将 "x、y" 互换后加 "负号"
	直线 $l:ax+by+c=0$ $\Rightarrow$ 对称直线 $l':-ay-bx+c=0$	

3. 两种极特殊对称

这两种极特殊对称指的是关于直线对称，并且对称轴的直线的斜率为"±1".

（1）方法：代入法.

（2）口诀：①点关于直线对称，点代线；②直线关于直线对称，轴代线.

第二节 刚刚"恋"习

解析几何部分（共计 11 个考点）

【考点 124】点的基本概念

1. 如果 $a-b<0$，且 $ab<0$，那么点 (a,b) 在（　　）.

A. 第一象限　　　B. 第二象限　　　C. 第三象限　　　D. 第四象限　　　E. 以上均不正确

【答案】B

【解析】因 $a-b<0 \Leftrightarrow a<b$，又因 $ab<0$，所以 $a<0$，$b>0$，故点 (a,b) 在第二象限.

2. 两点 $A(a,-5)$，$B(0,10)$ 之间的距离为 17，则实数 a 的值为（　　）.

A. ± 7　　　　B. ± 8　　　　C. 7　　　　D. 8　　　　E. $\sqrt{65}$

【答案】B

【解析】由于 $\sqrt{(a-0)^2+(-5-10)^2}=17$，得到 $a^2+15^2=17^2 \Rightarrow a^2=64$，所以 $a=\pm 8$.

【考点 125】直线的概念（共线，含参方程，点的位置，象限问题）

3. 直线 $mx-y+2m+1=0$ 经过一定点，则该点的坐标是（　　）.

A. $(-2,1)$　　　B. $(2,1)$　　　C. $(1,-2)$　　　D. $(1,2)$　　　E. 以上均不正确

【答案】A

【解析】直线 $mx-y+2m+1=0$ 变形为 $y-1=m(x+2)$，则点 $(-2,1)$ 满足题意.

4. 若直线 $ax+by+c=0$ 在第一、二、三象限，则（　　）.

A. $ab>0$，$bc>0$　　　　　　　B. $ab>0$，$bc<0$　　　　　　　C. $ab<0$，$bc>0$

D. $ab<0$，$bc<0$　　　　　　　E. 以上均不正确

【答案】D

【解析】直线 $ax+by+c=0$ 即为 $y=-\dfrac{a}{b}x-\dfrac{c}{b}$，根据题干条件得 $-\dfrac{a}{b}>0$，$-\dfrac{c}{b}>0$，故 $ab<0$，$bc<0$.

5. 已知三角形 ABC 的顶点坐标为 $A(-1,5)$、$B(-2,-1)$、$C(4,3)$，M 是 BC 边上的中点，则 AM 边所在的直线方程为（　　）.

A. $y=-2x-3$　　　　　　　B. $y=-2x+3$　　　　　　　C. $y=-\dfrac{1}{2}x+3$

D. $y=2x+3$　　　　　　　E. $y=2x-3$

【答案】B

【解析】可知点 $M(1,1)$，则 AM 边所在的直线方程为 $\dfrac{y-1}{5-1}=\dfrac{x-1}{-1-1}$，即 $y=-2x+3$.

【考点 126】直线的平行与垂直

6. 已知直线 $l_1:(k-3)x+(4-k)y+1=0$，$l_2:2(k-3)x-2y+3=0$ 平行，则 k 的值

是（　　）.

　　A. 1或3　　　　B. 1或5　　　　C. 3或5　　　　D. 1或2　　　　E. 2或3

【答案】C

【解析】根据判定直线互相平行的公式得 $-2(k-3)-(4-k)\times 2(k-3)=0$，解得 $k=3$ 或 $k=5$.

　　7. 已知两条不重合的直线 l_1：$ax-2y+2=0$ 与 l_2：$3x-4y+1=0$，l_1 上任意一点到 l_2 的距离都相等.

　　（1）$a=-\dfrac{3}{2}$.　　　　　　　　　　（2）$a=\dfrac{3}{2}$.

【答案】B

【解析】根据题意，l_1 上任意一点到 l_2 的距离都相等，可以判断出两直线的位置关系是平行直线，即斜率相等，有 $\dfrac{a}{3}=\dfrac{-2}{-4}\Rightarrow a=\dfrac{3}{2}$.

【考点127】圆的概念

　　8. 圆的方程 $x^2+2x+y^2-ay=1$ 的半径为 2.

　　（1）$a=3$.　　　　　　　　　　　　（2）$a=6$.

【答案】E

【解析】由条件（1）得 $x^2+2x+y^2-3y=1\Leftrightarrow (x+1)^2+\left(y-\dfrac{3}{2}\right)^2=1+1+\dfrac{9}{4}$，故 $r\neq 2$，不充分.

　　由条件（2）得 $x^2+2x+y^2-6y=1\Leftrightarrow (x+1)^2+(y-3)^2=1+1+9=11$，故 $r=\sqrt{11}\neq 2$，不充分.

　　9. 方程 $x^2+y^2+4mx-2y+5m=0$ 的曲线是圆.

　　（1）$m<0$ 或 $m>1$.　　　　　　　　（2）$1<m<2$.

【答案】D

【解析】判断曲线的方程 $x^2+y^2+Dx+Ey+F=0$ 是圆的方程，由 $D^2+E^2-4F>0$ 来确定.

$$D^2+E^2-4F=(4m)^2+(-2)^2-4\times 5m=(4m-1)(m-1)$$

　　条件（1）当 $m<0$，$m>1$ 时 $(4m-1)(m-1)>0$，充分.

　　条件（2）当 $1<m<2$ 时 $(4m-1)(m-1)>0$，充分；故选 D.

【考点128】求直线方程

　　10. 过点 $(1,0)$ 且与直线 $x-2y-2=0$ 平行的直线方程是（　　）.

　　A. $x-2y-1=0$　　　　　　B. $x-2y+1=0$　　　　　　C. $2x+y-2=0$

　　D. $x+2y-1=0$　　　　　　E. 以上均不正确

【答案】A

【解析】设与直线 $x-2y-2=0$ 平行的直线方程是 $x-2y+C=0$，将点 $(1,0)$ 代入 $x-2y+C=0$，可得 $C=-1$，故直线方程是 $x-2y-1=0$，选 A.

　　11. 已知点 $A(0,0)$、点 $B(12,3)$、点 $C(9,6)$ 为坐标平面上一个三角形的三个顶点，

则 BC 边上的高的直线方程必经过点 （   ）.

    A. $\left(\dfrac{1}{2},\dfrac{1}{2}\right)$ B. $\left(\dfrac{1}{2},\dfrac{1}{3}\right)$ C. $\left(-\dfrac{1}{2},-\dfrac{1}{3}\right)$

    D. $\left(\dfrac{1}{3},\dfrac{1}{2}\right)$ E. $\left(-\dfrac{1}{3},-\dfrac{1}{2}\right)$

【答案】A

【解析】$k_{BC}=\dfrac{6-3}{9-12}=-1$，点 $A(0,0)$，高的斜率为 1，高所在直线 $y=x$，故满足条件的点为 $\left(\dfrac{1}{2},\dfrac{1}{2}\right)$.

12. 过点 $P(1,4)$ 作一条直线，使其在两坐标轴上的截距互为相反数，则这条直线方程经过如下点的坐标（   ）.

    A. $(0,-3)$ B. $(3,0)$ C. $(-1,-4)$ D. $(-2,2)$ E. $(5,-4)$

【答案】C

【解析】在坐标轴上截距互为相反数，则直线斜率为 1，或者过原点. 斜率为 1 时，直线为 $y=x+3$，没有选项；直线过原点时，方程为 $y=4x$，过点 $(-1,-4)$，故选 C.

【考点 129】求圆方程

13. 圆心在 y 轴上，半径为 1，且过点 $(1,2)$ 的圆的方程为 （   ）.

    A. $x^2+(y-2)^2=1$ B. $x^2+(y+2)^2=1$ C. $(x-1)^2+(y-3)^2=1$

    D. $x^2+(y-3)^2=1$ E. $(x-1)^2+y^2=1$

【答案】A

【解析】圆心在 y 轴上，即圆心横坐标为 0，排除 C、E 选项. 将点 $(1,2)$ 代入 A、B、D 选项中，$x^2+(y-2)^2=1^2+(2-2)^2=1$，只有选项 A 成立. 故选 A.

14. 过点 $A(1,2)$ 和 $B(1,10)$ 且与直线 $x-2y-1=0$ 相切的圆的方程为（   ）.

    A. $(x-3)^2+(y+6)^2=20$ B. $(x+3)^2+(y-6)^2=20$

    C. $(x+3)^2+(y+6)^2=20$ D. $(x-6)^2+(y-3)^2=20$

    E. $(x-3)^2-(y-6)^2=20$

【答案】E

【解析】圆心显然在线段 AB 的垂直平分线 $y=6$ 上，设圆心为 $(a,6)$，半径为 r，则 $(x-a)^2+(y-6)^2=r^2$，得 $(1-a)^2+(10-6)^2=r^2$，而 $r=\dfrac{|a-13|}{\sqrt{5}}$，$(a-1)^2+16=\dfrac{(a-13)^2}{5}$，$a=3$，$r=2\sqrt{5}$，所以 $(x-3)^2+(y-6)^2=20$.

【考点 130】点、直线与圆位置关系

15. 直线 $y=\dfrac{3}{4}x$ 上的点到圆 $x^2+y^2+4x-2y+4=0$ 的最远距离是 （   ）.

    A. 1   B. 2   C. 3   D. 4   E. 5

【答案】C

【解析】最远距离为圆心到直线的距离与半径之和，因此 $d=\dfrac{|-3\times(-2)-4|}{\sqrt{3^2+4^2}}+1=3$.

16. 若直线 $y=ax$ 与圆 $(x-a)^2+y^2=1$ 相切，则 $a^2=$ （   ）．

A. $\dfrac{1+\sqrt{3}}{2}$　　B. $1+\dfrac{\sqrt{3}}{2}$　　C. $\dfrac{\sqrt{5}}{2}$　　D. $1+\dfrac{\sqrt{5}}{3}$　　E. $\dfrac{1+\sqrt{5}}{2}$

【答案】E

【解析】圆心为 $(a,0)$，$r=1$，圆与直线相切，因此圆心到直线 $ax-y=0$ 的距离

$d=\dfrac{|a^2-0|}{\sqrt{a^2+1}}=1\Rightarrow a^2=\dfrac{1+\sqrt{5}}{2}$．

17. 圆 $(x-a)^2+(y-2)^2=4(a>0)$ 及 l：$x-y+3=0$，当 l 被圆截得的弦长为 $2\sqrt{3}$

时，$a=$（   ）．

A. $\sqrt{2}$　　B. $2-\sqrt{2}$　　C. $\sqrt{2}-1$　　D. $-\sqrt{2}-1$　　E. $\pm\sqrt{2}-1$

【答案】C

【解析】由题意知，圆心为 $(a,2)$，半径为 2，有 $\begin{cases}2^2=d^2+(\sqrt{3})^2\\ d=\dfrac{|a-2+3|}{\sqrt{1^2+1^2}}\end{cases}\Rightarrow a=\pm\sqrt{2}-1$（负

舍），因此选 C.

【考点 131】圆和圆位置关系

18. 圆 C_1：$x^2+y^2+4x-4y+7=0$ 和圆 C_2：$x^2+y^2-4x-10y+13=0$ 的外公切线长

度是（   ）．

A. 4　　B. $\sqrt{13}$　　C. 3　　D. $2\sqrt{5}$　　E. 以上都不正确

【答案】A

【解析】C_1：$(x+2)^2+(y-2)^2=1$，圆心 $(-2,2)$，半径 $r=1$．

C_2：$(x-2)^2+(y-5)^2=16$，圆心 $(2,5)$，半径 $r=4$．

圆心距 $d=\sqrt{(2+2)^2+(5-2)^2}=5$，所以两圆外切，有两条外公切线，则外公切线

长 $l=\sqrt{5^2-(4-1)^2}=4$，故选 A.

19. 半径分别为 2 和 5 的两个圆，圆心坐标分别为 $(a,1)$ 和 $(2,b)$，它们有 4 条公

切线．

(1) 点 $P(a,b)$ 在圆 $(x-2)^2+(y-1)^2=49$ 的里面．

(2) 点 $P(a,b)$ 在圆 $(x-2)^2+(y-1)^2=49$ 的外面．

【答案】B

【解析】两个圆有 4 条公切线说明两个圆外离，则有 $d>r_1+r_2\Leftrightarrow\sqrt{(2-a)^2+(b-1)^2}>7$

$\Leftrightarrow(a-2)^2+(b-1)^2>49$，条件 (2) 充分，故选 B.

【考点 132】对称问题

20. 点 $P(-3,-1)$ 关于直线 $3x+4y-12=0$ 的对称点 P' 是（   ）．

A. $(2,8)$　　B. $(1,3)$　　C. $(8,2)$　　D. $(3,7)$　　E. $(7,3)$

【答案】D

【解析】设点 $P'(x,y)$，根据点关于直线对称的条件有

$$\begin{cases} \dfrac{y+1}{x+3} \times \left(-\dfrac{3}{4}\right) = -1 \\ 3 \times \dfrac{x-3}{2} + 4 \times \dfrac{y-1}{2} - 12 = 0 \end{cases} \Rightarrow \begin{cases} x=3 \\ y=7 \end{cases}, \text{ 故 } P'(3,7).$$

21. 直线 $x+y+3=0$ 与直线 $x-y-1=0$ 的对称轴为（　　）.

A. $x=-1$　　　B. $x=1$　　　C. $x=-2$　　　D. $x=2$　E. $x=-1$ 与 $y=-2$

【答案】E

【解析】$\begin{cases} x+y+3=0 \\ x-y-1=0 \end{cases} \Rightarrow \begin{cases} x=-1 \\ y=-2 \end{cases}$，又因为直线 $x+y+3=0$ 的倾斜角为 $135°$，直线

$x-y-1=0$ 倾斜角为 $45°$，所以对称轴为 $x=-1$ 与 $y=-2$.

22. 若直线 $ax-y+2=0$ 与直线 $3x-y+b=0$ 关于直线 $x-y+1=0$ 对称，则（　　）.

A. $a=3$，$b=-2$ 　　　　　B. $a=\dfrac{1}{3}$，$b=2$ 　　　C. $a=\dfrac{1}{3}$，$b=-\dfrac{1}{2}$

D. $a=-3$，$b=-2$ 　　　　　E. $a=\dfrac{1}{3}$，$b=-2$

【答案】E

【解析】直线 $3x-y+b=0$ 关于直线 $x-y+1=0$ 对称直线为 $3(y-1)-(x+1)+b=0 \Leftrightarrow$

$x-3y+4-b=0 \Leftrightarrow \dfrac{1}{3}x-y+\dfrac{4-b}{3}=0$. 由待定系数法得 $a=\dfrac{1}{3}$，$\dfrac{4-b}{3}=2 \Rightarrow b=-2$，故

选 E.

【考点 133】最值问题

23. 设两条直线的方程分别为 $x+y+a=0$，$x+y+b=0$，已知 a、b 是方程 $x^2+x+c=0$

的两个实根，且 $0 \leqslant c \leqslant \dfrac{1}{8}$，则这两条直线之间的距离的最大值与最小值之差（　　）.

A. $\dfrac{1-\sqrt{3}}{3}$ 　　　B. $\dfrac{\sqrt{3}-1}{3}$ 　　　C. $\dfrac{\sqrt{2}-1}{2}$ 　　　D. $\dfrac{1-\sqrt{2}}{2}$ 　E. 以上均不正确

【答案】C

【解析】由韦达定理，可知 $a+b=-1$，$ab=c$，两直线的距离 $d=\dfrac{|a-b|}{\sqrt{2}}=\dfrac{\sqrt{1-4c}}{\sqrt{2}}$，

因为 $0 \leqslant c \leqslant \dfrac{1}{8} \Rightarrow \dfrac{1}{2} \leqslant d \leqslant \dfrac{\sqrt{2}}{2}$，两直线距离最大值与最小值之差为 $\dfrac{\sqrt{2}-1}{2}$.

24. 已知实数 x、y 满足方程 $x^2+y^2-4x+1=0$，则 $\dfrac{y}{x}$ 的最大值为（　　）.

A. 3　　　　B. $\sqrt{3}$　　　　C. $\sqrt{2}$　　　　D. 2　　　　　E. 4

【答案】B

【解析】数形结合，方程 $x^2+y^2-4x+1=0$ 表示以点 $(2,0)$ 为圆心，以 $\sqrt{3}$ 为半径的

圆. 设 $\dfrac{y}{x}=k$，即 $y=kx$，由圆心 $(2,0)$ 到 $y=kx$ 的距离为半径时，直线与圆相切，斜率

取得最大值，由 $\dfrac{|2k-0|}{\sqrt{k^2+1}}=\sqrt{3}$，解得 $k^2=3$，所以 $k_{\max}=\sqrt{3}$.

25. 已知圆 C 的方程为 $x^2+y^2+2x-2y+1=0$，圆心 C 到直线 $kx+y+4=0$ 的距离为 d，则可得 $k=-\dfrac{1}{5}$.

(1) d 表示最小距离.　　　　　(2) d 表示最大距离.

【答案】B

【解析】直线恒过点 $A(0,-4)$，圆心 $C(-1,1)$.

条件（1），若 d 为最小值，则直线过圆心，$k=5$，不充分.

条件（2），若 d 为最大值，则圆心与直线垂直，距离最大，$k_{AC}=-5$，$k_l=\dfrac{1}{5}$，故 $k=-\dfrac{1}{5}$，充分，选 B.

【考点 134】围成图形周长与面积

26. 由直线 $y=x+2$、$y=-x+2$ 和 x 轴围成的三角形与圆心在点 $(1,1)$、半径为 1 的圆构成的图形覆盖的面积等于（　　）.

A. $4-\dfrac{1}{2}\pi$　　　B. $4-\pi$　　　C. $4+\dfrac{1}{2}\pi$　　　D. $3\pi-4$　　　E. $2+\dfrac{1}{2}\pi$

【答案】C

【解析】由题干知，圆心 $(1,1)$ 在直线 $y=-x+2$ 上，且半径为 1，如图 $8-13$ 中阴影部分面积为所求部分 $S=\dfrac{1}{2}\times4\times2+\dfrac{1}{2}\pi(1)^2=4+\dfrac{1}{2}\pi$.

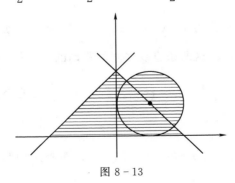

图 $8-13$

27. 与两坐标轴围成的三角形面积为 2，且在两个坐标轴上的截距之差的绝对值为 3 的直线有（　　）条.

A. 1　　　　B. 2　　　　C. 3　　　　D. 4　　　　E. 8

【答案】D

【解析】设直线的方程为 $\dfrac{x}{a}+\dfrac{y}{b}=1$，则有 $\begin{cases}\dfrac{1}{2}|ab|=2\\|a-b|=3\end{cases}$，解得 $\begin{cases}a=-1\\b=-4\end{cases}$，$\begin{cases}a=4\\b=1\end{cases}$，$\begin{cases}a=1\\b=4\end{cases}$，$\begin{cases}a=-4\\b=-1\end{cases}$，共 4 条直线，选 D.

第三节 立 竿 见 影

一、问题求解

1. 横坐标轴上的点 P 到纵坐标轴的距离为 2.5，则点 P 的坐标为 （   ）.

A. $(2.5, 0)$ B. $(-2.5, 0)$ C. $(0, 2.5)$ D. $(2.5, 0)$ 或 $(-2.5, 0)$

E. 以上均不正确

2. 原点到直线 $l: 5x - 12y - 9 = 0$ 的距离为 （   ）.

A. 2   B. $\dfrac{16}{13}$ C. $-\dfrac{9}{13}$ D. $\dfrac{9}{13}$ E. $-\dfrac{16}{13}$

3. 若图 8-14 中的直线 L_1、L_2、L_3 的斜率分别为 K_1、K_2、K_3 则 （   ）.

A. $K_1 < K_2 < K_3$ B. $K_2 < K_1 < K_3$ C. $K_3 < K_2 < K_1$

D. $K_1 < K_3 < K_2$ E. $K_2 < K_3 < K_1$

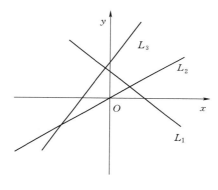

图 8-14

4. 已知两条直线 $l_1: 2x - 3y + 4 = 0$ 及 $l_2: x + y - 3 = 0$，试判断它们的位置关系为 （   ）.

A. 相交   B. 平行   C. 重合   D. 垂直   E. 以上均不正确

5. 如果直线 $ax + 2y + 2 = 0$ 与直线 $3x - y - 2 = 0$ 平行，那么系数 $a = $（   ）.

A. -3 B. -6 C. $-\dfrac{3}{2}$ D. $-\dfrac{3}{2}$ E. 以上均不正确

6. 直线 $(m+2)x + 3my + 1 = 0$ 与直线 $(m-2)x + (m+2)y - 3 = 0$ 相互垂直，则 m 的值为 （   ）.

A. $\dfrac{1}{2}$ B. -2 C. -2 或 $\dfrac{1}{2}$ D. $-\dfrac{1}{2}$ E. 2

7. 点 $A(1, -1)$ 关于直线 $x + y = 1$ 的对称点 A' 的坐标是 （   ）.

A. $(2, 0)$ B. $(1, 0)$ C. $(-1, 0)$ D. $(0, -2)$ E. $(-1, 1)$

二、条件充分性判断题

8. 一次函数 $y = (m+1)x + m - 1$ 的图像不经过第三象限.

(1) 若一元二次方程 $x^2 - 2x - m = 0$ 无实数根.

(2) 若一元二次方程 $x^2 - mx - 2 = 0$ 无实数根.

9. 直线 l_1 与直线 l_2 垂直，则 a 的值为 1.

(1) 直线 l_1: $ax + (1-a)y - 3 = 0$.

(2) 直线 l_2: $(a-1)x + (2a+3)y - 2 = 0$.

10. 若直线 $3x + y + a = 0$ 过圆 $x^2 + y^2 + 2x - 4y = 0$ 的圆心.

(1) $a = -1$.　　　　　　　　(2) $a = 1$.

11. 圆的方程为 $x^2 + y^2 - 4x - 6 = 0$.

(1) 过点 $M(-1,1)$，圆心在 x 轴上的圆.

(2) 过点 $N(1,3)$，圆心在 x 轴上的圆.

12. 已知圆 C：$(x+5)^2 + y^2 = r^2 (r > 0)$ 和直线 l：$3x + y + 5 = 0$ 没有公共点.

(1) $r > 0$.　　　　　　　　(2) $r < \sqrt{10}$.

13. 直线 l 能被圆 $x^2 + y^2 - 2x = 0$ 截得的弦长为 $\sqrt{2}$.

(1) 直线 l：$x - y = 2$.　　　(2) 直线 l：$x + 7y - 6 = 0$.

详　解

一、问题求解

1. 【答案】D

【解析】由于到原点的距离为 2.5 的点有 $(2.5, 0)$ 或 $(-2.5, 0)$.

2. 【答案】D

【解析】根据点到直线的距离公式可知 $d = \dfrac{|5 \times 0 - 12 \times 0 - 9|}{\sqrt{5^2 + (-12)^2}} = \dfrac{9}{13}$.

3. 【答案】A

【解析】根据直线从 x 轴的正方向逆时针形成的夹角 α 在取值范围内可知 $K_1 < 0 < K_2 < K_3$（图 $8 - 15$）.

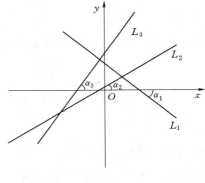

图 $8 - 15$

4. 【答案】A

【解析】第一条直线的斜率是 $\dfrac{2}{3}$，第二条直线的斜率是 -1，故两条直线相交.

5. 【答案】B

【解析】由 $-\dfrac{a}{2}=3$，即得 $a=-6$.

6. 【答案】C

【解析】根据判定直线互相垂直的公式得 $(m+2)(m-2)+3m(m+2)=0$，解得 m 的值为 -2 或 $\dfrac{1}{2}$.

7. 【答案】A

【解析】设 $A'(x,y)$，根据点关于直线对称的条件有

$$\begin{cases} \dfrac{y+1}{x-1}\times(-1)=-1 \\ \dfrac{x+1}{2}+\dfrac{y-1}{2}=1 \end{cases} \Rightarrow \begin{cases} x=2 \\ y=0 \end{cases}，故 A'(2,0).$$

二、条件充分性判断题

8. 【答案】E

【解析】直线不经过第三象限，则 $m+1<0$，$m-1>0$，不存在这样的 m 值.

9. 【答案】E

【解析】显然单独不充分，联合可得 $a(a-1)+(1-a)(2a+3)=0$，即 $a^2+2a-3=0$，解得 $a=-3$ 或 $a=1$.

10. 【答案】B

【解析】$x^2+y^2+2x-4x=0$ 化为一般方程为 $(x+1)^2+(y-2)^2=5$，得到圆心坐标为 $(-1,2)$，代入直线方程有 $3x+y+a=-3+2+a=0$，解得 $a=1$，故选 B.

11. 【答案】C

【解析】设圆心在 x 轴上的圆的方程为 $(x-a)^2+y^2=r^2$，显然单独条件（1）或（2）求解不出 a、r，故不充分；联合解得 $a=2$，$r^2=10$，因此 $(x-2)^2+y^2=10\Leftrightarrow x^2+y^2-4x-6=0$.

12. 【答案】C

【解析】圆 C：$(x+5)^2+y^2=r^2(r>0)$ 的圆心 $(-5,0)$.

圆心到直线 l：$3x+y+5=0$ 的距离 $d=\dfrac{|3\times(-5)+0+5|}{\sqrt{3^2+1^2}}=\sqrt{10}$.

圆与直线没有公共点 $0<r<\sqrt{10}$，故条件（1）和条件（2）单独不充分，联合充分.

13. 【答案】D

【解析】条件（1）圆的半径为 1，圆心 $(1,0)$ 到直线的距离 $d=\dfrac{|x-y-2|}{\sqrt{2}}=\dfrac{\sqrt{2}}{2}$，可以算得弦长为 $2\times\sqrt{1-\dfrac{1}{2}}=\sqrt{2}$，充分.

条件（2）圆心到直线的距离 $d=\dfrac{|1-6|}{\sqrt{1+7^2}}=\dfrac{5}{\sqrt{50}}=\dfrac{1}{\sqrt{2}}$，同理可得也充分，答案选 D.

第四节 渐 入 佳 境

一、问题求解

1. 求直线 $x=0$ 与直线 $3x+4y-11=0$ 的交点的坐标是（ ）.

A. $(0,1)$ B. $(1,2)$ C. $(0,3)$ D. $(2,4)$ E. $\left(0,\dfrac{11}{4}\right)$

2. 若 $x^2-2xy+ky^2+3x-5y+2=0$ 能表示两条直线方程，则这两条直线斜率之积为（ ）.

A. $-\dfrac{1}{3}$ B. $\dfrac{1}{3}$ C. 3   D. -3 E. 1

3. 点 $P(-1,2)$ 到直线 $l:2x+y-10=0$ 的距离为（ ）.

A. $\sqrt{5}$ B. $2\sqrt{5}$ C. $\dfrac{2\sqrt{5}}{5}$ D. $\dfrac{\sqrt{5}}{5}$ E. $3\sqrt{5}$

4. 以点 $m(2,1)$ 关于直线 $l:x+y+2=0$ 的对称点为圆心，以 2 为半径画圆，则该圆与 x 轴、y 轴以及直线 l 交点个数之和为（ ）.

A. 2   B. 1   C. 0   D. 3   E. 以上均不正确

5. 直线过点 $(-1,2)$，且与直线 $2x-3y+4=0$ 垂直，则直线的方程是（ ）.

A. $3x+2y-1=0$ B. $3x+2y+7=0$ C. $2x-3y+5=0$

D. $2x-3y+8=0$ E. 以上均不正确

6. 经过圆 $x^2+y^2+2x=0$ 的圆心，且与直线 $x+y=0$ 垂直的直线 l 的方程是（ ）.

A. $x+y+1=0$ B. $x-y+1=0$ C. $x+y-1=0$

D. $x-y-1=0$ E. 以上均不正确

7. 若直线 $(1+a)x+y+1=0$ 与圆 $x^2+y^2-2x=0$ 相切，则 a 的值为（ ）.

A. 1 或 -1 B. 2 或 -2 C. 1   D. -1 E. -2

8. 直线 $ax-y-2a=0$ 与 $(x-2)^2+y^2=1$ 的位置关系为（ ）.

A. 相交   B. 相切   C. 外离   D. 内切   E. 以上均不正确

9. 圆心在直线 $y=-4x$ 上，且与直线 $l:x+y-1=0$ 相切于点 $P(3,-2)$，则圆心的坐标为（ ）.

A. $(-1,4)$ B. $(1,-4)$ C. $\left(-\dfrac{1}{2},2\right)$

D. $\left(\dfrac{1}{2},-2\right)$ E. $(-1,4)$ 或 $\left(\dfrac{1}{2},-2\right)$

10. 在平面直角坐标系 xoy 中，直线 $x+2y-3=0$ 被圆 $(x-2)^2+(y+1)^2=4$ 截得的弦长为（ ）.

A. $\dfrac{2\sqrt{55}}{5}$ B. $\dfrac{2\sqrt{22}}{5}$ C. $\dfrac{2\sqrt{56}}{5}$ D. $\dfrac{2}{5}$ E. $\dfrac{3}{5}$

11. 圆 $x^2+y^2-2x+4y-c=0$ 的圆心为 A，且与直线 l：$x+y-3=0$ 的两个交点分别为 P、Q，若 $AP\perp AQ$，则 $c=$（   ）．

A. 2　　　　　　B. 5　　　　　　C. 8　　　　　　D. 10　　　　　　E. 11

12. 已知直线 $ax+by+c=0$（$abc\neq0$）与圆 $x^2+y^2=1$ 相切，则三条边长分别为 $|a|$、$|b|$、$|c|$ 的三角形为（   ）．

A. 锐角三角形　　　　　　　B. 钝角三角形　　　　　　　C. 直角三角形

D. 不存在　　　　　　　　E. 无法确定

13. 直线 $x-2y+1=0$ 关于直线 $x=1$ 对称的直线方程是（   ）．

A. $x+2y-1=0$　　　　　　B. $2x+y-1=0$　　　　　　C. $2x+y-3=0$

D. $x+2y-3=0$　　　　　　E. 以上均不正确

14. 方程 $x^2-(1+\sqrt{3})x+\sqrt{3}=0$ 的两根分别为等腰三角形的腰 a 和底 b（$a<b$），则该三角形的面积是（   ）．

A. $\dfrac{\sqrt{11}}{4}$　　　B. $\dfrac{\sqrt{11}}{8}$　　　C. $\dfrac{\sqrt{3}}{4}$　　　D. $\dfrac{\sqrt{3}}{5}$　　　E. $\dfrac{\sqrt{3}}{8}$

15. 已知直角三角形 ABC 的顶点 $A(2,0)$，$B(2,3)$，且 A 为直角顶点，斜边长为 5，则 C 的坐标（   ）．

A. $(-2,0)$　　　B. $(4,0)$　　　C. $(0,8)$　　　D. $(6,0)$

E. $(-2,0)$ 或 $(6,0)$

二、条件充分性判断题

16. $a=-4$．

(1) 点 $A(1,0)$ 关于直线 l：$x-y+1=0$ 的对称点是 $A'\left(\dfrac{a}{4},-\dfrac{a}{2}\right)$．

(2) 直线 l_1：$(2+a)x+5y=1$ 与直线 l_2：$ax+(2+a)y=2$ 垂直．

17. 直线 $2x+ay-1=0$ 与直线 $ax+2y-2=0$ 平行．

(1) $a=2$．　　　　　　　　(2) $a=-2$．

18. 直线 $ax+by+3=0$ 被圆 $(x-2)^2+(y-1)^2=4$ 截得的线段长度为 $2\sqrt{3}$．

(1) $a=0$，$b=-1$．　　　　　(2) $a=-1$，$b=0$．

19. 圆 O_1 和圆 O_2 的半径分别为 r_1 和 r_2，且 $O_1O_2=5$，已知它们的一条外公切线切点为 A、B，则线段 $AB=4$．

(1) $r_1=3$，$r_2=6$．　　　　　(2) $r_1=2$，$r_2=5$．

20. 直线 $y=x+2$ 与圆 $(x-a)^2+(y-b)^2=2$ 相切．

(1) $a=b$．　　　　　　　　(2) $a+b=0$．

21. 圆的方程为 $x^2+y^2-4x-6=0$．

(1) 圆心在 x 轴上的圆．　　　(2) 圆过点 $M(-1,1)$，点 $N(1,3)$．

22. 若圆 $x^2+y^2-2x-4y=0$ 的圆心到直线 $x-y+a=0$ 的距离为 $\dfrac{\sqrt{2}}{2}$．

(1) $a=-2$．　　　　　　　　(2) $a=2$．

23. 方程 1 所代表的曲线与方程 2 所代表的曲线有 4 个交点．

(1) 方程 1：$x^2+4xy+4y^2+x+2y-2=0$.

(2) 方程 2：$x^2+y^2=1$.

24. 直线的斜率为 $\dfrac{\sqrt{3}}{3}$.

(1) 一条过点 $A(-1,-\sqrt{3})$、点 $B(2,2\sqrt{3})$ 的直线.

(2) 一条过点 $A(4,3\sqrt{3})$、点 $B(7,4\sqrt{3})$ 的直线.

25. 直线 $mx+ny-1=0$ 同时过第一、三、四象限.

(1) $mn>0$.   (2) $mn<0$.

详　解

一、问题求解

1.【答案】E

【解析】把两直线的方程进行联立解关于 x 与 y 的方程，立即知道选 E.

2.【答案】A

【解析】由题可知，原式是两直线方程组成，进行因式分解将两直线方程表达出来.
使用待定系数法可得

$(x+ky+a)(x+y+b)=x^2+(k+1)xy+ky^2+(a+b)x+(kb+a)y+ab=0$,

由题目可知：$k+1=-2$，则 $k=-3$.

$\begin{cases} a+b=3 \\ kb+a=-5 \\ ab=2 \end{cases}$，则 $a=1$，$b=2$，所以方程为 $(x-3y+1)(x+y+2)=0$,

则 $k_1=\dfrac{1}{3}$，$k_2=-1$，所以 $k_1k_2=-\dfrac{1}{3}$，故选 A.

3.【答案】B

【解析】根据点到直线的距离公式可知 $d=\dfrac{|2\times(-1)+2-10|}{\sqrt{2^2+1^2}}=2\sqrt{5}$.

4.【答案】C

【解析】点 $m(2,1)$ 关于直线的对称点为 $(-3,-4)$，以 2 为半径画圆，显然与 x 轴、y 轴交点个数为 0，根据点到直线距离公式可求距离为 $\dfrac{5\sqrt{2}}{2}>2$，故也没有交点.

5.【答案】A

【解析】设直线的方程为 $y-2=k(x+1)$，因与直线 $2x-3y+4=0$ 变形为 $y=\dfrac{2}{3}x+\dfrac{4}{3}$ 垂直，则 $k\cdot\dfrac{2}{3}=-1$，故 $k=-\dfrac{3}{2}$，因此直线的方程为 $y-2=-\dfrac{3}{2}(x+1)\Leftrightarrow 3x+2y-1=0$.

6.【答案】B

【解析】设与直线 $x+y=0$ 垂直的直线方程为 $x-y+b=0$，因为过圆心 $(-1,0)$，所以 $b=1$，故选 B.

7.【答案】D

【解析】圆的标准方程为 $(x-1)^2+y^2=1$，圆心坐标为 $(1,0)$，因为直线 $(1+a)x+y+1=0$ 与圆相切，所以圆心到直线的距离等于半径即 $\dfrac{|1+a+1|}{\sqrt{(1+a)^2+1}}=1$，解得 $a=-1$.

8. 【答案】A

【解析】直线 $ax-y-2a=0$ 恒过 $(2,0)$ 点，因此是相交的，故选 A.

9. 【答案】B

【解析】根据题意设圆心的坐标为 $(a,-4a)$，半径为 r，则 $d=\dfrac{|a+(-4a)-1|}{\sqrt{1^2+1^2}}=$ $\sqrt{(a-3)^2+(-4a+2)^2}=r$ 解得 $a=1$，则圆心的坐标为 $(1,-4)$.

10. 【答案】A

【解析】圆心到直线的距离 $d=\dfrac{|2-2-3|}{\sqrt{1+2^2}}=\dfrac{3}{\sqrt{5}}$，所以弦长为 $2\times\sqrt{2^2-\dfrac{9}{5}}=\dfrac{2\sqrt{55}}{5}$. 选 A.

11. 【答案】E

【解析】$x^2+y^2-2x+4y-c=0$ 的圆心为 $(1,-2)$，半径为 $\sqrt{5+c}$，圆心 A 到直线 l：$x+y-3=0$ 的距离为 $d=\dfrac{|1-2-3|}{\sqrt{1+1}}=2\sqrt{2}$，如图 8-16 可知 $\dfrac{\sqrt{5+c}}{2\sqrt{2}}=\sqrt{2}$，$c=11$.

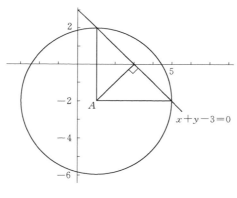

图 8-16

12. 【答案】C

【解析】直线 $ax+by+c=0(abc\neq0)$ 到圆心的距离为 $\dfrac{|c|}{\sqrt{a^2+b^2}}=1$，即有 $a^2+b^2=c^2$，所以由 $|a|$、$|b|$、$|c|$ 构成的三角形为直角三角形.

13. 【答案】D

【解析】因为点 $(-1,0)$，$(1,1)$ 在直线 $x-2y+1=0$ 上，其关于 $x=1$ 的对称点为 $(3,0)$，$(1,1)$，根据两点式方程有 $y=\dfrac{1-0}{1-3}(x-3)=-\dfrac{1}{2}(x-3)$，$x+2y-3=0$，选 D.

14. 【答案】C

【解析】根据题目得到，腰 $a=1$ 和底 $b=\sqrt{3}$，得到面积为 $\frac{\sqrt{3}}{4}$，选 C.

15.【答案】E

【解析】在直角坐标系里画图，如图 8-17 所示. 满足题意的点 $C(-2,0)$ 或点 $D(6,0)$.

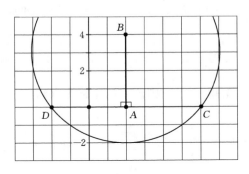

图 8-17

二、条件充分性判断

16.【答案】A

【解析】条件（1）可知点 $A(1,0)$ 关于直线 $x-y+1=0$ 的对称点是 $(-1,2)$，则 $\frac{a}{4}=-1$ 或 $-\frac{a}{2}=2$，故 $a=-4$，充分；条件（2）由直线与直线垂直的公式可知 $a(2+a)+5(2+a)=0$ 解得 $a=-2$ 或 $a=-5$，不充分，故选 A.

17.【答案】D

【解析】两直线平行的充要条件是 $\frac{2}{a}=\frac{a}{2}\neq\frac{-1}{-2}$，即两直线平行的充要条件是 $a=\pm 2$. 故条件（1）和条件（2）均充分. 选 D.

18.【答案】B

【解析】圆心坐标为 $O_1(2,1)$，半径 $AO_1=2$，$AB=2\sqrt{3}\Leftrightarrow AP=\sqrt{3}\Leftrightarrow O_1P=\sqrt{AO_1{}^2-AP^2}=1$，即 $\frac{|a\times 2+b\times 1+3|}{\sqrt{a^2+b^2}}=1$. 条件（1）代入，不充分；条件（2）代入，充分.

19.【答案】D

【解析】如图所示，可知 $O_1O_2^2-(r_2-r_1)^2=AB^2$；条件（1）$r_2-r_1=3$，条件（2）$r_2-r_1=3$，代入均成立，故选 D.

20.【答案】A

【解析】圆心坐标为 (a,b)，圆心到直线的距离为 $d=\frac{|a-b+2|}{\sqrt{1+1}}=\sqrt{2}$，$|a-b+2|=2$，条件（1）$a=b$，代入满足条件，故选 A.

21.【答案】C

【解析】显然条件（1）、（2）单独都不充分；联合线段 MN 的垂直平分线交 x 轴于点 $O(2,0)$ 为圆心半径 $r=ON=\sqrt{(2-1)^2+(0+3)^2}=\sqrt{10}$，故 $(2-1)^2+(0+3)^2=$

218

$(\sqrt{10})^2$，即 $x^2+y^2-4x-6=0$，故选 C.

22.【答案】B

【解析】$x^2+y^2-2x-4y=0$ 化为标准方程为 $(x-1)^2+(y-2)^2=5$，得到圆心坐标为 $(1,2)$，根据点到直线距离公式有 $d=\dfrac{|1-2+a|}{\sqrt{1+1}}=\dfrac{\sqrt{2}}{2}$，$|a-1|=1$，解得 $a=0$ 或 $a=2$，故条件（2）充分，故选 B.

23.【答案】C

【解析】显然需要联合，$x^2+4xy+4y^2+x+2y-2=(x+2y-1)(x+2y+2)=0$，所以 $x+2y-1=0$ 或 $x+2y+2=0$，表示两平行直线，容易判断 $x^2+y^2=1$ 与这两条平行直线均为相交的关系，因此有 4 个交点.

24.【答案】B

【解析】由条件（1）可知 $k_{AB}=\dfrac{2\sqrt{3}-\left(-\sqrt{3}\right)}{2-(-1)}=\dfrac{3\sqrt{3}}{3}=\sqrt{3}$，不充分.

由条件（2）可知 $k_{AB}=\dfrac{4\sqrt{3}-3\sqrt{3}}{7-4}=\dfrac{\sqrt{3}}{3}$，充分，故选 B.

25.【答案】E

【解析】当 $n\neq0$ 时，$mx+ny-1=0$，$y=-\dfrac{m}{n}x+\dfrac{1}{n}$，经过第一、三、四象限，

$$\begin{cases} -\dfrac{m}{n}>0 \\ \dfrac{1}{n}<0 \end{cases} \Rightarrow \begin{cases} m>0 \\ n<0 \end{cases}$$，而条件（2）包含 $m<0$，$n>0$，不满足条件，故选 E.

第九章　立　体　几　何

立体几何主要考查长方体、柱体、球体的体对角线、表面积及体积相关问题的求解.

本部分在考试中1～2道题，根据以往真题看来，以前每年只考1道题并且难题较少，近几年题目难度及题量略有增加，也出现了一些立体几何相关的应用题及概率问题.

对于考生来说，本章节比较容易，建议在学习时要了解长方体、柱体、球体的几何体特征，背熟公式，了解外接球与长方体及柱体的关系. 不用死记硬背，要通过做题来加深对几何体和公式的掌握.

第一节　夯　实　基　本　功

一、长方体（图9-1）

（1）全面积 $S = 2(ab + bc + ac)$.

（2）体积 $V = abc$.

（3）体对角线 $d = \sqrt{a^2 + b^2 + c^2}$.

（4）所有棱长和 $l = 4(a + b + c)$.

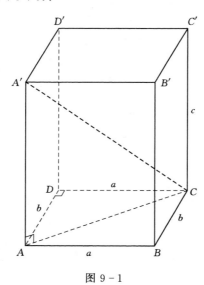

图 9-1

【典例1】长方体中，与一个顶点相邻的三个面的面积分别为2、6和9，则长方体的体积为（　　）.

    A. 7　　　　B. 8　　　　C. $3\sqrt{6}$　　　　D. $6\sqrt{3}$　　　　E. 9

【答案】D

【解析】显然有 $ab \cdot ac \cdot bc = 2 \times 6 \times 9 = 108 \Rightarrow abc = \sqrt{108} = 6\sqrt{3}$，故选 D.

二、正方体（特殊长方体）（图 9-2）

（1）全面积 $S = 6a^2$.

（2）体积 $V = a^3$.

（3）体对角线 $d = \sqrt{3}a$.

（4）所有棱长和 $l = 12a$.

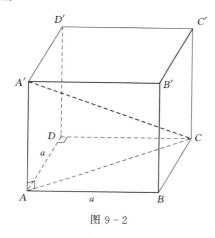

图 9-2

三、柱体

1. 柱体的分类

（1）圆柱：底面为圆的柱体称为圆柱.

（2）棱柱：底面为多边形的柱体称为棱柱，底面为 n 边形的就称为 n 棱柱.

2. 柱体的一般公式

（1）柱体侧面积 $S =$ 底面周长×高.

（2）柱体体积 $V =$ 底面面积×高.

3. 圆柱体

若设高为 h，底面半径为 r（图 9-3）.

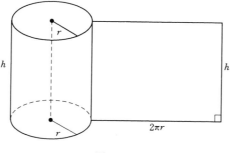

图 9-3

（1）体积 $V = \pi r^2 h$.

（2）侧面积 $S=2\pi rh$（其侧面展开图为一个长为 $2\pi r$、宽为 h 的长方形）.

（3）全面积 $F=S_{侧}+2S_{底}=2\pi rh+2\pi r^2$.

4. 特殊的圆柱：等边圆柱

（1）定义：轴截面为正方形的圆柱体，叫作等边圆柱（图 9-4）；即 $h=2r$.

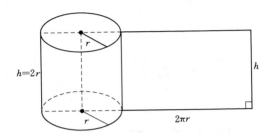

图 9-4

（2）体积 $V=\pi r^2h=2\pi r^3$.

（3）侧面积 $S=2\pi rh=4\pi r^2$（其侧面展开图为一个长为 $2\pi r$、宽为 h 的长方形）.

（4）全面积 $F=S_{侧}+2S_{底}=2\pi rh+2\pi r^2=6\pi r^2$.

5. 特殊的棱柱：正三棱柱

（1）定义：正三棱柱是上下底面为全等的两正三角形，侧面为矩形，侧棱平行且相等的棱柱（图 9-5）. 正三棱柱上下底面的中心连线与底面垂直，也就是侧面与底面垂直.

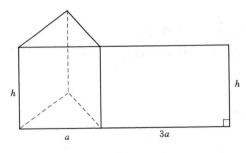

图 9-5

（2）体积 $V=\dfrac{\sqrt{3}}{4}a^2h$.

（3）侧面积 $S=3ah$（其侧面展开图为一个长为 $3a$、宽为 h 的长方形）.

（4）全面积 $F=S_{侧}+2S_{底}=3ah+2\times\dfrac{\sqrt{3}}{4}a^2=3ah+\dfrac{\sqrt{3}}{2}a^2$.

四、球体

1. 球体（图 9-6）

（1）球表面积 $S=4\pi r^2$.

（2）球的体积 $V=\dfrac{4}{3}\pi r^3$.

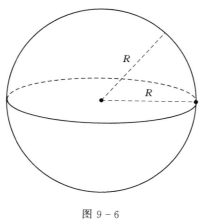

图 9-6

2. 长方体与球体

（1）外接球．球的直径等于长方体体对角线，即 $2R=\sqrt{a^2+b^2+c^2}$（图 9-7）.

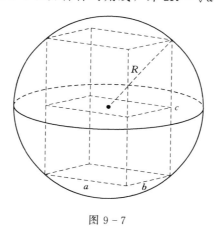

图 9-7

（2）内切球（正方体中存在内切球）．球的直径等于正方体棱长，即 $2R=a$（图 9-8）.

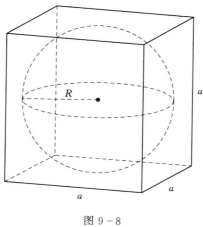

图 9-8

（3）外接半球．正方体外接半球需将半球补成整球分析．球的直径等于新长方体体对角线，即 $2R = \sqrt{a^2 + b^2 + (2c)^2}$，$R = \dfrac{\sqrt{a^2 + b^2 + (2c)^2}}{2}$（图 9 - 9）．

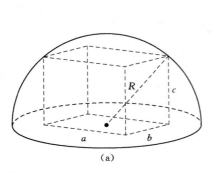

（a）　　　　　　　　　（b）

图 9 - 9

3. 圆柱体与球体

（1）外接球．球的直径等于圆柱体体对角线，即 $2R = \sqrt{(2r)^2 + h^2}$（图 9 - 10）．

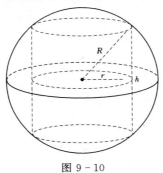

图 9 - 10

（2）内切球（等边圆柱中存在内切球）．球的直径等于等边圆柱的底面直径，即 $2R = 2r = h$（图 9 - 11）．

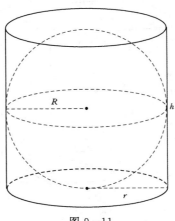

图 9 - 11

（3）外接半球．圆柱体外接半球无需将半球补成整球分析，可直接计算，$R = \sqrt{r^2 + h^2}$（图 9-12）．

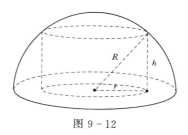

图 9-12

第二节　刚刚"恋"习

立体几何部分（共计 6 个考点）

【考点 135】长方体

1. 长方体中，与一个顶点相邻的三个面的面积分别为 2、6 和 9，则长方体的体积为（　　）.

A. 7 　　　　B. 8 　　　　C. $3\sqrt{6}$ 　　　　D. $6\sqrt{3}$ 　　　　E. 9

【答案】D

【解析】显然有 $ab \cdot ac \cdot bc = 2 \times 6 \times 9 = 108 \Rightarrow abc = \sqrt{108} = 6\sqrt{3}$，故选 D.

2. 如图 9-13 所示是一个长方体，阴影部分的面积为（　　）.

A. $\dfrac{\sqrt{5}}{2}$ 　　B. 25 　　C. $\dfrac{25}{2}$ 　　D. $\dfrac{15}{2}$ 　　E. $\dfrac{25}{3}$

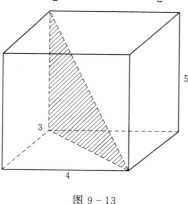

图 9-13

【答案】C

【解析】由图可知，阴影面积为 $\dfrac{1}{2} \times \sqrt{3^2 + 4^2} \times 5 = \dfrac{25}{2}$.

3. 两个正方体的棱长之比是 3:1，小正方体体积是大正方体的（　　）.

A. $\dfrac{1}{3}$ 　　B. $\dfrac{1}{9}$ 　　C. $\dfrac{1}{18}$ 　　D. $\dfrac{1}{21}$ 　　E. $\dfrac{1}{27}$

【答案】E

【解析】因为大正方体和小正方体棱长的比是 $3:1$，所以是大正方体的棱长是小正方体的 3 倍，那么大正方体的体积就是小正方体的 27 倍，小正方体的体积就是大正方体的 $\frac{1}{27}$，因此选 E.

【考点 136】柱体

4. 圆柱体的表面积为其侧面积的 2 倍，底面圆的周长为 4π，则高为（　　）.

　　A. 1　　　　B. 2　　　　C. 3　　　　D. 4　　　　E. 6

【答案】B

【解析】设圆柱的高为 h，底面圆的半径为 r，由题意得，$2\pi r^2 + 2\pi rh = 2 \times 2\pi rh \Rightarrow r = h$，又因 $C = 2\pi r = 4\pi \Rightarrow r = 2$，则 $h = 2$，故选 B.

5. 设甲、乙两个圆柱的底面积分别为 S_1，S_2，体积分别为 V_1 和 V_2，若它们的侧面积相等，且 $\frac{S_1}{S_2} = \frac{9}{4}$，则 $\frac{V_1}{V_2}$ 的值是（　　）.

　　A. $\frac{2}{3}$　　　B. 1　　　C. $\frac{3}{2}$　　　D. $\frac{1}{2}$　　　E. 2

【答案】C

【解析】体积之比为 $\frac{V_1}{V_2} = \frac{\pi r_1^2 d_1}{\pi r_2^2 d_2}$，它们侧面积相等，则 $2\pi r_1 d_1 = 2\pi r_2 d_2$，代入得 $\frac{V_1}{V_2} = \frac{r_1}{r_2} = \sqrt{\frac{S_1}{S_2}} = \frac{3}{2}$.

【考点 137】球体（内切，外接）

6. 已知一个全面积为 44 的长方体，且它的长、宽、高的比为 $3:2:1$，则此长方体的外接球的表面积为（　　）.

　　A. 7π　　　B. 14π　　　C. 21π　　　D. 28π　　　E. 以上均不正确

【答案】D

【解析】长方体的一个顶点处的三条棱长之比为 $1:2:3$，可以设它的长宽高为 $3x$、$2x$、x.

则 $S_{全} = 2(x \cdot 2x + x \cdot 3x + 2x \cdot 3x) = 44$ 解得 $x = \sqrt{2}$，所以长方体的一个顶点处的三条棱长是 $\sqrt{2}$、$2\sqrt{2}$、$3\sqrt{2}$，则它的对角线长为 $2\sqrt{7}$，则长方体的外接球半径为 $\sqrt{7}$，长方体的外接球的表面积为 $S = 4\pi r^2 = 4\pi(\sqrt{7})^2 = 28\pi$.

7. 一个圆柱的底面直径和高都与球的直径相等，则圆柱和球的体积之比是（　　）.

　　A. $2:3$　　B. $1:3$　　C. $2:1$　　D. $3:2$　　E. 以上均不正确

【答案】D

【解析】由题，设球的半径为 r，则球的体积 $V_1 = \frac{4}{3}\pi r^3$，由已知条件可知，圆柱体的底面半径为 r，高 $h = 2r$，那么圆柱体积 $V_2 = \pi r^2 \cdot 2r = 2\pi r^3$，从而 $V_2 : V_1 = 2\pi r^3 : \frac{4}{3}\pi r^3 = 3:2$，故选 D.

8. 某加工厂的师傅要用车床将一个球形铁块磨成一个正方体,若球的体积为 V,那么加工出来的正方体的体积最大为 (   ).

A. $\dfrac{\sqrt{3}v}{3\pi}$　　B. $\dfrac{2\sqrt{3}v}{3\pi}$　　C. $\dfrac{2\pi}{\sqrt{3}v}$　　D. $\dfrac{\pi}{\sqrt{3}v}$　　E. 以上均不正确

【答案】B

【解析】当正方体内接于球,正方体的体积最大,$\sqrt{3}a=2r\Rightarrow a=\left(\dfrac{2}{\sqrt{3}}r\right)\Rightarrow a^3=\dfrac{8\sqrt{3}}{9}r^3$,

体积 $V=\dfrac{4\pi r^3}{3}\Rightarrow r^3=\dfrac{3v}{4\pi}\Rightarrow a^3=\dfrac{2\sqrt{3}v}{3\pi}$.

9. 现有一个半径为 r 的球体,拟用刨床将其加工成正方体,那么能加工的最大正方体的体积是 (   ).

A. $\dfrac{8}{3}r^3$　　B. $\dfrac{8\sqrt{3}}{9}r^3$　　C. $\dfrac{1}{3}r^3$　　D. $\dfrac{4}{3}r^3$　　E. $\dfrac{\sqrt{3}}{9}r^3$

【答案】B

【解析】由题意,当正方体的体对角线是球的直径时,正方体的体积最大,此时设正方体的边长为 a,那么 $(\sqrt{2}a)^2+a^2=(2r)^2$,即 $a=\dfrac{2\sqrt{3}}{3}r$,所以正方体的体积 $a^3=\dfrac{8\sqrt{3}}{9}r^3$,故选 B.

【考点 138】与水有关的体积计算

10. 如图 9-14 所示,一个底面半径为 R 的圆柱形量杯中装有适量的水.若放入一个半径为 r 的实心铁球,水面高度恰好升高 r,则 $\dfrac{R}{r}=$ (   ).

A. $\dfrac{2\sqrt{3}}{3}$　　B. $\dfrac{4\sqrt{3}}{3}$　　C. $\dfrac{\sqrt{3}}{3}$　　D. $\dfrac{5\sqrt{3}}{3}$　　E. $\dfrac{7\sqrt{3}}{3}$

　　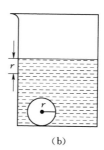

(a)　　　　　　　　(b)

图 9-14

【答案】A

【解析】根据体积不变可知小球的体积等于水面上升的变化量,则 $\dfrac{4}{3}\pi r^3=\pi R^2 gr\Rightarrow\dfrac{R}{r}=\dfrac{2}{\sqrt{3}}=\dfrac{2\sqrt{3}}{3}$,故选 A.

11. 一个水箱从里面量长 5 分米、宽 3 分米、高 4 分米，水箱里有不满一箱的水，现将一个长 4 分米、宽 4 分米、高 2 分米的长方体铁块垂直放入水箱内水溢出原有的 1/3. 则水箱内原有水的体积与水箱的体积比是（　　）．

A. $\dfrac{3}{10}$　　　B. $\dfrac{7}{10}$　　　C. $\dfrac{3}{5}$　　　D. $\dfrac{4}{5}$　　　E. $\dfrac{1}{2}$

【答案】B

【解析】设原有水的体积为 x，则根据题意得 $5\times 4\times 3=\dfrac{2}{3}x+4\times 2\times 4$，解得 $x=42$，由此得所求比值为 $\dfrac{42}{60}=\dfrac{7}{10}$，故选 B.

12. 一个盛满水的圆柱形容器，底面直径是 8 厘米，高 15 厘米，若把容器里的水倒入一个长为 m 厘米，宽为 n 厘米的长方体玻璃缸内，则水深为 5π 厘米．

(1) $m=10$，$n=8$.　　　　(2) $m=12$，$n=4$.

【答案】B

【解析】$V_{柱体}=\pi r^2 h=240\pi$，$V_{长方体}=mn(5\pi)$，则 $mn=48$，显然条件（1）不充分，条件（2）充分，故选 B.

【考点 139】切割与融合

13. 一个长方体的长宽高分别是 6、5、4，若把它切割成三个体积相等的小长方体，这三个小长方体表面积的和最大是多少？

A. 208　　　B. 228　　　C. 248　　　D. 268　　　E. 288

【答案】D

【解析】把长方体切割成三个体积相等的小长方体，则有三种分法，分别在长、宽、高的三等分点处分割，有①分割长后的面积为 $2\times(6\times 5+6\times 4+5\times 4)+4\times(5\times 4)$；②分割宽后的面积为 $2\times(6\times 5+6\times 4+5\times 4)+4\times(6\times 4)$；③分割高后的面积为 $2\times(6\times 5+6\times 4+5\times 4)+4\times(5\times 6)$；故分割高后的面积最大，且为 268.

14. 把一个长 28 厘米，宽和高都是 5 厘米的长方体切割成最大的正方体，最多能切割成（　　）个，每个体积为（　　）立方厘米．

A. 4，125　　B. 5，125　　C. 6，125　　D. 4，120　　E. 5，120

【答案】B

【解析】$(28\times 5\times 5)\div(5\times 5\times 5)=(140\times 5)\div(25\times 5)=5.6$，最多能切割 5 个正方体；$5\times 5\times 5=125\text{cm}^3$.

15. 把一个长、宽、高分别为 9、7、3 的长方体铁块和一个棱长是 5 的正方体铁块，熔铸成一个圆柱体，这个圆柱体的底面直径是 10，高是多少？（π 取 3.14）

A. 2　　　B. 3　　　C. 4　　　D. 6　　　E. 8

【答案】C

【解析】设圆柱体的高为 h，根据题意的，$9\times 7\times 3+5^3=\pi\left(\dfrac{10}{2}\right)^2 gh$，解得 $h=4$.

16. 一个圆柱形容器的轴截面尺寸如图 9 - 15 所示，将一个实心球放入该容器中，球的直径等于圆柱的高，现将容器注满水，然后取出该球（假设原水量不受损失），则容器中水面的高度为（　　）.

A. $5\dfrac{1}{3}$厘米
B. $6\dfrac{1}{3}$厘米
C. $7\dfrac{1}{3}$厘米

D. $8\dfrac{1}{3}$厘米
E. 以上均不正确

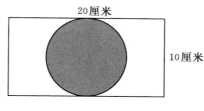

图 9 - 15

【答案】D

【解析】球的体积与下降水的体积相等，设水面高度为 h，则有 $\dfrac{4}{3}\pi r_{球}^3 = \pi r_{柱}^2 (10-h) \Rightarrow$

$h = 8\dfrac{1}{3}$，故选 D.

【考点 140】综合应用

17. 体积相等的正方体、等边圆柱（轴截面是正方形）和球，它们的表面积分别为 S_1、S_2、S_3，则有（　　）.

A. $S_1 < S_2 < S_3$
B. $S_3 < S_2 < S_1$
C. $S_2 < S_1 < S_3$

D. $S_3 < S_1 < S_2$
E. $S_1 < S_3 < S_2$

【答案】B

【解析】$V_1 = a^3$，$V_2 = \pi r^2 h$，$V_3 = \dfrac{4}{3}\pi R^3$. $S_1 = 6a^2$，$S_2 = 2\pi rh + 2\pi r^2$，$S_3 = 4\pi R^2$.

经过推导得到 $S_3 < S_2 < S_1$，故选 B.

18. 表面积相等的正方体、等边圆柱（轴截面是正方形）和球，它们的体积分别为 V_1、V_2、V_3，则有（　　）.

A. $V_1 < V_3 < V_2$
B. $V_3 < V_1 < V_2$
C. $V_2 < V_3 < V_1$

D. $V_1 < V_2 < V_3$
E. $V_3 < V_2 < V_1$

【答案】D

【解析】由三者表面积相等，得 $6a^2 = 2\pi r^2 + 2\pi rg \cdot 2r = 4\pi R^2 \Rightarrow 6a^2 = 6\pi r^2 = 4\pi R^2 \Rightarrow r = $

$\dfrac{a}{\sqrt{\pi}}$，$R = \dfrac{\sqrt{6}a}{2\sqrt{\pi}}$.

所以正方体的体积为 $V_1 = a^3$；等边圆柱（轴截面是正方形）的体积为 $V_2 = \dfrac{2}{\sqrt{\pi}}a^3$

$\left(\dfrac{2}{\sqrt{\pi}} > 1\right)$ 球的体积为 $V_3 = \dfrac{\sqrt{6}}{\sqrt{\pi}}a^3 \left(\dfrac{\sqrt{6}}{\sqrt{\pi}} > \dfrac{2}{\sqrt{\pi}}\right)$，故选 D.

第三节　立　竿　见　影

一、问题求解

1. 一个正方体增高 3，就得到一个底面不变的长方体，它的表面积比原来的正方体表面积增加 96，则原来正方体的表面积为（　　）．

A. 368　　　　B. 372　　　　C. 382　　　　D. 384　　　　E. 386

2. 一个长方体和一个正方体的棱长和相等．如果正方体的边长是 6 厘米，长方体的长是 7 厘米，宽为 6 厘米，那么长方体的高是（　　）厘米．

A. 1　　　　B. 2　　　　C. 3　　　　D. 4　　　　E. 5

3. 若圆柱体的高增大到原来的 4 倍，底半径增大到原来的 2 倍，则体积增大到原来的体积的倍数是（　　）．

A. 16　　　　B. 12　　　　C. 10　　　　D. 6　　　　E. 8

4. 设正方体的棱长为 $\dfrac{2\sqrt{3}}{3}$，则它的外接球的表面积为（　　）．

A. $\dfrac{8}{3}\pi$　　　B. 2π　　　C. 4π　　　D. $\dfrac{4}{3}\pi$　　　E. 以上均不正确

5. 若球的半径为 R，则这个球的内接正方体的全面积等于（　　）．

A. $8R^2$　　　B. $9R^2$　　　C. $10R^2$　　　D. $11R^2$　　　E. $12R^2$

6. 球的内接正方体的边长为 1，则此球的表面积是（　　）．

A. π　　　B. 2π　　　C. 3π　　　D. 4π　　　E. $\sqrt{3}\pi$

7. 已知正方体外接球的体积是 $\dfrac{32}{3}\pi$，那么正方体的棱长等于（　　）．

A. $2\sqrt{2}$　　　B. $\dfrac{2\sqrt{3}}{3}$　　　C. $\dfrac{4\sqrt{2}}{3}$　　　D. $\dfrac{4\sqrt{3}}{3}$　　　E. $\dfrac{2\sqrt{2}}{3}$

8. 一个圆柱体，如果高减少 2 厘米，表面积就减少 8π 平方厘米，现在向该圆柱体内加水到离顶口 4 厘米的地方停止，这时加水部分的体积是没加水部分的体积的 2 倍，则该圆柱体的体积为（　　）立方厘米．

A. 24π　　　B. 48π　　　C. 72π　　　D. 12π　　　E. 以上均不正确

二、条件充分性判断题

9. 长方体的全面积是 88．

（1）长方体共点的三条棱长之比为 $1:2:3$．　　　（2）长方体的体积是 48．

10. 球体的内接正三棱柱的体积是 $\dfrac{9\sqrt{3}}{16}$．

（1）球体的半径是 1．　　　　　（2）三棱柱的高是 1．

11. 球内有一个内接正方体，若正方体棱长为 $2\sqrt{3}$，则球的表面积为 S．

（1）$S=32\pi$．　　　　　（2）$S=36\pi$．

12. 棱长为 a 的正方体的外接球与内切球的表面积之比为 $3:1$．

230

（1）$a=10$. （2）$a=20$.

13．$m=3$.

（1）正方体的外接球与内接球的体积之比为 m.

（2）正方体的外接球与内接球表面积之比为 m.

14．$V=18\pi$.

（1）长方体三个相邻面的面积分别是 2、3、6，这个长方体的顶点均在同一球面上，且该球的体积为 V.

（2）半球内有一内接正方体，正方体的一个面在半球的底面圆内，正方体的边长为，且该半球的体积为 V.

详　解

一、问题求解

1．【答案】D

【解析】设正方体的棱长为 x，则 $4\times 3x=96\Rightarrow x=8$，所得到正方体的表面积为 $6\times 8^2=384$.

2．【答案】E

【解析】正方体棱长和为 $6\times 12=72$；长方体棱长和为 $4\times(7+6+a)=72$．解得高 $a=5$，故选 E.

3．【答案】A

【解析】由于圆柱的体积为 $V=\pi r^2 h$，故体积为原来的 $2^2\times 4=16$ 倍.

4．【答案】C

【解析】正方体的体对角线的长是外接球的直径，因此外接球的半径 $r=\dfrac{1}{2}\times\dfrac{2\sqrt{3}}{3}\times\sqrt{3}=1$，因此外接球的表面积 $S=4\pi r^2=4\times\left(\dfrac{1}{2}\times\dfrac{2\sqrt{3}}{3}\times\sqrt{3}\right)^2\pi=\pi$，故选 C.

5．【答案】A

【解析】球的半径是 R，则立方体的体对角线是 $2R$，边长为 $\dfrac{2\sqrt{3}}{3}R$，则全面积是 $8R^2$.

6．【答案】C

【解析】如图所示，正方体的体对角线经过球心，从而 AC 为球直径，$AC=\sqrt{3}$，那么所求球的表面积 $S=4\pi\left(\dfrac{\sqrt{3}}{2}\right)^2=3\pi$，故选 C.

7．【答案】D

【解析】正方体外接球的体积是 $\dfrac{32}{3}\pi$，则外接球的半径 $R=2$，正方体的对角线的长为 4，棱长等于 $\dfrac{4\sqrt{3}}{3}$，故选 D.

8．【答案】B

【解析】设半径为 r，$2\pi r\times 2=8\pi$，故 $r=2$，设圆柱高为 h，根据题意有 $(h-4)\pi r^2=$

$2×4\pi r^2$，所以高 $h=12cm$，则有体积为 $12\pi r^2=48\pi$，故选 B.

二、条件充分性判断题

9. 【答案】C

【解析】显然联合分析，由条件（1）设三条棱长为 a，$2a$，$3a$，根据条件（2）体积 $V=6a^3=48$ 得到 $a=2$，所以全面积为 $S=2(2a^2+3a^2+6a^2)=22a^2=88$.

10. 【答案】C

【解析】两条件单独显然不充分，需考虑联合. 连接柱体底面三角形的外心与球体球心，可以得到底面三角形边长与球体半径的关系，进而算出棱柱的体积，选 C.

11. 【答案】B

【解析】本题考查球内接正方体的性质. 由题，正方体的体对角线即为球的直径. 计算得 6，故球的表面积是 $4\pi×3^2=36\pi$.

12. 【答案】D

【解析】内切球直径为正方体边长 a，外接球直径为正方体的体对角线 $\sqrt{3}a$，可知内切球半径 $r=\dfrac{a}{2}$，外接球半径 $R=\dfrac{\sqrt{3}}{2}a$，表面积之比等于半径之比的平方，故比值与正方体的棱长无关.

13. 【答案】B

【解析】设正方体的边长为 a，则外接球的半径为 $r=\dfrac{\sqrt{3}a}{2}$，内切球半径 $r=\dfrac{a}{2}$⟹条件（1）不充分. 而条件（2）可以.

14. 【答案】B

【解析】（1）得 $\begin{cases} ab=2 & c=3 \\ bc=3 \\ ac=6 & b=1 \end{cases} \Rightarrow a=2 \Rightarrow r=\dfrac{\sqrt{14}}{2} v=\dfrac{4}{3}\pi r^3 \neq 18\pi$.

（2）设正方体边长为 a 得半球半径为 $\dfrac{\sqrt{6}}{2}a=3 v=\dfrac{4}{3}\pi r^3=18\pi$.

第四节　渐　入　佳　境

（标准测试卷）

一、问题求解

1. 一个长方体油桶装满汽油，现将桶里的汽油倒入一个正方体容器内正好倒满，已知长方体汽油桶高为 1，底面长为 0.8，宽为 0.64，则正方体容器的棱长为（　　）.

　　A．0.8　　　　B．0.85　　　　C．0.9　　　　D．0.95　　　　E．0.6

2. 正方体一个面的周长与圆柱一个底面的周长相等，如果分别向这样的正方体和圆柱体构成的容器中注入相同的水（水均未溢出），则水面的高度之比是（　　）.

　　A．2:1　　　　B．4:π　　　　C．3:1　　　　D．π:4　　　　E．1:$\dfrac{\pi}{2}$

3. 一个长方体长 a 厘米，宽 b 厘米，高 c 厘米，如果它的高增加 2 厘米，那么表面积比原来增加（　　）平方厘米.

A. $4b+4c$　　　B. $4a+4b$　　　C. $4a+4c$　　　D. $4ab$　　　E. $4ac$

4. 用一根长为 108 的铁丝做一个长、宽、高之比为 $2:3:4$ 的长方体框，那么这个长方体的体积是（　　）.

A. 648　　　B. 658　　　C. 668　　　D. 678　　　E. 688

5. 圆柱的侧面展开图是正方形，则圆柱底面圆的直径 d 和圆柱的高 h 的比为（　　）.

A. $1:1$　　　B. $1:2$　　　C. $1:\pi$　　　D. $2:\pi$　　　E. $1:2\pi$

6. 球的大圆面积扩大为原大圆面积的 8 倍，则球的表面积扩大成原球面积的（　　）倍.

A. 2　　　B. 4　　　C. 8　　　D. 16　　　E. 32

7. 两个球的表面积之比是 $1:16$，这两个球的体积之比为（　　）.

A. $1:32$　　　B. $1:24$　　　C. $1:64$　　　D. $1:25$　　　E. $1:36$

8. 半球内有一个内接正方体，其正方体的一个面在半球底面圆内，则这个半球面的面积与正方体的表面积之比（　　）.

A. $\dfrac{\pi}{2}$　　　B. $\dfrac{\pi}{6}$　　　C. $\dfrac{\pi}{12}$　　　D. $\dfrac{5\pi}{6}$　　　E. $\dfrac{\pi}{8}$

9. 两个球的体积之比为 $8:27$，那么，这两个球的表面积之比为（　　）.

A. $2:3$　　　B. $4:9$　　　C. $\sqrt{2}:\sqrt{3}$　　　D. $\sqrt{8}:\sqrt{27}$　　　E. 以上都不对

10. 一个长为 1 米、宽 8 厘米、高 5 厘米的长方体木料锯成长度都是 50 厘米的两段，表面积比原来增加（　　）平方厘米.

A. 80　　　B. 75　　　C. 70　　　D. 68　　　E. 60

11. 正方体的表面积是 a^2，它的顶点都在一个球面上，则这个球的表面积是（　　）.

A. $\dfrac{\pi a^2}{3}$　　　B. $\dfrac{\pi a^2}{2}$　　　C. $2\pi a^2$　　　D. $3\pi a^2$　　　E. πa^2

12. 两个球的表面积之差为 48π，它们的大圆周长之和为 12π，这两个球的半径之差为（　　）.

A. 4　　　B. 3　　　C. 2　　　D. 1　　　E. 5

13. 球的外切等边圆柱的全面积与球的表面积的比等于（　　）.

A. $\dfrac{3}{4}$　　　B. $\dfrac{3}{2}$　　　C. 1　　　D. $\dfrac{4}{3}$　　　E. $\dfrac{2}{3}$

14. 有一张长方形铁皮，如图 9-16 剪下阴影部分制成圆柱体，这个圆柱体的表面积为（　　）平方分米.

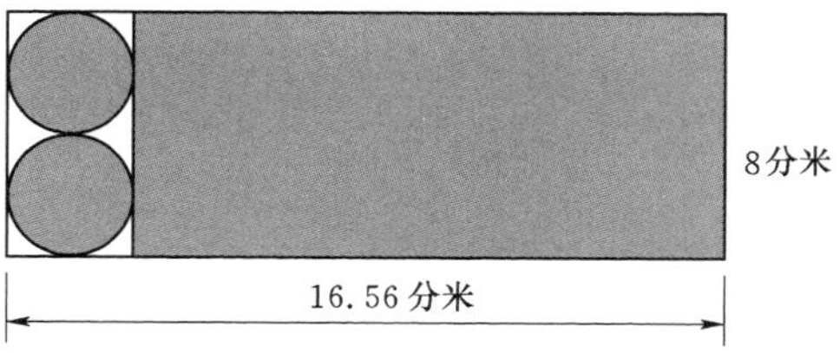

8分米

16.56分米

图 9-16

A. 12.56　　　B. 100.48　　　C. 25.6　　　D. 120　　　E. 125.6

15. 一个正方体的平面展开图如图 9-17 所示，将它折成正方体后"谐"字对面是（　　）.

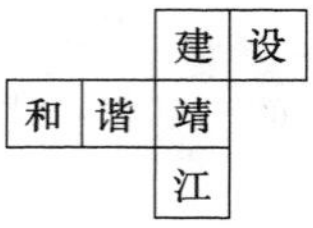

	建	设
和	谐	靖
	江	

图 9-17

A. 建　　　　B. 设　　　　C. 和　　　　D. 靖　　　　E. 江

二、条件充分性判断

16. 长方体所有的棱长之和为 28.

(1) 长方体的体对角线长为 $2\sqrt{6}$.　　　(2) 长方体的全面积为 25.

17. 圆柱的侧面积与下底面积之比为 $4\pi : 1$.

(1) 圆柱轴截面为正方形.　　　(2) 圆柱侧面展开图是正方形.

18. 圆柱的底面半径 $r=3$.

(1) 圆柱的高为 10.　　　(2) 圆柱的侧面积为 60π.

19. 如果圆柱的底面半径为 1. 则圆柱侧面展开图的面积为 6π.

(1) 高为 3.　　　(2) 高为 4.

20. 两圆柱体的侧面积相等，则能求出两者体积之比为 $3 : 2$.

(1) 两者的底面半径分别为 6 和 4.　　　(2) 两者的底面半径分别为 3 和 2.

21. 一个直径为 32 的圆柱形容器盛入水，放入一个实心铁球后，水面升高了 9（假设水没有溢出）.

(1) 铁球直径为 24.　　　(2) 铁球面积为 144π.

22. 可以确定一个长方体的体积.

(1) 已知长方体的全面积.　　　(2) 已知长方体的体对角线长.

23. 圆柱体的侧面积是 32π.

(1) 圆柱体的高与底面直径相等.　　　(2) 圆柱体轴截面的面积为 32.

24. 球的体积增加到原来的 27 倍.

(1) 半径增加到原来 3 倍.　　　(2) 表面积增加到原来的 9 倍.

25. $m=27$.

(1) 把一个直径为 8 厘米的铁球融化为直径为 2 厘米的小铁球，可以得到 m 个小铁球.

(2) 把一个棱长 6 厘米的正方体切成棱长 2 厘米的小正方体，可以得到 m 个小正方体.

详　解

一、问题求解

1. 【答案】A

【解析】设正方体的棱长为 x，根据题意可知 $0.64 \times 0.8 \times 1 = x^3 \Rightarrow x = 0.8$.

2.【答案】B

【解析】设正方体的棱长为 A，圆柱的底面积半径为 r，则由题意得，$4a=2\pi r$，即 $a=\dfrac{1}{2}\pi r$，$a^2h_1=\pi r^2h_2\Rightarrow\dfrac{h_1}{h_2}=\dfrac{\pi r^2}{\dfrac{\pi^2r^2}{4}}=\dfrac{4}{\pi}$.

3.【答案】B

【解析】高增加 2 厘米，则增加的面积为 $2(a\cdot2)+2(b\cdot2)=4(a+b)$，故选 B.

4.【答案】A

【解析】设长、宽、高分别为 $2x$、$3x$、$4x$，则有 $4(2x+3x+4x)=108\Rightarrow x=3$ 则长、宽、高分别为 6、9、12，体积为 $V=6\times9\times12=648$.

5.【答案】C

【解析】圆柱侧面展开为正方形，即底面周长＝高 $\pi d=h$，$\dfrac{d}{h}=\dfrac{1}{\pi}$.

6.【答案】C

【解析】由题，圆的面积计算公式是 πr^2，球的表面积计算公式是 $4\pi r^2$，所以，表面积扩大的倍数与大圆扩大的倍数是相同的．故选 C.

7.【答案】C

【解析】两个球的表面积之比为 $1:16$，则半径比为 $1:4$，则体积比为 $1:64$.

8.【答案】A

【解析】设正方体边长为 a 得半球半径为 $\dfrac{\sqrt{6}}{2}a\Rightarrow\dfrac{s\,\text{半球面}}{s\,\text{正方体}}=\dfrac{2\pi r^2}{6a^2}=\dfrac{\pi}{2}$.

9.【答案】B

【解析】两个球的体积之比为 $8:27$，则半径比为 $2:3$，则表面积比为 $4:9$.

10.【答案】A

【解析】锯成长度都是 50 厘米的两段是将长平均分了，增加的面积是 $2\times(8\times5)=80$（平方厘米）.

11.【答案】B

【解析】设球的半径为 R，则正方体的对角线长为 $2R$，依题意可知 $\dfrac{4}{3}R^2=\dfrac{1}{6}a^2$，即 $R^2=\dfrac{1}{8}a^2$，所以 $S=4\pi R^2=4\pi\cdot\dfrac{1}{8}a^2=\dfrac{\pi a^2}{2}$.

12.【答案】C

【解析】它们的大圆周长之和为 12π，则两球半径之和是 6，两个球的表面积之差为 48π，可得半径平方差为 12，综上可得两半径分别为 2 和 4. 半径之差为 2.

13.【答案】B

【解析】设球的半径为 r，则球的表面积 $S_{\text{球}}=4\pi r^2$，则球的外切等边圆柱的底面半径为 r，高为 $2r$，则圆柱的全面积 $S_{\text{柱}}=2\pi r^2+2\pi r\cdot2r=6\pi r^2$，故球的外切等边圆柱的全面积与球的表面积的比等于 $6\pi r^2:4\pi r^2=3:2$，故选 B.

14. 【答案】E

【解析】底面半径为 $\frac{8}{4}=2$ 分米，底面面积为 $4\pi=12.56$ 平方分米，因为底面周长为 12.56 分米，所以只能选择 8 分米为圆柱的高，侧面积为 $12.56\times8=100.48$ 平方分米，圆柱的表面积为 $100.48+12.56\times2=125.6$ 平方分米.

15. 【答案】B

【解析】根据正方体的平面展开图的特点，相对的两个面中间一定隔着一个小正方形，且没有公共的顶点，结合展开图很容易找到与"谐"相对的字为"设".

二、条件充分性判断

16. 【答案】C

【解析】显然单独都不充分，需要联合，长方体的长、宽、高分别为 a、b、c，则
$$\begin{cases} a^2+b^2+c^2=24 \\ 2(ab+ac+bc)=25 \end{cases} \Rightarrow (a+b+c)^2=a^2+b^2+c^2+2(ab+ac+bc)=49 \Rightarrow a+b+c=7,$$ 则棱长之和为 $4(a+b+c)=28$，充分.

17. 【答案】B

【解析】圆柱侧面积与下底面积之比 $\frac{2\pi rh}{\pi r^2}=\frac{2h}{r}$.

由（1）得 $h=2r$，故 $\frac{2\pi rh}{\pi r^2}=\frac{2h}{r}=4$ 不充分.

由（2）得 $h=2\pi r$，故 $\frac{2\pi rh}{\pi r^2}=\frac{2h}{r}=4\pi$ 充分.

18. 【答案】C

【解析】两条件联合，设底面半径为 r，则根据题意有 $2\pi rl=60\pi\Rightarrow r=3$.

19. 【答案】A

【解析】条件（1）：$S=2\pi\times1\times3=6\pi$，条件（2）：$S=2\pi\times1\times4=8\pi$.

20. 【答案】D

【解析】由条件（1）和条件（2）两者的半径之比为 $3:2$，根据圆柱侧面积相等，有 $2\pi r_1h_1=2\pi r_2h_2$，得到两者的高之比为 $2:3$，故体积之比为 $\frac{V_1}{V_2}=\frac{\pi r_1^2h_1}{\pi r_2^2h_2}=\frac{3}{2}$，单独均充分.

21. 【答案】A

【解析】由题设实心铁球半径为 r，又已知圆柱体半径为 16，则根据铁球体积等于上升部分水的体积，因此有 $\frac{4\pi r^3}{3}=\pi\times16^2\times9\Rightarrow r=12$，由条件（1）得球半径 $r=12$，而条件（2）得不到半径等于 12.

22. 【答案】E

【解析】由于体积要知道长宽高，两个条件联合得不到长宽高的具体数值，故均不充分.

23. 【答案】B

【解析】条件（1）不充分；条件（2）圆柱体轴截面积 $S=hd=d^2=32$，则侧面积 $S=\pi d^2=32\pi$.

24. 【答案】D

【解析】由半径增加到原来的 3 倍，$V=\dfrac{4}{3}\pi R^3$，体积变为原来的 27 倍；由面积增加到原来的 9 倍，得到半径增加到原来的 3 倍，体积变为原来的 27 倍.

25. 【答案】B

【解析】（1）大铁球体积为 $\dfrac{4\pi}{3}\times\left(\dfrac{8}{2}\right)^3=\dfrac{256\pi}{3}$，小铁球的体积为 $\dfrac{4\pi}{3}\times\left(\dfrac{2}{2}\right)^3=\dfrac{4\pi}{3}$，得到 $m=64$；（2）$m=\dfrac{6^3}{2^3}=27$，故选 B.

第十章　排　列　组　合

　　本章的知识点不多,只有两个原理（加法原理和乘法原理）、两个定义（排列和组合）还有两个公式（排列数和组合数）,但是需要掌握的题型较多.

　　本章节是考试中的重难点所在,想要得到高分必须重视此部分的学习. 一般直接命题2个题目,但是概率中古典概型题目涉及排列组合内容,因此学好概率的基础.

　　对于考生有两方面建议:第一,排列组合对数学计算要求虽然不高,但是考查了考生的逻辑思维能力和分析问题、解决问题的能力,因此掌握加法原理及乘法原理,并能用这两个原理分析并解决一些简单的问题,理解排列、组合的意义,掌握排列数、组合数的计算公式和组合数的性质,并能用他们解决一些简单的问题是根本. 刚接触时难免觉得难,但是排列组合跟生活联系比较大,考生可以通过生活中的一些例子来理解抽象的原理及概念. 第二,本章节一定要边练边学,在不是很理解原理及概念的时候,加大对题型的练习,每种题型中最基本的方法及解集思路必须掌握,多做多练多总结多对比多思考.

第一节　夯　实　基　本　功

一、两个计数原理

1. 加法原理（分类计数原理）

（1）定义:完成一件事情,有 n 类办法,第一类办法中有 m_1 种方法,第二类办法中有 m_2 种方法,……,第 n 类办法有 m_n 种方法,那么完成这件事情共有 $m_1+m_2+\cdots+m_n$ 种方法.

（2）实例:北京到上海有飞机、高铁、汽车 3 类办法,方法数分别为 4 种、6 种和 2 种（图 10-1）. 则完成该事件共有 $4+6+2=12$ 种方法.

图 10-1　北京到上海方法数示意图

　　（3）理解:①关键:分类标准;②特点:每一类办法均能独立完成该事件;③表达式:分成几类,则有几项相加.

2. 乘法原理（分步计数原理）

（1）定义:完成一件事情,需要 n 步,第一步中有 m_1 种方法,第二步中有 m_2 种方法,……,第 n 步中有 m_n 种方法,那么完成这件事情共有 $m_1 \cdot m_2 \cdot \cdots \cdot m_n$ 种方法.

（2）实例:把大象放进冰箱共分成三步,第一步开门,第二步把大象放进去,第三步关门（图 10 - 2），方法数分别为 3 种、2 种和 3 种．则完成该事件共有 $3 \times 2 \times 3 = 18$ 种方法．

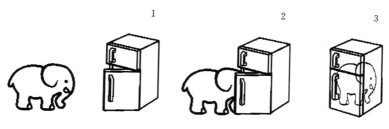

图 10 - 2

（3）理解：①关键：分步顺序；②特点：缺少任何一步均无法完成该事件；③表达式：分成几步，则有几项相乘．

3. **两个原理的区别与联系**

（1）区别．

1）本质区别：分类用加法；分步用乘法．

2）符号区别：完成写"＋"；未完成写"×"．

（2）联系：当"加法"和"乘法"两个原理同时出现时，一定要先考虑"加法"再考虑"乘法"原理，即先"分类"再"分步"．

【典例 1】如图 10 - 3 所示有 A、B、C、D 四个车站，则由 A 到 C 共有多少种方法？

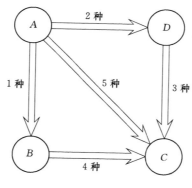

图 10 - 3

【解析】完成事件 A 到 C，可分成三类：

第一类：$A \rightarrow D \rightarrow C$，分成两步共计 $2 \times 3 = 6$ 种办法．

第二类：$A \rightarrow C$，只一步共计 5 种办法．

第三类：$A \rightarrow B \rightarrow C$，分成两步共计 $1 \times 4 = 4$ 种办法．

综上 A 到 C 共有 $6 + 5 + 4 = 15$ 种办法．

二、排列与组合

1. **排列**

（1）定义：从 n 个不同元素中，任意取出 m 个（$m \leqslant n$）元素，并按照一定的顺序排成一列，叫作排列．

（2）理解：①被选对象——不同元素；②选取方式——任意选取；③讲究顺序.

（3）公式及运算.

1）排列数：从 n 个不同元素中，选取 m 个元素的一个排列，排列数记为 P_n^m.

2）公式：$P_n^m = \underbrace{n(n-1)(n-2)\cdots(n-m+1)}_{\text{共 } m \text{ 项相乘}} = \dfrac{n!}{(n-m)!}$.

3）公式特征：n 决定由谁开始乘，后面每一个因数比它前面一个少 1，m 决定由几项相乘.

4）特殊的运算：①$P_n^0 = 1$；②$P_n^1 = n$；③（全排列）$P_n^n = P_n^{n-1} = n!$（阶乘）；④$0! = 1$（规定）.

2. 组合

（1）定义：从 n 个不同元素中，任意取出 m 个（$m \leqslant n$）元素，并作一组，叫作组合.

（2）理解：①被选对象——不同元素；②选取方式——任意选取；③不讲顺序.

（3）公式及运算：

1）组合数：从 n 个不同元素中，选取 m 个元素并作一组，组合数记为 C_n^m.

2）公式：$C_n^m = \dfrac{P_n^m}{m!}$.

3）公式引申：$C_n^m = \dfrac{P_n^m}{m!} = \dfrac{\frac{n!}{(n-m)!}}{m!} = \dfrac{n!}{m!\,(n-m)!}$.

4）特殊的运算：①$C_n^0 = 1$；②$C_n^1 = n$；③$C_n^m = C_n^{n-m}$.

5）组合数性质：若 n 为奇数，则最大项为 $C_n^{\frac{n-1}{2}} = C_n^{\frac{n+1}{2}}$；若 n 为偶数，则最大项为 $C_n^{\frac{n}{2}}$.

3. 区别与联系

（1）联系：当"排列"与"组合"同时出现时，一定先"组合"再"排列"，即先"选"元素，再"排序".

1）原因：根据排列定义，可将该事件看成两步，第一步先从 n 个不同元素中，任意取出 m 个（$m \leqslant n$）元素，即 C_n^m；第二步再将取出的 m 个元素按照一定的顺序全排列，即 $m!$，故 $P_n^m = C_n^m \cdot m!$.

2）价值：排列可用"组合"与"阶乘"替代.

（2）区别.

1）本质区别：排列有序，组合无序.

2）判断方法：交换元素位置，观察是否产生新情况，若有新情况产生，则有序；若无新情况产生，则无序.

如数字 55，交换之后仍为 55，未产生新情况，因此无序，方法数为 1；如数字 23，交换之后为 32，产生了新情况，因此有序，方法数为 $2! = 2 \times 1 = 2$.

4. 常用数值（要求背诵）

（1）$3! = 6$.　　　　（2）$4! = 24$.　　　　（3）$5! = 120$.

（4）$6! = 720$.　　　　（5）$C_3^1 = C_3^2 = 3$.　　　　（6）$C_4^2 = 6$.

（7）$C_5^2 = C_5^3 = 10$. 　　（8）$C_6^2 = C_6^4 = 15$. 　　（9）$C_6^3 = 20$.

5. 三大符号工具性

符号	C	P	$!$
名称	组合	排列	阶乘
作用	抓取元素	用于计算	元素排序

三、组合恒等式

证明如下：

1. $C_n^0 + C_n^1 + C_n^2 + \cdots + C_n^n = 2^n$

【证明】因为 $(a+b)^n = C_n^0 a^0 b^n + C_n^1 a^1 b^{n-1} + \cdots + C_n^k a^k b^{n-k} + \cdots + C_n^n a^n b^0$，现取特值法，令 $a=1$，$b=1$.

则 $(a+b)^n = C_n^0 1^0 1^n + C_n^1 1^1 1^{n-1} + \cdots + C_n^k 1^k 1^{n-k} + \cdots + C_n^n 1^n 1^0$，

即 $(1+1)^n = C_n^0 + C_n^1 + \cdots + C_n^k + \cdots + C_n^n = 2^n$.

2. $C_n^0 + C_n^2 + C_n^4 + \cdots + C_n^n = 2^{n-1}$

【证明】因为 $(a+b)^n = C_n^0 a^0 b^n + C_n^1 a^1 b^{n-1} + \cdots + C_n^k a^k b^{n-k} + \cdots + C_n^n a^n b^0$，现取特值法，令 $a=1$，$b=1$.

则 $(a+b)^n = C_n^0 1^0 1^n + C_n^1 1^1 1^{n-1} + \cdots + C_n^k 1^k 1^{n-k} + \cdots + C_n^n 1^n 1^0$.

即 $(1+1)^n = C_n^0 + C_n^1 + \cdots + C_n^k + \cdots + C_n^n = 2^n ①$.

再令 $a=-1$，$b=1$.

则 $(a+b)^n = C_n^0 (-1)^0 1^n + C_n^1 (-1)^1 1^{n-1} + \cdots + C_n^k (-1)^k 1^{n-k} + \cdots + C_n^n (-1)^n 1^0$，

即 $(-1+1)^n = C_n^0 - C_n^1 + \cdots + C_n^k + \cdots - C_n^n = 0 ②$.

令 $\dfrac{①+②}{2}$ 得 $C_n^0 + C_n^2 + C_n^4 + \cdots + C_n^n = 2^{n-1}$.

即 $C_n^0 + C_n^2 + C_n^4 + \cdots + C_n^n = 2^{n-1}$.

3. $C_n^1 + C_n^3 + C_n^5 + \cdots = 2^{n-1}$

【证明】因为 $(a+b)^n = C_n^0 a^0 b^n + C_n^1 a^1 b^{n-1} + \cdots + C_n^k a^k b^{n-k} + \cdots + C_n^n a^n b^0$，现取特值法，令 $a=1$，$b=1$.

则 $(a+b)^n = C_n^0 1^0 1^n + C_n^1 1^1 1^{n-1} + \cdots + C_n^k 1^k 1^{n-k} + \cdots + C_n^n 1^n 1^0$，即 $(1+1)^n = C_n^0 + C_n^1 + \cdots + C_n^k + \cdots + C_n^n = 2^n ①$.

再令 $a=-1$，$b=1$，则 $(a+b)^n = C_n^0 (-1)^0 1^n + C_n^1 (-1)^1 1^{n-1} + \cdots + C_n^k (-1)^k 1^{n-k} + \cdots + C_n^n (-1)^n 1^0$，即 $(-1+1)^n = C_n^0 - C_n^1 + \cdots + C_n^k + \cdots - C_n^n = 0 ②$.

令 $\dfrac{①-②}{2}$ 得 $C_n^1 + C_n^3 + C_n^5 + \cdots = 2^{n-1}$，即 $C_n^1 + C_n^3 + C_n^5 + \cdots = 2^{n-1}$.

4. $kC_n^k = nC_{n-1}^{k-1}$

【证明】由组合数公式 $C_n^m = \dfrac{n!}{m!\,(n-m)!}$ 可得 $kC_n^k = k \cdot \dfrac{n!}{k!\,(n-k)!} = n \cdot \dfrac{(n-1)!}{(k-1)!\,(n-k)!} = n \cdot C_{n-1}^{k-1}$.

5. $C_n^1 + 2C_n^2 + 3C_n^3 + \cdots + nC_n^n = n \cdot 2^{n-1}$

【证明】因为 $kC_n^k = nC_{n-1}^{k-1}$，得 $C_n^1 + 2C_n^2 + 3C_n^3 + \cdots + nC_n^n = nC_{n-1}^0 + nC_{n-1}^1 + nC_{n-1}^2 + \cdots + nC_{n-1}^{n-1} = n \cdot 2^{n-1}$.

6. $C_n^1 - 2C_n^2 + 3C_n^3 + \cdots + (-1)^{n-1}nC_n^n = 0$

【证明】因为 $kC_n^k = nC_{n-1}^{k-1}$，得 $C_n^1 - 2C_n^2 + 3C_n^3 + \cdots + (-1)^{n-1}nC_n^n = nC_{n-1}^0 - nC_{n-1}^1 + nC_{n-1}^2 + \cdots + nC_{n-1}^{n-1} = n(C_{n-1}^0 - C_{n-1}^1 + C_{n-1}^2 + \cdots + C_{n-1}^{n-1}) = n(1-1)^{n-1} = 0$.

7. $C_{n+1}^m = C_n^m + C_n^{m-1}$

【证明】$C_{n+1}^m = \dfrac{(n+1)!}{m! \, [(n+1)-m]!} = \dfrac{(n+1)!}{m! \, (n-m+1)!}$

$$C_n^m + C_n^{m-1} = \frac{n!}{m!(n-m)!} + \frac{n!}{(m-1)![n-(m-1)]!}$$

$$= \frac{n!(n-m+1)}{m!(n-m)!(n-m+1)} + \frac{n! \cdot m}{m!(n-m+1)!}$$

$$= \frac{n!(n-m+1)}{m!(n-m+1)!} + \frac{n! \cdot m}{m!(n-m+1)!}$$

$$= \frac{n!(n-m+1+m)}{m!(n-m+1)!}$$

$$= \frac{(n+1)!}{m!(n-m+1)!} = C_{n+1}^m$$

8. $C_m^m + C_{m+1}^m + \cdots + C_{m+n}^m = C_{m+n+1}^{m+1}$

【证明】根据恒等式（7）$C_{n+1}^m = C_n^m + C_n^{m-1}$.

$$C_{m+n+1}^{m+1} = C_{m+n}^{m+1} + C_{m+n}^m$$

$$C_{m+n}^{m+1} = C_{m+n-1}^{m+1} + C_{m+n-1}^m$$

$$C_{m+n-1}^{m+1} = C_{m+n-2}^{m+1} + C_{m+n-2}^m$$

$$\vdots$$

$$C_{m+2}^{m+1} = C_{m+1}^{m+1} + C_{m+1}^m$$

$$C_{m+n+1}^{m+1} = C_{m+n}^m + C_{m+n-1}^m + \cdots + C_{m+1}^m + C_{m+1}^{m+1}$$

$$C_{m+n+1}^{m+1} = C_{m+n}^m + C_{m+n-1}^m + \cdots + C_{m+1}^m + C_m^m$$

四、命题方向

1. 原理概念应用

原理概念应用指的是根据加法原理以及乘法原理，合理有效地分类、分步分析处理问题.

2. 相邻与不相邻

（1）相邻问题.

1）方法：打包法.

2）注意：①打包时，要注意包内是否有顺序；②打包后，将包视为一个新元素参与排序.

（2）不相邻问题.

1）方法：①（正面）插空法；②（反面）总数减去元素相邻的情况（3 个及 3 个以

上元素不相邻问题不适用）.

2）插空法步骤：①先将无要求元素排好，创造出空位置；②选出所需空位置；③将要求不相邻元素放置于空位置中排好.

3. 至多与至少

（1）正面，根据数量要求进行分类.

（2）反面，总数减去不符合要去情况.

4. 在与不在

（1）元素在某位置，准备好元素与位置相互匹配即可.

（2）元素不在某位置.

1）思路一：（正面）对于特殊元素优先给予选位置匹配，再考虑剩余无要求元素.

2）思路二：（反面）总情况数减去该元素就在该位置的情况数.

3）思路三：占位法，选择其他元素占领该位置.

（3）联系. 当"在"与"不在"同时出现的时候，优先考虑元素在某位置，再解决元素不在某位置问题.

5. 对号与不对号

（1）两个元素不对号，1 种方法.

（2）三个元素不对号，2 种方法.

（3）四个元素不对号，9 种方法.

6. 双限制条件排列问题

出现两个限制条件时，当正面情况较复杂时，此时选择一个条件不动，找另一个条件的反面.

7. 分房问题

（1）特征.

1）分配对象：不同.

2）接收单位：不同.

3）分配方式：随便分.

（2）方法. 根据乘法原理分步处理，答案为指数幂的形式.

8. 隔板法

（1）标准特征.

1）分配对象：相同（n 个球）.

2）接收单位：不同（m 个盒）.

3）分配方式：每盒至少一个球.

（2）公式：$C_{n-1}^{m-1} = C_{球-1}^{盒-1}$.

（3）允许为空特征.

1）分配对象：相同（n 个球）.

2）接收单位：不同（m 个盒）.

3）分配方式：允许为空.

（4）公式：$C_{(n+m)-1}^{m-1} = C_{(球+盒)-1}^{盒-1}$.

9. 平均分堆问题

（1）在分配元素时，若出现等数量分堆（组）时，出现几堆，就除以几的阶乘.

（2）在分配元素时，若出现指定接受单位的分配时，只需逐一选取即可.

（3）在分配元素时，若未出现指定接受单位的分配时，则需要先分堆，在匹配排序.

10. 数字排列问题

（1）数字0不能在首位.

（2）数字0的出现，导致数字去首位的机会不均等了.

（3）出现0的排列，思路有以下两种.

1）可用其他非零数将首位占领，再安排其他数位.

2）因含有0和不含有0分类讨论.

11. 排队问题（单、多、圆排）

（1）单排：因为单排问题在命题时会结合相邻、不相邻、在与不在等问题一并出现，所以难度系数稍大，需要对其他模型掌握熟练.

（2）多排：对于多排问题常可以转化成单排问题，需要注意的是前后排差异.

（3）圆排：最大特点是无方位区分（图 10-4）.几个人圆排有 $(n-1)!$ 种排法.

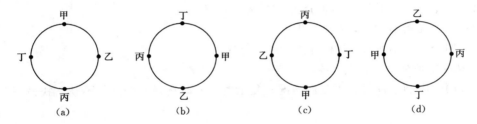

图 10-4

【典例2】4个人围成一圈，有多少种方法？

【分析】生活中比如4个人"打麻将"以上4种情况不同因为分"东南西北"方位区分，而标准的圆排，因为没有方位区别，所以4种情况为同一种，那么，处理时，先随便选择一人排好位置，因为无方位区分所以该人无论是谁都可以，当定好位置后，剩下人之间就有了区别，区别是相对"定位"的人，所以答案为 $(4-1)!$，被减去的1表示去掉定位的人.

【公式】n 个人坐一圈有 $(n-1)!$ 种方法.

12. 全能元素问题

处理全能元素问题的思路是以"只类"元素使用个数分类.

13. 配对问题

如取鞋成双或不成双问题即为配对问题.

（1）不成双解决思路，先取成双的，再分别从中取出一只，则一定不成双.

（2）当"成双"与"不成双"问题同时出现时，先解决成双问题，再解决不成双问题.

14. 涂色问题

（1）思路一：按照图形结构逐次逐块的填涂，弊端是有可能会需要内部再次分类.

(2) 思路二：以颜色使用数量分类，将涂色问题转化成颜色与区域的分配问题.

15. 局部元素相同问题

(1) 思路一：全部当成不同元素，全排列，再除以多排序的部分.

(2) 思路二：对于相同元素，只选位置不排序.

16. 顺序固定问题

(1) 思路一：全部当成无任何限制元素，全排列，再除以顺序固定元素.

(2) 思路二：对于顺序固定元素，只选位置不排序.

第二节　刚刚"恋"习

排列组合部分（共计 16 个考点）

【考点 141】原理概念应用

1. 某区乒乓球的队员有 11 人是甲学校学生，4 人是乙学校学生，5 人是丙学校学生，现从这 20 人中随机选出 2 人配对双打，则此 2 人不属于同一学校的所有选法共有（　　）种.

A. 91　　　　　B. 119　　　　　C. 190　　　　　D. 200　　　　　E. 210

【答案】B

【解析】总数，从 20 人中选出 2 人所有选法为 $C_{20}^2=190$，反面，不符合要求包括 2 人来自同一学校即 $C_{11}^2+C_4^2+C_5^2=71$，故此 2 人不属于同一学校的所有选法共有 $190-71=119$ 种，故选 B.

2. 4 个红球和 6 个白球放入袋中，现从袋中取出 4 个球. 取出一个红球记 2 分，取出一个白球记 1 分，若取出 4 个球的总分不低于 5 分，则有（　　）种不同的取法.

A. 172　　　　　B. 166　　　　　C. 195　　　　　D. 148　　　　　E. 185

【答案】C

【解析】从中取 4 个球的得分情况如下：

红　　球	白　　球	得　　分
4	0	8
3	1	7
2	2	6
1	3	5
0	4	4

总分不低于 5 分，正面：$C_4^4C_6^0+C_4^3C_6^1+C_4^2C_6^2+C_4^1C_6^3=195$；反面：$C_{10}^4-C_6^4=195$.

3. 某高三学生希望报名参加某 6 所高校中的 3 所学校的自主招生考试，由于其中两所学校的考试时间相同，因此，该学生不能同时报考这两所学校. 则该学生不同的报名方法种数为（　　）.

A. 10　　　　　B. 16　　　　　C. 20　　　　　D. 24　　　　　E. 36

【答案】B

【解析】由题意分两种情况:

若报考的 3 所学校中,不含考试时间相同的两所,则有 $C_4^3=4$ 种报考方法.

若报考的 3 所学校中,含考试时间相同的两所中的一所,则有 $C_2^1C_4^2=12$ 种方法.

可得该学生不同的报考方法种数为 $4+12=16$ 种.

4. 甲、乙两人从 4 门课程中各选修 2 门,则甲、乙所选的课程中恰有 1 门相同的选法有 ( ).

  A. 6   B. 12   C. 24   D. 30   E. 32

【答案】C

【解析】假设 4 门课程记为 A,B,C,D,选择相同的一门课分配于甲、乙即 C_4^1,再从剩下的 3 门课选 2 门课分给甲、乙即 $C_3^2\cdot 2!$,共计 $C_4^1\cdot C_3^2\cdot 2!=24$.

5. 从不超过 10 的质数中任取两个分别相乘和相除,不相等的积和商个数分别是 ( ).

  A. 6 和 12   B. 5 和 11   C. 5 和 12   D. 6 和 13   E. 6 和 13

【答案】A

【解析】10 以内的质数是 2,3,5,7. 不同的乘积的个数为 $C_4^2=6$. 不同的商的个数为 $C_4^2\cdot 2!=12$. 因为分除数和被除数,故需要排序.

6. 有 4 张分别标有数字 1、2、3、4 的红色卡片和 4 张分别标有数字 1、2、3、4 的蓝色卡片,从这 8 张卡片中取出 4 张卡片排成一行. 如果取出的 4 张卡片所标数字之和等于 10,则不同的排法共有 ( ) 种.

  A. 324   B. 348   C. 432   D. 454   E. 460

【答案】C

【解析】出现数字之和等于 10 的可能有三种 $1+1+4+4$、$2+2+3+3$、$1+2+3+4$;前两种情况,卡片不用选择,但是需要对四种卡片排序,$C_2^1\cdot 4!=48$ 种;第三种情况,首先每种数字的选择要从两种卡片中进行选择,$C_2^1C_2^1C_2^1C_2^1=16$ 种,同时需要对四种卡片排序,$16\times 4!=384$ 种.

【考点 142】打包与插空

7. 有 A,B,C,D,E 五人并排站成一排,A、B 必须相邻则有 ( ) 种不同的排法.

  A. 42   B. 43   C. 44   D. 45   E. 48

【答案】E

【解析】$\underset{A,B打包}{2!}\times \underset{A,B包裹与另外3个元素排序}{4!}=48$.

8. 7 人照相,要求排成一排,甲、乙两人相邻但不排在两端,不同的排法共有 ( ) 种.

  A. 1440   B. 960   C. 720   D. 480   E. 280

【答案】B

【解析】甲、乙两人相邻打包 $2!$,剩下五人排序 $5!$,从 4 个空中选一个将包裹放好 C_4^1,共计 $2!\times 5!\times C_4^1=960$ 种.

9. A,B,C,D,E 五人并排站成一排,A、B 必须不相邻,则有 ( ) 种不同的排法.

A. 72　　　　　B. 73　　　　　C. 74　　　　　D. 75　　　　　E. 78

【答案】A

【解析】　$\underset{C,D,E排序}{3!}$ · $\underset{从4个空位之中选出2个位置}{C_4^2}$ · $\underset{A,B排序}{2!}$ $=72$.

10. 4 名男歌手与 2 名女歌手联合举行一场演唱会，演出的出场顺序要求 2 名女歌手之间有 2 名男歌手，则出场方案有（　　）种.

A. 72　　　　　B. 66　　　　　C. 54　　　　　D. 48　　　　　E. 144

【答案】E

【解析】先从 4 名男歌手中选 2 人排入 2 名女歌手之间进行"组团"有 $C_4^2 \cdot 2! \cdot 2!$ 种，把这个"女男男女"小团体视为 1 个元素再与其余 2 名男歌手进行排列有 3! 种，由乘法原理，共有 $C_4^2 \cdot 2! \cdot 3! \cdot 2! = 144$ 种，故选 E.

11. 甲、乙、丙、丁、戊 5 人站成一排照相. 要求甲、乙必相邻，丙、丁必不相邻，则共有（　　）种不同的排法.

A. 12　　　　　B. 18　　　　　C. 24　　　　　D. 32　　　　　E. 48

【答案】C

【解析】当"相邻"与"不相邻"同时出现时，先"打包"再"插空"；先将甲、乙打包 2!，去掉丙丁之外加上甲、乙包裹共计 2 个元素全排列 2!，从 3 个空位置中选出 2 个位置 C_3^2，排甲、乙 2!，即 $2! \cdot 2! \cdot C_3^2 \cdot 2! = 24$.

【考点 143】至多与至少

12. 一批产品共 9 件，其中有 4 件次品，5 件正品，先从中随机选取 3 件，至少有 2 件正品，有（　　）种情况.

A. 48　　　　　B. 50　　　　　C. 55　　　　　D. 60　　　　　E. 70

【答案】B

【解析】正面：$C_5^2 C_4^1 + C_5^3 = 50$；反面：$C_9^3 - C_5^1 C_4^1 - C_4^3 = 50$. 另解：$C_5^2 C_7^1 = 70$；修正：$C_5^2 C_7^1 - 2 \cdot C_5^3 = 50$.

【考点 144】在与不在

13. 要排出某班一天中语文、数学、政治、英语、体育、艺术 6 门课各一节的课程表，则有 288 种不同的排法.

（1）数学课排在前 3 节.　　　　　（2）英语课不排在第 6 节.

【答案】C

【解析】（1）数学课排在前 3 节的排法数为 $C_3^1 \cdot 5! = 360$.

（2）英语课不排在第 6 节.

正面：（占位法）有 $C_5^1 \cdot 5!$ 种排法；反面：总数减去该元素在该位置的方法 $6! - 5! = 600$.

考虑联合，数学课排在前 3 节且英语课不排在第 6 节有 $C_3^1 C_4^1 \cdot 4! = 288$.

【考点 145】对号与不对号

14. 设有编号为 1、2、3、4、5 的 5 个小球和编号为 1、2、3、4、5 的 5 个盒子，现将这 5 个小球放入这 5 个盒子内，要求每个盒子内放一个球，且恰好有 1 个球的编号与盒子的编号相同，则这样的投放方法的总数为（　　）种.

A. 20　　　　　B. 30　　　　　C. 45　　　　　D. 60　　　　　E. 130

【答案】C

【解析】(1) 恰好有 1 个球的编号与盒子的编号相同的种类为 C_5^1.

(2) 剩下 4 个小球与 4 个盒子都不对号放入的有 9 种，按分步计算原理共有 45 种，故选 C.

【考点 146】双限制条件排列问题

15. 现有 6 个人站成一排照相，则要求甲不站在排头，乙不站在排尾有（   ）种排法.

    A. 501　　　B. 502　　　C. 503　　　D. 504　　　E. 505

【答案】D

【解析】(1) 双限制条件法：当题目中出现两个限制条件，并且正面讨论较复杂时.

我们选择一个条件不动，找另一个条件的反面（图 10-5）；故 $C_5^1 \cdot 5! - C_4^1 \cdot 4!$
$=504$.

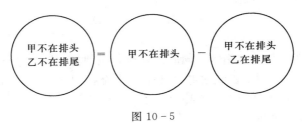

图 10-5

(2) 正面分类：以甲能去的位置为切入点分类.

1 类：甲去中间位置：$C_4^1 \cdot C_4^1 \cdot 4!$.

2 类：甲去末位：$5!$，故共有 $C_4^1 \cdot C_4^1 \cdot 4! + 5! = 504$.

(3) 反面求解：$\underset{\text{全排列}}{6!} - \underset{\text{甲在头}}{5!} - \underset{\text{乙在尾}}{5!} + \underset{\text{甲在头,乙在尾}}{4!} = 504$.

【考点 147】分房问题

16. 将 3 个不同的小球放入 4 个不同的盒子中，共有（   ）种放法.

    A. 81　　　B. 64　　　C. 52　　　D. 14　　　E. 12

【答案】B

【解析】每个小球都有 4 种可能的放法，即 $4 \times 4 \times 4 = 64$，故选 B.

17. 在一次运动会上有四项比赛的冠军在甲、乙、丙三人中产生，那么不同的夺冠情况共有（   ）种.

    A. 3^4　　　B. 4^3　　　C. C_4^3　　　D. P_4^3　　　E. P_4^4

【答案】A

【解析】根据乘法原理，每项比赛的冠军可能性均是 3 种，因此不同夺冠情况数为 3^4 种.

【考点 148】隔板法

18. 10 个三好生名额分给 3 个班，每个班至少一个名额，则总的分法数是（   ）.

    A. C_9^3　　　B. C_9^2　　　C. C_9^4　　　D. C_8^3　　　E. C_9^5

【答案】B

【解析】本题是标准隔板法的考查，根据模型有 $C_{10-1}^{3-1}=C_9^2$.

19. 20 个三好生名额分给 3 个班，每个班至少 2 个名额，则总的分法数是（　　）.

A. C_9^3　　　B. C_{16}^2　　　C. C_9^4　　　D. C_8^3　　　E. C_9^5

【答案】B

【解析】由于本题中的 20 个三好学生名额是相同元素，分给三个不同的班级，每个班级至少分两个，每个班级可以先分一个，然后再把剩余的 17 个三好学生名额分给三个班级，根据标准隔板法的模型有 $C_{20-3-1}^{3-1}=C_{16}^2$.

【考点 149】平均分堆问题

20. 3 名医生和 6 名护士被分配到三个不同的学校，每个学校分配 2 名护士和一名医生，则有（　　）种分法.

A. 360　　　B. 249　　　C. 540　　　D. 265　　　E. 219

【答案】C

【解析】本题考查分组问题，先把护士分组，再把医生分组，然后分配给三个不同的学校，即可 $\dfrac{C_6^2 C_4^2 C_2^2}{3!}\times 3!\times 3!=540$.

21. 四个不同的小球放入编号为 1、2、3、4 的四个盒子中，恰有一个空盒的方法共有（　　）种.

A. 116　　　B. 164　　　C. 180　　　D. 144　　　E. 161

【答案】D

【解析】先分组，后分配，把四个不同的小球进行分组，分成四组 2，1，1，0，然后再与其中的三个盒子进行对应 $\dfrac{C_4^2 C_2^1 C_1^1}{2!}\cdot C_4^3\cdot 3!=144$.

22. 不同的钢笔 12 支，分 3 堆，一堆 6 支，另外两堆各 3 支，有（　　）种分法.

A. 6930　　　B. 6280　　　C. 6220　　　D. 6240　　　E. 6260

【答案】A

【解析】根据题意分 3 堆，有 $C_{12}^6 C_6^3 C_3^3$，由于分堆没有顺序，等量分堆实际上有顺序，则有 $\dfrac{C_{12}^6 C_6^3 C_3^3}{2!}=6930$ 种分法，故选 A.

23. 把 12 支不同的钢笔分给 3 人，一人得 6 支，二人各得 3，有（　　）种分法.

A. $120C_{12}^6$　　B. $30C_{12}^6$　　C. $40C_{12}^6$　　D. $20C_{12}^6$　　E. $60C_{12}^6$

【答案】E

【解析】先分堆再分配为 $\dfrac{C_{12}^6 C_6^3 C_3^3}{2}\times 3!=30C_{12}^6$ 种，故选 E.

【考点 150】数字排列问题

24. 在 1、2、3、4、5 这五个数字组成的没有重复数字的三位数中，各位数字之和为奇数的共有（　　）个.

A. 24　　　B. 116　　　C. 28　　　D. 14　　　E. 30

【答案】A.

【解析】两类情况，三个奇数或者两偶一奇，则 $C_3^3\cdot 3!+C_2^2\cdot C_3^1\cdot 3!=24$.

25. 用 0 到 9 这 10 个数字，可以组成没有重复数字的三位偶数的个数为（ ）.

A. 324　　B. 328　　C. 360　　D. 648　　E. 520

【答案】B

【解析】本题主要考查排列组合知识以及分类计数原理和分步计数原理知识，属于基础知识、基本运算的考查.

首先应考虑"0"是特殊元素，当 0 排在末位时，有 $C_9^2 \cdot 2! = 72$（个），当 0 不排在末位时，有 $C_4^1 C_8^1 C_8^1 = 256$（个），于是由分类计数原理，得符合题意的偶数共有 $72 + 256 = 328$（个）. 故选 B.

【考点 151】排队问题

26. 6 个人站成一排，甲、乙不能相邻，并且甲、乙必有一人在排头的不同排列方法？

A. 180　　B. 172　　C. 129　　D. 192　　E. 113

【答案】D

【解析】按甲、乙的位置进行分类，（1）甲在排头的情况 $4! \cdot C_4^1 = 96$，（2）乙在排头的情况 $4! \cdot C_4^1 = 96$，故 $96 + 96 = 192$.

27. 7 个人坐两排座位，第一排坐 3 人，第二排坐 4 人，则有（ ）种排法.

A. 8!　　B. 7!　　C. 56　　D. 64　　E. 以上答案均不正确

【答案】B

【解析】7 个人，可以在前后两排随意就座，没有其他的限制条件，故两排可以看成一排来处理，所以不同的坐法有 7!；故选 B.

28. 电影院有两排座椅，第一排 8 把椅子，第二排 9 把椅子，第二排中间的一把椅子不能坐人，现在有两人就座，则这两人不相邻的坐法有（ ）种.

A. 214　　B. 230　　C. 256　　D. 164　　E. 以上答案均不正确

【答案】A

【解析】当两人一个前排，一个后排时：　　　　$C_8^1 \cdot C_8^1 \cdot 2! = 128$

当两人都在前排时：　　　　　　　　　　　　$C_7^2 \cdot 2! = 42$

当两人都在后排左侧时：　　　　　　　　　　$C_3^2 \cdot 2! = 6$

当两人都在后排右侧时：　　　　　　　　　　$C_3^2 \cdot 2! = 6$

当两人分别在后排的左右两侧时：　　　　　　$C_4^1 \cdot C_4^1 \cdot 2! = 32$，所以总数为 214 种.

【考点 152】全能元素问题

29. 在 8 名志愿者中，只能做英语翻译的有 4 人，只能做法语翻译的有 3 人，既能做英语翻译又能做法语翻译的有 1 人. 现从这些志愿者中选取 3 人做翻译工作，确保英语和法语都有翻译的不同选法共有（ ）种.

A. 12　　B. 18　　C. 21　　D. 30　　E. 51

【答案】E

【解析】（1）按照只做英语分类.

1）只做英语翻译的选 2 人：$C_4^2 C_4^1 = 24$.

2）只做英语翻译的选 1 人：$C_4^1 C_4^2 = 24$.

3）只做英语翻译的选 0 人：$C_1^1 C_3^2 = 3$.

所以共有 24＋24＋3＝51 种选法.

（2）按照只做法语分类.

1）只做法语翻译的选 2 人：$C_3^2 C_5^1 = 15$.

2）只做法语翻译的选 1 人：$C_3^1 C_5^2 = 30$.

3）只做法语翻译的选 0 人：$C_1^1 C_4^2 = 6$.

所以共有 15＋30＋6＝51 种选法.

【考点 153】配对问题

30．从 6 双不同的鞋子中任取 4 只，则其中没有成双的鞋有（　　）种情况.

A．120　　　　B．140　　　　C．160　　　　D．180　　　　E．240

【答案】E

【解析】从 6 双鞋子中取 4 双，再从 4 双中分别取出一只，则没有成双的有 $C_6^4 C_2^1 C_2^1 C_2^1 C_2^1 = 240$.

【考点 154】涂色问题

31．如图 10－6 所示，用五种不同的颜色涂在图中四个区域里，每一区域涂上一种颜色，且相邻区域的颜色必须不同，则共有不同的涂法（　　）种.

A．120　　　　B．140　　　　C．160　　　　D．180　　　　E．200

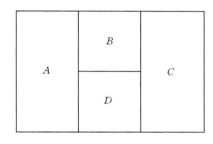

图 10－6

【答案】D

【解析】使用 4 种颜色 $C_5^4 \cdot 4! = 120$，使用 3 种颜色 $C_5^3 \cdot 3! = 60$，共计 120＋60＝180 种.

【考点 155】局部元素相同问题

32．已知，用 2 个 A，3 个 B，4 个 C，排成一个九位字母，有（　　）种方法.

【解析】（1）全部当成不同元素，全排列，再除以多排序的部分，则 $\dfrac{9!}{2! \times 3! \times 4!}$.

（2）对于相同元素，只选位置不排序，则 $C_9^2 C_7^3 C_4^4$.

【考点 156】顺序固定问题

33．已知 6 名身高各不相同的 4 男 2 女站成一排，从左到右拍照留念.

（1）男生由高到矮排列，共有多少种方法？

（2）男生由高到矮排列，女生由矮到高排列，共有多少种方法？

（3）甲在乙的左边，丙在乙的右边，共有多少种方法？

【解析】（1）全部当成无任何限制元素，全排列，再除以顺序固定元素.

1）男生由高到矮排列，$\dfrac{6!}{4!}=30$.

2）男生由高到矮排列，女生由矮到高排列，$\dfrac{6!}{4!\times 2!}=15$.

3）甲在乙的左边，丙在乙的右边，$\dfrac{6!}{3!}=120$.

（2）对于顺序固定元素，只选位置不排序.

1）男生由高到矮排列，$C_6^4\times 2!=30$.

2）男生由高到矮排列，女生由矮到高排列，$C_6^4\times C_2^2=15$.

3）甲在乙的左边，丙在乙的右边，$C_6^3\times 3!=120$.

第三节 立 竿 见 影

一、问题求解

1. 口袋中有 3 个黑球和 5 个白球，任意取出两个，取出的两个球颜色相同有（　　）种.

　　A. 11　　　　　B. 12　　　　　C. 13　　　　　D. 14　　　　　E. 15

2. n 件不同的产品排成一排，若其中 AB 两件产品排在一起的不同方法有 240，则 $n=$（　　）.

　　A. 4　　　　　B. 5　　　　　C. 7　　　　　D. 6　　　　　E. 2

3. 8 人排成一排，甲、乙必须分别紧靠站在丙的两旁，有（　　）种排法.

　　A. $2!\times 6!$　　　　　　　B. $2!\cdot C_4^1\cdot 5!$　　　　　C. $2!$

　　D. $2!\times 7!$　　　　　　　E. 以上均不正确

4. 由 1、2、3、4、5、6、7 构成一个无重复数字的七位数，其中 1、2、4 不相邻的情况有（　　）种.

　　A. 1200　　　　　B. 1440　　　　　C. 1330　　　　　D. 2000　　　　　E. 1500

5. 两男两女 4 个同学排成一列照相，如果要求男、女相间而立，则满足条件的方法数共有（　　）种.

　　A. 4　　　　　B. 8　　　　　C. 12　　　　　D. 6　　　　　E. 10

6. 从 3 男 5 女中任选 3 人做志愿者，至少 2 女的方法数为（　　）.

　　A. 32　　　　　B. 59　　　　　C. 40　　　　　D. 80　　　　　E. 120

7. 四个人相互写贺年卡，自己收不到自己贺年卡的情况有（　　）种.

　　A. 15　　　　　B. 9　　　　　C. 13　　　　　D. 10　　　　　E. 30

8. 将带有编号 1～5 的 5 个小球放入编号为 1～5 的盒子中，恰好有 2 个小球的编号与盒子的编号一致的方法数为（　　）.

　　A. 32　　　　　B. 19　　　　　C. 11　　　　　D. 20　　　　　E. 30

9. 把 6 名实习生分配到 7 个车间实习，共有（　　）种不同的分法.

　　A. P_7^6　　　　　B. C_7^6　　　　　C. 6^7　　　　　D. 7^6　　　　　E. P_6^6

10. 某 7 层大楼一楼电梯上来 7 名乘客，他们到各自的一层下电梯，则下电梯的方法

有 （ ） 种.

A. P_7^6 B. 7^5 C. 6^7 D. 7^6 E. 7^7

11. 三个三口之家一起观看电影，他们购买了同一排 9 张连座票，则每一家的人都坐在一起的不同方法有 （ ） 种.

A. $3!\times 3!$ B. $3!\times 3!\times 3!$ C. $3!\times 3!\times 3!\times 3!$

D. $3!\times 3!\times 3!\times 3!\times 3!$ E. $3!\times 3!\times 3!\times 4!$

12. 要排一个有 6 个歌唱节目和 4 个舞蹈节目的演出节目单，任何 2 个舞蹈节目不相邻的方法数为 （ ）.

A. $2!\times 6!$ B. $2!\cdot C_4^1\cdot 5!$ C. $6!\cdot C_7^4\cdot 4!$

D. $2!\times 7!$ E. 以上均不是

13. 把 9 个人含（甲、乙）平均分成三组，甲、乙在同一组的情况数为 （ ）.

A. 70   B. 49   C. 50   D. 21   E. 19

14. 某交通岗共三人，从周一到周日的七天每天安排一人值班，三人每人至少值 2 天，其不同的排法有 （ ） 种.

A. 670   B. 649   C. 650   D. 630   E. 619

15. 将 4 名大学生分配到 3 个乡镇去当村官，每个乡镇至少 1 名，则不同的分配方案有 （ ） 种.

A. 12   B. 18   C. 36   D. 54   E. 72

二、条件充分性判断题

16. 4 名学生和 2 位老师站成一排合影，则不同的站法有 144 种.

（1）2 位老师相邻而站.   （2）2 位老师不站两端.

17. 某单位安排 7 位员工在 10 月 1 日至 7 日值班，每天 1 人，每人值班 1 天，若 7 位员工中的甲、乙排在相邻两天，则不同的安排方案共有 1008 种.

（1）丙不排在 10 月 1 日.   （2）丁不排在 10 月 7 日.

18. 从 4 台甲型和 5 台乙型电视机中任取 3 台，则不同的取法共有 70 种.

（1）至少要甲型电视机一台.   （2）至少要乙型电视机一台.

19. 从 1～10 这 10 个数中，任意选取 m 个数，其中第二大的数是 n 的情况共有 45 种.

（1）$m=4$.   （2）$n=7$.

20. 5 名学生排成一排，有 72 种不同排法.

（1）甲不在排头也不在排尾.   （2）甲、乙两人相邻.

详　　解

一、问题求解

1.【答案】C

【解析】颜色相同，要么同黑，要么同白，$C_3^2+C_5^2=13$.

2.【答案】D

【解析】$2!\cdot (n-1)!=240$.

3. 【答案】A

【解析】先将甲、乙丙小团体打包，因为甲、乙必须分别紧靠站在丙的两旁有顺序 $2!$，随后将小团体视为一个元素与剩余元素全排列 $2! \cdot 6!$.

4. 【答案】B

【解析】先将 3、5、6、7 全排列排好 $4!$，然后从 5 个空位置中选出 3 个位置 C_5^3，最后将 1、2、4 放入空位子排好 $3!$，即 $4! \cdot C_5^3 \cdot 3! = 1440$.

5. 【答案】B

【解析】先将两个男生排好 $2!$，创造出了 3 个空位置但是中间位置一定要用，还差需要一个空位置可从剩余两个位置中选出一个 C_2^1，再将两个女生排好 $2!$，即 $2! \cdot C_2^1 \cdot 2! = 8$.

6. 【答案】C

【解析】因为 2 女 1 男 $C_5^2 C_3^1$，3 女 0 男 $C_5^3 C_3^0$ 所以 $C_5^2 C_3^1 + C_5^3 C_3^0 = 40$.

7. 【答案】B

【解析】4 个人相互写贺年卡，自己收不到自己贺年卡可以看成 4 个小球的错排是 9 种办法.

8. 【答案】D

【解析】先把两个编号一致的小球确定下来 C_5^2，剩余的三个小球与三个盒子进行错排即可所以答案是 D.

9. 【答案】D

【解析】根据题意可知，把实习生看做"人"，车间看作"房"，由乘法原理可知共有 7^6 种不同的分法，选择 D.

10. 【答案】C

【解析】根据题意可知，把二层以上的楼层看作"房"，乘客看作"人"，由乘法原理可知共有 6^7 种不同的分法，故选 C.

11. 【答案】C

【解析】先将每个家庭成员内部打包然后将包进行全排列 $3! \times 3! \times 3! \times 3!$.

12. 【答案】C

【解析】先将 6 个歌唱节目全排列 $6!$，然后从 7 个空位置中选出 4 个位置 C_7^4，最后将 4 个舞蹈节目放入空位子排好 $4!$，即 $6! \cdot C_7^4 \cdot 4!$.

13. 【答案】A

【解析】先把甲、乙所在的组放满，然后再把剩余的 6 个人进行均分即可，$C_7^1 \cdot \dfrac{C_6^3 C_3^3}{2!}$.

14. 【答案】D

【解析】先把七天进行分三组，每组两天，2，2，3，然后与三个人对应 $\dfrac{C_7^3 C_4^2 C_4^2}{2!} \cdot P_3^3$.

15. 【答案】C

【解析】由题意可知分两步，可先从 4 个人中选 2 个，给其安排一个乡镇，即 $C_4^2 C_3^1$，这时剩余 2 个人和两个乡镇，则有 P_2^2 种安排方法，所以共有 $C_4^2 C_3^1 P_2^2 = 36$ 种.

二、条件充分性判断题

16. 【答案】C

【解析】由（1）有 2!×5!＝240 种，（1）不充分；由（2）得 2 位老师不站两端，$P_4^4(C_3^1 P_2^2 + P_3^2)$＝288 种，（2）不充分，则（1）（2）联立得 $P_4^4 C_3^1 P_2^2$＝144 种，故选 C．

17．【答案】C

【解析】（1）丙不排在 10 月 1 日，则用排除法：排法总数为 2!×6!－2!×5!＝1200，故（1）不充分．

（2）同理可得丁不排在 10 月 7 日的排法数为 1200，故（2）不充分；结合，满足条件的排列数为 2!×6!－2!×5!－2!×5!＋2!×4!＝1008 种．

18．【答案】C

【解析】显然本题需要考虑联合，联合后分成两种情况，甲型 1 台乙型 2 台，或者，甲型 2 台乙型 1 台，则有 $C_4^1 C_5^2 + C_4^2 C_5^1$＝70，故选 C 两条件联合充分，故选 C．

19．【答案】C

【解析】显然条件（1）和条件（2）单独都不成立．考虑结合，选取 4 个数，第二大的是 7，则不同的取法有 $C_3^1 C_6^2$＝45，故选 C．

20．【答案】A

【解析】条件（1）甲在中间三个位置选一个，再将剩下的四个人排好答案为 $C_3^1 \cdot 4!$＝72．条件（2）甲、乙两人打包，再与其他 3 人排列，答案为 2!×4!＝48．

第四节　渐　入　佳　境

（标准测试卷）

一、问题求解

1．5 个人从左到右站成一排，甲不站排头，乙不站第二个位置，不同的站法有（　　）个．

A．78　　　　　B．68　　　　　C．56　　　　　D．48　　　　　E．46

2．用 0，1，2，3，4 这五个数字组成没有重复数字的四位数，那么在这些四位数中，偶数共有（　　）个．

A．120　　　　　B．96　　　　　C．60　　　　　D．36　　　　　E．以上均不正确

3．从单词 equation 中选 5 个不同的字母排成一排，含有 qn（其中 qn 相连）的不同的排法有（　　）种．

A．180　　　　　B．320　　　　　C．424　　　　　D．656　　　　　E．960

4．把 9 个人含（甲、乙）平均分成三组，甲、乙不在同一组的情况数为（　　）．

A．136　　　　　B．149　　　　　C．140　　　　　D．210　　　　　E．219

5．从 4 名男生和 3 名女生中选出 4 人参加某个座谈会，若这 4 人中必须既有男生又有女生，则不同的选法共有（　　）种．

A．140　　　　　B．120　　　　　C．35　　　　　D．34　　　　　E．30

6．从 6 名志愿者中选出 4 人分别从去往中 A、B、C 和 D 四个不同的车站，若其中甲、乙两名志愿者都不能去 A 车站，则不同的选派方案共有（　　）种．

A．280　　　　　B．240　　　　　C．180　　　　　D．96　　　　　E．192

7．现有 8 个人排成一排照相，其中有甲、乙、丙三人不能相邻的排法有（　　）种．

A. $5! \cdot C_6^3 \cdot 3!$ B. $8! - C_6^4 \cdot 4!$ C. $8! - 6! \times 3!$

D. $C_5^2 \cdot 3! \cdot 3!$ E. 以上均不正确

8. 七名学生争夺五项冠军, 每项冠军只有一份, 获得冠军的可能的种数有 (   ).

A. 7^5 B. 5^7 C. P_7^5 D. P_7^4 E. P_7^7

9. 六个人排成一排, 甲、乙相邻, 丙、丁不能相邻, 有 (   ) 种排法.

A. 136   B. 144   C. 124   D. 138   E. 240

10. a、b、c、d、e 共 5 个人, 从中选 1 名组长 1 名副组长, 但 a 不能当副组长, 不同的选法总数是 (   ).

A. 36   B. 20   C. 16   D. 10   E. 6

11. 六位老师排队照相, 2 位数学老师, 4 位英语老师, 若某位数学老师不能站在两端并且有且仅有 3 位英语老师相邻, 那么一共有 (   ) 种不同的排序方式.

A. 288   B. 192   C. 208   D. 196   E. 240

12. 3 个男生和 4 个女生站成一排, 男生不能相邻的方法数为 (   ).

A. $2! \times 4!$ B. $4! \cdot C_5^3 \cdot 3!$ C. $6! \cdot C_7^4 \cdot 4!$

D. $2! \times 7!$ E. 以上均不正确

13. 从 10 名大学生中选 3 人担任村长助理, 则甲、乙至少一人入选, 而丙没入选的不同方法数为 (   ).

A. 36   B. 49   C. 40   D. 65   E. 19

14. 4 个不同的小球放入甲、乙、丙、丁 4 个盒中, 恰有一个空盒的放法有 (   ) 种.

A. 64   B. 77   C. 124   D. 144   E. 288

15. 甲、乙两人从 4 门课程中选修 2 门, 则甲、乙所选的课程中至少有 1 门不同的选法共有 (   ) 种.

A. 20   B. 25   C. 28   D. 30   E. 32

二、条件充分性判断题

16. 某次文艺汇演, 要将 A、B、C、D、E 这五个不同节目编排成节目单, 则节目单上不同的排序方式有 36 种.

(1) 要求 A, B 两个节目不相邻.   (2) 最后一个节目必须是 A、B 中的一个.

17. 在一个晚会上有相声、唱歌、诗歌朗诵、小品、小提琴独奏节目各一个, 这台晚会的节目有 20 种不同的排法.

(1) 要求歌唱排在诗歌朗诵后面.

(2) 要求相声节目必须排在小提琴独奏前, 小品排在小提琴独奏后.

18. 男、女学生共有 8 人, 从男生中选取 2 人, 从女生中选取 1 人, 共有 30 种不同的选法.

(1) 女生有 2 人.   (2) 女生有 3 人.

19. $N = 48$.

(1) 甲、乙两人从 4 门课程中各选修 2 门. 则甲、乙所选的课程中至少有 1 门不相同的选法共有 N 种.

（2）用数字 1、2、3、4、5 组成的无重复数字的四位偶数的个数为 N.

20. 4 男 3 女站成一排，则不同的排法共有 1024 种.

（1）男生不相邻，女生也不相邻.　　　（2）任何 2 名女生都不相邻.

21. 从 1、3、5、7 中任取 2 个数字，从 0、2、4、6、8 中任取 2 个数字，组成没有重复数字的四位数，则不同的四位数共有 300 个.

（1）其中能被 5 整除.　　　（2）其中能被 2 整除.

22. 甲、乙、丙、丁、戊站成一排照相，则共有 24 种不同的排法.

（1）要求甲、乙相邻.　　　（2）要求丙、丁不相邻.

23. A、B、C、D、E 五人并排站成一排，则不同的排法种数有 48 种.

（1）A、B 必须相邻.　　　（2）A、B 不相邻.

24. 某小组有 8 名同学，从这小组男生中选 2 人，女生中选 1 人去完成三项不同的工作，每项工作应有一人，共有 180 种安排方法.

（1）该小组中男生人数是 5 人.　　　（2）该小组中男生人数是 6 人.

25. 甲组有 5 名男同学，3 名女同学；乙组有 6 名男同学、2 名女同学. 若从甲、乙两组中各选出 2 名同学，则的不同选法共有 345 种.

（1）选出的 4 人中恰有 1 名男同学.　　　（2）选出的 4 人中恰有 1 名女同学.

详　解

一、问题求解

1.【答案】A

【解析】由题意，可先安排甲，并按其进行分类讨论：

（1）若甲在第二个位置上，则剩下的其余四人可自由安排，有 4！种方法.

（2）若甲在第三个或第四、五个位置上，则根据分步计数原理不同的站法有 $C_3^1 \cdot C_3^1 \cdot$ 3！种站法；再根据分类计数原理，不同的站法共有：$4！＋C_3^1 \cdot C_3^1 \cdot 3！＝78$ 种，故选 A.

2.【答案】C

【解析】当个位为 0 时，有 $C_4^3 P_3^3＝24$ 种；当个位为 2 时，千位只能从 1、3、4 中选择，则千位有 $C_3^1＝3$ 种情况，百位和十位可从 0、1、3、4 中选择，但不能和千位重复，则有 $C_3^2 P_2^2＝6$ 种可能，根据乘法原理，则，当个位为 2 时有 18 种可能. 当个位为 4 时，同理有 $C_3^3 C_3^2 P_2^2＝18$ 种可能. 所以总共有 24＋36＝60 种可能.

3.【答案】E

【解析】因为要 5 个字母组成，所以去掉 q 和 n 外剩下的 6 个字母中选出 3 个 C_6^3，因为 q 和 n 相邻，所以将其打包为 2！，再与其他 3 个字母一起排列 4！，综上 $C_6^3 \cdot 2！\cdot 4！＝960$.

4.【答案】D

【解析】对立面法，总的情况减去两人在同一组的情况，$\dfrac{C_9^3 C_6^3 C_3^3}{3！}－C_7^1 \cdot \dfrac{C_6^3 C_3^3}{2！}$.

5.【答案】D

【解析】先不考虑附加条件，从 7 名学生中选出 4 名共有 $C_7^4＝35$ 种选法，其中不符合条件的是选出的 4 人都是男生，即 $C_4^4＝1$ 种，所以符合条件的选法是 35－1＝34 种.

6. 【答案】B

【解析】由于甲、乙两名志愿者都不能不能去 A 站，所以 A 站就是"特殊"位置，因此 A 站从剩下的四名志愿者中任选一人占位置有 $C_4^1=4$ 种不同的选法，再从其余的 5 人中任选 3 人去往其他三个车站有 $C_5^3 \times 3!=60$ 种不同的选法，所以不同的选派方案共有 $C_4^1 \cdot C_5^3 \cdot 3!=240$ 种，故选 B.

7. 【答案】A

【解析】先将除去甲、乙、丙的剩下的五个人排好 $5!$，然后从 6 个空位置中选出 3 个位置 C_6^3，最后将甲、乙、丙三人放入空位子排好 $3!$，即 $5! \cdot C_6^3 \cdot 3!$.

8. 【答案】A

【解析】根据题意可知，把冠军看做"人"，学生看作"房"，由乘法原理可知获得冠军的可能的种数有 7^5，故选 A.

9. 【答案】B

【解析】当"相邻"与"不相邻"同时出现时，先"打包"再"插空"；先将甲、乙打包 $2!$，去掉丙、丁之外加上甲、乙包裹共计 3 个元素全排列 $3!$，从 4 个空位置中选出 2 个位置 C_4^2，排甲、乙 $2!$，即 $2! \cdot 3! \cdot C_4^2 \cdot 2!=144$.

10. 【答案】C

【解析】先选一名副组长，因为 a 不能当副组长，故 $C_4^1=4$，再从剩下 4 人中选一名组长 C_4^1，共计 $4 \times 4=16$ 种，故选 C.

11. 【答案】B

【解析】只有 3 位英语老师相邻，打包，且与第四位不相邻，插空；某数学老师不在两端所以插空时，那个老师最边上的空位一定要插. 即 $C_4^3 \cdot 3! \cdot 2! \cdot C_2^1 \cdot C_2^1=192$ 种.

12. 【答案】B

【解析】先将 4 个女生全排列 $4!$，然后从 5 个空位置中选出 3 个位置 C_5^3，最后将 3 个男生放入空位子排好 $3!$，即 $4! \cdot C_5^3 \cdot 3!$.

13. 【答案】B

【解析】甲入乙没入 C_7^2；甲没入乙入 C_7^2；甲、乙都入 C_7^1，共计 $C_7^2+C_7^2+C_7^1=49$.

14. 【答案】D

【解析】恰有一个空盒相当于用三个盒子去选四个球，先在 4 个小球中任选 2 个，$C_4^2=6$，然后在 4 个盒子中任选三个全排列 $P_4^3=24$. 由乘法原理得 $24 \times 6=144$.

15. 【答案】D

【解析】用间接法：$C_4^2 C_4^2-C_4^2=30$，故选 D.

二、条件充分性判断题

16. 【答案】C

【解析】条件（1），将 CDE 先排然后插空，有 $P_3^3 P_4^2=72$，不充分.

条件（2），总共有 $C_2^1 P_4^4=48$ 种排法，不充分.

考虑联合，总共有 $C_2^1 C_3^1 P_3^3=36$ 种排法，充分，故选 C.

17. 【答案】B

【解析】条件（1）$\dfrac{5!}{2!}=60$，不充分. 条件（2）$\dfrac{5!}{3!}=20$，充分；故选 B.

18. 【答案】D

【解析】条件（1）：女生有 2 人，则男生有 6 人，则 $C_6^2 C_2^1=30$.

条件（2）：女生有 3 人，则男生有 5 人，则 $C_5^2 C_3^1=30$.

两个条件均充分，故选 D.

19. 【答案】B

【解析】对于条件（1）则甲、乙所选的课程中至少有 1 门不相同的选法，可以用对立面的方法，$C_4^2 C_4^2 - C_4^2$，对于条件（2）不同的偶数方法是 $C_2^1 P_4^3=48$.

20. 【答案】E

【解析】条件（1），即相间排列，$3! \times 4!=144$，不充分.

条件（2）可知，先把无要求的男生全排列，即 $4!$，这时有 5 个空位，再任选 3 个来安排女生，即 $C_5^3 \cdot 3!=60$，于是得 $4! \cdot C_5^3 \cdot 3!=1440$，不充分，故选 E.

21. 【答案】A

【解析】对于条件（1）可以知道四位数中包含 5 和 0 的情况：$C_3^1 C_4^1 (P_3^3 + P_2^1 P_2^2)=120$，四位数中包含 5 但是不含 0 的情况 $C_3^1 C_4^2 P_3^3=108$，四位数中包含 0 不含 5 的情况 $C_3^2 C_4^1 P_3^3=72$，所以总数是 300，但是条件（2）显然是不对的.

22. 【答案】C

【解析】条件（1）时，甲、乙相邻，有 $P_2^2 P_4^4=48$ 种；条件（2）时，丙、丁不相邻，有 $P_3^3 P_4^2=72$ 种.（1）和（2）联立时，有 $P_2^2 P_2^2 P_3^3=24$ 种.

23. 【答案】A

【解析】条件（1）A、B 必须相邻，$2! \times 4!=48$，充分.

条件（2）A、B 不相邻 $3! \cdot C_4^2 \cdot 2!=72$，不充分，故选 A.

24. 【答案】D

【解析】条件（1）男生人数是 5 人，女生人数有 3 人，$C_5^2 \cdot C_3^1 \cdot 3!=180$.

条件（2）男生人数是 6 人，女生人数有 2 人，$C_6^2 \cdot C_2^1 \cdot 3!=180$，均充分.

25. 【答案】B

【解析】条件（1）共分两类：甲组中选出一名男生有 $C_5^1 C_3^1 C_2^2=15$ 种选法，乙组中选出一名男生有 $C_3^2 C_2^1 C_6^1=36$ 种选法，故共有 51 种选法.

条件（2）共分两类：甲组中选出一名女生有 $C_3^1 C_5^1 C_6^2=225$ 种选法，乙组中选出一名女生有 $C_5^2 C_2^1 C_6^1=120$ 种选法，故共有 345 种选法.

第十一章 概 率 初 步

本章内容主要涉及三大概型：古典概型、独立事件以及贝努里概型.

考试当中一般 2 道题. 古典概型作为常考题型，掌握题目特点及计算方法，理解解题思路，尤其要弄清与排列组合的关系；对于独立事件和贝努里概型，弄清题目特征，分别掌握乘法公式及概型的计算公式，从以往真题来看，这两种概型自身考点并不难，对于加法公式（分类）和乘法公式的运用需要理解.

建议学习是注意三种概型的特征，古典概型要求所研究的样本空间是有限的，且各样本点的发生和出现是等可能的. 计算古典概型必须要知道样本空间总数和事件所含的基本事件个数，掌握几类常见题型的具体解题思路及方法. 对于独立事件和贝努里概型可以放在一起学习，理解事件的独立性，以及贝努里概型是独立事件的特殊情况，了解两种概型之间的联系和区别.

第一节 夯 实 基 本 功

一、概率概念

1. 事件

（1）随机事件：可能发生也可能不发生的事情就叫随机事件.

（2）必然事件：一定发生的事情叫作必然事件.

（3）不可能事件：一定不可能发生的事件叫作不可能事件.

（4）互斥事件：A 和 B 两事件不可能同时发生.

（5）对立事件：A 和 B 两事件不可能同时发生，但必有一个事件发生. 如掷硬币，正面向上记为事件 A，反面向上记为事件 B. 事件 B 叫作事件 A 的对立事件，事件 A 的对立事件也可表示为 $\overline{A}$，记 $p(A)=1-p(\overline{A})$.

对立事件一定为互斥事件，互斥事件不一定是对立事件. 对立事件比互斥事件要求更严格.

2. 事件间的关系与运算

（1）事件的包含与相等. 若事件 A 发生必然导致事件 B 发生，则称事件 A 包含于事件 B，记为 $B \supset A$ 或者 $A \subset B$. 若 $A \subset B$ 且 $B \subset A$，即 $A=B$，则称事件 A 与事件 B 相等.

（2）事件的和. 事件 A 与事件 B 至少有一个发生的事件称为事件 A 与事件 B 的和事件，记为 $A \cup B$. 事件 $A \cup B$ 发生意味着：或事件 A 发生，或事件 B 发生，或事件 A 与事件 B 都发生.

（3）事件的积. 事件 A 与事件 B 都发生的事件称为事件 A 与事件 B 的积事件，记为 $A \cap B$，也简记为 AB.

事件 $A \cap B$（或 AB）发生意味着事件 A 发生且事件 B 也发生，即 A 与 B 都发生.

（4）事件的差. 事件 A 发生而事件 B 不发生的事件称为事件 A 与事件 B 的差事件，记为 $A-B$.

（5）互不相容事件（互斥）. 若事件 A 与事件 B 不能同时发生，即 $AB=\phi$，则称事件 A 与事件 B 是互斥的，或称它们是互不相容的. 若事件 A_1，A_2，$\cdots$，A_n 中的任意两个都互斥，则称事件是两两互斥的.

3. 概率的性质

（1）$0 \leqslant P(A) \leqslant 1$.

（2）$P(\phi)=0$，$P(\Omega)=1$.

（3）对任意两个事件 A，B，有 $P(A \cup B)=P(A)+P(B)-P(AB)$.

（4）若 $AB=\phi$，则 $P(A \cup B)=P(A)+P(B)$.

（5）$P(\bar{A})=1-P(A)$.

二、古典概型

1. 定义

（1）重复性：可以在相同的条件下重复地进行.

（2）有限性：试验中所有可能出现的基本事件只有有限个.

（3）等可能：试验中每个基本事件出现的可能性相等.

2. 公式

$$P(A)=\frac{\text{事件 } A \text{ 包含的情况数} k}{\text{事件包含总情况数} n}=\frac{k}{n}$$

3. 本质

（1）两次排列组合求方法数的计算.

（2）结果为分数比值型.

三、独立事件

1. 定义

如果 A、B 两事件中任一事件的发生不影响另一事件的概率，则称这两事件是相互独立的.

2. 公式

若事件 A 和事件 B 是相互独立的，则 $P(AB)=P(A)P(B)$.

3. 本质

判断事件是否是独立事件本质在于，两事件是否存在竞争关系，若存在竞争关系，则不是独立事件；不存在竞争关系，则是独立事件.

【典例 1】一项考试，甲通过的概率为 0.8，乙通过的概率为 0.7，则：

（1）甲、乙都通过考试的概率为多少？

（2）甲、乙恰有一人通过考试的概率为多少？

（3）甲、乙均未通过考试的概率为多少？

（4）甲、乙至少一人通过考试的概率为多少？

【解析】

(1) 甲、乙都通过考试的概率为 $P_1=0.8×0.7$.

(2) 甲、乙恰有一人通过考试的概率为 $P_2=0.8×(1-0.7)+(1-0.8)×0.7$.

(3) 甲、乙均未通过考试的概率为 $P_3=(1-0.8)×(1-0.7)=0.2×0.3$.

(4) 甲、乙至少一人通过考试的概率有以下两种算法.

1) 思路 1：正面分类 $P_4=P_1+P_2$.

2) 思路 2：反面求解 $P_4=1-P_3$.

四、伯努利试验

1. 定义

伯努利试验是在同样的条件下重复地、相互独立地进行的一种随机试验. 其特点是该随机试验只有两种可能结果：发生或者不发生. 假设该项试验独立重复地进行了 n 次，那么就称这一系列重复独立的.

随机试验为 n 重伯努利试验，或称为伯努利概型.

2. 公式

如果在一次试验中某事件发生的概率是 p，那么在 n 次独立重复试验中该事件恰好发生 k 次的概率：$P_n(k)=C_n^k p^k q^{n-k}$，$(k=0，1，2，…，n)$，其中 $q=1-p$.

3. 特殊

(1) $k=n$ 时，即在 n 次独立重复试验中事件 A 全部发生，概率为 $P_n(n)=C_n^n p^n q^{n-n}=p^n$.

(2) $k=0$ 时，即在 n 次独立重复试验中事件 A 没有发生，概率为 $P_n(0)=C_n^0 p^0 q^{n-0}=q^n$.

【典例 2】 一周七天，每天天气预报准确的概率为 0.8，则：

(1) 有三天准确的概率为多少？

(2) 有三天准确，且星期二准确的概率为多少？

(3) 有三天准确，且星期三不准确的概率为多少？

(4) 有三天准确，且星期二准确、星期三不准确的概率为多少？

【解析】

(1) 有三天准确，从 7 天中任意选出 3 天准确 C_7^3，则概率为 $p_1=C_7^3 \cdot 0.8^3 \cdot 0.2^4$.

星期一	星期二	星期三	星期四	星期五	星期六	星期日

(2) 有三天准确，且星期二准确，因为星期二准确的位置已经固定，所以只需从剩下的 6 天中任意选出 2 天准确 C_6^2，则概率 $p_2=C_6^2 \cdot 0.8^3 \cdot 0.2^4$.

星期一	星期二	星期三	星期四	星期五	星期六	星期日
	√					

(3) 有三天准确，且星期三不准确，因为星期三不准确的位置已经固定，所以只需从剩下的 6 天中任意选出 3 天准确 C_6^3，则概率 $p_3=C_6^3 \cdot 0.8^3 \cdot 0.2^4$.

星期一	星期二	星期三	星期四	星期五	星期六	星期日
		×				

（4）有三天准确，且星期二准确、星期三不准确，因为星期二、星期三准确的位置已经固定，所以只需从剩下的 5 天中任意选出 2 天准确 C_5^2，则概率 $p_4 = C_5^2 \cdot 0.8^3 \cdot 0.2^4$.

星期一	星期二	星期三	星期四	星期五	星期六	星期日
		√		×		

第二节　刚刚"恋"习

一、古典概型部分（共计 6 个考点）

【考点 157】取样（球）问题

1. 袋子里有 3 颗白球，4 颗黑球，5 颗红球. 由甲、乙、丙三人依次各抽取一个球，抽取后不放回. 若每颗球被抽到的机会均等，则甲、乙、丙三人所得之球颜色互异的概率是（　　）.

A. $\dfrac{1}{4}$　　　　B. $\dfrac{1}{3}$　　　　C. $\dfrac{2}{7}$　　　　D. $\dfrac{3}{11}$　　　　E. $\dfrac{5}{11}$

【答案】D

【解析】三人所得之球颜色互异共有 6 种情况：白黑红 $\dfrac{3}{12} \times \dfrac{4}{11} \times \dfrac{5}{10} = \dfrac{1}{22}$；白红黑 $\dfrac{3}{12} \times \dfrac{5}{11} \times \dfrac{4}{10} = \dfrac{1}{22}$；红黑白；红白黑；黑白红；黑红白. 故概率为 $\dfrac{6}{22} = \dfrac{3}{11}$.

2. 在一个口袋中装有 5 个白球和 3 个黑球，从中摸出 3 个球，至少摸到 2 个黑球的概率等于（　　）.

A. $\dfrac{2}{7}$　　　　B. $\dfrac{3}{8}$　　　　C. $\dfrac{3}{7}$　　　　D. $\dfrac{9}{28}$　　　　E. $\dfrac{4}{7}$

【答案】A

【解析】由题意可知，从 8 个球中任取三个有 C_8^3 种取法，而这 3 个球中至少摸到 2 个黑球，则分两种情况，即 3 黑中取 2 个，5 白中取 1 个，或者 3 黑中取 3 个，也即 $C_3^2 C_5^1 + C_3^3$，于是可知所求概率为 $\dfrac{C_3^2 C_5^1 + C_3^3}{C_8^3} = \dfrac{2}{7}$，故选 A.

3. 甲、乙两袋装有大小相同的红球和黑球，其中甲袋装有 1 个红球，3 个黑球；乙袋装有 2 个红球，4 个黑球. 现从两袋中各任取 2 个球，则取到的 4 个球中恰有 2 个红球的概率（　　）.

A. $\dfrac{1}{10}$　　　　B. $\dfrac{1}{5}$　　　　C. $\dfrac{3}{10}$　　　　D. $\dfrac{2}{5}$　　　　E. $\dfrac{1}{2}$

【答案】C

【解析】恰有 2 红有两类：

1 类甲 2 黑球，乙 2 红球；2 类是甲 1 黑球 1 红球，乙 1 黑球 1 红球，$P=$
$\dfrac{C_3^2 C_2^2 + C_1^1 C_3^1 C_2^1 C_4^1}{C_4^2 C_6^2} = \dfrac{3}{10}$，故选 C.

【考点 158】产品检验问题

4. 6 件产品中有 4 件合格品，2 件次品. 为找出 2 件次品，每次任取一个检验，检验后不再放回，恰好经过 4 次检验找出 2 件次品的概率为（　　）.

　　A. $\dfrac{3}{5}$　　　B. $\dfrac{1}{3}$　　　C. $\dfrac{4}{15}$　　　D. $\dfrac{1}{5}$　　　E. $\dfrac{11}{15}$

【答案】D

【解析】找出 2 件次品，则 4 次中最后 1 次为次品，前 3 次有 1 次为次品，事件包含情况数为 $C_2^1 C_4^1 C_3^1 C_1^1 C_3^1$，因此概率为 $P=\dfrac{C_2^1 C_4^1 C_3^1 C_1^1 C_3^1}{C_6^1 C_5^1 C_4^1 C_3^1}=\dfrac{1}{5}$，故选 D.

5. 有 10 个灯泡，其中有 3 个是坏的，现在要使用一个，逐个试用，如果拿到坏的就扔掉再拿，直到拿到好的为止，则不超过 3 次可完成此事的概率为（　　）.

　　A. $\dfrac{59}{120}$　　　B. $\dfrac{119}{120}$　　　C. $\dfrac{21}{40}$　　　D. $\dfrac{19}{40}$　　　E. $\dfrac{11}{30}$

【答案】B

【解析】从正面考虑问题比较复杂，所以考虑对立面，即三次取到的都是坏的，故 $p_{(A)}=1-\dfrac{3}{10}\times\dfrac{2}{9}\times\dfrac{1}{8}=\dfrac{119}{120}$，故选 B.

【考点 159】分配问题

6. 将 5 个不同的足球分给 4 个人，则每人至少得到一个足球的概率是（　　）.

　　A. $\dfrac{13}{64}$　　　B. $\dfrac{15}{64}$　　　C. $\dfrac{17}{64}$　　　D. $\dfrac{21}{64}$　　　E. $\dfrac{23}{64}$

【答案】B

【解析】总数 4^5，每人至少一个足球，即 2，1，1，1 型，则 $C_5^2\cdot 4!$，$P=\dfrac{C_5^2\cdot 4!}{4^5}=\dfrac{15}{64}$.

7. 4 个不同的小球放入甲，乙，丙，丁 4 个盒中，恰有一个空盒的概率为（　　）.

　　A. $\dfrac{9}{32}$　　　B. $\dfrac{3}{4}$　　　C. $\dfrac{9}{16}$　　　D. $\dfrac{9}{64}$　　　E. $\dfrac{3}{16}$

【答案】C

【解析】总数 4^4，则恰有一个空盒子，即 2，1，1 型，则 $C_4^2\cdot C_4^3\cdot 3!$，$P=\dfrac{C_4^2\cdot C_4^3\cdot 3!}{4^4}=\dfrac{9}{16}$.

8. 奥运会足球预选赛亚洲区决赛，中国队和韩国队都是九强赛中的队伍. 现要将九支队随机地分成三个组进行决赛，则中国队与韩国队分在同一组的概率是（　　）.

　　A. $\dfrac{1}{4}$　　　B. $\dfrac{1}{9}$　　　C. $\dfrac{1}{6}$　　　D. $\dfrac{2}{9}$　　　E. $\dfrac{1}{5}$

【答案】A

【解析】总情况数为 $\dfrac{C_9^3 C_6^3 C_3^3}{3!}$ 属于平均分组，事件包含情况数为 $\dfrac{C_7^1 C_6^3 C_3^3}{2!}$，因此概率为

$$P = \dfrac{\dfrac{C_7^1 C_6^3 C_3^3}{2!}}{\dfrac{C_9^3 C_6^3 C_3^3}{3!}} = \dfrac{1}{4}.$$

9. 有 6 个房间安排 4 人居住，每人可以进住任一房间，且进住房间的可能性是相等的，则事件 A 的概率为 $\dfrac{1}{54}$.

（1）事件 A 为指定的 4 个房间各有 1 人.

（2）事件 A 为恰有 4 个房间各有 1 人.

【答案】A

【解析】条件（1）4 个房间指定了不用进行选取，将人分配好即可 4!，总数为 6^4，故条件（1）的概率为 $\dfrac{4!}{6^4} = \dfrac{1}{54}$. 条件（2）房间未指定，需要从 6 个房间中选出 4 个房间，$\dfrac{C_6^4 \cdot 4!}{6^4} = \dfrac{5}{18}$.

【考点 160】开锁（解密）问题

10. 一串钥匙，忘记哪一把能够开门，现逐一不放回尝试，则恰好第三次试开的概率为 $\dfrac{1}{6}$.

（1）共有 10 把钥匙，其中有 3 把能开门.

（2）共有 9 把钥匙，其中有 2 把能开门.

【答案】B

【解析】条件（1），恰好第三次试开的，即前两次均没有打开，概率为 $\dfrac{7}{10} \times \dfrac{6}{9} \times \dfrac{3}{8} \neq \dfrac{1}{6}$，不充分；条件（2），概率为 $\dfrac{7}{9} \times \dfrac{6}{8} \times \dfrac{2}{7} = \dfrac{1}{6}$，充分.

【考点 161】掷骰子问题

11. 将一个骰子随机抛掷 3 次，则所得最大点数与最小点数之差等于 2 的概率为（　　　）.

A. $\dfrac{1}{9}$　　　B. $\dfrac{5}{27}$　　　C. $\dfrac{2}{9}$　　　D. $\dfrac{8}{27}$　　　E. $\dfrac{1}{3}$

【答案】C

【解析】根据已知条件可得最大点数与最小点数之差为 2，则有以下四种情况：（最小 1、最大 3）（最小 2、最大 4）（最小 3、最大 5）（最小 4、最大 6）.

其中（最小 1、最大 3）有 113、131、311、331、133、313、213、231、123、321、312、132 共 12 种；一共是 48 种情况，而全部的种类有 6×6×6＝216 种，所以概率＝$\dfrac{48}{216} = \dfrac{2}{9}$.

12. 将一颗质地均匀的正方体骰子（六个面的点数分别为 1，2，3，4，5，6）先后抛掷两次，记第一次出现的点数为 a，第二次出现的点数为 b. 则平面内的对应点 (a, b)

满足 "$(a-2)^2+b^2\leqslant 9$" 的概率为 （　　）.

A. $\dfrac{1}{2}$　　B. $\dfrac{1}{4}$　　C. $\dfrac{2}{3}$　　D. $\dfrac{7}{36}$　　E. $\dfrac{3}{4}$

【答案】B

【解析】平面内的对应点 (a, b) 共有 36 个，由条件可知，b 的值只能取 1、2、3.

当 $b=1$ 时，有 $(a-2)^2\leqslant 8$，则 a 能取 1、2、3、4.

当 $b=2$ 时，有 $(a-2)^2\leqslant 5$，则 a 能取 1、2、3、4.

当 $b=3$ 时，有 $(a-2)^2\leqslant 0$，则 a 能取 2.

故所求概率为 $\dfrac{9}{36}=\dfrac{1}{4}$.

【考点 162】其他古典概型问题

13. 有五条线段，长度分别为 1、3、5、7、9，从中任取三条，它们能构成一个三角形的概率是 （　　）.

A. $\dfrac{1}{6}$　　B. $\dfrac{3}{10}$　　C. $\dfrac{3}{5}$　　D. $\dfrac{1}{5}$　　E. $\dfrac{1}{3}$

【答案】B

【解析】满足条件一一列举可知："357，379，579"：$p=\dfrac{3}{C_5^3}=\dfrac{3}{10}$.

14. 甲从正方形四个顶点中任意选择两个顶点连成直线，乙从该正方形四个顶点中任意选择两个顶点连成直线，则所得的两条直线相互垂直的概率是 （　　）.

A. $\dfrac{3}{18}$　　B. $\dfrac{4}{18}$　　C. $\dfrac{5}{18}$　　D. $\dfrac{6}{18}$　　E. $\dfrac{5}{12}$

【答案】C

【解析】正方形四个顶点可以确定 6 条直线，甲、乙各自任选一条共有 36 个基本事件. 两条直线相互垂直的情况有 5 种（4 组邻边和对角线）包括 10 个基本事件，所以概率等于 $\dfrac{5}{18}$.

二、独立事件部分（共计 5 个考点）

【考点 163】加法乘法公式

15. 甲、乙、丙三位同学用计算机联网通关游戏，每周周末独立完成，甲通关的概率是 $\dfrac{4}{5}$，乙通关的概率是 $\dfrac{3}{5}$，丙通关的概率是 $\dfrac{7}{10}$，则三人中只有一人通关的概率为（　　）.

A. $\dfrac{6}{25}$　　B. $\dfrac{4}{25}$　　C. $\dfrac{47}{250}$　　D. $\dfrac{53}{250}$　　E. $\dfrac{42}{125}$

【答案】C

【解析】三人中只有一人，分三种情况，$P=\dfrac{4}{5}\times\dfrac{2}{5}\times\dfrac{3}{10}+\dfrac{1}{5}\times\dfrac{3}{5}\times\dfrac{3}{10}+\dfrac{1}{5}\times\dfrac{2}{5}\times\dfrac{7}{10}=\dfrac{47}{250}$.

16. 一射手对同一目标独立地射击四次，已知至少命中一次的概率为 $\dfrac{80}{81}$，则此射手每次射击命中的概率为 （　　）.

A. $\dfrac{1}{3}$　　　B. $\dfrac{2}{3}$　　　C. $\dfrac{1}{4}$　　　D. $\dfrac{2}{5}$　　　E. $\dfrac{3}{5}$

【答案】B

【解析】设此射手每次射击命中的概率为 P，分析可得，至少命中一次的对立事件为射击四次全都没有命中，由题意可知一射手对同一目标独立地射击四次全都没有命中的概率为 $1-\dfrac{80}{81}=\dfrac{1}{81}$，即 $(1-P)^4=\dfrac{1}{81}$，解得 $P=\dfrac{2}{3}$.

17. 两支球队打一个系列赛，三场两胜制，第一场和第三场在甲队的主场，第二场在乙队的主场，已知甲队主场赢球概率为 0.7，客场赢球概率为 0.6，则甲队赢得这个系列赛的概率为 （　　）.

A. 0.7　　　B. 0.742　　　C. 0.726　　　D. 0.795　　　E. 0.82

【答案】B

【解析】甲最终获胜分以下三种情况：第一、二局均为甲赢：$0.7\times0.6=0.42$；第一、三局甲赢，第二局乙赢：$0.7\times0.4\times0.7=0.196$；第一局乙赢，第二、第三局甲赢：$0.3\times0.6\times0.7=0.126$，因此所求概率为 $P=0.742$.

【考点 164】破译密码问题

18. 甲、乙两人各自去破译一个密码，则密码能被破译的概率为 $\dfrac{3}{5}$.

（1）甲、乙两人能破译出的概率分别是 $\dfrac{1}{3}$，$\dfrac{1}{4}$.

（2）甲、乙两人能破译出的概率分别是 $\dfrac{1}{2}$，$\dfrac{1}{3}$.

【答案】E

【解析】（1）$1-\dfrac{2}{3}\times\dfrac{3}{4}=\dfrac{1}{2}$；（2）$1-\dfrac{1}{2}\times\dfrac{2}{3}=\dfrac{2}{3}$，故选 E.

【考点 165】电器元件工作问题

19. 图 11-1 中的字母代表元件种类，字母相同但下标不同的为同一类元件，已知 A、B、C、D 各类元件的正常工作概率依次为 p、q、r、s，且各元件的工作是相互独立的，则此系统正常工作的概率为 （　　）.

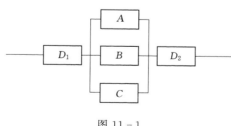

图 11-1

A. s^2pqr　　　　　　B. $s^2(p+q+r)$　　　　　　C. $s^2(1-pqr)$

D. $1-(1-pqr)(1-s)^2$　　　E. $s^2[1-(1-p)(1-q)(1-r)]$

【答案】E

【解析】若整个系统正常工作，则两个 D 元件一定要正常工作，且 A、B、C 中至少一个正常工作，故概率为 $P = s^2[1 - (1-p)(1-q)(1-r)]$.

【考点 166】掷硬币问题

20. 连续 3 次掷一枚硬币，则正反面轮番出现的概率是（ ）.

A. $\dfrac{1}{2}$　　B. $\dfrac{1}{4}$　　C. $\dfrac{1}{6}$　　D. $\dfrac{2}{5}$　　E. $\dfrac{1}{5}$

【答案】B

【解析】轮番出现只有："正反正，反正反" 2 种，故所求概率为 $\dfrac{2}{8} = \dfrac{1}{4}$.

21. 投掷一枚均匀硬币和一枚均匀骰子各一次，记"硬币正面向上"为事件 A，"骰子向上的点数是 3"为事件 B，则 $P = \dfrac{7}{12}$.

（1）事件 A 和事件 B 中至少有一件发生的概率为 P.

（2）事件 A 和事件 B 中至多有一件发生的概率为 P.

【答案】A

【解析】条件（1）时，概率为：$P = 1 - \dfrac{1}{2} \times \dfrac{5}{6} = \dfrac{7}{12}$；条件（2）时，概率为：$P = 1 - \dfrac{1}{2} \times \dfrac{1}{6} = \dfrac{11}{12}$. 故条件（1）充分，条件（2）不充分.

【考点 167】其他独立事件问题

22. 甲、乙两人参加一次英语口语考试，已知在备选的 10 道试题中，甲能答对其中的 6 题，乙能答对其中的 8 题. 规定每次考试都从备选题中随机抽出 3 题进行测试，则甲、乙两人至少有一人考试合格的概率为 $\dfrac{44}{45}$.

（1）至少答对 2 题才算合格.　　（2）答错题目数不多于 1 道题才算合格.

【答案】D

【解析】设甲、乙两人考试合格的事件分别为 A、B，则 $P(A) = \dfrac{C_6^2 C_4^1 + C_6^3}{C_{10}^3} = \dfrac{2}{3}$，

$P(B) = \dfrac{C_8^2 C_2^1 + C_8^3}{C_{10}^3} = \dfrac{14}{15}$.

因为事件 A 和事件 B 相互独立，条件（1）和条件（2）描述相同，甲、乙两人至少有一人考试合格的概率为 $P(A+B) = 1 - P(\overline{A})P(\overline{B}) = 1 - \dfrac{1}{3} \times \dfrac{1}{15} = \dfrac{44}{45}$.

三、伯努利试验部分（共计 5 个考点）

【考点 168】射击、闯关问题

23. 一个完全不懂阿拉伯语的人去瞎蒙一个阿拉伯语考试，此考试有 5 个选择题，每题有 4 种选择，其中只有一种答案正确，至少答对 3 道题算及格，则此人能及格的概率为（ ）.

A. $\dfrac{37}{512}$　　B. $\dfrac{55}{522}$　　C. $\dfrac{55}{512}$　　D. $\dfrac{53}{522}$　　E. $\dfrac{53}{512}$

【答案】E

【解析】伯努利概型 $C_5^3\left(\dfrac{1}{4}\right)^3\left(\dfrac{3}{4}\right)^2+C_5^4\left(\dfrac{1}{4}\right)^4\left(\dfrac{3}{4}\right)^1+C_5^5\left(\dfrac{1}{4}\right)^5\left(\dfrac{3}{4}\right)^0=\dfrac{53}{512}$.

24. 甲、乙两人进行 3 次射击，甲恰好比乙多击中目标两次的概率为 $\dfrac{1}{24}$.

（1）甲每次击中目标的概率为 $\dfrac{1}{2}$.　　　（2）乙每次击中目标的概率为 $\dfrac{2}{3}$.

【答案】C

【解析】条件（1）和条件（2）分别给出了甲和乙每次命中的概率，显然单独不充分，因此考虑联合. 甲恰好比乙多击中目标两次的情况是：

甲击中 2 次而乙没有击中，或甲击中 3 次而乙只击中 1 次.

甲击中 2 次而乙没有击中的概率为 $C_3^2\cdot\left(\dfrac{1}{2}\right)^2\cdot\dfrac{1}{2}\cdot\left(\dfrac{1}{3}\right)^3=\dfrac{1}{72}$.

甲击中 3 次而乙只击中 1 次的概率为 $\left(\dfrac{1}{2}\right)^3\cdot C_3^2\cdot\dfrac{2}{3}\cdot\left(\dfrac{1}{3}\right)^2=\dfrac{1}{36}$.

所以甲恰好比乙多击中目标两次的概率为 $\dfrac{1}{72}+\dfrac{1}{36}=\dfrac{1}{24}$，故选 C.

【考点 169】比赛问题

25. 中国女排与美国女排以"五局三胜"制进行比赛，根据以往的战况，中国女排每赢一局的概率为 $\dfrac{3}{5}$. 已知比赛中，美国女排先胜一局，在这个条件下，中国女排获胜的概率为（　　）.

A. $\dfrac{32}{125}$　　　B. $\dfrac{297}{625}$　　　C. $\dfrac{311}{625}$　　　D. $\dfrac{328}{625}$　　　E. 以上均不正确

【答案】B

【解析】中国女排获胜的情况有两种：（1）连赢 3 局；（2）在第 2 局到第 4 局比赛中赢 2 局且第 5 局赢，故获胜的概率为 $P=\left(\dfrac{3}{5}\right)^3+C_3^2\cdot\left(\dfrac{3}{5}\right)^3\cdot\dfrac{2}{5}=\dfrac{297}{625}$.

【考点 170】至多至少问题

26. 已知某人每天早晨乘坐的某一班次公共汽车的准时到站率为 60%，则他在 3 天乘车中，此班次公共汽车至少有 2 天准时到站的概率（　　）.

A. $\dfrac{36}{125}$　　　B. $\dfrac{54}{125}$　　　C. $\dfrac{81}{125}$　　　D. $\dfrac{27}{125}$　　　E. 以上均不正确

【答案】C

【解析】此班次公共汽车至少有 2 天准时到站的概率为 $C_3^2\cdot\left(\dfrac{3}{5}\right)^2\cdot\dfrac{2}{5}+\left(\dfrac{3}{5}\right)^3=\dfrac{81}{125}$.

27. 一个人的血型为 O、A、B、AB 型的概率分别为 0.46、0.40、0.11、0.03. 现任选 5 人，则至多一人血型为 O 型的概率为（　　）.

A. 0.045　　B. 0.196　　C. 0.201　　D. 0.241　　E. 0.461

【答案】D

【解析】每个人为 O 型血的概率为 0.46，则非 O 型血的概率为 0.54，5 个人的血型是相互独立的，满足贝努力里试验 $P=0.54^5+C_5^1 \cdot 0.54^4 \cdot 0.46 \approx 0.241$.

【考点 171】掷硬币问题

28. 掷一枚不均匀的硬币，正面朝上的概率为 $\dfrac{2}{3}$，若将此硬币掷 4 次，则正面朝上 3 次的概率是（　　）.

A. $\dfrac{8}{81}$ 　　 B. $\dfrac{8}{27}$ 　　 C. $\dfrac{32}{81}$ 　　 D. $\dfrac{1}{2}$ 　　 E. $\dfrac{26}{27}$

【答案】C

【解析】正面朝上 3 次的概率是 $P=C_4^3 \cdot \left(\dfrac{2}{3}\right)^3 \cdot \dfrac{1}{3}=\dfrac{32}{81}$.

【考点 172】其他伯努利试验问题

29. 若从原点出发的质点 M 向 x 轴的正向移动一个和两个坐标单位的概率分别是 $\dfrac{2}{3}$ 和 $\dfrac{1}{3}$. 则该质点移动 3 个坐标单位，到达 $x=3$ 的概率是（　　）.

A. $\dfrac{19}{27}$ 　　 B. $\dfrac{20}{27}$ 　　 C. $\dfrac{7}{9}$ 　　 D. $\dfrac{22}{27}$ 　　 E. $\dfrac{23}{27}$

【答案】B

【解析】分类讨论，条件（1）每次移动一个单位，移动 3 次：$\left(\dfrac{2}{3}\right)^3=\dfrac{8}{27}$.

条件（2）一次移动 1 个单位，一次移动 2 个单位：$2\times\dfrac{2}{3}\times\dfrac{1}{3}=\dfrac{4}{9}$.

到达 $x=3$ 的概率是 $\dfrac{8}{27}+\dfrac{4}{9}=\dfrac{20}{27}$.

30. 进行一系列的独立性试验，每次试验成功的概率是 P，则概率是 $4P^2(1-P)^3$.

（1）成功 2 次之前已经失败 3 次的概率.

（2）成功 3 次之前已经失败 2 次的概率.

【答案】A

【解析】条件（1），直到第五次才成功两次，$C_4^1 P^2(1-P)^3=4P^2(1-P)^3$，充分.

条件（2），直到第五次才成功三次，$C_4^2 P^3(1-P)^2=6P^3(1-P)^2$，不充分.

第三节　立　竿　见　影

一、问题求解

1. 下列事件中，是不可能事件的有（　　）.

A. 三角形的内角和为 $180°$ 　　　 B. 三角形中大边对的角大，小边对的角小

C. 锐角三角形中两个内角的和小于 $90°$ 　　 D. 三角形中任意两边之和大于第三边

E. 都是可能事件

2. 从数字 1、2、3、4、5 中任取两个不同的数字构成一个无重复数字的两位数，求能被 2 整除的概率为（　　）.

A. $\dfrac{1}{5}$ B. $\dfrac{3}{10}$ C. $\dfrac{2}{5}$ D. $\dfrac{1}{2}$ E. $\dfrac{3}{5}$

3. 袋中装有 3 个红球和 2 个白球，则任意摸出两个球均为红球的概率是 （　　　）.

A. $\dfrac{1}{10}$ B. $\dfrac{9}{10}$ C. $\dfrac{3}{10}$ D. $\dfrac{7}{10}$ E. $\dfrac{1}{5}$

4. 设袋中有 80 个红球、20 个白球、若从袋中任取 10 个球，则其中恰有 6 个红球的概率为 （　　　）.

A. $\dfrac{C_{80}^4 C_{10}^6}{C_{100}^{10}}$ B. $\dfrac{C_{80}^6 C_{10}^4}{C_{100}^{10}}$ C. $\dfrac{C_{80}^4 C_{20}^6}{C_{100}^{10}}$ D. $\dfrac{C_{80}^6 C_{20}^4}{C_{100}^{10}}$ E. 以上均不正确

5. 在一次读书活动中，某同学从 4 本不同的科技书和 2 本不同的文艺书中任选 3 本，则所选的书中既有科技书又有文艺书的概率为 （　　　）.

A. $\dfrac{1}{5}$ B. $\dfrac{1}{2}$ C. $\dfrac{2}{3}$ D. $\dfrac{4}{5}$ E. $\dfrac{1}{3}$

6. 今把 x、y 两种基因冷冻保存. 若 x 基因有 30 个单位，y 基因有 20 个单位，且保存过程中有 2 个单位的基因失效，则 x、y 两种基因各失效一个单位的概率是 （　　　）.

A. $\dfrac{24}{49}$ B. $\dfrac{2}{49}$ C. $\dfrac{1}{600}$ D. $\dfrac{1}{12}$ E. $\dfrac{1}{6}$

7. 有 3 个人，每人都以相同的概率被分配到 4 间房中的一间，某指定房中恰有 2 人的概率是 （　　　）.

A. $\dfrac{1}{64}$ B. $\dfrac{3}{64}$ C. $\dfrac{9}{64}$ D. $\dfrac{5}{32}$ E. $\dfrac{3}{16}$

8. 某小组有成员 3 人，每人在一个星期中参加一天劳动，如果劳动日期可随机安排，则 3 人在不同的 3 天参加劳动的概率为 （　　　）.

A. $\dfrac{3}{7}$ B. $\dfrac{3}{35}$ C. $\dfrac{30}{49}$ D. $\dfrac{1}{70}$ E. $\dfrac{1}{72}$

9. 在 a^2 ＿＿ $4a$ ＿＿ 4 的空格中，任意填上"＋"或"－"，在所得到的这些代数式中，可以构成完全平方式的概率是 （　　　）.

A. 1 B. $\dfrac{1}{2}$ C. $\dfrac{1}{3}$ D. $\dfrac{1}{4}$ E. 以上均不正确

10. 甲、乙两人进行象棋比赛，甲获胜的概率是 0.4，两人下成和棋的概率是 0.2，则甲不输的概率是 （　　　）.

A. 0.6 B. 0.8 C. 0.2 D. 0.4 E. 0.5

二、条件充分性判断题

11. 公司共招聘 3 个人，甲、乙两人都参加面试，负责人说："你们被同时招聘进来的概率为 $\dfrac{1}{70}$".

（1）参加面试的总人数为 35 人.　　　　　　（2）参加面试的总人数为 21 人.

12. 从 n 名男同学，m 名女同学中任选 3 名参加体能测试，则选到的 3 名同学中既有男同学又有女同学的概率为 $\dfrac{3}{4}$.

（1）$n=5$.　　　　　　　　（2）$m=2$.

13. 一只口袋中有编号分别为 1、2、3、4、5、6 的 6 只球，今随机抽取 3 只，则取到最大号码是 n 的概率为 0.3.

（1）$n=4$.　　　　　　　　（2）$n=3$.

14. 甲、乙两袋装有大小相同的红球和白球，甲袋装有 2 个红球，2 个白球；乙袋装有 2 个红球，n 个白球，从甲、乙两袋中各任取 2 个球，则取到的 4 个球全是红球的概率是 $\frac{1}{60}$.

（1）$n=4$.　　　　　　　　（2）$n=3$.

15. $P=\frac{1}{9}$.

（1）将骰子先后抛掷 2 次，抛出的骰子向上的点数之和为 5 的概率为 P.

（2）将骰子先后抛掷 2 次，抛出的骰子向上的点数之和为 9 的概率为 P.

16. 若王先生驾车从家到单位必须经过 3 个有红绿灯的十字路口，则他没有遇到红灯的概率为 0.125.

（1）他在每一个路口遇到红灯的概率都是 0.5.

（2）他在每一个路口遇到红灯相互独立.

17. 一批产品的次品率为 0.1，每件检测后放回，事件 A 的概率为 0.271.

（1）事件 A 为"连续检测三件时至少有一件是次品".

（2）事件 A 为"连续检测三件时至多有两件是正品".

详　　解

一、问题求解

1. 【答案】C

【解析】显然 A、B、D 是必然事件，故选 C.

2. 【答案】C

【解析】任取两个数字组成无重复的两位数，共有 $P_5^2=20$，能被 2 整除的有 $C_2^1 C_4^1=8$，概率为 $\frac{8}{20}=\frac{2}{5}$.

3. 【答案】C

【解析】因为 3 个红球和 2 个白球共 5 种，把它们两两组合有 $5\times4=20$ 种结果，其中红红组合有 $3\times2=6$ 个，所以任意摸出两个球均为红球的概率是 $\frac{6}{20}=\frac{3}{10}$，故选 C.

4. 【答案】D

【解析】由题意可知从 100 个球中任取 10 个的取法有 C_{100}^{10} 种，若这 10 个中恰有 6 个红球的取法为 $C_{80}^6 C_{20}^4$，于是得所求概率为 $\frac{C_{80}^6 C_{20}^4}{C_{100}^{10}}$，故选 D.

5. 【答案】D

【解析】由题意可知从 4 本不同的科技书和 2 本不同的文艺书中任选 3 本，共有 $C_6^3=$

20，而所选的 3 本书中既有科技书又有文艺书的选法为（$C_4^1 C_2^2 + C_4^2 C_2^1 = 16$），则所求概率为 $\frac{16}{20} = \frac{4}{5}$，故选 D.

6．【答案】A

【解析】有两个基因单位失效的总类型数有 $C_{50}^2 = 1225$，其中 x、y 两种基因各失效一个单位的类型数是 600，所以 x、y 两种基因各失效一个单位的概率是 $\frac{600}{1225} = \frac{24}{49}$.

7．【答案】C

【解析】$P = \frac{C_3^2 \times 3}{4 \times 4 \times 4} = \frac{9}{64}$，故选 C.

8．【答案】C

【解析】3 个人的劳动日安排法共有 7^3 种，3 人在不同的 3 天参加劳动的安排法有 $C_7^3 \times 3!$ 种，因而所求概率为 $P = \frac{C_7^3 \times 3!}{7^3} = \frac{30}{49}$.

9．【答案】B

【解析】总共有 4 种填法，能构成完全平方式有 2 种，所以概率为 $\frac{1}{2}$，故选 B.

10．【答案】A

【解析】根据题意，甲获胜的概率是 0.4，两人下成和棋的概率是 0.2，所以甲不输的概率为 $0.4 + 0.2 = 0.6$，故选 A.

二、条件充分性判断题

11．【答案】B

【解析】$\frac{C_{n-2}^1}{C_n^3} = \frac{1}{70}$，解得 $n = 21$，故条件（2）充分.

12．【答案】E

【解析】由题干及所给条件可知，条件（1）和条件（2）单独都不充分，现联合可得到的 3 名同学中既有男同学又有女同学的概率为 $\frac{C_5^1 C_2^2 + C_5^2 C_2^1}{C_7^3} = \frac{5}{7}$，仍不充分，故选 E.

13．【答案】E

【解析】条件（1）当 $n = 4$ 时，$\frac{C_3^2}{C_6^3} = 0.15 \neq 0.3$；条件（2）当 $n = 3$ 时，$\frac{C_2^2}{C_6^3} = 0.05 \neq 0.3$，故选 E.

14．【答案】B

【解析】条件（1），取到的 4 个球全是红球的概率 $= \frac{C_2^2}{C_4^2} \cdot \frac{C_2^2}{C_6^2} = \frac{1}{6} \times \frac{1}{15} = \frac{1}{90}$，不充分.

条件（2），取到的 4 个球全是红球的概率 $= \frac{C_2^2}{C_4^2} \cdot \frac{C_2^2}{C_5^2} = \frac{1}{6} \times \frac{1}{10} = \frac{1}{60}$，充分.

15．【答案】D

【解析】（1）点数之和为 5 的情况有（1，4）、（2，3）、（3，2）、（4，1），而总的情况数有 36 种，故 $P = \frac{4}{36} = \frac{1}{9}$，充分.

（2）点数之和为 9 的情况有（3，6）、（4，5）、（5，4）、（6，3），而总的情况数有 36 种，故 $P=\frac{4}{36}=\frac{1}{9}$，亦充分. 故选 D.

16.【答案】C

【解析】条件（1）无法确定是否独立事件，不充分；因此联合条件（2），即 $P(A)=0.5×0.5×0.5=0.125$，充分. 故选 C.

17.【答案】D

【解析】条件（1）和条件（2）所描述的是同一个事件，只是不同的表达方式而已.

因此，连续检测三件产品时都是合格品的概率为 $(0.9)^3=0.729$，至少有一件次品的概率为 $1-(0.9)^3=0.271$，即条件（1）和条件（2）都充分，故选 D.

第四节　渐　入　佳　境

（标准测试卷）

一、问题求解

1. 下列事件是必然事件的有（　　　）.

（1）在标准大气压下，水在 -6 度结冰.

（2）某电话在 3 分钟内接到 10 次呼叫.

（3）一天中，从广州国际机场起飞的航班全部正点起飞.

（4）某位顾客在餐馆食鸡，得了"禽流感".

A.（1）　　　B.（2）　　　C.（3）　　　D.（4）　　　E. 都不是必然事件

2. 一批产品的次品率为 0.1，逐件检测后放回，在连续三次检验中，至少有一件次品的概率是（　　　）.

A. 0.081　　B. 0.1　　C. 0.234　　D. 0.271　　E. 以上均不正确

3. 某单位订阅人民日报的概率为 0.6，订阅信报的概率为 0.3，则至少订阅其中一种报纸的概率为（　　　）.

A. 0.24　　B. 0.36　　C. 0.48　　D. 0.58　　E. 0.72

4. 从 12 个同类产品（其中有 10 个正品，2 个次品）中，任意抽取 3 个的必然事件是（　　　）.

A. 3 个都是正品　　　　B. 至少有一个是次品　　　　C. 3 个都是次品

D. 至少有一个是正品　　E. 以上均不正确

5. 甲、乙两人参加环保知识竞答，共有 8 道不同的题目，其中选择题 5 个、判断题 3 个，甲、乙二人依次各抽一题，甲抽到选择题、乙抽到判断题的概率是（　　　）.

A. $\frac{5}{8}$　　B. $\frac{3}{8}$　　C. $\frac{15}{56}$　　D. $\frac{3}{7}$　　E. $\frac{3}{5}$

6. 在 3 次独立重复实验中，事件 A 每次发生的概率相等，若事件 A 至少发生一次的概率是 $\frac{19}{27}$，则事件 A 不发生的概率是（　　　）.

A. $\dfrac{1}{2}$　　B. $\dfrac{2}{3}$　　C. $\dfrac{1}{3}$　　D. $\dfrac{2}{9}$　　E. $\dfrac{5}{9}$

7. 十个人站成一排，其中甲、乙、丙三人恰巧站在一起的概率为（　　）.

A. $\dfrac{1}{15}$　　B. $\dfrac{1}{90}$　　C. $\dfrac{1}{120}$　　D. $\dfrac{1}{720}$　　E. $\dfrac{1}{72}$

8. 从数字 1、2、3、4、5 中，随机抽取 3 个数字（允许重复）组成一个三位数，其各位数字之和等于 9 的概率为（　　）.

A. $\dfrac{13}{125}$　　B. $\dfrac{16}{125}$　　C. $\dfrac{18}{125}$　　D. $\dfrac{19}{125}$　　E. $\dfrac{20}{125}$

9. 一个口袋内装有大小相等的 4 个白球和 6 个黑球，先后摸出两个球（有放回），两球颜色不同的概率是（　　）.

A. $\dfrac{12}{25}$　　B. $\dfrac{13}{25}$　　C. $\dfrac{6}{25}$　　D. $\dfrac{9}{25}$　　E. $\dfrac{4}{25}$

10. 口袋内装有一些大小相同的红球、白球和黑球，从中摸出一个红球的概率是 0.26，摸出一个黑球的概率是 0.61，则摸出一个白球的概率为（　　）.

A. 0.26　　B. 0.61　　C. 0.87　　D. 0.13　　E. 23

11. 3 名老师随机从 3 男 3 女共 6 人中各带 2 名学生进行实验，其中每名老师各带 1 名男生和 1 名女生的概率为（　　）.

A. $\dfrac{2}{5}$　　B. $\dfrac{3}{5}$　　C. $\dfrac{4}{5}$　　D. $\dfrac{9}{10}$　　E. $\dfrac{1}{5}$

12. 从长度分别为 1、2、3、4 的四条线段中，任取三条的不同取法共有 n 种. 在这些取法中，以取出的三条线段为边可组成的三角形的个数为 m，则 $\dfrac{m}{n}$ 等于（　　）.

A. 0　　B. $\dfrac{1}{4}$　　C. 1　　D. $\dfrac{1}{2}$　　E. $\dfrac{3}{4}$

13. 在一个不透明的袋中，装有若干个颜色不同的球，如果袋中有 3 个红球且摸到红球的概率为 $\dfrac{1}{4}$，那么袋中球的总个数为（　　）.

A. 10　　B. 11　　C. 12　　D. 13　　E. 14

14. 6 个人排成一排，甲、乙是其中两个人，则这 6 个人的任意排列中，甲、乙之间恰有 2 个人的概率是（　　）.

A. $\dfrac{1}{8}$　　B. $\dfrac{1}{5}$　　C. $\dfrac{1}{10}$　　D. $\dfrac{1}{15}$　　E. $\dfrac{2}{15}$

15. 袋子里装有红、黄、蓝三种小球，每种颜色的小球各 5 个，且分别标有数字 1，2，3，4，5. 现从中摸出一球：摸出的球是蓝色球、摸出的球是红色 1 号球、摸出的球是 5 号球的概率分别为（　　）.

A. $\dfrac{1}{3}$，$\dfrac{1}{5}$，$\dfrac{1}{15}$　　B. $\dfrac{1}{5}$，$\dfrac{1}{3}$，$\dfrac{1}{15}$　　C. $\dfrac{1}{5}$，$\dfrac{1}{15}$，$\dfrac{1}{3}$

D. $\dfrac{1}{3}$，$\dfrac{1}{15}$，$\dfrac{1}{5}$　　E. $\dfrac{1}{15}$，$\dfrac{1}{5}$，$\dfrac{1}{3}$

16. 某人投篮，每次投不中的概率稳定为 P，则在 4 次投篮中，至少投中三次的概率大于 0.8.

（1）$P=0.2$. （2）$P=0.3$.

17. 某射手在一次射击中，射中的环数低于 9 的概率为 0.48.

（1）该射手在一次射击中，射中 10 环的概率为 0.24.

（2）该射手在一次射击中，射中 9 环的概率为 0.28.

18. 某市公租房的房源位于 A、B、C 三个片区，该市的 4 位申请人每位都只申请其中一个片区的房源，则 $P=\dfrac{4}{9}$.

（1）没有人申请 A 片区房源的概率为 P.

（2）每个片区的房源都有人申请的概率为 P.

19. $A+B=1$.

（1）甲、乙两个射手的命中率分别为 0.7 和 0.5. 现两人各射击一次，恰有 1 人命中的概率为 A.

（2）同时抛 3 枚均匀硬币，出现正面向上为奇数枚的概率为 B.

20. 把 10 本书任意地放在书架上，其中指定的 n 本书彼此相邻的概率为 $\dfrac{1}{15}$.

（1）$n=3$. （2）$n=4$.

21. 同时抛 3 颗骰子，事件 A 的概率是 $\dfrac{1}{2}$.

（1）事件 A 表示"每次骰子出现的点数之积为奇数".

（2）事件 A 表示"每次骰子出现的点数之积为偶数".

22. 某班共有员工 10 人，现选 2 名员工代表，至少有 1 名女员工当选的概率是 $\dfrac{8}{15}$.

（1）女员工 3 人. （2）男员工 6 人.

23. 将标号为 1、2、3、4、5、6 的 6 张卡片平均放入 3 个不同的信封中，则概率为 0.8.

（1）标号为 1、2 的卡片放入不同信封的概率.

（2）标号为 2、3 的卡片放入不同信封的概率.

24. 某产品由两道独立工序加工完成，则该产品的合格率大于 0.6.

（1）每道工序的合格率为 0.7. （2）每道工序的合格率为 0.8.

25. 某组有学生 6 人，血型分别为：A 型 2 人，B 型 1 人，以及 AB 型和 O 型血的人，则随机抽取两人，两人血型相同的概率 $\dfrac{2}{15}$.

（1）AB 型血有 2 人. （2）O 型血有 1 人.

详　　解

一、问题求解

1.【答案】A

【解析】根据常识，显然（1）是必然发生的事件；（2）、（3）、（4）是随机事件.

2. 【答案】D

【解析】至多至少问题，考虑反面求解 $1-(0.9)^3=0.271$.

3. 【答案】E

【解析】因为至少订阅其中一种报纸的对立事件是两种报纸都不订阅，所以由对立事件的概率公式得到：$P=1-(1-0.6)(1-0.3)=0.72$，故选 E.

4. 【答案】D

【解析】显然不管如何抽取，至少会有一个是正品（因为次品数小于 3）.

5. 【答案】C

【解析】8 道不同的题目，甲、乙二人依次各抽一题，共有 $8\times7=56$ 种不同的方法，而甲抽到选择题、乙抽到判断题的方法有 $5\times3=15$ 种，故概率为 $P=\dfrac{15}{56}$.

6. 【答案】B

【解析】因为 $1-(1-P)^3=\dfrac{19}{27}$，所以 $1-P=\dfrac{2}{3}$，$P=\dfrac{1}{3}$.

7. 【答案】A

【解析】10 个人站成一排有 10! 种不同的站法，甲、乙、丙三人恰巧站在一起，则将三人看作一个整体，再和其余元素排，有 $3!\times7!$ 种不同站法，故概率为 $P=\dfrac{3!\times8!}{10!}=\dfrac{1}{15}$.

8. 【答案】D

【解析】总共有 $5^3=125$ 种抽取方法，各位数字之和为 9 有 234、135、225、144、333 五种组合，所以总共有 $2\cdot P_3^3+2\cdot P_3^1+1=19$，各位数字之和为 9 概率为 $\dfrac{19}{125}$，故选 D.

9. 【答案】A

【解析】令 A＝{第一次摸出白球，第二次摸出黑球}，B＝{第一次摸出黑球，第二次摸出白球}.

$P(A+B)=P(A)+P(B)=\dfrac{2}{5}\times\dfrac{3}{5}+\dfrac{3}{5}\times\dfrac{2}{5}=\dfrac{12}{25}$.

10. 【答案】D

【解析】应该有 $P(A)+P(B)+P(C)=1$，而 $P(A)=0.26$，$P(B)=0.61$，故 $P(C)=0.13$.

11. 【答案】A

【解析】$P=\dfrac{(C_3^1 C_3^1)(C_2^1 C_2^1)(C_1^1 C_1^1)}{C_6^2 C_4^2 C_2^2}=\dfrac{9\times4}{15\times6}=\dfrac{2}{5}$.

12. 【答案】B

【解析】$n=C_4^3=4$，$m=1\Rightarrow\dfrac{m}{n}=\dfrac{1}{4}$，故选 B.

13. 【答案】C

【解析】设袋中共有 x 个球，根据概率定义得 $\dfrac{3}{x}=\dfrac{1}{4}$，解得 $x=12$，故选 C.

14. 【答案】B

【解析】根据题意可知，6 个人共有 6! 排法，先选两人放在甲、乙之间，接着这 4 个人打包，再排列，则排法有 $C_4^2\cdot 2!\cdot 3!\cdot 2!$，故甲、乙之间恰有 2 个人的概率为 $\dfrac{C_4^2\cdot 2!\cdot 3!\cdot 2!}{6!}=\dfrac{1}{5}$，故选 B.

15. 【答案】D

【解析】（1）摸出的球是蓝色球的概率为 $P=\dfrac{C_5^1}{C_{15}^1}=\dfrac{1}{3}$.

（2）摸出的球是红色 1 号球的概率为 $P=\dfrac{1}{C_{15}^1}=\dfrac{1}{15}$.

（3）摸出的球是 5 号球的概率为 $P=\dfrac{C_3^1}{C_{15}^1}=\dfrac{1}{5}$.

二、条件充分性判断题

16. 【答案】B

【解析】本题考查贝努利概型，对于条件（2）$P=C_4^3\cdot 0.3^3\cdot 0.1+C_4^4\cdot 0.3^4>0.8$，对于条件（1）显然不充分，故选 B.

17. 【答案】C

【解析】单独都不充分，联立条件（1）和条件（2）后可得射中的环数低于 9 环的概率为 $P=1-P(A)-P(B)=1-0.24-0.28=0.48$，充分，故选 C.

18. 【答案】B

【解析】（1）$\dfrac{2^4}{3^4}=\dfrac{16}{81}$，不充分.

（2）$P(B)=\dfrac{C_3^1 C_4^2 C_2^1}{3^4}=\dfrac{36}{3^4}=\dfrac{4}{9}$ 或 $P(B)=\dfrac{C_4^2 A_3^3}{3^4}=\dfrac{4}{9}$，充分.

19. 【答案】C

【解析】（1）$A=0.7\times 0.5+0.3\times 0.5=0.5$.

（2）三个正，一正两反有三种情况，$B=\dfrac{1+3}{2^3}=0.5$.

20. 【答案】A

【解析】根据题干，然后观察所给条件，可知条件（1）和条件（2）不可能同时充分，而由条件（1）得概率为 $\dfrac{P_3^3 P_8^8}{P_{10}^{10}}=\dfrac{1}{15}$，可知充分；从而可知条件（2）不充分，故选 A.

21. 【答案】E

【解析】基本事件共有 $6\times 6\times 6$ 个，其中点数之积为奇数的事件，即 3 颗骰子均出现奇数的事件，共有 $3\times 3\times 3$ 个，所以点数之积为奇数的概率 $P_1=\dfrac{3\times 3\times 3}{6\times 6\times 6}=\dfrac{1}{8}\neq\dfrac{1}{2}$，则条件（1）不充分. 点数之积为偶数的概率 $P_2=1-P_1=\dfrac{7}{8}\neq\dfrac{1}{2}$，则条件（2）也不充分.

22.【答案】A

【解析】基本事件总数为 C_{10}^2，条件（1）女员工 3 人，至少一名女员工当选，其中基本事件总数为 $C_7^1C_3^1 + C_7^0C_3^2$，于是 $p = \dfrac{C_7^1C_3^1 + C_7^0C_3^2}{C_{10}^2} = \dfrac{8}{15}$ 充分；同理条件（2）算得 $p = \dfrac{2}{3}$，不充分.

23.【答案】D

【解析】将标号为 1、2、3、4、5、6 的 6 张卡片平均放入 3 个不同的信封中，有 $C_6^2C_4^2 = 90$ 种方法.

条件（1），号为 1，2 的卡片放入不同信封，有 $C_4^1C_3^1 3! = 72$ 种，故概率为 $\dfrac{72}{90} = 0.8$，充分；条件（2），同理可知，也充分.

24.【答案】B

【解析】对于条件（1）每道工序的合格率为 0.7，那么两道工序的合格率就是 0.49，小于 0.6. 对于条件（2）每道工序的合格率为 0.8，那么两道工序的合格率就是 0.64，大于 0.6，充分.

25.【答案】D

【解析】条件（1）AB 型血有 2 人，得到 O 型血有 1 人. 此时随机抽取两人，两人血型相同的概率 $P = \dfrac{C_2^2 + C_2^2}{C_6^2} = \dfrac{2}{15}$. 显然条件（2）等价条件（1），故选 D.

第十二章　数　据　分　析

　　本章主要掌握平均值、方差、标准差的计算公式并理解它们的意义；其次，要掌握直方图（频数直方图和频率直方图）在数据描述中的含义，了解饼图的含义和基本数据表的常识.

　　近几年考试考查 1 道题目，有时综合其他章节考点命题. 直方图虽然还未考查过，但是需要掌握各种直方图的含义，会数值运算.

第一节　夯　实　基　本　功

　　1. 平均值

　　(1) 定义：设 n 个数 $x_1, x_2, \cdots, x_n$，称 $\dfrac{x_1 + x_2 + \cdots + x_n}{n}$ 为这 n 个数的平均值，一般记为 $\overline{x}$.

　　(2) 应用：总数 $= \overline{x}n =$ 平均值 $\times$ 个数.

　　2. 众数

　　定义：一组数据中，出现次数最多的数称为众数.

　　3. 中位数

　　(1) 将数据由小到大排列，若有奇数个数据，则正中间的数为中位数.

　　(2) 将数据由小到大排列，若有偶数个数据，则中间两个数的平均数为中位数.

　　4. 方差

　　设一组数据 $x_1, x_2, \cdots, x_n$，其平均值为 $\overline{x}$，则称

$$s^2 = \frac{1}{n}\left[(x_1 - \overline{x})^2 + (x_2 - \overline{x})^2 + \cdots + (x_n - \overline{x})^2\right] = \frac{1}{n}\sum_{i=1}^{n}(x_i - \overline{x})^2$$

为这组数据的方差.

　　5. 标准差

　　因为方差与原始数据的单位不同，且平方后可能夸大了离差的程度，故将方差的算术平方根称为这组数据的标准差. 即 $s = \sqrt{s^2} = \sqrt{\dfrac{1}{n}\sum_{i=1}^{n}(x_i - \overline{x})^2}$.

　　6. 方差与平均值关系

　　一组数据的方差等于该组数据平方的平均值减去平均值的平方.

$$S^2 = \frac{1}{n}\left[(x_1 - \overline{x})^2 + (x_2 - \overline{x})^2 + \cdots + (x_n - \overline{x})^2\right]$$

$$= \frac{x_1^2 + x_2^2 + \cdots + x_n^2}{n} - \left(\frac{x_1 + x_2 + \cdots + x_n}{n}\right)^2 = \overline{x^2} - \overline{x}^2$$

7. 平均值、极差、方差、标准差的意义

（1）平均值：用来反映一组数据的实力强弱（平均值越大越稳定）.

（2）极差：一组数据中的最大值减最小值，可用来粗略地反映一组数据的稳定性（极差越小越稳定）.

（3）方差：用来精确反映一组数据的稳定性（方差越小越稳定）.

（4）标准差：用来粗略反映一组数据的稳定性（标准差越小越稳定）.

8. 平均值、方差、标准差的规律

设一组数据 $x_1, x_2, \cdots, x_n$，其平均值为 a，方差为 b，标准差为 c，则：

（1）新数据 $x_1 + p, x_2 + p, \cdots, x_n + p$，其平均值为 $a + p$，方差为 b，标准差为 c.

规律 1：一组数据都加或减一个常数，平均值加或减该常数，方差和标准差不变.

（2）新数据 $kx_1, kx_2, \cdots, kx_n$，其平均值为 ka，方差为 $k^2 b$，标准差为 $|k|c$.

规律 2：一组数据扩大相应倍数，平均值扩大同样倍数，方差变为原来平方倍，标准差扩大同样倍数.

9. 直方图

（1）定义：把数据分为若干个小组，每组的组距保持一致，并在直角坐标系的横轴上标出每组的位置（以组距作为底），计算每组所包含的数据个数（频数），以该组的 "$\frac{频率}{组距}$" 为高做矩形，这样得出若干个矩形构成的图叫作直方图（图 12-1）.

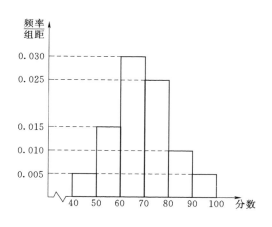

图 12-1

（2）直方图要点.

1）组距：一般是人为确定，不能太大也不能太小，如上图组距为 10（分）.

2）频数：每一组中的数据数量，且各组频数的总和等于总数量.

3）频率：每一组中的数据数量除以样本总数量，即该组数量占总体的百分比，且各组频率的总和为 "1".

4）矩形面积＝组距×$\dfrac{频率}{组距}$＝频率，即该组数量占总体的百分比.

第二节　刚刚"恋"习

数据描述部分（共计 3 个考点）

【考点 173】平均值

1. 某次射击比赛中，一位选手 6 次射击成绩的中位数为 9.2 环，已知某 5 次射击成绩分别为 8.7、9.0、9.0、9.5、9.6，那么这 6 次射击的平均环数为（　　）.

　　A．9.0　　　　　B．9.1　　　　　C．9.2　　　　　D．9.3　　　　　E．9.4

【答案】C

【解析】由中位数为 9.2 可知缺少记录的那次成绩为 9.4，那么可以通过算式 $\dfrac{8.7+9.0+9.0+9.5+9.6+9.4}{6}=9.2$，得出平均数为 9.2.

2. 在一次数学考试中第一小组的 10 名学生与全班的平均分 88 分的差分别是 2、0、−1、−5、−6、10、8、12、3、−3，则这个小组的平均成绩是（　　）分.

　　A．90　　　　　B．89　　　　　C．88　　　　　D．86　　　　　E．84

【答案】A

【解析】$\overline{x}=88+\dfrac{1}{10}(2+0-1-5-6+10+8+12+3-3)=90$，故选 A.

3. 一串数字 15 个，前 10 个的平均数是 23，后 10 个的平均数是 35，中间 5 个的平均数是 26，则这 15 个数字的平均数是（　　）.

　　A．33　　　　　B．32　　　　　C．31　　　　　D．30　　　　　E．29

【答案】D

【解析】中间 5 个的平均数被多计算了两次，因而要减去 $\dfrac{10\times23+10\times35-5\times26}{15}=30$.

4. 已知 2、4、$2x$、$4y$ 四个数的平均数是 5，5、7、$4x$、$6y$ 四个数的平均数是 9，则 x^2+y^2 的平均值是（　　）.

　　A．12　　　　　B．13　　　　　C．15　　　　　D．16　　　　　E．17

【答案】B

【解析】由题意得 $\begin{cases}2x+4y=14\\4x+6y=24\end{cases}\Rightarrow\begin{cases}x=3\\y=2\end{cases}\Rightarrow x^2+y^2=13$，故选 B.

【考点 174】方差、标准差

5. 甲、乙两种水稻试验品种连续 5 年的平均单位面积产量如下（单位：t/hm²）：

品种	第 1 年	第 2 年	第 3 年	第 4 年	第 5 年
甲	9.8	9.9	10.1	10	10.2
乙	9.4	10.3	10.8	9.7	9.8

则根据这组数据估计哪一种水稻品种的产量比较稳定（　　）.

A. 甲   B. 乙   C. 甲、乙一样稳定

D. 无法确定   E. 以上均不正确

【答案】A

【解析】先求平均数：

$x_1 = \frac{1}{5}(9.8+9.9+10.1+10+10.2) = 10, x_2 = \frac{1}{5}(9.4+10.3+10.8+9.7+9.8) =$

$10, D_1 = 0.02, D_2 = 0.59,$ 从而选 A.

6. 某校 A、B 两队 10 名参加篮球比赛的队员的身高（单位：cm）见下表：

队\队员	1 号	2 号	3 号	4 号	5 号
A 队	176	175	174	171	174
B 队	170	173	171	174	182

设两队队员身高的平均数分别为 $\overline{x_A}$、$\overline{x_B}$，身高的方差分别为 S_A^2、S_B^2，则正确的选项是（   ）.

A. $\overline{x_A} = \overline{x_B}$, $S_A^2 > S_B^2$ B. $\overline{x_A} < \overline{x_B}$, $S_A^2 < S_B^2$ C. $\overline{x_A} > \overline{x_B}$, $S_A^2 > S_B^2$

D. $\overline{x_A} = \overline{x_B}$, $S_A^2 < S_B^2$ E. $\overline{x_A} > \overline{x_B}$, $S_A^2 < S_B^2$

【答案】D

【解析】因为 $\overline{x_A} = \frac{1}{5}(176+175+174+171+174) = 174, \overline{x_B} = \frac{1}{5}(170+173+171+174$

$+182) = 174, S_A^2 = \frac{1}{5}[(176-174)^2 + (175-174)^2 + (174-174)^2 + (171-174)^2 +$

$(174-174)^2] = 2.8\text{cm}^2, S_B^2 = \frac{1}{5}[(170-174)^2 + (173-174)^2 + (171-174)^2 + (174-174)^2$

$+(182-174)^2] = 18\text{cm}^2.$

所以 $\overline{x_A} = \overline{x_B}$, $S_A^2 < S_B^2$. 故选 D.

【考点 175】饼图、直方图、图表

7. 某市对两千多名出租车司机的年龄进行调查，现从中随机抽出 100 名司机，已知抽到的司机年龄都在 [20,45) 岁之间，根据调查结果得出司机的年龄情况残缺的频率分布直方图（图 12-2），则年龄在 [20,35) 岁的人数为（   ）.

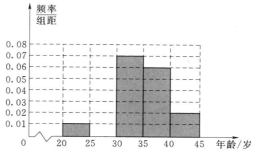

图 12-2

A. 40   B. 45   C. 65   D. 55   E. 50

【答案】D

【解析】设 [25，30) 岁司机人数所占比例为 x，$x+5(0.01+0.07+0.06+0.02)=1$ $\Rightarrow x=0.2$，则 [20，35) 岁的人数是 $100\times(0.2+0.35)=55$ 人，故选 D.

8. 在一次捐款活动中，某班 50 名同学每人拿出自己的零花钱，有捐 5 元、10 元、20 元的，还有捐 50 元和 100 元的. 图 12 - 3 所示的统计图反映了不同捐款数的人数比例，则该班同学平均每人捐款（   ）元.

A. 32.2   B. 33   C. 33.5   D. 34   E. 31.2

图 12 - 3

【答案】E

【解析】由题设条件可知平均每人捐款钱数为 $100\times12\%+5\times8\%+10\times20\%+20\times44\%+50\times16\%=31.2$.

第三节　立　竿　见　影

一、问题求解

1. 以下可以描述总体稳定性的统计量是（   ）.

A. 样本均值   B. 样本中位数   C. 样本方差

D. 样本最大值   E. 样本最小值

2. 甲、乙两名学生在一学期里多次检测中，其数学成绩的平均分相等，但他们成绩的方差不等，那么正确评价他们的数学学习情况的是（   ）.

A. 学习水平一样

B. 成绩虽然一样，但方差大的学生学习潜力大

C. 虽然平均成绩一样，但方差小的学习成绩稳定

D. 方差较小的学习成绩不稳定，忽高忽低

E. 条件不足，无法判断

3. 在某项体育比赛中，七位裁判为一选手打出的分数如下：

　　　　90　　89　　90　　　95　　93　　94　　93

去掉一个最高分和一个最低分后，所剩数的平均值和方差分别为（   ）.

A. 92，2   B. 92，2.8   C. 93，2   D. 93，2.8   E. 93，2.5

二、条件充分性判断题

4. 一组数据 -3、-2、1、3、6、x 的方差为 9.

（1）该组数据的中位数是 1. （2）该组数据的平均值是 0.

5. 数据 2、3、4、x 的中位数与平均数相等.

（1）$x=1$. （2）$x=5$.

6. 已知一组数据 x、y、z、2，其众数和平均数分别是 2 和 3.

（1）$x=2$，$y=3$. （2）$x+z=7$.

7. 考试结束后，甲、乙两人的平均分是 300 分，则三人平均分为 250 分.

（1）乙、丙两人的平均分数是 250 分. （2）甲、丙的平均分数是 200 分.

8. $|x-y|=1$.

（1）1、4、$2x$、$3y$ 四个数的平均数是 3. （2）5、7、$4x$、$4y$ 四个数的平均数是 6.

9. $a=b$.

（1）样本甲 $x_1,x_2,x_3,\cdots,x_n$ 的平均数为 a.

（2）样本乙 $x_1,x_2,x_3,\cdots,x_n$，a 的平均数为 b.

10. 某工厂有甲、乙两个小型车间生产某种零件，每个车间有 5 位工人，则甲车间更适合生产该零件.

（1）每车间每个人各生产 100 个零件，正品数为：（甲）98，97，99，98，98；（乙）95，98，100，98，99.

（2）每车间每个人各生产 100 个零件，正品数为：（甲）97，98，96，97，97；（乙）97，96，96，95，96.

详　解

一、问题求解

1. 【答案】C

【解析】方差描述了总体的稳定性.

2. 【答案】C

【解析】因为数学成绩的平均分相等，但他们成绩的方差不等，数学的平均成绩一样，说明甲和乙的平均水平基本持平，方差较小的同学，数学成绩比较稳定，故选 C.

3. 【答案】B

【解析】由题意可知即求 90、90、93、94、93 这五个数的平均值和方差，于是得平均值为 $\dfrac{90+90+93+94+93}{5}=92$，进而得方差为 $\dfrac{1}{5}(2^2+2^2+1+2^2+1)=2.8$，故选 B.

二、条件充分性判断题

4. 【答案】A

【解析】条件（1），当该组数据的中位数是 1，可得 $x=1$，则其平均值为 1，方差是 9.

条件（2），当该组数据的平均值是 0，可得 $x=-5$，不难计算方差是 14.

5. 【答案】D

【解析】当 $x=1$ 时，中位数为 2.5，平均数为 2.5，条件（1）充分.

当 $x=5$ 时，中位数为 3.5，平均值为 3.5，条件（2）充分.

6. 【答案】C

【解析】由题干和所给条件（1）和条件（2）可知，两条件单独不会充分，现考虑联合，得这组数据为 2、3、5、2，故可得众数为 2，平均数为 3，故选 C.

7. 【答案】C

【解析】甲＋乙＝600，乙＋丙＝500，甲＋丙＝400. 把这 3 个式子相加，得 2 甲＋2 乙＋2 丙＝1500，即 $\dfrac{甲＋乙＋丙}{3}=250$，故选 C.

8. 【答案】C

【解析】条件（1）和条件（2）两条件信息量均不足，考虑联合，求得 $\begin{cases} x=2 \\ y=1 \end{cases}$，$|x-y|=1$ 充分.

9. 【答案】C

【解析】联合考虑：$a=\dfrac{x_1+x_2+\cdots+x_n}{n} \Rightarrow b=\dfrac{x_1+x_2+\cdots+x_n+a}{n+1}=\dfrac{na+a}{n+1}=\dfrac{(n+1)a}{n+1}=a$，充分，故选 C.

10. 【答案】D

【解析】条件（1），平均值相同，乙的方差大不稳定；条件（2），甲平均值大.

第四节　渐　入　佳　境
（标准测试卷）

一、问题求解

1. 某地统计部门公布最近 5 年国民消费指数增长率分别为 8.5％、9.2％、9.9％、10.2％、9.8％，业内人士评论说："这五年消费指数增长率之间相当平稳"，从统计角度看，"增长率之间相当平稳"说明这组数据（　　）比较小.

　　A. 方差　　　　B. 平均数　　　C. 众数　　　　D. 中位数　　　E. 标准差

2. 在频数分布（即频率/组距）直方图中，下列说法正确的是（　　）.

　　A. 小长方形的高等于各组的频数

　　B. 各小长方形的面积等于相应各组的频率

　　C. 某小长方形面积最小，说明落在这个组内的数据最多

　　D. 长方形个数等于各组频数的和

　　E. 以上结论均不正确

3. 某住宅小区六月份 1 日至 5 日每天用水量变化情况如图 12-4 所示. 那么这 5 天平均每天的用水量是（　　）吨.

　　A. 30　　　　　B. 31　　　　　C. 32　　　　　D. 33　　　　　E. 35

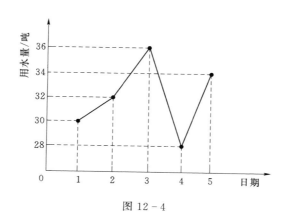

图 12-4

4. 图 12-5 描述了某车间工人日加工零件数的情况，则这些工人日加工零件数的平均数、中位数、众数分别是（　　）.

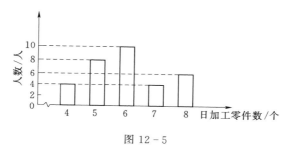

图 12-5

A. 6.4、10、4　　B. 6、6、6　　C. 6.4、6、6　　D. 6、6、10　　E. 6、6、6.4

5. 我市某一周的最高气温统计见下表（单位：℃）：

最高气温	25	26	27	28
天数	1	1	2	3

则这组数据的平均数与方差分别是（　　）.

A. 27、$\dfrac{8}{7}$　　　B. 25、$\dfrac{36}{7}$　　　C. 26、$\dfrac{15}{7}$　　　D. 28、1　　　E. 26.5、3

6. 甲、乙、丙、丁四位同学在四次数学测验中，他们成绩的平均数相同，方差分别为 $S_{甲}^2=5.5$、$S_{乙}^2=7.3$、$S_{丙}^2=6.2$、$S_{丁}^2=4.5$，则成绩最稳定的是（　　）.

A. 甲同学　　　B. 乙同学　　　C. 丙同学　　　D. 丁同学

E. 条件不足无法判断

7. 数据 -1、0、3、5、x 的方差是 $\dfrac{34}{5}$，则 $x=$（　　）.

A. -2 或 5.5　　B. 2 或 5.5　　C. 4 或 11　　D. -4 或 11　　E. 3 或 10

8. 已知一组数据：-2、-1、0、x、1 的平均数是 0，则方差 $S^2=$（　　）.

A. 0　　　　B. 1　　　　C. 2　　　　D. $\sqrt{2}$　　　　E. 3

9. 观察新生婴儿的体重，其频率分布直方图如图 12-6 所示，则新生婴儿体重在

（2700，3000］的频率为（　　　）．

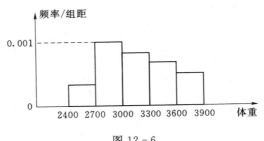

图 12-6

A. 0.001　　　B. 0.002　　　C. 0.003　　　D. 0.04　　　E. 0.3

10. 有 8 个数的平均数是 11，还有 12 个数的平均数是 12，则这 20 个数的平均数是（　　　）．

A. 11.6　　　B. 23.2　　　C. 11.2　　　D. 11.5　　　E. 12

11. 某学校抽出 60 名学生，将其成绩整理后画出的频率分布直方图如图 12-7 所示，则该 60 名学生成绩的中位数约为（　　　）（注：保留一位小数）．

A. 64.5　　　B. 66.2　　　C. 71.8　　　D. 72.8　　　E. 以上均不正确

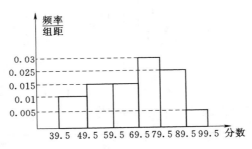

图 12-7

12. 已知两个样本数据如下：

| 甲 | 9.9 | 10.2 | 9.8 | 10.1 | 9.8 | 10 | 10.2 |
| 乙 | 10.1 | 9.6 | 10 | 10.4 | 9.7 | 9.9 | 10.3 |

则下列选项正确的是（　　　）．

A. $\overline{x}_甲=\overline{x}_乙$，$s^2_甲>s^2_乙$　　　B. $\overline{x}_甲=\overline{x}_乙$，$s^2_甲<s^2_乙$　　　C. $\overline{x}_甲=\overline{x}_乙$，$s^2_甲=s^2_乙$

D. $\overline{x}_甲\neq\overline{x}_乙$，$s^2_甲=s^2_乙$　　　E. 以上答案均不对

13. 将容量为 n 的样本中的数据分成 6 组，绘制频率分布直方图．若第一组至第六组数据的频率之比为 2:3:4:6:4:1，且前三组数据的频数之和等于 27，则 n 等于（　　　）．

A. 50　　　B. 55　　　C. 60　　　D. 65　　　E. 80

14. 在社会实践活动中，某同学对甲、乙、丙、丁四个城市一至五月份的白菜价格进行调查．四个城市 5 个月白菜的平均值均为 3.50 元，方差分别为 $S^2_甲=18.3$、$S^2_乙=17.4$、$S^2_丙=20.1$、$S^2_丁=12.5$．一至五月份白菜价格最稳定的城市是（　　　）．

A. 甲　　　　　　B. 乙　　　　　　C. 丙　　　　　　D. 丁　　　　　　E. 无法确定

15. 在一次歌手大奖赛上，七位评委为歌手打出的分数如下：

$$9.4 \quad 8.4 \quad 9.4 \quad 9.9 \quad 9.6 \quad 9.4 \quad 9.7$$

去掉一个最高分和一个最低分后，所剩数据的平均值和方差为（　　）.

A. 9.4，0.484　　　　　　B. 9.4，0.016　　　　　　C. 9.5，0.04

D. 9.5，0.016　　　　　　E. 以上均不正确

二、条件充分性判断题

16. 一组数据的方差和中位数分别是 2.5 和 3.

（1）1、2、3、4.　　　　　　　　　（2）2、1、5、4.

17. 数据的方差为 3.76.

（1）样本数据：-1、2、-2、3、-1.　　　　（2）样本数据：39、42、38、43、39.

18. 在样本的频率直方图中，共有 9 个小长方形，样本容量是 180，则可以确定中间一个小长方体的频数为 36.

（1）中间一个小长方形的频率为其他八个小长方形的频率之和的 $\frac{1}{4}$.

（2）中间一个小长方形的频率为其他八个小长方形的频率之和的 $\frac{1}{5}$.

19. 样本中共有五个个体，其值分别为 a、0、1、2、3，则样本方差为 2.

（1）若该样本的平均值为 2.　　　　（2）若该样本的平均值为 1.

20. 已知 9 个数的平均数是 72，去掉一个数 m 后，余下的数平均数为 78.

（1）$m=24$.　　　　　　　　　（2）$m=20$.

21. 有一组数据 9.8、9.9、10、a、10.2，则该数据的方差为 0.01.

（1）该组数据的平均数为 10.　　　　（2）$a=10.1$.

22. 某家庭某月支出情况统计如图 12-8 所示，这个月最多支出项支出了 n 元，则总支出 3600 元.

（1）$n=620$.　　　　　　　　　（2）$n=1260$.

图 12-8

23. 已知一组数据 x、y、z、2 其众数和中位数分别是 2 和 3.

（1）$x=8$，$y=4$.　　　　　　（2）$x=8$，$z=2$.

24. 已知一组样本数据的中位数为 1，平均数为 2，众数为 1，极差是 6.

(1) 样本数据 1、0、6、1、2.   (2) 样本数据 2、0、1、5、2.

25. $a^2+b^3=17$.

(1) 2、4、$2a$、$4b$ 四个数的平均数是 5.   (2) 5、7、$4a$、$6b$ 四个数的平均数是 9.

详 解

一、问题求解

1.【答案】A

【解析】根据方差的性质可以知道选 A.

2.【答案】B

【解析】小长方形面积几何意义等于频率，故只有 B 选项正确.

3.【答案】C

【解析】由题设条件得这 5 天平均每天的用水量为 $\dfrac{30+32+36+28+34}{5}=32$，故选 C.

4.【答案】B

【解析】该车间工人日加工零件数总数为 $4\times4+5\times8+6\times10+7\times4+8\times6=192$，平均数数为 $192\div32=6$. 将这 30 个数据按从小到大的顺序排列，其中第 15 个、第 16 个数都是 6，故这些工人日加工零件数的中位数是 6. 又因为在这 30 个数据中，6 出现了 10 次，出现的次数最多，所以这些工人日加工零件数的众数是 6.

5.【答案】A

【解析】平均数为 $\dfrac{25+26+27\times2+28\times3}{7}=27$.

方差为 $\dfrac{(25-27)^2+(26-27)^2+(27-27)^2\times2+(28-27)^2\times3}{7}=\dfrac{8}{7}$.

6.【答案】D

【解析】由所给的方差值和方差的意义可知，丁同学的成绩最稳定，故选 D.

7.【答案】A

【解析】设平均数为 $\bar{x}=\dfrac{-1+0+3+5+x}{5}=1.4+\dfrac{x}{5}$，从而根据方差的定义，$\dfrac{34}{5}=$

$\dfrac{\left(-1-1.4-\dfrac{x}{5}\right)^2+\left(0-1.4-\dfrac{x}{5}\right)^2+\cdots\left(x-1.4-\dfrac{x}{5}\right)^2}{5}$，展开化简得到 $2x^2-7x-22=0$，

解得 $x=5.5$，$x=-2$.

8.【答案】C

【解析】$\dfrac{-2-1+0+x+1}{5}=0\Rightarrow x=2$.

$S^2=\dfrac{1}{5}\left[(-2-0)^2+(-1-0)^2+(-0-0)^2+(2-0)^2+(1-0)^2\right]=2$，故选 C.

9.【答案】E

【解析】由频率分布直方图可得：新生婴儿体重在（2700，3000]的频率为：

$0.001 \times 300 = 0.3$.

10. 【答案】A

【解析】根据平均数的求法：共（8＋12）＝20 个数，这些数之和为 $8 \times 11 + 12 \times 12 = 232$，故这些数的平均数是 $\dfrac{232}{20} = 11.6$.

11. 【答案】D

【解析】在频率分步直方图中，小正方形的面积表示这组数据的频率，中位数是所有数中最中间一个或中间两个的平均数，把每一部分的小正方形的面积做出来，得到 72.8 左右两边的矩形面积和各为 0.5.

12. 【答案】B

【解析】显然两组数据的平均值均是 10，此题无需计算方差的具体数值，通过观察，明显甲组数据要比乙组数据稳定，甲组方差小于乙组方差，故选 B.

13. 【答案】C

【解析】通过频率比，可 n 把分成 20 份，前三组共占 9 份，则 $n = 27 \div 9 \times 20 = 60$，故选 C.

14. 【答案】D

【解析】根据方差的意义，方差是用来衡量一组数据波动大小的量，方差越小，表明这组数据分布比较集中，各数据偏离平均数越小，即波动越小，数据越稳定．根据方差分别为 $S_{\text{甲}}^2 = 18.3$，$S_{\text{乙}}^2 = 17.4$，$S_{\text{丙}}^2 = 20.1$，$S_{\text{丁}}^2 = 12.5$ 可找到最稳定的为丁城市.

15. 【答案】D

【解析】$\bar{x} = \dfrac{9.4 + 9.4 + 9.6 + 9.4 + 9.7}{5} = 9.5$.

$S^2 = \dfrac{1}{5}\left[(9.4 - 9.5)^2 + (9.4 - 9.5)^2 + (9.6 - 9.5)^2 + (9.4 - 9.5)^2 + (9.7 - 9.5)^2\right] = 0.016$.
故选 D.

二、条件充分性判断题

16. 【答案】B

【解析】由条件（1）可知平均数为 2.5，进而得方差为 1.25，中位数为 2.5，于是可知不充分；由条件（2）可知平均数为 3，从而可知方差为 2.5，中位数为 3，可知充分，故选 B.

17. 【答案】D

【解析】条件（1），平均数为 0.2，方差为 3.76.

条件（2），平均数为 40.2，方差为 3.76.

18. 【答案】A

【解析】设中间小长方体的频率是 x，条件（1）其他八个小长方体的频率之和为 $4x$，由 $x + 4x = 1$ 解得 $x = 0.2$，所以中间的小长方体的频数＝$180 \times 0.2 = 36$，所以条件（1）充分.

条件（2）：其他 8 个小长方体的频率之和为 $5x$，由 $x + 5x = 1$ 解得 $x = \dfrac{1}{6}$，所以中间

的小长方体的频数 $=180 \times \dfrac{1}{6} = 30$，所以条件（2）不充分.

19.【答案】D

【解析】（1）样本平均值为 2，则 $a=4$，方差为 $\dfrac{1}{5}[(4-2)^2+(2-0)^2+(2-1)^2+(2-2)^2+(2-3)^2]=2$.

（2）样本平均值为 1，则 $a=-1$，方差为 $\dfrac{1}{5}[(-1-1)^2+(1-0)^2+(1-1)^2+(1-2)^2+(1-3)^2]=2$.

20.【答案】A

【解析】$m=72 \times 9 - 78 \times 8 = 24$，条件（1）充分，故选 A.

21.【答案】E

【解析】条件（1），因为平均数为 10 时，可求 $a=10.1$，与条件（2）等价.

方差 $s^2=\dfrac{1}{5}[(9.8-10)^2+(9.9-10)^2+(10-10)^2+(10.1-10)^2+(10.2-10)^2]=\dfrac{0.1}{5}=0.02$.故两条件均不充分.

22.【答案】B

【解析】根据如图所示可知最多支出项是伙食，条件（1）可得 $\dfrac{620}{35\%} \approx 1771$，不充分；

同理条件（2）可得 $\dfrac{1260}{35\%}=3600$，充分，故选 B.

23.【答案】C

【解析】由题干和所给条件（1）、条件（2）可知，两条件单独不会充分，现考虑联合，则可得众数为 2，中位数为 3，所以充分，故选 C.

24.【答案】A

【解析】条件（1）计算值为充分；条件（2）众数为 2，不充分.

25.【答案】C

【解析】条件（1）和条件（2）单独均不成立，将他们联立有 $\begin{cases}(2+4+2a+4b) \div 4=5 \\ (5+7+4a+6b) \div 4=9\end{cases}$，

解得 $\begin{cases}a=3 \\ b=2\end{cases}$，故而 $a^2+b^3=9+8=17$，所以联立条件（1）和条件（2）后成立.

附录
2017年12月管理类专业学位全国联考
数学真题

一、问题求解：第1～15小题，每小题3分，共45分．下列每题给出的A、B、C、D、E五个选项中，只有一项是符合试题要求的．请在答题卡上将所选项的字母涂黑．

1. 学科竞赛设一等奖、二等奖和三等奖，比例是1∶3∶8，获奖率为30%．已知10人获得一等奖，则参加竞赛的人数为（　　）．

A. 300　　　　　B. 400　　　　　C. 500　　　　　D. 550　　　　　E. 600

2. 为了解某公司员工的年龄结构，按男、女人数的比例进行了随机选择，结果如下：

男员工年龄（岁）	23	26	28	30	32	34	36	38	41
女员工年龄（岁）	23	25	27	27	29	31			

根据表中数据估计，该公司男员工的平均年龄与全体员工的平均年龄分别是（单位：岁）（　　）．

A. 32，30　　　　B. 32，29.5　　　　C. 32，27　　　　D. 30，27　　　　E. 29.5，27

3. 某单位采取分段收费的方式收取网络流量（单位：GB）费用：每月流量20（含）以内免费，流量20到30（含）的每GB收费1元，流量30到40（含）的每GB收费3元，流量40以上的每GB收费5元．小王这个月用了45GB的流量，则他应该交费（　　）元．

A. 45　　　　　B. 65　　　　　C. 75　　　　　D. 85　　　　　E. 135

4. 如附图-1所示，圆O是三角形ABC的内切圆，若三角形ABC的面积与周长的大小之比为1∶2，则圆O的面积为（　　）．

A. π　　　　B. 2π　　　　C. 3π　　　　D. 4π　　　　E. 5π

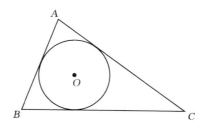

附图-1

5. 设实数a、b满足$|a-b|=2$，$|a^3-b^3|=26$，则$a^2+b^2=$（　　）．

A. 30　　　　　B. 22　　　　　C. 15　　　　　D. 13　　　　　E. 10

6. 有 96 位顾客至少购买了甲、乙、丙三种商品的一种，经调查：同时购买了甲、乙两种商品的有 8 位，同时购买了甲、丙两种商品的有 12 位，同时购买了乙、丙两种商品的有 6 位，同时购买了 3 种商品的有 2 位，则仅购买一种商品的顾客有（ ）位.

　　A. 70　　　　B. 72　　　　C. 74　　　　D. 76　　　　E. 82

7. 如附图-2 所示，四边形 $A_1B_1C_1D_1$ 是平行四边形，A_2、B_2、C_2、D_2 分别是 $A_1B_1C_1D_1$ 四边的中点，A_3、B_3、C_3、D_3 分别是四边形 $A_2B_2C_2D_2$ 的中点，依次下去，得到四边形序列 $A_nB_nC_nD_n$（$n=1$，2，3，…），设 $A_nB_nC_nD_n$ 的面积为 S_n，且 $S_1=12$，则 $S_1+S_2+S_3+\cdots=$（ ）.

　　A. 16　　　　B. 20　　　　C. 24　　　　D. 28　　　　E. 30

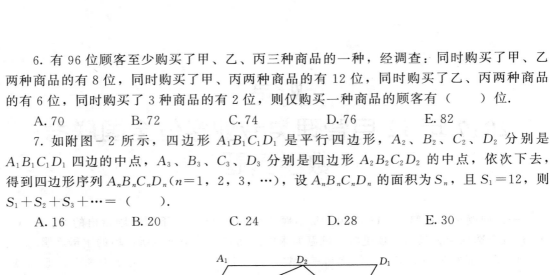

附图-2

8. 将 6 张不同的卡片 2 张一组分别装入甲、乙、丙 3 个袋中，若指定的两张卡片要在同一组，则不同的装法有（ ）种.

　　A. 12　　　　B. 18　　　　C. 24　　　　D. 30　　　　E. 36

9. 甲、乙两人进行围棋比赛，约定先胜 2 盘者赢得比赛，已知每盘棋甲获胜的概率是 0.6，乙获胜的概率是 0.4，若乙在第一盘获胜，则甲赢得比赛的概率为（ ）.

　　A. 0.144　　B. 0.288　　C. 0.36　　　D. 0.4　　　E. 0.6

10. 已知圆 C：$x^2+(y-a)^2=b$，若圆 C 在点（1，2）处的切线与 y 轴的交点为（0，3），则 $ab=$（ ）.

　　A. -2　　　B. -1　　　C. 0　　　　D. 1　　　　E. 2

11. 羽毛球队有 4 名男运动员的和 3 名女运动员，从中选出两对混双比赛，则不同的选派方式有（ ）种.

　　A. 9　　　　B. 18　　　　C. 24　　　　D. 36　　　　E. 72

12. 从标号为 1 到 10 的 10 张卡片中随机抽取 2 张，他们的标号之和能被 5 整除的概率为（ ）.

　　A. $\dfrac{1}{5}$　　　B. $\dfrac{1}{9}$　　　C. $\dfrac{2}{9}$　　　D. $\dfrac{2}{15}$　　　E. $\dfrac{7}{45}$

13. 某单位为检查 3 个部门的工作，由这 3 个部门的主任和外聘的 3 名人员组成检查组. 分 2 人一组检查工作，每组有 1 名外聘成员，规定本部门主任不能检查本部门，则不同的安排方式有（ ）种.

　　A. 6　　　　B. 8　　　　C. 12　　　　D. 18　　　　E. 36

14. 如附图-3 所示，圆柱体的底面半径为 2，高为 3，垂直于底面的平面截圆柱体所得截面为矩形 $ABCD$ 若弦 AB 所对的圆心角是 $\dfrac{\pi}{3}$，则截掉部分（较小部分）的体积为（ ）.

A. $\pi - 3$　　　　B. $2\pi - 6$　　　　C. $\pi - \dfrac{3\sqrt{3}}{2}$　　　　D. $2\pi - 3\sqrt{3}$　　　　E. $\pi - \sqrt{3}$

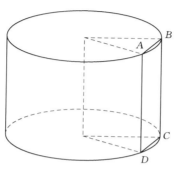

附图-3

15. 函数 $f(x) = \max\{x^2,\ -x^2 + 8\}$ 的最小值为（ ）.

A. 8　　　　B. 7　　　　C. 6　　　　D. 5　　　　E. 4

二、条件充分性判断：第 16～25 小题，每小题 3 分，共 30 分. 要求判断每题给出的条件（1）和条件（2）能否充分支持题干所陈述的结论. A、B、C、D、E 五个选项中，只有一项符合试题要求.

A. 条件（1）充分，但条件（2）不充分.

B. 条件（2）充分，但条件（1）不充分.

C. 条件（1）和条件（2）单独都不充分，但条件（1）和条件（2）联合起来充分.

D. 条件（1）充分，条件（2）也充分.

E. 条件（1）和条件（2）单独都不充分，条件（1）和条件（2）联合起来也不充分.

16. 设 x、y 实数，则 $|x + y| \leqslant 2$.

（1）$x^2 + y^2 \leqslant 2$.　　　　　　　　（2）$xy \leqslant 1$.

17. 设 $\{a_n\}$ 为等差数列，则能确定 $a_1 + a_2 + \cdots + a_9$ 的值.

（1）已知 a_1 的值.　　　　　　　　（2）已知 a_5 的值.

18. 设 m、n 是正整数，则能确定 $m + n$ 的值.

（1）$\dfrac{1}{m} + \dfrac{3}{n} = 1$.　　　　　　　　（2）$\dfrac{1}{m} + \dfrac{2}{n} = 1$.

19. 甲、乙、丙三人的年收入成等比数列，则能确定乙的年收入的最大值.

（1）已知甲、丙两人的年收入之和.　　（2）已知甲、丙两人的年收入之积.

20. 如附图-4 所示，在矩形 $ABCD$ 中，$AE = FC$，则三角形 AED 与四边形 $BCFE$ 能拼接成一个直角三角形.

（1）$EB = 2FC$.　　　　　　　　（2）$ED = EF$.

295

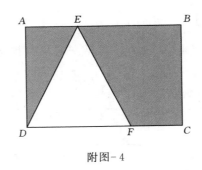

附图-4

21. 甲购买了若干件 A 玩具、乙购买了若干件 B 玩具送给幼儿园，甲比乙少花了100元则能确定甲购买的玩具件数.

（1）甲与乙共购买了50件玩具.　　　（2）A 玩具的价格是 B 玩具的2倍.

22. 已知点 $P(m,0)$、$A(1,3)$、$B(2,1)$，点 (x,y) 在三角形 PAB 上，则 $x-y$ 的最小值与最大值分别为 -2 和 1.

（1）$m\leqslant 1$.　　　　　　　　（2）$m\geqslant -2$.

23. 如果甲公司的年终奖总额增加 25%，乙公司的年终奖总额减少 10%，两者相等.则能确定两公司的员工人数之比.

（1）甲公司的人均年终奖与乙公司的相同.

（2）两公司的员工人数之比与两公司的年终奖总额之比相等.

24. 设 a、b 为实数，则圆 $x^2+y^2=2y$ 与直线 $x+ay=b$ 不相交.

（1）$|a-b|>\sqrt{1+a^2}$.　　　　（2）$|a+b|>\sqrt{1+a^2}$.

25. 设函数 $f(x)=x^2+ax$. 则 $f(x)$ 的最小值与 $f[f(x)]$ 的最小值相等.

（1）$a\geqslant 2$.　　　　　　　　（2）$a\leqslant 0$.

参　考　答　案			
题目序号	考试方向	难度指数	考点要点
1. B	比例问题部分	★	【考点16】已知部分求总量
2. A	数据描述部分	★	【考点173】平均值
3. B	分段计费问题	★	【考点54】阶梯型分段计费
4. A	三角形部分	★★★	【考点113】三角形"四心"
5. E	因式分解部分	★★★★	【考点69】表达式化简求值
6. C	集合问题部分	★★★★	【考点56】三个集合问题
7. C	数列综合部分	★★★	【考点102】等比数列概念及公式
8. B	排列组合部分	★★	【考点149】分堆儿，分配问题
9. C	独立事件部分	★★	【考点163】加法乘法公式
10. E	解析几何部分	★★★	【考点130】点、直线与圆位置关系
11. D	排列组合部分	★★★	【考点149】分堆儿，分配问题
12. A	古典概型部分	★★★	【考点162】其他古典概型问题

题目序号	考 试 方 向	难度指数	考 点 要 点
13. C	排列组合部分	★★★★	【考点149】分堆儿，分配问题
14. D	立体几何部分	★★★	【考点136】柱体
15. E	一元二次函数部分	★★★★	【考点74】图像性应用质
16. A	解析几何部分	★★★★	【考点134】围成图形周长与面积
17. B	等差、等比数列	★★★	【考点101】等差数列性质
18. D	因式分解部分	★★★★	【考点69】表达式化简求值
19. D	数列综合部分	★★★	【考点105】数列最值问题
20. D	三角形部分	★★★	【考点111】相似三角形
21. E	不定方程问题部分	★★★★	【考点58】利用整除求解
22. C	解析几何部分	★★★★★	【考点133】最值问题
23. D	比例问题部分	★★★	【考点17】百分比计算
24. A	解析几何部分	★★★	【考点130】点、直线与圆位置关系
25. D	一元二次函数部分	★★★★★	【考点74】图像性质应用

2016 年 12 月管理类专业学位全国联考数学真题

一、问题求解：第 1～15 小题，每小题 3 分，共 45 分．下列每题给出的 A、B、C、D、E 五个选项中，只有一项是符合试题要求的．请在答题卡上将所选项的字母涂黑．

1. 某品牌的电冰箱经过两次降价 10％后的售价是降价前的（　　）.

   A. 80％　　　　　B. 81％　　　　　C. 82％　　　　　D. 83％　　　　　E. 84％

2. 不等式 $|x-1|+x \leqslant 2$ 的解集为（　　）.

   A. $(-\infty, 1]$　　　　　B. $\left(-\infty, \dfrac{3}{2}\right]$　　　　　C. $\left[1, \dfrac{3}{2}\right]$

   D. $[1, +\infty)$　　　　　E. $\left[\dfrac{3}{2}, +\infty\right)$

3. 某机器人可搜索到的区域是半径为 1 米的圆，若该机器人沿直线行走 10 米，则其搜索区域的面积（平方米）为（　　）.

   A. $10+\dfrac{\pi}{2}$　　　B. $10+\pi$　　　C. $20+\dfrac{\pi}{2}$　　　D. $20+\pi$　　　E. 10π

4. 张老师到一所中学进行招生咨询，上午接受了 45 位同学的咨询，其中的 9 位同学下午又咨询了张老师，占张老师下午咨询学生的 10％，一天中张老师咨询学生人数为（　　）.

   A. 81　　　　　B. 90　　　　　C. 115　　　　　D. 126　　　　　E. 135

5. 甲、乙、丙三种货车的载重量成等差数列，2 辆甲种车和 1 辆乙种车满载量为 95，1 辆甲种车和 3 辆丙种车满载量为 150 吨，则用甲、乙、丙各 1 辆车一次最多送货物（　　）.

   A. 125　　　　　B. 120　　　　　C. 115　　　　　D. 110　　　　　E. 105

6. 某试卷由 15 道选择题组成，每道题有 4 个选项，只有一项是符合试题要求的．甲有 6 道题能确定正确选项，有 5 道题能排除 2 个错误选项，有 4 道题能排除 1 个错误选项，若从每题排除后剩余的选项中选 1 个作为答案，则甲得满分的概率为（　　）.

   A. $\dfrac{1}{2^4} \cdot \dfrac{1}{3^5}$　　B. $\dfrac{1}{2^5} \cdot \dfrac{1}{3^4}$　　C. $\dfrac{1}{2^5} \cdot \dfrac{1}{3^4}$　　D. $\dfrac{1}{2^4} \cdot \left(\dfrac{3}{4}\right)^5$　　E. $\dfrac{1}{2^4} + \left(\dfrac{3}{4}\right)^5$

7. 某公司用 1 万元购买了价格分别是 1750 元和 950 元的甲、乙两种办公设备的件数分别为（　　）.

   A. 3，5　　　　　B. 5，3　　　　　C. 4，4　　　　　D. 2，6　　　　　E. 6，2

8. 老师问班上 50 名同学周末复习的情况，结果有 20 人复习过数学，30 人复习过语文，6 人复习过英语，且同时复习数学和语文的有 10 人，语文和英语的有 2 人，英语和数学的有 3 人．若同时复习过这三门课的人数为 0，则没复习过这三门课程的学生人数为

（　　　）.

  A. 7   B. 8   C. 9   D. 10   E. 11

9. 如附图-5所示，在扇形 AOB 中，$\angle AOB = \dfrac{\pi}{4}$，$OA = 1$，$AC \perp OB$，则阴影部分的面积为（　　　）.

  A. $\dfrac{\pi}{8} - \dfrac{1}{4}$ B. $\dfrac{\pi}{8} - \dfrac{1}{8}$ C. $\dfrac{\pi}{4} - \dfrac{1}{2}$ D. $\dfrac{\pi}{4} - \dfrac{1}{4}$ E. $\dfrac{\pi}{4} - \dfrac{1}{8}$

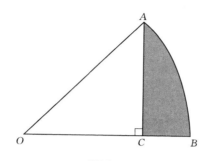

附图-5

10. 在 1 和 100 之间，能被 9 整除的整数的平均值是（　　　）.

  A. 27   B. 36   C. 45   D. 54   E. 63

11. 将 6 人分为 3 组，每组 2 人，则不同的分组方式有（　　　）种.

  A. 12   B. 15   C. 30   D. 45   E. 90

12. 将长、宽、高分别是 12、9 和 6 的长方体切割成正方体，且切割后无剩余，则能切割成相同正方体的最少个数为（　　　）.

  A. 3   B. 6   C. 24   D. 96   E. 648

13. 甲从 1、2、3 中取一数，记为 a；乙从 1、2、3、4 中抽取一数记为 b. 规定当 $a > b$ 或 $a + 1 < b$ 时甲获胜，则甲获胜的概率为（　　　）.

  A. $\dfrac{1}{6}$ B. $\dfrac{1}{4}$ C. $\dfrac{1}{3}$ D. $\dfrac{5}{12}$ E. $\dfrac{1}{2}$

14. 甲、乙、丙三人每轮各投篮 10 次，投了 3 轮，投中数如下表：

	第一轮	第二轮	第三轮
甲	2	5	8
乙	5	2	5
丙	8	4	9

记 σ_1，σ_2，σ_3 分别为甲、乙、丙投中数的方差，则（　　　）.

  A. $\sigma_1 > \sigma_2 > \sigma_3$ B. $\sigma_1 > \sigma_3 > \sigma_2$ C. $\sigma_2 > \sigma_1 > \sigma_3$ D. $\sigma_2 > \sigma_3 > \sigma_1$ E. $\sigma_3 > \sigma_2 > \sigma_1$

15. 已知 $\triangle ABC$ 和 $\triangle A'B'C'$ 满足 $AB : A'B' = AC : A'C' = 2 : 3$，$\angle A + \angle A' = \pi$，则 $\triangle ABC$ 与 $\triangle A'B'C'$ 的面积之比为（　　　）.

  A. $\sqrt{2} : \sqrt{3}$ B. $\sqrt{3} : \sqrt{5}$ C. 2 : 3   D. 2 : 5   E. 4 : 9

二、条件充分性判断：第 16～25 小题，每小题 3 分，共 30 分．要求判断每题给出的条件（1）和条件（2）能否充分支持题干所陈述的结论．A、B、C、D、E 五个选项为判断结果，请选择一项符合试题要求的判断，在答题卡上将所选项的字母涂黑．

A. 条件（1）充分，但条件（2）不充分．

B. 条件（2）充分，但条件（1）不充分．

C. 条件（1）和条件（2）单独都不充分，但条件（1）和条件（2）联合起来充分．

D. 条件（1）充分，条件（2）也充分．

E. 条件（1）和条件（2）单独都不充分，条件（1）和条件（2）联合起来也不充分．

16．某人需要处理若干份文件，第一小时处理了全部文件的 $\frac{1}{5}$，第二小时处理了剩余文件的 $\frac{1}{4}$，此人需处理的文件共 25 份．

（1）两个小时处理了 10 份文件． （2）第二小时处理了 5 份文件．

17．圆 $x^2+y^2-ax-by+c=0$ 与 x 轴相切，则能确定 c 的值．

（1）已知 a 的值． （2）已知 b 的值．

18．某人从 A 地出发，先乘时速为 220 千米的动车，后转乘时速为 100 千米的汽车到达 B 地．则 AB 两地的距离为 960 千米．

（1）乘动车时间与乘汽车的时间相等．

（2）乘动车时间与乘汽车的时间之和为 6 小时．

19．直线 $y=ax+b$ 与抛物线 $y=x^2$ 有两个交点．

（1）$a^2>4b$． （2）$b>0$．

20．能确定某企业产值的月平均增长率．

（1）已知一月份的产值． （2）已知全年的总产值．

21．如附图-6 所示，一个铁球落入水池中，则能确定铁球的体积．

（1）已知铁球露出水面的高度． （2）已知水深及铁球与水面交线的周长．

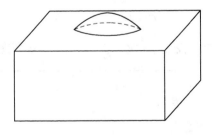

附图-6

22．设 a、b 是两个不相等的实数，则函数 $f(x)=x^2+2ax+b$ 的最小值小于零．

（1）1，a，b 成等差数列． （2）1，a，b 成等比数列．

23．某人参加资格考试，有 A 类和 B 类可选择，A 类的合格标准是抽 3 道题至少会做 2 道题，B 类的合格标准是抽 2 道题需都会做，则此人参加 A 类的合格的机会大．

（1）此人 A 类题中有 60% 会做． （2）此人 B 类题中有 80% 会做．

24．某机构向 12 位老师征题，共征集到 5 种题型的试题 52 道，则能确定供题教师的人数.

(1) 每位供题老师提供的试题数相同. 　　(2) 每位供题教师提供的题型不超过 2 种.

25. 已知 a、b、c 为三个实数，则 $\min\{|a-b|,|b-c|,|a-c|\}\leqslant 5$.

(1) $|a|\leqslant 5$，$|b|\leqslant 5$，$|c|\leqslant 5$. 　　(2) $a+b+c=15$.

题目序号	考试方向	难度指数	考点要点
		参考答案	
1. B	商品问题部分	★	【考点 23】商品保值问题
2. B	绝对值部分	★★	【考点 13】绝对值不等式
3. D	圆和扇形部分	★★★	【考点 123】性质综合应用
4. D	集合问题部分	★★	【考点 55】两个集合问题
5. E	等差、等比数列	★★★	【考点 100】等差数列概念及公式
6. B	独立事件部分	★★★★	【考点 167】其他独立事件问题
7. A	不定方程问题部分	★★	【考点 58】利用整除求解
8. C	集合问题部分	★★★	【考点 56】三个集合问题
9. A	圆和扇形部分	★	【考点 122】阴影面积求解
10. D	实数部分	★★★	【考点 5】整除、倍数、约数
11. B	排列组合部分	★★	【考点 149】分堆儿、分配问题
12. C	立体几何部分	★★★	【考点 139】切割与熔合
13. E	古典概型部分	★★★	【考点 162】其他古典概型问题
14. B	数据描述部分	★★	【考点 174】方差、标准差
15. E	三角形部分	★★★	【考点 111】相似三角形
16. D	比例问题部分	★	【考点 16】已知部分量求总量
17. A	解析几何部分	★★★	【考点 130】点、直线与圆的位置关系
18. C	路成问题部分	★	【考点 30】路程基本概念求解
19. B	一元二次函数部分	★★★	【考点 73】基本概念求解
20. E	商品问题部分	★★★★★	【考点 24】变化率问题
21. B	立体几何部分	★★★★	【考点 138】与水有关的体积计算
22. A	一元二次函数部分	★★★	【考点 73】基本概念求解
23. C	伯努利概型部分	★★★	【考点 170】至多至少问题
24. C	不定方程问题部分	★★★★★	【考点 59】综合应用
25. A	绝对值部分	★★★★★	【考点 12】绝对值几何意义

2015 年 12 月管理类专业学位联考数学真题

一、问题求解：第 1～15 小题，每小题 3 分，共 45 分. 下列每题给出的 A、B、C、D、E 五个选项中，只有一项是符合试题要求的. 请在答题卡上将所选项的字母涂黑.

1. 某家庭在一年的总支出中，子女教育支出与生活资料支出的比为 $3:8$，文化娱乐支出与子女教育支出的比为 $1:2$. 已知文化娱乐支出占家庭总支出的 10.5%，则生活资料支出占家庭总支出的（　　）.

 A. 40%　　　　B. 45%　　　　C. 48%　　　　D. 56%　　　　E. 64%

2. 有一批同规格的正方形瓷砖，用它们铺满某个正方形区域时剩余 180 块，将此正方形区域的边长增加一块瓷砖的长度时，还需增加 21 块瓷砖才能铺满. 该批瓷砖共有（　　）块.

 A. 9981　　　　B. 10000　　　　C. 10180　　　　D. 10201　　　　E. 10222

3. 上午 9 时一辆货车从甲地出发前往乙地，同时一辆客车从乙地出发前往甲地，中午 12 时两车相遇. 已知货车和客车的时速分别是 90 千米和 100 千米，则当客车到达甲地时，货车距乙地的距离为（　　）千米.

 A. 30　　　　B. 43　　　　C. 45　　　　D. 50　　　　E. 57

4. 在分别标记了数字 1，2，3，4，5，6 的 6 张卡片中随机抽取 3 张，其上数字之和等于 10 的概率是（　　）.

 A. 0.05　　　　B. 0.1　　　　C. 0.15　　　　D. 0.2　　　　E. 0.25

5. 某商场将每台进价为 2000 元的冰箱以 2400 元销售时，每天售出 8 台. 调研表明，这种冰箱的售价每降低 50 元，每天就能多售出 4 台. 若要每天的销售利润最大，则该冰箱的定价应为（　　）元.

 A. 2200　　　　B. 2250　　　　C. 2300　　　　D. 2350　　　　E. 2400

6. 某委员会由三个不同专业的人员构成，三个专业的人数分别为 2，3，4. 从中选派 2 位不同专业的委员外出调研，则不同的选派方式有（　　）种.

 A. 36　　　　B. 26　　　　C. 12　　　　D. 8　　　　E. 6

7. 从 1 到 100 的整数中任取一个数，则该数能被 5 或 7 整除的概率为（　　）.

 A. 0.02　　　　B. 0.14　　　　C. 0.2　　　　D. 0.32　　　　E. 0.34

8. 如附图-7 所示，在四边形 $ABCD$ 中，$AB/\!/CD$，AB 与 CD 的长分别为 4 和 8. 若 $\triangle ABE$ 的面积为 4，则四边形 $ABCD$ 的面积为（　　）.

 A. 24　　　　B. 30　　　　C. 32　　　　D. 36　　　　E. 40

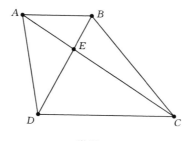

附图-7

9. 如附图-8所示，现有长方形木板 340 张，正方形木板 160 张，这些木板恰好可以装配成若干个竖式和横式的无盖箱子，装配成的竖式和横式箱子的个数分别为（　　）.

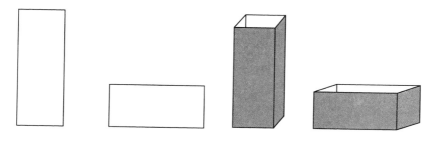

附图-8

A. 25，80　　　B. 60，50　　　C. 20，70　　　D. 60，40　　　E. 40，60

10. 圆 $x^2+y^2-6x+4y=0$ 上到原点距离最远的点是（　　）.

A. $(-3, 2)$　　B. $(3, -2)$　　C. $(6, 4)$　　　D. $(-6, 4)$　　E. $(6, -4)$

11. 如附图-9所示，点 A，B，O 的坐标分别为 $(4,0)$、$(0,3)$、$(0,0)$. 若 (x,y) 是 △AOB 中的点，则 $2x+3y$ 的最大值为（　　）.

A. 6　　　　　B. 7　　　　　C. 8　　　　　D. 9　　　　　E. 12

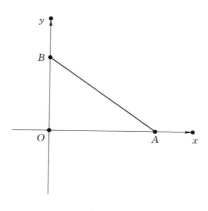

附图-9

12. 设抛物线 $y = x^2 + 2ax + b$ 与 x 轴相交于 A，B 两点，点 C 坐标为（0，2）．若 $\triangle ABC$ 的面积等于 6，则（   ）．

    A. $a^2 - b = 9$ B. $a^2 + b = 9$ C. $a^2 - b = 36$ D. $a^2 + b = 36$ E. $a^2 - 4b = 9$

13. 某公司以分期付款方式购买一套定价 1100 万元的设备，首期付款 100 万元，之后每月付款 50 万元，并支付上期余款的利息，月利率 1％．该公司共为此设备支付了（   ）万元．

    A. 1195   B. 1200   C. 1205   D. 1215   E. 1300

14. 某学生要在 4 门不同课程中选修 2 门课程，这 4 门课程中的 2 门各开设 1 个班，另外 2 门各开设 2 个班，该学生不同的选课方式共有（   ）种．

    A. 6   B. 8   C. 10   D. 13   E. 15

15. 如附图-10 所示，在半径为 10 厘米的球体上开一个底面半径是 6 厘米的圆柱形洞，则洞的内壁面积为（   ）．（单位：平方厘米）

    A. 48π B. 288π C. 96π D. 576π E. 192π

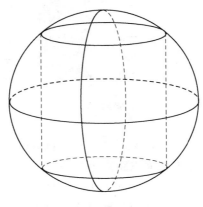

附图-10

二、条件充分性判断：第 16～25 小题，每小题 3 分，共 30 分．要求判断每题给出的条件（1）和条件（2）能否充分支持题干所陈述的结论．A、B、C、D、E 五个选项为判断结果，请选择一项符合试题要求的判断，在答题卡上将所选项的字母涂黑．

    A. 条件（1）充分，但条件（2）不充分．

    B. 条件（2）充分，但条件（1）不充分．

    C. 条件（1）和条件（2）单独都不充分，但条件（1）和条件（2）联合起来充分．

    D. 条件（1）充分，条件（2）也充分．

    E. 条件（1）和条件（2）单独都不充分，条件（1）和条件（2）联合起来也不充分．

16. 已知某公司男员工的平均年龄和女员工的平均年龄，则能确定该公司员工的平均年龄．

    （1）已知该公司的员工人数．   （2）已知该公司男、女员工的人数之比．

17. 如附图-11 所示，正方形 $ABCD$ 由四个相同的长方形和一个小正方形拼成，则能确定小正方形的面积．

    （1）已知正方形 $ABCD$ 的面积．（2）已知长方形的长与宽之比．

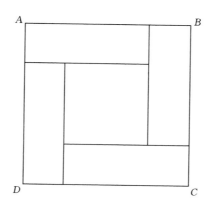

附图–11

18. 利用长度为 a 和 b 的两种管材能连接成长度为 37 的管道．（单位：米）

(1) $a=3$，$b=5$．   (2) $a=4$，$b=6$．

19. 设 x、y 是实数．则 $x\leqslant6$，$y\leqslant4$．

(1) $x\leqslant y+2$．   (2) $2y\leqslant x+2$．

20. 将 2 升甲酒精和 1 升乙酒精混合得到丙酒精．则能确定甲、乙两种酒精的浓度．

(1) 1 升甲酒精和 5 升乙酒精混合后的浓度是丙酒精浓度的 $\frac{1}{2}$ 倍．

(2) 1 升甲酒精和 2 升乙酒精混合后的浓度是丙酒精浓度的 $\frac{2}{3}$ 倍．

21. 设有两组数据 S_1：3，4，5，6，7 和 S_2：4，5，6，7，a．则能确定 a 的值．

(1) S_1 与 S_2 的均值相等．   (2) S_1 与 S_2 的方差相等．

22. 已知 M 是一个平面有限点集．则平面上存在到 M 中各点距离相等的点．

(1) M 中只有三个点．   (2) M 中的任意三点都不共线．

23. 设 x、y 是实数．则可以确定 x^3+y^3 的最小值．

(1) $xy=1$．   (2) $x+y=2$．

24. 已知数列 a_1，a_2，a_3，$\cdots$，a_{10}．则 $a_1-a_2+a_3-\cdots+a_9-a_{10}\geqslant0$．

(1) $a_n\geqslant a_{n+1}$，$n=1$，2，$\cdots$，9．   (2) $a_n^2\geqslant a_{n+1}^2$，$n=1$，2，$\cdots$，9．

25. 已知 $f(x)=x^2+ax+b$．则 $0\leqslant f(1)\leqslant1$．

(1) $f(x)$ 在区间 $[0，1]$ 中有两个零点．

(2) $f(x)$ 在区间 $[1，2]$ 中有两个零点．

参 考 答 案			
题目序号	考 试 方 向	难度指数	考 点 要 点
1. D	比例问题部分	★★	【考点 18】比例基本计算
2. C	四边形部分	★★★	【考点 119】正方形
3. E	路程问题部分	★★★	【考点 31】直线型相遇与追及
4. C	古典概型部分	★★★	【考点 157】取样（球）问题

题目序号	考 试 方 向	难度指数	考 点 要 点
5. B	最值问题部分	★★★	【考点 62】利用二次函数求最值
6. B	排列组合部分	★★	【考点 141】原理概念应用
7. D	古典概型部分	★★★★	【考点 162】其他古典概型问题
8. D	四边形部分	★★★	【考点 118】梯形
9. E	立体几何部分	★★	【考点 135】长方体
10. E	解析几何部分	★★	【考点 130】点、直线与圆位置关系
11. D	解析几何部分	★★★	【考点 133】最值问题
12. A	一元二次方程部分	★★★★	【考点 85】与二次函数综合
13. C	等差、等比数列	★★★★★	【考点 100】等差数列概念及公式
14. D	排列组合部分	★★★★	【考点 141】原理概念应用
15. E	立体几何部分	★★★	【考点 140】综合应用
16. B	交叉法问题部分	★★★★	【考点 45】平均值混合
17. C	四边形部分	★★★	【考点 120】四边形综合
18. A	不定方程问题部分	★★★	【考点 58】利用整除求解
19. C	基本不等式部分	★★	【考点 91】不等式性质
20. E	浓度问题部分	★★★★	【考点 26】二溶液混合问题
21. A	数据描述	★★★★	【考点 174】方差、标准差
22. C	解析几何部分	★★★	【考点 124】点的基本概念
23. B	因式分解部分	★★★★	【考点 69】表达式化简求值
24. A	数列概念部分	★★	【考点 98】数列概念与定义
25. D	一元二次函数部分	★★★★★	【考点 74】图像性质应用

2014 年 12 月管理类专业学位联考
数学真题

一、问题求解：第 **1～15** 小题，每小题 **3** 分，共 **45** 分. 下列每题给出的 A、B、C、D、E 五个选项中，只有一项是符合试题要求的. 请在答题卡上将所选项的字母涂黑.

1. 若实数 a、b、c，满足 $a:b:c=1:2:5$，且 $a+b+c=24$，则 $a^2+b^2+c^2=$（   ）.
   A. 30   B. 90   C. 120   D. 240   E. 270

2. 某公司共有甲、乙两个部门，如果从甲部门调 10 人到乙部门，那么乙部门人数是甲部门人数的 2 倍；如果把乙部门员工的 $\frac{1}{5}$ 调到甲部门，那么两个部门的人数相等. 求公司的总人数为（   ）.
   A. 150   B. 180   C. 200   D. 240   E. 250

3. 设 m、n 是小于 20 的质数，满足条件 $|m-n|=2$ 的 $\{m, n\}$ 共有（   ）.
   A. 2 组   B. 3 组   C. 4 组   D. 5 组   E. 6 组

4. 如附图-12 所示，BC 是半圆直径，且 $BC=4$，$\angle ABC=30°$，则图中阴影部分面积（   ）.

   A. $\frac{4}{3}\pi-\sqrt{3}$ B. $\frac{4}{3}\pi-2\sqrt{3}$ C. $\frac{4}{3}\pi+\sqrt{3}$ D. $\frac{4}{3}\pi+2\sqrt{3}$ E. $2\pi-2\sqrt{3}$

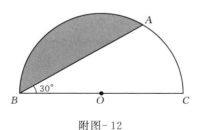

附图-12

5. 某人驾车从 A 地赶往 B 地，前一半路程比计划多用时 45 分钟，平均速度只有计划的 80%，若后一半路程的平均速度 120 千米/小时，此人还能按原定时间到达 B 地. A、B 两地的距离为（   ）千米.
   A. 450   B. 480   C. 520   D. 540   E. 600

6. 在某次考试中，甲、乙、丙三个班的平均成绩分别为 80、81 和 81.5，三个班的学生分数之和为 6952，三个班共有学生（   ）名.
   A. 85   B. 86   C. 87   D. 88   E. 90

7. 有一根圆柱形铁管，管壁厚度为 0.1 米，内径为 1.8 米，长度为 2 米，若将该铁管融化后浇铸成长方体，则该长方体的体积为（单位：立方米；$\pi \approx 3.14$）（   ）.
   A. 0.38   B. 0.59   C. 1.19   D. 5.09   E. 6.28

8. 如附图-13所示，梯形 $ABCD$ 的上底与下底分别为 5，7，E 为 AC 与 BD 的交点，MN 过点 E 且平行与 AD，则 $MN=$ （　　）.

A. $\dfrac{26}{5}$　　　B. $\dfrac{11}{2}$　　　C. $\dfrac{35}{6}$　　　D. $\dfrac{36}{7}$　　　E. $\dfrac{40}{7}$

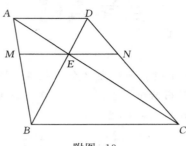

附图-13

9. 若直线 $y=ax$ 与圆 $(x-a)^2+y^2=1$ 相切，则 $a^2=$ （　　）.

A. $\dfrac{1+\sqrt{3}}{2}$　　B. $1+\dfrac{\sqrt{3}}{2}$　　C. $\dfrac{\sqrt{5}}{2}$　　D. $1+\dfrac{\sqrt{5}}{3}$　　E. $\dfrac{1+\sqrt{5}}{2}$

10. 设点 $A(0,2)$ 和 $B(1,0)$，在线段 AB 上取一点 $M(x,y)(0<x<1)$，则以 x、y 为两边长的矩形面积的最大值为 （　　）.

A. $\dfrac{5}{8}$　　　B. $\dfrac{1}{2}$　　　C. $\dfrac{3}{8}$　　　D. $\dfrac{1}{4}$　　　E. $\dfrac{1}{8}$

11. 已知 x_1、x_2 是方程 $x^2-ax-1=0$ 的两个实数根，则 $x_1^2+x_2^2=$ （　　）.

A. a^2+2　　B. a^2+1　　C. a^2-1　　D. a^2-2　　E. $a+2$

12. 某新兴产业在 2005 年末至 2009 年末产值的年平均增长率为 q，在 2009 年末至 2013 年末产值的平均增长率比前四年下降 40%，2013 年的产值约为 2005 年产值的 14.46（$\approx1.95^4$）倍，则 q 的值约为 （　　）.

A. 30%　　B. 35%　　C. 40%　　D. 45%　　E. 50%

13. 一件工作，甲、乙两人合作需要 2 天，人工费为 2900 元；乙、丙两人合作需要 4 天，人工费 2600 元；甲、丙两人合作 2 天完成了全部工程量的 $\dfrac{5}{6}$，人工费为 2400 元. 甲单独做该工作需要时间与人工费分别为 （　　）.

A. 3 天，3000 元　　　　　　B. 3 天，2850 元　　　　　　C. 3 天，2700 元

D. 4 天，3000 元　　　　　　E. 4 天，2900 元

14. 某次网球比赛的四强对阵为甲对乙，丙对丁，两场比赛的胜者将争夺冠军，选手之间相互获胜的概率如下：

	甲	乙	丙	丁
甲获胜的概率		0.3	0.3	0.8
乙获胜的概率	0.7		0.6	0.3
丙获胜的概率	0.7	0.4		0.5
丁获胜的概率	0.2	0.7	0.5	

甲获得冠军的概率为（　　　）.

A. 0.165　　　B. 0.245　　　C. 0.275　　　D. 0.315　　　E. 0.330

15. 平面上有 5 条平行直线与另一组 n 条平行直线垂直，若两组平行直线共构成 280 个矩形，则 $n=$（　　　）.

A. 5　　　B. 6　　　C. 7　　　D. 8　　　E. 9

二、条件充分性判断：第 16～25 小题，每小题 3 分，共 30 分．要求判断每题给出的条件（1）和条件（2）能否充分支持题干所陈述的结论．A、B、C、D、E 五个选项中，只有一项符合试题要求．

A. 条件（1）充分，但条件（2）不充分．

B. 条件（2）充分，但条件（1）不充分．

C. 条件（1）和条件（2）充分单独都不充分，但条件（1）和条件（2）联合起来充分．

D. 条件（1）充分，条件（2）也充分．

E. 条件（1）和条件（2）单独都不充分，条件（1）和条件（2）联合起来也不充分．

16. 已知 p、q 为非零实数，则能确定 $\dfrac{p}{q(p-1)}$ 的值.

（1）$p+q=1$.　　　　　　　　（2）$\dfrac{1}{p}+\dfrac{1}{q}=1$.

17. 信封中装有 10 张奖券，只有一张有奖，从信封中同时抽取 2 张奖券，中奖的概率记为 P；从信封中每次抽取 1 张奖券后放回，如此重复抽取 n 次，中奖的概率记为 Q，则 $P<Q$.

（1）$n=2$.　　　　　　　　　（2）$n=3$.

18. 圆盘 $x^2+y^2\leqslant 2(x+y)$ 被直线 L 分为面积相等的两部分.

（1）L：$x+y=2$.　　　　　　（2）L：$2x-y=1$.

19. 已知 a、b 为实数，则 $a\geqslant 2$ 或 $b\geqslant 2$.

（1）$a+b\geqslant 4$.　　　　　　（2）$ab\geqslant 4$.

20. 已知 $M=(a_1+a_2+\cdots+a_{n-1})(a_2+a_3+\cdots+a_n)$，$N=(a_1+a_2+\cdots+a_n)(a_2+a_3+\cdots+a_{n-1})$ 则 $M>N$.

（1）$a_1>0$.　　　　　　　　（2）$a_1 a_n>0$.

21. 已知 $\{a_n\}$ 是公差大于零的等差数列，S_n 是 $\{a_n\}$ 的前 n 项和，则 $S_n\geqslant S_{10}$，$n=1$，2，…．

（1）$a_{10}=0$.　　　　　　　（2）$a_{11}a_{10}<0$.

22. 设 $\{a_n\}$ 为等差数列，则能确定数列 $\{a_n\}$.

（1）$a_1+a_6=0$.　　　　　　（2）$a_1 a_6=-1$.

23. 底面半径为 r，高为 h 的圆柱体表面积记为 S_1，半径为 R 的球体表面积记为 S_2，则 $S_1\leqslant S_2$.

（1）$R\geqslant\dfrac{r+h}{2}$.　　　　　　（2）$R\leqslant\dfrac{2h+r}{3}$.

24. 已知 x_1、x_2、x_3 为实数，$\bar{x}$ 为 x_1、x_2、x_3 的平均值，则 $|x_k-\bar{x}|\leqslant 1$，$k=1$，

2，3.

    (1) $|x_k| \leqslant 1$，$k=1$，2，3.   (2) $x_1 = 0$.

25. 几个朋友外出游玩，购买了一些瓶装水，则能确定购买的瓶装水数量.

    (1) 若每人分3瓶，则剩余30瓶.   (2) 若每人分10瓶，则只有一人不够.

参 考 答 案

（问题求解部分）

题目序号	考试方向	难度指数	考点要点
1. E	实数部分	★	【考点7】比与比例
2. D	比例问题部分	★★	【考点18】比例基本计算
3. C	实数部分	★★	【考点2】质数、合数
4. A	圆和扇形部分	★★	【考点122】阴影面积求解
5. D	路程问题部分	★★★★★	【考点37】速度百分比变化问题
6. B	交叉法问题部分	★★★★	【考点45】平均值混合
7. C	立体几何部分	★★★	【考点136】柱体
8. C	四边形部分	★★★	【考点118】梯形
9. E	解析几何部分	★★★	【考点130】点、直线与圆位置关系
10. B	实数部分	★★★★	【考点8】均值不等式问题
11. A	一元二次方程部分	★★	【考点81】根与系数关系
12. E	商品问题部分	★★★★	【考点24】变化率问题
13. A	工程问题部分	★★★★	【考点42】两两合作问题
14. A	独立事件部分	★★★	【考点163】加法乘法公式
15. D	排列组合部分	★★★	【考点141】原理概念应用
16. B	因式分解部分	★★★	【考点69】表达式化简求值
17. B	古典概型部分	★★★	【考点157】取样（球）问题
18. D	解析几何部分	★★	【考点127】圆的概念
19. A	基本不等式部分	★★★	【考点91】不等式性质
20. B	因式分解部分	★★★★	【考点69】表达式化简求值
21. D	数列综合部分	★★★	【考点105】数列最值问题
22. E	等差、等比数列	★★★	【考点100】等差数列概念及公式
23. C	立体几何部分	★★★	【考点140】综合应用
24. C	绝对值部分	★★★★★	【考点14】绝对值三角不等式
25. C	不定方程问题部分	★★★★	【考点59】综合应用求解

2014 年 1 月管理类专业学位联考 数学真题

一、问题求解：第 1～15 小题，每小题 3 分，共 45 分．下列每题给出的 A、B、C、D、E 五个选项中，只有一项是符合试题要求的．请在答题卡上将所选项的字母涂黑.

1．某部门在一次联欢活动中共设了 26 个奖，奖品均价为 280 元，其中一等奖单价 400 元，其他奖品均价为 270 元，一等奖的个数为（   ）．

　　A．6　　　　　　B．5　　　　　　C．4　　　　　　D．3　　　　　　E．2

2．某单位进行办公室装修，若甲、乙两个装修公司合作，需 10 周完成，工时费为 100 万元，甲公司单独做 6 周后由乙公司接着做 18 周完成，工时费为 96 万元．甲公司每周的工时费为（   ）万元．

　　A．7.5　　　　　B．7　　　　　　C．6.5　　　　　D．6　　　　　　E．5.5

3．如附图-14 所示，已知 $AE＝3AB$，$BF＝2BC$，若 $\triangle ABC$ 的面积是 2，则 $\triangle AEF$ 的面积为（   ）．

　　A．14　　　　　B．12　　　　　C．10　　　　　D．8　　　　　　E．6

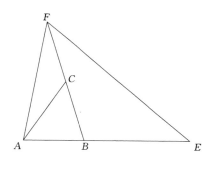

附图-14

4．某公司投资一个项目，已知上半年完成了预算的 $\dfrac{1}{3}$，下半年完成了剩余部分的 $\dfrac{2}{3}$，此时还有 8 千万投资未完成，则该项目的预算为（   ）亿元．

　　A．3　　　　　　B．3.6　　　　　C．3.9　　　　　D．4.5　　　　　E．5.1

5．如附图-15 所示，圆 A 与圆 B 的半径均为 1，则阴影部分的面积为（   ）．

　　A．$\dfrac{2\pi}{3}$

　　B．$\dfrac{\sqrt{3}}{2}$

　　C．$\dfrac{\pi}{3}-\dfrac{\sqrt{3}}{4}$

　　D．$\dfrac{2\pi}{3}-\dfrac{\sqrt{3}}{4}$

　　E．$\dfrac{2\pi}{3}-\dfrac{\sqrt{3}}{2}$

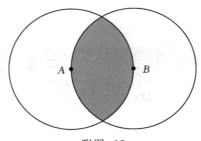

附图-15

6. 某容器中装满了浓度为 90% 的酒精，倒出 1 升后用水将容器注满，搅拌均匀后又倒出 1 升，再用水将容器注满，已知此时的酒精浓度为 40%，该容器的容积是（　　）升.

A. 2.5 　　　　B. 3 　　　　C. 3.5 　　　　D. 4 　　　　E. 4.5

7. 已知 $\{a_n\}$ 为等差数列，且 $a_2 - a_5 + a_8 = 9$，则 $a_1 + a_2 + \cdots + a_9 = $（　　）.

A. 27 　　　　B. 45 　　　　C. 54 　　　　D. 81 　　　　E. 162

8. 甲、乙两人上午 8：00 分别自 A、B 出发相向而行，9：00 第一次相遇，之后速度均提高了 1.5 千米/小时. 甲到 B，乙到 A 后都立刻沿原路返回，若两人在 10：30 第二次相遇. 则 AB 两地的距离为（　　）千米.

A. 5.6 　　　　B. 7 　　　　C. 8 　　　　D. 9 　　　　E. 9.5

9. 掷一枚均匀的硬币若干次，当正面向上次数大于反面向上次数时停止，则在 4 次之内停止的概率为（　　）.

A. $\dfrac{1}{8}$ 　　　　B. $\dfrac{3}{8}$ 　　　　C. $\dfrac{5}{8}$ 　　　　D. $\dfrac{3}{16}$ 　　　　E. $\dfrac{5}{16}$

10. 若几个质数（素数）的乘积为 770，则他们的和为（　　）.

A. 85 　　　　B. 84 　　　　C. 28 　　　　D. 26 　　　　E. 25

11. 已知直线 l 是圆 $x^2 + y^2 = 5$ 在点（1，2）处的切线，则 l 在 y 轴上截距为（　　）.

A. $\dfrac{2}{5}$ 　　　　B. $\dfrac{2}{3}$ 　　　　C. $\dfrac{3}{2}$ 　　　　D. $\dfrac{5}{2}$ 　　　　E. 5

12. 如附图-16 所示，正方体 $ABCD - A'B'C'D'$ 的棱长为 2，F 是 $C'D'$ 的中点，则 AF 的长为（　　）.

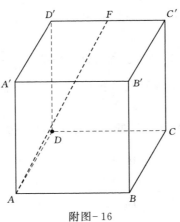

附图-16

A. 3 B. 5 C. $\sqrt{5}$ D. $2\sqrt{2}$ E. $2\sqrt{3}$

13. 在某项活动中，将 3 男 3 女 6 名志愿者随机地分成甲、乙、丙三组，每组 2 人，则每组志愿者都是异性的概率为（ ）．

A. $\dfrac{1}{90}$ B. $\dfrac{1}{15}$ C. $\dfrac{1}{10}$ D. $\dfrac{1}{5}$ E. $\dfrac{2}{5}$

14. 某工厂在半径 5 厘米的球形工艺品上镀一层装饰金属，厚度为 0.01 厘米．已知装饰金属的原材料是棱长为 20 厘米的正方体锭子，则加工 10000 个该工艺品需要的锭子数最少为（ ）．（不考虑加工损耗，$\pi \approx 3.14$）

A. 2 B. 3 C. 4 D. 5 E. 20

15. 某单位决定对 4 个部门的经理进行轮岗，要求每位经理必须轮换到 4 个部门中的其他部门任职，则不同的轮岗方案有（ ）种．

A. 3 B. 6 C. 8 D. 9 E. 10

二、条件充分性判断：第 16～25 小题，每小题 3 分，共 30 分．要求判断每题给出的条件（1）和条件（2）能否充分支持题干所陈述的结论．A、B、C、D、E 五个选项中，只有一项符合试题要求．

A. 条件（1）充分，但条件（2）不充分．

B. 条件（2）充分，但条件（1）不充分．

C. 条件（1）和条件（2）充分单独都不充分，但条件（1）和条件（2）联合起来充分．

D. 条件（1）充分，条件（2）也充分．

E. 条件（1）和条件（2）单独都不充分，条件（1）和条件（2）联合起来也不充分．

16. 已知曲线 l：$y = a + bx - 6x^2 + x^3$，则 $(a+b-5)(a-b-5) = 0$．

（1）曲线 l 过点 $(1，0)$． （2）曲线 l 过点 $(-1，0)$．

17. 不等式 $|x^2 + 2x + a| \leqslant 1$ 的解集为空集．

（1）$a < 0$． （2）$a > 2$．

18. 甲、乙、丙三人的年龄相同．

（1）甲、乙、丙的年龄成等差数列． （2）甲、乙、丙的年龄成等比数列．

19. 设 x 是非零实数，则 $x^3 + \dfrac{1}{x^3} = 18$．

（1）$x + \dfrac{1}{x} = 3$． （2）$x^2 + \dfrac{1}{x^2} = 7$．

20. 如附图-17 所示，O 是半圆圆心，C 是半圆上的一点，$OD \perp AC$，则能确定 OD 的长（ ）．

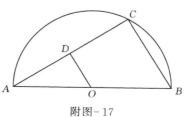

附图-17

（1）已知 BC 的长．　　　　　（2）已知 AO 的长．

21. 方程 $x^2+2(a+b)x+c^2=0$ 有实数根．

（1）a、b、c 是一个三角形的三边长．　　　（2）实数 a、c、b 成等差数列．

22. 已知二次函数 $f(x)=ax^2+bx+c$，则能确定 a、b、c 的值．

（1）曲线 $y=f(x)$ 经过点（0，0）和点（1，1）．

（2）曲线 $y=f(x)$ 与直线 $y=a+b$ 相切．

23. 已知袋中装有红、黑、白三种颜色的球若干个．则红球最多．

（1）随机取出的一球是白球的概率为 $\dfrac{2}{5}$．

（2）随机取出的两球中至少有一个黑球的概率小于 $\dfrac{1}{5}$．

24. 已知 $M=\{a，b，c，d，e\}$ 是一个整数集合．则能确定集合 M．

（1）$a，b，c，d，e$ 的平均值为 10．　　　（2）$a，b，c，d，e$ 的方差为 2．

25. 已知 x，y 为实数．则 $x^2+y^2 \geqslant 1$．

（1）$4y-3x \geqslant 5$．　　　　　（2）$(x-1)^2+(y-1)^2 \geqslant 5$．

参　考　答　案			
题目序号	考试方向	难度指数	考点要点
1. E	交叉法问题部分	★★★	【考点45】平均值混合
2. B	工程问题部分	★★	【考点41】工程造价问题
3. B	三角形部分	★★	【考点110】"相邻"三角形
4. B	比例问题部分	★★	【考点16】已知部分量求总量
5. E	圆和扇形部分	★★★	【考点122】阴影面积求解
6. B	浓度问题部分	★★★	【考点25】纯溶剂置换问题
7. D	等差、等比数列部分	★★★	【考点101】等差数列性质
8. D	路程问题部分	★★★★	【考点36】直线往返多次相遇问题
9. C	独立事件部分	★★★	【考点166】掷硬币问题
10. E	实数部分	★	【考点2】质数、合数
11. D	解析几何部分	★★★	【考点130】点、直线与圆位置关系
12. A	立体几何部分	★★	【考点135】长方体
13. E	古典概型部分	★★★★	【考点159】分配问题
14. C	立体几何部分	★★★★	【考点137】球体（内切，外接）
15. D	排列组合部分	★	【考点145】对号与不对号
16. A	解析几何部分	★	【考点124】点的基本概念
17. B	一元二次方程部分	★★★★	【考点85】与二次函数结合
18. C	数列综合部分	★★	【考点106】等差、等比综合应用
19. A	基本公式部分	★★★	【考点67】立方（差）和公式应用
20. A	圆和扇形部分	★★	【考点123】性质综合应用

题目序号	考 试 方 向	难度指数	考 点 要 点
21. D	一元二次方程部分	★★★	【考点80】根的判断
22. C	一元二次函数部分	★★★	【考点74】图像性质应用
23. C	古典概型部分	★★★★★	【考点157】取样（球）问题
24. C	数据描述部分	★★★★★	【考点174】方差、标准差
25. A	解析几何部分	★★★★	【考点134】围成图形周长与面积